普通高等教育"十三五"规划教材

智能弹药设计

郭　锐　陈　雄　陈荷娟　编著

国防工业出版社

·北京·

内 容 简 介

本书主要介绍灵巧和智能弹药设计中的一般共性问题,包括总体设计、结构设计、引信设计、固体火箭发动机设计、发射安全性设计、飞行稳定性设计及战斗部威力设计。本书将传统的弹药设计理论进行了知识拓展,适应了现代弹药向智能化、精确化方向发展的需要。

本书可以作为高等院校和科研院所武器系统应用工程、弹药工程与爆炸技术、飞行器设计等相关专业本科生、研究生的专业教材,也可供从事智能弹药产品开发的科研技术人员学习和参考。

图书在版编目(CIP)数据

智能弹药设计/郭锐,陈雄,陈荷娟编著. —北京:国防工业出版社,2018. 12
ISBN 978-7-118-11559-8

Ⅰ.①智… Ⅱ.①郭… ②陈… ③陈… Ⅲ.①弹药—设计 Ⅳ.①TJ410. 2

中国版本图书馆 CIP 数据核字(2018)第 074920 号

※

国防工业出版社出版发行
(北京市海淀区紫竹院南路23号 邮政编码100048)
三河市天利华印刷装订有限公司
新华书店经售
*
开本 787×1092 1/16 印张 21¾ 字数 556 千字
2018 年 12 月第 1 版第 1 次印刷 印数 1—2000 册 定价 48. 00 元

(本书如有印装错误,我社负责调换)

国防书店:(010)88540777　　　　发行邮购:(010)88540776
发行传真:(010)88540755　　　　发行业务:(010)88540717

前　言

弹药作为武器系统实现精确打击和高效毁伤目标的终端环节,是完成武器系统作战使命和作战任务的核心。从弹药的发展来看,最初是无控弹药。无控弹药的最大缺点是射击精度低,特别是弹着点散布较大。现代战争对命中精度提出了很高的要求,是武器系统重要的指标。精度的提高意味着要摧毁同一目标,弹药的消耗量将大幅度减少,不仅能够减轻后勤需求,加快战争的节奏,减少作战平台与人员的暴露,而且可以避免对平民和非军事设施的附带损毁。因此,提高弹药的射击精度一直是军事部门、军工部门和军事工程技术人员最为关心的问题。第二次世界大战期间,德国研制的 V-2 导弹就是在提高精度的军事需求推动下产生的,并得到了迅速发展。近 40 年来,随着现代光电技术、信息技术、控制和制导技术在兵器领域的应用和发展,为了提高炮弹、火箭弹和炸弹的射击精度和射击效果,出现了智能弹药。

智能弹药设计包括总体设计、结构设计、安全性设计、飞行稳定性设计及威力设计等。

为了适应智能弹药技术的发展需要,进一步拓展教学和科学研究,编者在前期讲义的基础上编写了本书。本书可作为武器系统与工程专业智能弹药方向本科生的教材,也可以作为弹药工程与爆炸技术、飞行器设计等相关专业本科生、研究生的教材,同时也作为供智能弹药科研、设计、生产和使用部门的工程人员的参考用书。

本书共 8 章,第 1 章、第 2 章、第 3 章、第 6 章、第 7 章、第 8 章由郭锐副教授编写,第 5 章由陈雄教授编写,第 4 章由陈荷娟教授编写。

本书在编写过程中,参考了大量国内外文献资料和相关教材,在此表示衷心的谢意。此外,本书的插图和文字稿由杨永亮、邢柏阳、陈亮、周昊、骆建华等研究生参与整理,也一并表示感谢。

由于编者水平有限,书中难免有失误和不妥之处,欢迎读者批评指正。

编者

2017 年 6 月

目　　录

第1章 智能弹药设计概论

弹药(Ammunition)作为武器的毁伤分系统,是武器系统作战效能的最终体现。各类武器系统的最终目的,在于毁伤敌方目标或完成其他特定的战术任务,所有这些必须依靠从武器系统中投射出的各型弹药来完成。因此,弹药是武器装备的核心部分。

智能弹药(Intelligent Munitions)是在传统弹药基础上发展形成的一种精确打击弹药。它不仅保留了传统弹药的诸多特性,而且在弹道的某一段或全弹道上具有搜索、探测、识别、控制、攻击目标的能力,具有命中精度高、效费比高等特点,其结构也更为复杂。智能弹药设计是根据智能弹药的结构特点和作用原理,结合已有的工程应用实践经验,通过理论概括,提出的智能弹药的设计方法。

本书主要以各类身管炮(包括枪械、火炮、迫击炮)智能弹药的设计为主,同时也兼顾到其他投射方式(自推式、投掷式、布设式)智能弹药的设计。

1.1 概　　述

1.1.1 弹药的分类

弹药的种类很多,分类方法也很多。根据控制程度,弹药可分为无控弹药、低成本有能力弹药、灵巧弹药、制导弹药和智能弹药,如图1-1所示。

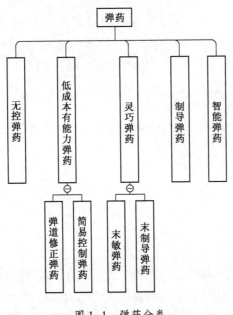

图1-1　弹药分类

1

低成本有能力弹药(Low-cost competent Munitions)是指具有一定控制能力、修正弹道的弹药,包括弹道修正弹药和简易控制弹药。弹道修正弹药是指接受外界信号、修正弹道的弹药;简易控制弹药是指无需接收外界控制信号、自行修正弹道的弹药。

灵巧弹药(Smart Munitions)是指在外弹道某段上能够自身搜索、识别目标,或者自身搜索、识别目标后还能追踪目标,直至命中和毁伤目标的弹药,包括末敏弹药(terminal-sensitive Munitions)和末制导弹药(terminal guided Munitions)。末敏弹药指在目标区具有探测、识别能力且"发射后不管"的弹药;末制导弹药指在外弹道末段具有探测、识别、导引能力并攻击目标的弹药,又分人工照射和自动寻的两种。

制导弹药是指在外弹道上具有探测、识别、导引和攻击目标能力,"发射后不用管"的弹药。

智能弹药是具有自主搜索、探测、捕获、导引和攻击目标能力的弹药,并可通过区别目标的详细特征,选择目标薄弱部位进行攻击,是更高层次的弹药。

需要指出的是,国内外关于灵巧弹药和智能弹药的技术界定仍不明确。因此,本书所指的智能弹药是指除无控弹药以外的智能化弹药,如末敏弹药、弹道修正弹药、末制导弹药、智能雷、反坦克导弹等。

1.1.2 智能弹药的组成

从功能角度上划分,智能弹药通常由战斗部、引信、投射部、导引部、稳定部等组成。

1. 战斗部

战斗部是弹药毁伤目标或完成既定战斗任务的核心部分。战斗部通常由壳体和装填物组成。

(1)壳体。壳体容纳装填物并连接引信,使战斗部组成一个整体结构。在大多数情况下,壳体也是形成毁伤元素的基体,如杀伤类的炮弹、导弹、炸弹等。

(2)装填物。装填物是毁伤目标的能源物质或战剂。通过对目标的高速碰撞,或装填物(剂)的自身特性与反应,产生或释放出具有机械、热、声、光、电磁、核、生物等效应的毁伤元(如实心弹丸、破片、冲击波、射流、热辐射、核辐射、电磁脉冲、高能离子束、生物及化学战剂气溶胶等),作用在目标上,使其暂时或永久地、局部或全部地丧失其正常功能。有些装填物是为了完成某项特定的任务,如宣传弹内装填的宣传品,侦察弹内装填的摄像及信息发射装置等。

2. 引信

引信是能感受环境和目标信息,从安全状态转换到待发状态,适时作用控制弹药发挥最佳作用的一种装置。

3. 投射部

投射部是弹药系统中提供投射动力的装置,使射弹具有射向预定目标的飞行速度。投射部的结构类型与武器的发射方式紧密相关。两种最典型的弹药投射部为发射装药药筒和火箭发动机。

(1)发射装药药筒:适用于枪、炮射击式弹药。

(2)火箭发动机:是自推式弹药中应用最广泛的投射部类型,与发射装药药筒的差别在于发射后伴随射弹一体飞行,工作停止前持续提供飞行动力。

某些弹药,如手榴弹、普通的航空炸弹、地雷、水雷等是通过人力投掷或工具运载、埋设的,无须投射动力,故无投射部。

4. 导引部

导引部是弹药系统中导引和控制射弹正确飞行运动的部分。对于无控弹药,简称导引部;对于有控弹药,简称制导部,它可能是一完整的制导系统,也可能与弹外制导设备联合组成制导系统。

1) 导引部

使射弹尽可能沿着事先确定好的理想弹道飞向目标,实现对射弹的正确导引。火炮弹丸的上下定心突起或定心舵形式的定心部即为其导引部;无控火箭弹的导向块或定位器为其导引部。

2) 制导部

导弹的制导部通常由测量装置、计算装置和执行装置3个主要部分组成。根据导弹类型的不同,相应的制导方式也不同,有4种制导方式:

① 自主式制导:全部制导系统装在弹上,制导过程中不需要弹外设备配合,也无需来自目标的直接信息就能控制射弹飞向目标,如惯性制导。大多数地地导弹采用自主式制导。

② 寻的制导:由弹上的导引头感受目标的辐射能量或反射能量,自动形成制导指令,控制射弹飞向目标,如无线电寻的制导、激光寻的制导、红外寻的制导等。这种制导方式的制导精度高,但制导距离较近,适宜攻击活动目标的地空、舰空、空空、空舰等导弹。

③ 遥控制导:由导弹的制导站向导弹发出制导指令,由弹上执行装置操纵射弹飞向目标,如无线电指令制导、激光指令制导,适宜于攻击活动目标的地空、空空、空地和反坦克导弹等。

④ 复合制导:在射弹飞行的初始段、中间段和末段,同时或先后采用两种以上方式进行制导,如利用 GPS 技术和惯性导航系统全程导引,加上末段寻的制导等。适于远程投放制导炸弹,布撒器等。复合制导可以增大制导距离,同时提高制导精度。

5. 稳定部

弹药在发射和飞行中,由于各种随机因素的干扰和空气阻力的不均衡作用,导致射弹飞行状态的不稳定变化,使其飞行轨迹偏离理想弹道,形成射弹散布,降低命中率。

稳定部是保持射弹在飞行中具有抗干扰特性,以稳定的飞行状态、尽可能小的攻角和正确姿态接近目标的装置。典型的稳定部结构形式如下:

① 急螺稳定:按陀螺稳定原理,赋予弹丸高速旋转的装置,如一般炮弹上的弹带,或某些射弹上的涡轮装置。

② 尾翼稳定:按箭羽稳定原理的尾翼装置,在火箭弹、导弹及航空炸弹上被广泛采用。

1.2 智能弹药的研制程序

根据科学技术发展的 3 个阶段,即科学研究、技术发展、生产应用。按研究目的和内容,智能弹药研制过程可分为两大类,即预先研究和型号研制。预先研究是在武器装备型号的牵引下,在其他科学技术的推进下,为型号研制提供配套技术和理论基础;型号研制是在预先研究的基础上,综合应用预先研究成果和其他科学技术成果,将技术成果物化、产品化,形成智能弹药或新一代智能弹药。预先研究和型号研制的相互关系如图 1-2 所示。

1.2.1 预先研究

预先研究是智能弹药研制全过程中的重要环节,是在型号的牵引下和其他科学技术的推动

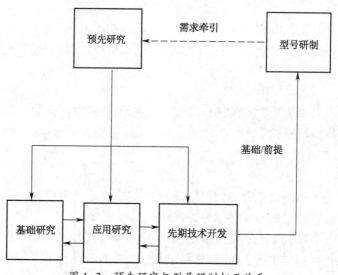

图 1-2 预先研究与型号研制相互关系

下开展的研究活动。它有明确的研究目的和研究内容,是为智能弹药研制和发展提供理论基础和技术基础,为型号研制提供配套技术,完成型号研制前的技术准备。

预先研究是型号研制的基础和前提。在进行型号研制前,开展预先研究为型号研制提供理论依据和配套技术,减小型号研制风险是非常必要的,是不可缺少的研究环节。型号研制的实践表明,凡是预先研究提供的配套技术越成熟、理论依据越充分,研制工期就越短,整体性能就越优良。相反,由于预先研究不系统、不彻底,使型号研制工期延长,费用增加。随着高新技术在智能弹药上的应用,智能弹药的技术含量越来越高,涉及的高新技术领域也越来越宽,结构也越来越复杂,这就更需要开展预先研究,为型号研制做好技术和理论准备。

按预先研究的目的和研究内容,预先研究可分为 3 个阶段,即基础研究、应用研究和先期技术开发。其特点是研究范围广、研究内容多、探索性强、不确定因素多、技术风险大。

1. 基础研究

基础研究是以军事应用为目的,针对智能弹药研制和发展中提出的问题,以未来武器型号为背景,对新概念、新原理智能弹药以及所需的新技术、新理论和新材料进行探索性研究。其目的是为新武器型号研制提供新知识、新理论、新技术和新材料等,为应用研究奠定理论基础和技术基础。其特点是探索性强、不确定因素多、技术风险大。

2. 应用研究

应用研究是以军事应用为目的,一方面将应用基础和其他科学技术成果转化为新一代智能弹药产品;另一方面又将智能弹药研制实践中的问题反馈给科学,促进科学发展的基础。应用研究有明确的型号背景,属于工程技术范畴,其目的是为智能弹药研制和发展提供技术基础或技术支撑。

应用研究按研究内容一般分为开拓性应用研究和扩展性应用研究两类。开拓性应用研究是在前人未开展工作过的研究领域里,从事有实用目的的开创性研究工作,其研究成果有一部分可形成专利或技术创新。扩展性应用研究是在已经开拓的领域里从事创新性的研究活动,即根据已取得的原理性成果从事技术性研究,选择最佳技术路线,扩大应用领域。这种研究风险较小,研期较短,成功率较高。

应用研究的目的性和系统性均比基础研究强,主要是进行关键技术攻关研究、现有技术成果的综合性研究。其成果形式比较具体,一般为可行性研究报告、原理样机、部件实物。

3. 先期技术开发

先期技术开发是运用前两个阶段的研究成果和实际经验,通过部件或分系统原型研制、试验、测试或计算机仿真,验证其可行性和现实性的开发活动,其目的是为智能弹药型号的研制提供技术支撑和理论依据。

先期技术开发必须是在所需的关键技术已突破的基础上,根据初步战术技术指标,瞄准装备型号,对技术成果进行综合集成。在一定的约束条件下,验证智能弹药系统武器化的可行性和现实性,为智能弹药系统战术技术指标的论证和转入型号研制提供依据。

应用研究的技术成果和可行性技术途径只有通过先期技术开发,并在开发过程中把新技术的效益和伴随而来的风险结合起来,权衡利弊得失,才能得出实际可行的结论。

1.2.2 型号研制

型号研制是将预先研究成果武器化、产品化的研发活动。智能弹药和其他工程项目一样,分为研制、设计、试验、试制和定型等若干阶段。为了便于组织实施,通常将智能弹药的研制过程划分为以下几个阶段:

1. 战术技术论证阶段

使用部门根据国家武器发展规划和作战需要,提出型号研制任务,会同有关部门对相关的型号、资料以及我国工业技术、生产状况进行调查研究,组织进行技术及可靠性论证。这一论证工作应着重从武器装备构成、作战能力、技术风险、经济效益、经费能力和研制周期等方面进行。

战术技术论证工作应明确导弹武器的作战对象、作战使命、战术技术指标、导弹的可靠性及维护要求、环境条件要求、使用范围要求以及研制周期等。

论证工作结束后,由有关部门提出智能弹药研制总要求及可行性论证报告,报请有关主管部门批准。在审批过程中,必要时可能要对上报的论证结果组织补充论证或重新论证。

"智能弹药研制总要求"的主要内容包括:

(1) 主要使命、任务及作用对象;

(2) 主要战术技术指标及使用要求;

(3) 初步的总体技术方案;

(4) 研制期要求及各研制阶段的计划安排;

(5) 总经费预测及方案阶段经费预算;

(6) 研制分工建议。

"可行性论证报告"的主要内容应包括:

(1) 弹药在未来作战中的地位、作用、使命、任务和作战对象分析;

(2) 国内外同类弹药的现状、发展趋势及对比分析;

(3) 主要战术技术指标要求确定的原则和主要指标计算及实现的可能性;

(4) 初步总体技术方案论证情况;

(5) 继承技术和新技术采用比例,关键技术的成熟程度;

(6) 研制期及经费分析;

(7) 初步的保障条件要求;

(8) 装备编配设想及目标成本;

(9) 任务组织实施的措施和建议。

2. 研制方案论证阶段

战术技术要求是工业部门进行研制方案论证的依据,由总体设计部门会同动力系统、制导系统、发射设备研制等部门共同论证研制方案。

在方案论证过程中,会有多种可能的方案,每一种方案在尺寸、重量、作战效能、维护使用、加工工艺、研制周期和费用上会有很大的差别。所提出的设计方案既要有指标的先进性,又要有现实的可能性,同时还要顾及研制周期和费用等因素。最终确定的方案要建立在现实的基础上,尽可能避免重新研制。

"研制方案论证报告"的主要内容包括:

(1) 总体技术方案及系统组成;

(2) 对主要战术技术指标调整的说明;

(3) 质量、可靠性及标准化的控制措施;

(4) 关键技术解决的情况及进一步解决措施;

(5) 武器装备性能、成本、进度、风险分析说明;

(6) 产品成本及价格估算。

"研制任务书"的主要内容应包括:

(1) 主要战术技术指标和使用要求;

(2) 总体技术方案;

(3) 主要系统和配套设备、保障系统方案;

(4) 研制总进度及分阶段进度安排意见。

3. 设计、试制与试验鉴定阶段

设计、试制部门根据下达的研制任务书来组织设计和试制工作。这一阶段总体设计部门要把研制方案中的技术方案进一步具体化,通过与各分系统部门反复协调,最后把智能弹药系统的总体方案确定下来。各分系统根据总体设计方案所确定的技术指标和任务,开始各分系统的设计和试制工作,精确到对每一个零件和部件进行详细分析与计算,确定具体的结构形状、尺寸、材料、强度、重量和性能参数,并对零部件进行加工制造和试验,测定其性能和强度,以便鉴定技术指标或对不合理的地方提出改进措施。

分系统设计往往和总体方案的拟定工作相互交错进行,以便对总体方案中不合理之处进行改进。智能弹药总体设计方案还要根据各部门的最后设计结果做方案性调整。

为了减小研制风险,根据研究的目的和任务,智能弹药的工程研制阶段又可分为初样机研制和正样机研制两个阶段。

初样机研制阶段是研制单位按照批准的"研制任务书"的要求,进行弹药系统的设计、试制和试验,完成初样机试制后,由研制主管部门和研制单位会同使用部门组织鉴定性试验和评审,证明基本达到"研制任务书"规定的战术技术指标要求,试制、试验中暴露的技术问题已经解决或有切实可行的解决措施,方可进行正样机的研制。

正样机研制是在初样机研制完成的基础上,严格按"研制任务书"规定的战术技术指标进行产品研制,彻底解决初样机研制中出现的技术问题。正样机完成试制后,由研制主管部门会同使用部门组织鉴定,并提供与实物相符的完整正确的全套文件、图纸和资料,为接受鉴定、定型做好准备。

在样机研制阶段,还应在地面试验条件下进行模拟和仿真试验。这种试验包括战斗部试验、引信试验、发动机点火试验、制导系统模拟或仿真试验、结构强度试验等。

对于整体样机,还应进行以下几项地面试验:

(1)静力试验。对弹体加静力试验,测定其变形,测量其刚度,此外还要进行一次破坏性试验以考核弹体的承载能力是否满足设计的要求。

(2)动力试验。包括冲击试验、振动试验和热强度试验。对于导弹而言,还包括颤振试验。颤振是指一种由结构的弹性效应引发的一种破坏力很强的振动现象,颤振往往会引起高速飞行器的破坏。

(3)总体测试。经过静力和动力试验之后,就可以对智能弹药进行包括发动机和控制系统在内的总装,总装完成之后就在工厂内做各种测试。这种测试将各种模拟信号输入到智能弹药中去,测试其各个部件和系统的工作情况是否正常协调。

(4)全机试车。总装配测试完成之后,说明单个部件和总体装配无误,就可以将智能弹药固定在试车台上做全机点火试验。尽管智能弹药在设计过程中已进行各种部件试验和模拟试验,但是发动机和控制系统并没有受到点火试车的考验,通过全机试车可以较确切地鉴定智能弹药系统工作的可靠性。

当智能弹药通过了一系列地面试验后,还要进行飞行试验。因为有些项目只有飞行试验才能解决,如助推器的分离,在地面很难模拟真实空中环境,必须通过飞行试验才能得出结论。根据试验内容的不同,飞行试验可能要分多轮进行。先做部件单元飞行试验,再做综合飞行试验。只有飞行试验成功之后,才可证明该智能弹药系统工作可靠,性能符合战术技术要求。

4. 设计定型

上述阶段结束之后,由承担设计定型试验任务的部门,根据设计定型试验和大纲,对试制的智能弹药武器的性能进行全面的试验鉴定,检验它是否达到技术要求的指标。如果确认各项指标合格,同时各种图纸、技术文件和资料齐全,便可以办理定型手续。

5. 生产定型

设计定型之后,工业部门按批准的设计定型图纸、技术文件和资料,以及生产定型的规定和要求,组织有关工厂进行试生产。工厂在试生产之前要组织人员对所生产的产品进行学习和做好生产的准备工作。通过试生产和鉴定,确定达到生产定型标准后,就可提出生产定型申请。与此同时使用单位组织试用,以便发现问题改善加工工艺,改进技术性能和使用性能。经严格审核,批准生产定型,则整个导弹武器的研制工作结束。

1.3　智能弹药设计输出文件

智能弹药设计输出文件主要包括智能弹药设计说明书和产品图。

1.3.1　智能弹药设计说明书

智能弹药设计说明书是反映智能弹药结构及技术设计的基本文件。设计说明书应以充分的论据,包括各种经验数据、试验数据和计算分析,说明设计弹丸在完成战术技术要求方面其结构的合理性、性能的先进性。设计说明书应简单明了,分析论证充分,计算准确,设计思想明确,并能充分反映出设计方面的主要内容。

1.3.2　智能弹药产品图

产品图是智能弹药设计的最终成果,也是该型号智能弹药生产和检验的依据。完整的产品图应包括以下几部分：

1. 弹药的零件图或零件毛坯图

图纸上应包括以下内容：

（1）标明各部的尺寸及相应的公差；

（2）注明表面粗糙度要求；

（3）注明加工误差（同心度、偏心距等）的允许范围；

（4）注明零件所用材料及其力学性能要求；

（5）注明加工过程中必要的特殊检验项目（如弹体的水压试验、磁力探伤等）；

（6）提出热处理要求。

2. 部件图

在智能弹药生产过程中，对装配部件（如弹带压于弹体上）也应有一定的要求。在部件图上应注明各零件装配位置误差的允许范围，弹带的尺寸及公差，部件重量范围和涂漆要求等。

3. 装药弹体图

机械加工完毕并装配好的弹体将送往装药工厂，并按装药弹体图纸的要求装填炸药。装药弹体图纸应载明：

（1）炸药种类（包括配方要求），密度要求和装填方法；

（2）装填质量要求和抽验的方式；

（3）装填后弹体的重量要求和重量分级的规定。

4. 弹药标记图

装填炸药后，弹体表面还必须按弹药标记图涂以必要的标志。在标记图上应标明弹种代号、口径、炸药代号、装药的批号、年份及工厂代号、弹重符号等的标记字样、颜色及位置，并注明标记涂漆的配方要求。在一般情况下，涂完标记的弹药装上防潮塞即可转入仓库保存。

5. 靶场试验用图

在生产过程中，必须在每批中抽出一定数量的弹药至工厂靶场做射击检验。检验项目一般有弹体、弹带发射强度、射击精度，炸药安全性和爆炸完全性等项。检验时，按靶场试验用图的要求进行。在靶场图纸上应载明：

（1）弹药的主要诸元（包括弹药重量、炸药重量、引信重量、质心位置、转动惯量比、飞行稳定性系数或要求的炮口缠度、弹体的计算应力、炸药底层应力、计算膛压、初速等）；

（2）全备弹（装有引信、炸药的弹药）各重要结构尺寸及公差（包括弹药全长、定心部及弹带的直径、弹头部长度、形状、弹尾部尺寸、尾锥角等）；

（3）提出各试验项目的试验条件（试验用火炮、引信类别及装定方式，发射装药要求，试验发数及其他有关注意事项）；

（4）明确各试验项目的合格条件。

1.4　智能弹药的设计要求

对智能弹药的要求可分为两大类，即战术技术要求及生产经济要求。前者是从战斗性能和勤务处理方面对弹药提出的要求，后者则是从生产制造方面对弹药提出的要求。

1.4.1　战术技术要求

一般战术技术要求包括下列几项：

（1）威力；

（2）弹道性能；

（3）射击精度；

（4）射击和勤务处理时的安全性、可靠性；

（5）长期储存的安定性。

1. 威力

弹药威力是最主要的战术技术要求。弹药对目标的威力越大，在相同条件下可以减少弹药消耗量、火炮门数及完成战斗任务的时间。

弹药威力即它对目标的毁伤能力，与弹药类型、目标特性及射击条件有关。因此，在分析弹药威力时必须结合目标来考虑。

战场上的目标是多种多样的，对付目标的手段也是多种多样的。某些弹药承担多项任务，要求在不同条件下能对付不同的目标；某些弹药则用来对付一种目标。因此，在设计智能弹药时，必须首先进行目标分析，即分析目标的固有强度、生命力运动性能，以及对弹药作用方式的抵抗能力。

典型目标可分为人员、车辆、建筑结构、飞机等 4 类：

1) 人员

人员为有生力量，属于软目标。凡具有破片、冲击波、热及核辐射或生物化学战剂作用的弹药，均可使人员伤亡。

对于杀伤爆破战斗部，其破片致伤是对付人员最有效的手段。一般认为具有 78J 动能的破片即可使人员遭到杀伤。更精确地说，人员战斗力的丧失除与破片质量、速度有关外，还与人员的战斗任务及急迫性有关（详见第 8 章）。冲击波对人员致伤主要取决于超压。当超压大于 0.1MPa，可使人员严重受伤致死，超压低于 0.02 ~ 0.03MPa 时，则只能引起轻微挫伤。由于常规炮弹装填的炸药量较少，冲击波压力衰减极快，所以它对人员的杀伤只能作为一种附带的效应来考虑。

常规弹药的热辐射对人员的伤害也是有限的，而且大部分是由于爆炸引起环境火灾而致，即二次烧伤效应。在丛林或茂密的植被战斗环境中，燃烧弹往往是对付人员目标更有效的手段。

2) 车辆

车辆为地面活动目标，按有无装甲防护又分为装甲车辆及无甲车辆。前者包括坦克、步兵战车及自行火炮，后者包括一般军用卡车、拖车、吉普车等。

坦克为重型装甲目标，属进攻性武器，主要承担强击任务，具有装甲面积大、甲板厚、抗弹能力强、火力猛、机动性好等特点。常用下列标准来衡量坦克的失效等级：

（1）运动失效（或"M"级失效），即完全或部分失去运动能力；

（2）火力失效（"F"级失效），即其武器完全或部分失去射击能力；

（3）歼毁（"K"级失效），坦克被歼毁。

各种杀爆战斗部、穿甲战斗部、破甲战斗部在击中坦克时，均可引起坦克不同程度的失效。爆炸冲击波直接作用于钢甲结构时，可使甲板产生强烈振动，引起内部设备严重破坏，或某些运动部件（包括顶盖、履带、主炮滑行机构）运转失灵。

步兵战车、自行火炮为轻型装甲目标，广泛用于野战之中，承担运载步兵、轻型火炮、战地救护等任务。

3）建筑结构

建筑结构为地面固定目标,包括各种野战工事、掩蔽所、指挥所、火力阵地、各种地面及地下建筑设施。爆炸冲击波以及火焰等是对付这类目标最主要的破坏手段。对于常规炮弹,由于装填的炸药量有限,主要适于对付轻型土木质野战工事。对于地面目标,可通过弹药在目标近处爆炸,利用爆轰产物的直接作用和空气冲击波的作用来毁伤目标;对于地下或浅埋结构,由于其抗空气冲击波能力较高,可采用半穿甲战斗部地下爆炸所形成的弹坑及土壤冲击波给予毁伤;对于某些易燃性建筑物也可采用引火的方式达到其毁伤效果。

4）飞机

飞机为空中活动目标,分为战斗机(包括轰炸机、歼击机、强击机等)和非战斗机(包括侦察机、运输机等)两大类。这类目标的特点为体积小、航速高、机动性好、飞行高度大、有一定的防护能力。另外,空中飞机作为目标也有其脆弱性。由于在飞机设计中结构紧凑,载荷条件限制严格,使得飞机结构的抗弹能力有限,而且要害部位(如驾驶舱、仪表舱、发动机、储油箱、弹舱)的面积相对较大。这些部位的受损将导致整个飞机战斗力的失效。所以,对于飞机可采用多种手段给予毁伤。

轰炸机会发生如下毁伤:

(1) 发动机(活塞式)机械损伤和起火;

(2) 燃料系统被引燃或内部爆炸、漏油;

(3) 飞行控制系统和翼面由于多次中弹造成的积累性机械损伤及控制失灵;

(4) 液压系统及仪器设备引燃着火;

(5) 炸弹舱及烟火舱被引爆和引燃;

(6) 飞行员伤亡。

对于防空弹药,可以采用小口径爆炸榴弹或燃烧榴弹通过直接命中或内部爆炸作用来毁伤目标,也可采用中口径近炸杀伤榴弹以破片的杀伤作用来毁伤目标。

基于上述目标分析可知,不同类型的弹药仅适于在一定射击条件下对付相适应的目标,弹药的威力大小应根据作用方式和目标的性质用不同的标准来衡量。

爆破战斗部主要借助于爆轰产物的做功能力和空气冲击波来毁伤各类工事、装备、器材等。因此,爆破弹的威力取决于炸药的数量与质量。通常以炸药量(TNT 当量)或土中爆坑容积作为爆破弹的威力指标。

杀伤战斗部主要利用破片来杀伤人员、轻型车辆、飞机等目标。不同目标有不同生命力及不同的坚固程度,对足以使目标致命的杀伤破片的大小和动能也有不同的要求。因此,杀伤弹的威力指标通常用一定目标下的"杀伤面积"或"杀伤半径"来衡量。为了提高杀伤战斗部的威力,弹药结构应有利于产生尽可能多的与目标相适应的速度高的外形好的杀伤破片数。

杀伤爆破战斗部用于对付范围较广的各型目标,具有综合的用途,既可对付土木工事、装备器材,又可对付人员、车辆,兼具爆破及破片杀伤双重作用。这种弹药虽然对每一种确定目标的杀伤能力有所降低,但具有使用方便的特点。

穿甲战斗部依靠其撞击动能来侵彻甲板,通常用弹药对甲板的穿透能力衡量其威力。但因其碰击动能随射击距离的增大而减小,也就是说,其威力与射距直接相关。因此,穿甲弹的威力常按下列方式提出,即在一定直射距离与一定倾角条件下穿透给定厚度的靶板。有时也采用"有效穿透距离"指标,即保证穿透指定倾角和指定厚度甲板下的最大射距。为了提高穿甲弹的威力,除了加大火炮能力,提高弹丸初速外,从弹药结构来看,应尽可能加大战斗部的断面比动能。次口径杆式高速脱壳重金属穿甲弹就是适应这种要求而发展起来的结构。

破甲战斗部的威力要求与穿甲战斗部类同。破甲战斗部的威力与投射能力的直接关系不大,而主要取决于战斗部的装药结构。由于超高速的金属射流具有类似流体的特性,在侵彻过程中容易发生分散、弯曲、断裂等现象,因此在对付复合装甲或非均质、非连续型的装甲结构时,其侵彻能力将受到明显的影响。

2. 弹道性能

外弹道性能主要指射程、射高、直射距离等,它是根据弹药的战术用途以及火炮与目标在战场上的相对位置决定的。由于战场纵深不断扩大,飞机性能和投弹技术进一步提高,以及坦克机动性和火力性能不断增大,迫切要求野战火炮弹药的射程、高射弹药的射高以及反坦克弹药的射距相应提高。

对于承担压制任务的地面榴弹,增大射程,有利于对敌人全部纵深内的目标进行射击;有利于集中大量炮火指向最主要目标;有利于在不变换发射阵地的条件下用炮火长期支援步兵进攻。火炮弹药射程主要通过改善火炮结构,研制新型高能发射药来提高,但往往会带来火炮机动性变坏的后果。目前发展的低阻外形远程弹、火箭—底排复合增程弹、滑翔增程弹等,可在原基础上大大提高射程。

承担防空任务的高射榴弹,若增大射高,则可提高火炮的火力空域,迫使敌方飞机的攻击高度加大,使其投弹命中率下降。

反坦克弹药的有效射程和直射距离的关系尤为明显。直射距离是指最大弹道高不超过目标高(约2m)的最大射程,有效射程是指在直射距离以内保证击毁给定目标的最大射程。前者通常针对破甲弹提出,后者主要对穿甲弹提出。有效射程或直射距离越大,炮手可在更充裕的时间内对目标进行多发射击或机动,这在与坦克的高度对抗性作战中有重要意义。由于反坦克武器纵深梯次配置的要求,配置在前沿的反坦克武器(破甲弹)必须轻便灵活。为了弥补武器能力的不足,进一步提高直射距离,可在破甲弹上采用简易的火箭增程技术。

3. 射击精度

射击精度是弹药的主要战术指标之一。射击精度是指在相同的射击条件下,弹着点(或炸点)的密集程度。射击精度对弹药的战斗性能具有重要影响:它不但在射击时可以减少弹药消耗,缩短战斗时间,同时在配合步兵进攻时也可以增大士兵在弹幕后面的安全距离;在反坦克作战中提高首发命中概率。

炮射弹药的射击精度的特征量通常采用距平均弹着点的距离中间误差来描述。对于地面榴弹,以地面上全射程(最大射程)x上的距离中间误差 E_x 或 E_x/x(距离相对中间误差)及方向中间误差 E_z 为指标,通常有

杀伤爆破榴弹:$E_x/x = \dfrac{1}{150} \sim \dfrac{1}{200}, E_x = 13 \sim 18\text{m}$

爆破榴弹:$E_x/x = \dfrac{1}{180} \sim \dfrac{1}{240}, E_x = 12 \sim 18\text{m}$

对于直接瞄准射击的反坦克弹药,以直射距离(或有效射程)上立靶内的方向中间误差 E_z 及高低中间误差 E_y 为指标,通常有:

穿甲弹:$E_y = E_z = 0.2 \sim 0.4\text{m}$

破甲弹:$E_y = E_z = 0.4 \sim 0.5\text{m}$

对于小口径着发高射榴弹,常用一定射距上的立靶精度 E_y、E_z 来衡量,其值一般为 $E_y = E_z =$

0.75m（1000m 立靶）。

对于中口径近炸高射榴弹,则可用炸点处弹道切线法面内的高低、方向和距离中间误差作为指标。

对制导弹药来说,射击精度要求主要是指命中目标的准确度要求。例如,对付地面目标的导弹,其命中率常用圆概率误差 CEP 描绘。CEP 表示发射一定数量的导弹,落在以 CEP 值为半径的圆内的数量为 50%。圆概率误差与标准差 σ 的关系为

$$CEP = 1.1774\sigma$$

4. 射击和勤务处理中的安全性、可靠性

弹药在射击和勤务处理时的安全性主要指弹药在储存、运输、装填、发射、飞行等各阶段必须确保安全。弹药的安全性主要与炸药的安全性及引信火工品有关,由弹药安全性不足引起的膛炸是最危险的。

早炸分完全与不完全两种。由引信引起的早炸,一般都是完全性早炸,往往发生在膛内、炮口及弹道上的任何地点。由弹药疵病引起的早炸,则完全的与不完全的情况均可能发生。早炸地点多发生在膛内,个别情况下也有在炮口处的。

从弹药本身结构或制造工艺来看,导致早炸的基本原因是:弹药(主要是弹体或弹底)的发射强度不足或弹体材料有疵病,使火药气体钻入弹体内部,底螺等部件连接处的密封程度不严,炸药变质或其机械感度大,或在装药时有异物落于炸药内。为杜绝弹丸发生早炸,除严格遵守射击有关规定外,从弹药本身讲应注意以下几点:

(1) 设计计算时,保证弹药有可靠的发射强度和炸药有可靠的安全性;

(2) 所选炸药应有良好的化学安定性,即不与相接触的金属或材料互起化学反应;

(3) 生产过程中,严格遵守技术规程。

对于毒气弹、烟幕弹、照明弹,应严格检查和保证其装填物的密封性。可以在零件结合部涂覆特殊油灰和加以滚边。装填物的安全性取决于原产品(主要是炸药)的制造纯度、感度以及它与弹药零件材料发生化学作用的能力。当弹药结构上有塑料零件,还应注意塑料零件的抗老化性能。

可靠性是指弹药性能在时间上的安定度,即在一定条件下,在给定时间内保持有效工作的能力。一般通过试验的方法求出构成弹药的各零件的可靠性,再确定出弹药的可靠性。

5. 长期储存的安定性

战时弹药的需求量很大,平时必须生产一定数量的弹药,保持必要而又充分的储备,因此要求平时生产的弹药能储存 15~20 年不变质(智能弹药一般为 10 年)。为了满足此要求,除保证火炸药、火工品的性能外,往往还需要对弹药进行密封包装处理或对零部件做表面防腐处理。

除上述要求外,有时对弹药适应环境(高原、温度、盐雾、电磁兼容、抗干扰等)条件的能力提出要求。

1.4.2 生产经济要求

由于弹药生产具有大规模特点,所以不仅要求弹药有良好的战术技术性能,而且还应满足生产经济性要求。

1. 结构工艺性

弹药结构是根据其作战用途确定的,在弹药设计中,必须考虑到零件制造与装药的简便。在保证弹药战斗性能的前提下,弹药结构应尽量简单,以便于加工;在确保战术技术要求及互换

性条件下,零件尺寸应采用最大的公差,弹药重量公差与尺寸公差应尽量协调一致,并避免采用复杂工艺;必须采用热处理工艺时,应选择合理的热处理方法。必须指出,弹药的结构工艺性不是绝对的,它是随着生产中的技术设备和工艺水平的发展而变化的。例如,在有些情况下,将整体弹壳分为头螺、弹体或底螺等组件有利于装药,而在另一些情况下,采用整体弹体又利于缩短生产周期,降低成本,提高劳动生产率。因此,在考虑结构工艺性时,必须紧密结合国内弹药生产厂的技术设备特点和生产状况。

2. 弹药及其组件的统一化

为了发挥弹药的最大效力,以便用不同弹种来对付不同目标,因而弹药品种越来越多。例如,美军155mm榴弹炮配用弹药达40多种。但是,弹药种类过多会导致供应与使用上的不便。将数种战斗性能兼备于同一弹药上,称为弹药的统一化。例如,杀伤作用与爆破作用兼备的杀伤爆破榴弹就是统一化的弹丸。

同样,将弹药上各种组成零件(弹体、头螺、底螺等)通用于不同类型弹药上,称为弹药零件的统一化。设计新弹药时,可以考虑采用现已定型生产的其他弹种的组成零件。这样,在很大程度上简化了弹药的生产过程。

3. 原材料资源丰富

生产弹药要消耗大量各种不同的金属,特别是钢材和紫铜。例如第二次世界大战期间,苏联为了生产弹药消耗了244万吨钢材。因此,正确选用弹药的组成原材料具有十分重要的意义。

选择弹药原材料必须立足于国内资源,其来源应丰富,且容易获得。例如,榴弹弹体大多选用不同牌号的碳钢,而弹带常采用紫铜或96黄铜。为了进一步节约钢材或紫铜,应当积极寻找更为价廉的代用材料,如可采用稀土球墨铸铁代替部分碳钢,采用其他塑料代用品代替紫铜或铜合金材料制作弹带。

1.4.3　正确处理各要求间的关系

以上从各个方面对弹药提出了不同的要求。但是满足这些要求的条件,常常互相矛盾,互相制约。以爆破弹为例,为增大弹丸威力,可通过减薄弹体或加大弹长来增加炸药量。但是,如果这些措施处理不当,往往会因此减低弹药的安全性,或增大空气阻力,恶化弹道性能。因此,重要的问题在于如何去正确认识这些矛盾,分清矛盾主次,以便正确处理矛盾,最有效地满足对弹药的各种要求。

正确地满足各项要求的原则是:在兼顾一般战术技术要求的基础上,应充分满足最主要的战术指标要求。在此前提下,可着重考虑生产经济性要求。一般说来,生产经济性要求应服从战术技术要求。

1.5　智能弹药设计的发展趋势

随着科学技术的不断发展,设计手段的不断增加,新材料的不断研制成功,这些都为智能弹药的发展提供了必要的条件。为适应精确打击武器研制的需求,智能弹药设计技术正朝着提高射程、威力、精度以及降低重量、降低成本、提高可靠性及降低被探测性方面发展。

智能弹药设计与其他工程结构的设计一样,经历了漫长的发展过程。随着对结构设计的要求不断提高,设计方法也在不断地更新。目前已由传统的"画、加、打"设计方法逐渐转向新的更有效的设计方法,正向"顶层规划、总体统筹、全局服务"的系统工程理论与方法发展。智能弹药结构设计和性能分析正面临着三大技术转变,即:由静态设计向动态设计转变;由校核计算向优化设计转变;由传统的安全系数法向可靠性设计转变。同时,由于计算机技术的发展和应用,形成了计算机辅助设计(CAD)、计算机辅助分析(CAA)、计算机辅助试验(CAT)、计算机辅助制造(CAM)等新领域,并进一步发展成一体化计算机辅助工程(CAE)系统,使得智能弹药的结构、材料和强度设计更加合理,同时也为智能弹药性能分析提供了有力手段。

1.5.1 系统工程方法

系统工程是一门研究整体与全局性问题的科学。系统工程方法是系统工程思考问题和处理问题的一般方法,是方法论层次上的方法,是分析和解决系统开发、运作及管理实践中的问题所应遵循的工作程序、逻辑步骤和基本方法,比较著名的是美国贝尔电话公司的霍尔工程师于1969 年提出的三维结构方法体系。该方法体系将系统的整个管理过程分为前后紧密相连的时间维的 7 个工作阶段和逻辑维的 7 个步骤,并同时考虑到为完成这些阶段和步骤的工作所需的各种专业知识和管理知识,如图 1-3 所示。

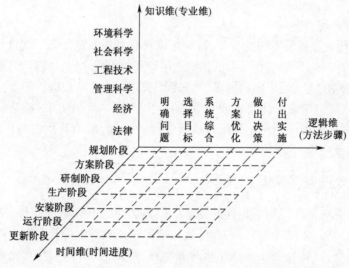

图 1-3　霍尔三维结构方法体系

霍尔提出的系统工程三维结构也实用于弹药系统工程的活动。根据弹药系统工程的特性,可把三维结构中的时间维和逻辑维分别划分为规划阶段、研制阶段、生产阶段、运行阶段、更新阶段和明确问题、系统设计、系统分析、系统决策、计划实施等 5 个阶段和 5 个步骤。略去知识维,弹药的系统工程就成为二维结构矩阵,如表 1-1 所列。

表 1-1　弹药系统工程的结构矩阵

逻辑步骤 时间阶段		1 明确问题	2 系统设计	3 系统分析	4 系统决策	5 计划实施
1	规划阶段	a_{11}	a_{12}	a_{13}	a_{14}	a_{15}
2	研制阶段	a_{21}	a_{22}			
3	生产阶段	a_{31}		a_{33}		
4	运行阶段	a_{41}			a_{44}	
5	更新阶段	a_{51}				a_{55}

1.5.2 动态设计方法

智能弹药在使用过程中承受的载荷,通常都是随时间变化的动载荷。在传统的设计方法中,是以保证静强度为主,设计完成后才对动强度及颤振等动力学问题进行强度校核或试验验证。由于飞行速度和机动性要求的提高,智能弹药飞行中所受的动载荷和动力学环境越来越恶劣,小型化降低飞行阻力的要求却同时使结构刚度及固有频率降低,结构振动与控制系统耦合及发生颤振的危险性大大增加,导致传统按满足静强度要求设计的弹体结构,往往不能通过结构力学的校核,造成设计返工甚至设计方案反复修改。因此,必须改变传统的设计方法,进行动态设计,即按结构动力学的要求进行结构设计。

1.5.3 优化设计方法

在传统的设计方法中,结构设计工作是一步一步进行的,设计人员对不同阶段的设计计算结果进行分析,并根据结果对设计进行修改。分析工作不直接介入设计,而是待修改完成后再分析。这种做法效率低,修改次数有限,修改决策往往受到设计人员工作经验和判断能力的限制,一般得不到最优的设计方案。

优化设计是近年来迅速发展起来的一门学科,从数学上讲,优化设计就是求解以设计变量为自变量的目标函数的极值问题。合理选取目标函数和设计变量,是结构优化设计的前提条件,也是得到合理优化结构的基础。例如,对导弹结构进行设计时,目标函数通常为结构的总质量(M),设计变量一般包括结构的布局和尺寸约束条件。在规定的载荷和环境条件下,结构应满足结构强度、刚度、动力学特性、几何关系、工艺及其他要求。

目前,结构优化设计的方法很多,如线性规划和非线性规划方法等。在工程上,可根据实际情况采用不同方法来进行求解。由于计算工作量较大,多采用计算机辅助设计。

1.5.4 可靠性设计方法

影响结构强度的多种因素中,如载荷、环境、材料性能等,都是非确定性参数,即为服从一定分布规律的随机变量。在传统的结构设计过程中,通常不考虑这种参数的随机性。这种不确定因素的影响,是通过采用安全系数的方法来保证系统的安全,安全系数的选取具有很大的经验性。为了保证结构的安全,安全系数往往选得较大,使得设计的结构比较笨重。随着分析、设计手段的提高,传统的安全系数设计方法已经不能满足现代设计的需要了,必须建立一套相应的结构可靠性设计方法。

可靠性设计是以概率论和数理统计为基础发展起来的一种设计方法。一般将载荷、材料性能、环境等视为服从一定分布规律的统计量,计算出结构的非破坏概率(可靠度),与设计要求的可靠度进行比较,从而定量地表达结构的可靠性指标是否满足设计要求。

现行的可靠性设计方法有概率设计法、可靠性安全系数法、失效树分析法以及失效模式、影响及致命度分析法等。对于弹药结构设计,常用概率设计法和可靠性安全系数法。

第2章 智能弹药总体设计

智能弹药总体设计是根据"研制任务书"规定的战术技术指标及使用要求或军事需求,基于系统工程方法综合运用预先研究成果和其他的学科知识、技术和经验,创造性地设计出满足需求目的的弹药系统方案。

智能弹药总体设计是弹药从概念转变成实体必经过程,也是弹药研制全过程中最重要的环节之一,对整个研制过程具有导向作用。总体设计方案好坏,不仅直接影响到智能弹药的性能,还影响到研制周期及成本。智能弹药总体设计可分为概念设计、技术方案设计、总体方案设计。

2.1 智能弹药总体设计概述

智能弹药总体设计是运用系统工程的原理和方法,突出全系统与全寿命周期的指导思想,进行自顶向下的系统设计,确定战略目标(包括远景目标和阶段性目标)以及实现目标的途径,构想系统总体方案和确定技术要求,并以可承受的费用满足进度要求。

具体来讲,根据军事需求,研究国内外相关技术发展的现状、发展趋势以及国内实际情况,从系统工程角度,把待研制的智能弹药作为一个大系统,对研制过程中面临的各方面问题进行需求分析、技术分析、可靠性分析、全寿命周期费用分析,策划出完成该弹药系统的整体框架;进行功能分析与分解,开展概念设计,构想系统方案和确定系统技术要求,形成基于不同要求和性能的备选方案,并进行评价;分解关键技术并进行权衡;最后形成研制总要求。

其一般过程如图2-1所示。

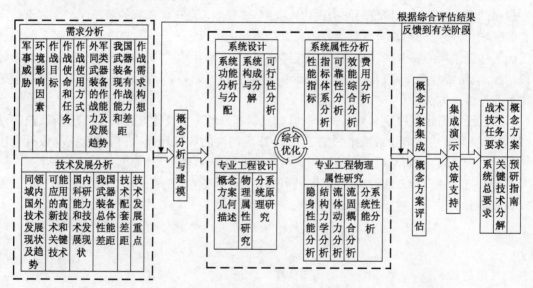

图2-1 智能弹药总体设计的一般过程

16

以飞行器研制为例,已有研究表明,对于飞行器的论证及制定发展战略的过程主要集中于概念设计阶段,这一阶段结束时飞行器外形、载荷、尺寸、质量和总体性能均已确定,意味着飞行器一切好的坏的特征均在这个阶段被确定下来。图 2-2 为波音公司对于现有弹道导弹系统全寿命周期费用的一个统计结果。

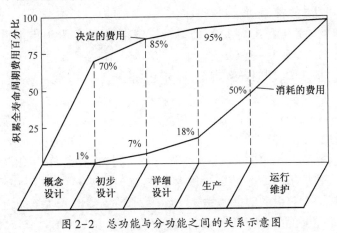

图 2-2　总功能与分功能之间的关系示意图

从图 2-2 可以看出,概念设计所花费的费用只占整个系统全寿命费用的约 1%,但它却决定了整个系统全寿命周期费用的 70%。由此可见,智能弹药总体设计阶段的好坏与否尤为重要。

2.2　智能弹药概念设计

智能弹药概念设计是在弄清楚弹药所处环境及其与环境中的其他子系统的关系的基础上,根据弹药所对付的目标或其他战斗任务及应具备的功能,提出基本满足主要战术技术指标或军事需求的弹药方案构想。

智能弹药概念设计主要是弹药的功能设计、组成要素设计,是智能弹药总体方案设计的第一步。通过概念设计,建立起智能弹药的概念系统,为技术方案设计打下良好的基础。

2.2.1　目标分析

弹药是武器系统中直接毁伤敌方目标的部分,弹药系统是为了能有效地对付敌方目标而研制的,它是在同目标的斗争中发展起来的。所以,目标分析是智能弹药概念设计的前提。

不同目标需用不同弹药。例如,对付装甲目标(坦克、装甲运输车、步兵战车)需用聚能装药破甲弹、动能穿甲弹、杀爆榴弹;对付钢筋混凝土工事需用动能半穿甲弹、破—穿—爆—杀复合毁伤弹;对付地下深层工事需用高速动能半穿甲弹;对付地面指挥中心、雷达站、仓库等目标,需用爆破弹、爆破—燃烧弹;对付飞机需用地空炮弹或航空弹药;对付军舰需用反舰弹药。随着高新技术在军事上的应用,目标的防护能力不断增强,新的目标不断出现,要求弹药的毁伤能力也必须增强。

1. 目标特性

目标特性主要是指目标的攻防特性、结构特性、几何特性、隐身特性、运动特性。

1) 攻防特性

攻防特性是目标最重要的特性,"攻"是指对方来袭目标的攻击能力;"防"是指对方目标防攻击的能力。按目标的攻防特性可分为以攻为主以防护为辅、以防为主以攻击为辅、攻防兼备等 3 类目标。例如,来袭导弹是以攻击为主,防护为辅;钢筋混凝土工事或地下深层工事是以防为主;坦克则是攻防兼备,集攻防于一体。

按目标防护机制可分为主动防护和被动防护两类,目标的防护能力越强,被毁伤的概率便越低,而生存概率就越高。因此目标的防护能力是目标的主要性能指标之一。

主动防护就是主动地对来袭弹药进行反攻击,并击毁或引开来袭弹药,有效地保护目标的安全。例如,现代坦克的超近程反导系统,能自动发现来袭导弹,发射反击弹药,并在安全区以外击毁来袭导弹。又如,军舰是一种集攻防于一体的海上作战平台,既具有强大的进攻能力,又有很强的防空反导防护能力,同时还装有箔条弹干扰系统、红外诱饵弹系统和烟雾遮蔽系统等主动防护系统。

被动防护是指目标受到弹药攻击时防破坏的能力。目标的抗弹能力越强,生存率越高。随着高性能材料的应用,目标的防护能力在不断增强。例如,坦克的防护能力在第一次世界大战期间装甲防护能力仅相当于 5~15mm 厚的均质薄钢板,到 20 世纪 70 年代,装甲的防护能力已相当于 150~200mm 厚的均质钢板,装甲倾角为 65°~68°,随着复合装甲、陶瓷装甲、贫铀装甲、间隙装甲和爆炸式反应式装甲的问世,大幅度地提高了坦克装甲的防护能力,目前防聚能破甲弹的破甲能力已达到 1000mm 以上的均质钢装甲,防动能穿甲弹的穿甲能力已达到 600~700mm 以上的均质钢装甲。

所以,剖析目标的攻防特性是智能弹药系统设计的前提和基础,攻击防护能力弱的部位,就能取得事半功倍的毁伤效果。

2) 几何特性

目标的几何特性是指目标的几何尺寸和几何形状。几何尺寸大或群目标称为面目标;几何尺寸小或单个目标称为点目标。对于单个坦克是一个点目标,对于集群坦克就是一个面目标。对付点目标需用高命中精度的弹药,如精确制导弹药;对付面目标就可用有一定命中精度的大威力弹药或子母弹药。

目标的几何形状也是提高防护能力的关键因素。目标的几何形状直接影响到弹药碰击目标时的姿态,进而影响到弹药毁伤能力的发挥,如坦克前装甲的倾角目前已增大到 68°~70°,容易造成跳弹,这对动能穿甲弹是一个严峻的挑战。

3) 结构特性

结构特性主要是指组成目标各部件在结构上的布局。搞清楚目标的结构特性,对智能弹药总体方案设计是很重要的。例如,地面钢筋混凝土工事,钢筋如何布设、有多少层钢筋,这是攻坚弹药设计的前提;又如地下深层工事有多厚的土壤层、钢筋混凝土层,有无钢板层,这对反地下深层工事弹药的设计是非常重要的。

4) 隐身特性

为了适应未来高强度战争的需求,提高目标的生存概率,世界各国广泛采用了隐身技术,减少目标被雷达和光电探测器发现的概率。看不到目标,也就谈不上命中目标,更谈不上毁伤目标。隐身能力越强,被雷达和光电仪器发现的概率就越低,目标的生存概率就越高。目前常用的隐身技术有几何形状隐身、等离子隐身、材料隐身和涂料隐身 4 种。例如,美国的 F117 隐身飞机,主要采用几何形状隐身,大大地减小了自身的雷达反射面积。无人飞行器(或无人机)和导弹多采用材料隐身,坦克装甲车辆常利用涂料隐身。

5) 运动特性

按目标运动速度可分为两大类,运动速度为零的目标为固定目标(静止目标),当目标的运动速度相对于攻击弹药的速度很低时,可近似地看成是静止目标;运动速度大于零的目标为运动目标。例如,飞机、军舰、装甲车辆、自行火炮以及来袭导弹均为运动目标。运动目标又可根据运动速度的大小,可分为高速运动目标和低速运动目标,一般飞机和来袭导弹的速度较高,为高速运动目标;军舰、装甲车辆和自行火炮运动速度较低,为低速运动目标。桥梁、交通枢纽、仓库、导弹发射井、地下工事等都是静止目标;地面指挥中心,雷达站一般也是静止目标。

运动目标又称为时间敏感目标,运动速度越高,机动能力越好,生存的概率也越高。提高目标运动速度,是提高目标生存概率的有效途径之一。对付运动目标比对付静止目标困难得多,时间敏感越强的目标,越难对付,有效地对付时间敏感目标是智能弹药设计的重点。

2. 目标易损性

目标易损性是指目标受到弹药攻击时被毁伤的程度。一般来说,目标的防护性能越强,防破坏的能力就越强,即破坏目标越难。大多数情况下,同一目标不同部位的防护能力不同,即易损性不同。目标易损性主要是讨论同一目标不同部位的防护能力。如坦克,前装甲最厚,防护能力最强,受到弹药攻击时最不容易被破坏;底装甲比较薄,受到弹药攻击时比较容易被破坏;防护能力最弱的是发动机上面的盖板,受到弹药攻击时,最容易被破坏。例如,末敏弹攻击坦克顶甲,大大增大了击毁坦克的概率。又如,武装直升机在机身下面装有防护装甲,可防一般的小口径高炮弹丸和预制破片,有较强的防护能力;而它的旋翼薄而长,防护能力最差。

目标防破坏的能力不仅与各部位的防护性能有关,而且与目标各部位密切相关。按目标各部位被破坏后对整个目标破坏的影响程度,可把各部位分成最重要部位、重要部位、次重要部位、一般重要部位、不重要部位等档次。一般情况,目标越重要的部位,其防护性能力越强,即目标的防护性能与目标部位的重要性成正比。例如,弹药击中坦克不同部位,对坦克的破坏程度不同,当弹药击中发动机部位并引起柴油爆炸,这将导致整个坦克被毁;当弹药击中弹药仓,并引爆弹药,同样也导致整个坦克被毁;当弹药击穿前装甲并击毙驾驶员或炮长,虽然整个坦克没有被毁坏,但失去了战斗力;当弹药击坏了履带,只使坦克暂时失去了行动的功能,一旦修复,坦克又可投入战斗。

2.2.2 功能分析

弹药的功能是指弹药为完成某种战斗任务应具备的特定工作能力,它是根据弹药对付的目标、执行的战斗任务以及采用的技术途径而设定的。对付不同目标,完成不同战斗任务,采用不同技术途径,弹药系统的功能都不同。

(1) 对付不同目标,弹药应具备不同的功能。例如,对付钢筋混凝土工事,弹药首先要命中工事,然后穿透钢筋混凝土层,进入工事内部爆炸,摧毁工事内的设备,杀伤有生人员。这就要求弹药要具有足够的侵彻能力、爆炸杀伤能力和控制弹着点的能力。又如,对付敌方大纵深高价值目标(指挥控制站或通信网络中心),要求弹药要有远距离的飞行能力(含增程能力)、远距离飞行轨迹的控制能力、对目标的探测识别能力和弹着点的控制能力。

(2) 毁伤目的不同,对弹药功能的要求也不同。例如,对付来袭巡航导弹,一个目的是击毁;另一个目的是引开,使其偏离己方目标。前者必须采用硬毁伤手段,这就要求弹药应具有足够大的毁伤能力。另外,来袭导弹是一个时间敏感强的目标,还要求所用弹药应具有快速飞向目标和精确导向目标的能力。对于后者,要求弹药具有足够的干扰和诱骗能力。

(3) 对付同一目标,采用不同的毁伤技术途径,弹药的功能不同。例如,对付坦克,可采用直瞄武器正面攻击,也可采用间瞄武器从顶上攻击。若正面攻击,可采用高速脱壳杆式穿甲弹,要求弹药具有高的存速能力、防跳飞能力、飞行稳定能力和足够大的侵彻能力;若间瞄从顶攻击,可采用末敏子弹药,要求弹药对目标具有探测识别能力、控制子弹稳定下落和扫描能力、战斗部有较远距离的攻击能力。

（4）随着光电技术和计算机技术在弹药上的应用,弹药具有的功能也在不断增加。例如,巡飞弹的作用过程是:当巡飞弹飞到目标区上空时,在巡航动力(涡喷发动机、火箭助推或电动机)的推动下做巡航飞行,在巡航飞行过程中,侦察目标,并把所获得的信息发送给地面指挥控制站的决策者,而地面指挥控制站又可通过卫星通信或中继飞机为巡飞弹提供超视距数据链接,根据战场势态,可重新选定攻击目标。这就要求弹药具有巡飞能力(包括巡飞动力和巡飞弹道控制能力)、双向互通能力、对目标的侦察能力、战场势态评估能力和毁伤目标的能力。

（5）一弹多用已成为弹药发展的主要方向之一。如何科学地设定弹药的功能,不仅会影响到弹药的性能,还会影响到弹药的研制周期和研制成本。弹药功能越多,执行的战斗任务也越多,便可实现一弹多用,这可大大减少弹药品种,无论是对战场使用,还是后勤保障都是非常有利的。然而,弹药功能越多,组成弹药的部件也就越多,结构也就越复杂,弹药的研制难度和成本也会随之增加,研制风险也增大。对于多功能弹药,必须处理主功能与次功能之间的关系。例如,反装甲和反武装直升机两用弹药,在设计前必须论证清楚是以反装甲为主,还是以反武装直升机为主。再如,超远程弹药的战斗任务是摧毁大纵深高价值要害目标,为了完成这一战斗任务,弹药增装了增程装置和制导控制装置。很显然,超远程弹的总功能是摧毁远距离点目标,而这一总功能的实现是以它的各分功能:增程功能、制导控制功能和高毁伤功能为支撑,其逻辑关系如图2-3所示。主次功能不同,弹药的性能也就不同,设计弹药的思路也不同。在设计时既要处理好总功能与各分功能之间的关系,又要处理好分功能与分功能之间的关系。

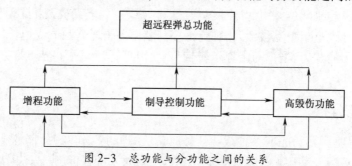

图2-3 总功能与分功能之间的关系

（6）在设定弹药的功能时,既要考虑功能指标的先进,又要考虑到技术上的可实现性。超越了科学技术水平的功能指标就是一个理论上的空指标。

（7）随着目标性能的不断提高和新目标的不断出现,对弹药系统的功能也会提出更高的要求。为了适应未来高技术战争的需要,未来的智能弹药应具有自主探测目标、识别目标、跟踪目标、精确命中和毁伤目标的能力。远程化、灵巧化、信息化、智能化、网络化和高毁伤是弹药发展的方向。

2.2.3 环境因素分析

智能弹药同其他系统一样,存在于环境之中。环境是指存在于弹药系统外的事物的总称。弹药系统的环境包括武器系统环境、技术环境、资源环境、投资环境、使用与储运环境等。

1. 武器系统环境因素分析

武器系统是由若干功能上相互关联的武器、技术装备等有序组合,协同完成一定作战任务的有机整体。弹药是直接用于毁伤敌方目标或完成其他战斗任务的军械物品,是武器系统中的核心子系统。

在武器系统中,弹药与发射平台的关系最密切。分析武器系统环境因素时,首先就要分析弹药与发射平台的关系。例如,巡飞弹具有网络作战能力,通过卫星通信或中继飞机通信与地面指挥控制站交换信息,可根据战场势态评估,重新选定攻击目标。由此可见,巡飞弹的武器系统环境必然涉及通信卫星或中继飞机。随着高新技术在弹药上的应用,弹药所处的武器系统空间将会不断扩大,所涉及的武器环境因素也会不断增多。

2. 技术环境因素分析

技术环境是指弹药为实现功能,完成战斗任务所需技术的总称。按技术的成熟度,弹药所需的技术可分为3类,如图2-4所示。第一类是成熟技术,即已在类似弹药型号上用过,或已通过演示验证的系统技术;第二类是基本成熟技术,即已取得技术成果,但未在弹药型号上用过;第三类是未成熟技术,包括未取得技术成果的在研技术和还处在基础研究的技术。技术越成熟,技术风险越小,反之,技术风险就越大。在选择技术时,应坚持在保证实现弹药功能的前提下,多选择成熟技术,多选用基本成熟技术,尽量不选择未成熟技术的原则,以减小风险。

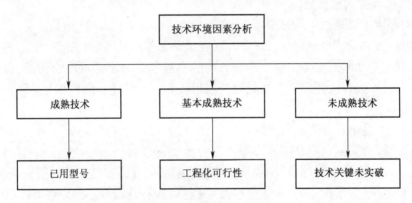

图 2-4　技术环境因素分析

以三级串联聚能装药的技术环境因素分析为例。三级串联聚能装药如图2-5所示,各级装药的功能分别是:第一级装药的功能是炸药爆炸时药型罩形成的金属射流击爆爆炸反应装甲,清除障碍;第三级装药的功能是炸药爆炸时药型罩形成的金属射流经过第二级装药的中心孔后侵彻主装甲;第二级装药的功能是炸药爆炸时药型罩形成的金属射流跟随三级装药的射流后面继续侵彻主装甲,从而大幅度地提高了破甲深度。从三级串联聚能装药的作用过程得知,它所涉及的技术主要是聚能装药破甲技术和隔爆技术,以及各级装药之间的匹配技术。

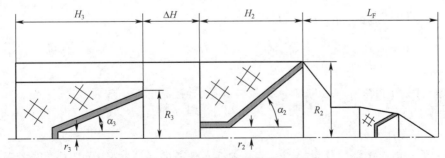

图 2-5　三级串联聚能装药示意图

各项技术的环境因素分析如表 2-1 所列。

表 2-1　环境因素分析表

成熟技术	基本成熟技术	未成熟技术
①单级聚能装药破甲技术	①隔爆技术	①二级与三级串联聚能装药技术
②一级、二级串联聚能装药技术		②三级串联聚能装药匹配技术

可以清楚地看到,未成熟技术有两项,其中最关键的一项是二级与三级串联聚能装药技术,只要突破了二级与三级串联聚能装药技术,三级串联聚能装药才有可能实现。

3. 资源环境因素分析

资源环境是指实现弹药功能所需物质和软资源的总称。物质资源包括制造弹药所需的原材料、零部件及器件,试验环境(试验条件、检测设备)。软资源主要包括检测与验收标准和技术条件等。在选择原材料、零部件及器件时,应坚持在保证弹药完成战斗任务的前提下,选择高质量、低价格的原则,坚持立足于国内的原则,同时所选原材料、零部件和器件资源供货渠道畅通。

4. 作战使用环境因素分析

作战使用环境主要是指作战过象、作战任务、作战地区、气象环境和其他自然环境,以及其他武器系统与技术装备。对谁作战、如何作战、完成什么作战任务,是弹药设计首先要解决的问题,也是设定弹药功能时的必备条件。未来的高技术战争是诸军兵种联合作战,各种武器系统及技术装备同时投入战斗,还应考虑与其他武器系统和技术装备之间的相互关联。

5. 投资环境分析

投资环境主要是指资金来源及投资强度。资金的来源渠道很多,如自筹、贷款、政府拨款、股份制等方式。投资强度主要是由需求资金和可提供资金两个方面决定的。需求资金与很多因素有关,如所选技术的先进性与成熟度,弹药系统组成的复杂程度等。一般来说,技术含量越高,弹药系统越复杂,技术越先进,成熟度越差,研制期越长,所需的资金就越多。因此,在选择技术时必须全盘统筹考虑,从弹药系统整体出发,在保证弹药系统的先进性前提下,选择既先进又较成熟的技术。

6. 储运环境分析

储运环境一般是指弹药系统在储藏和运输中所处的环境。未来的高新技术战争也是高强度战争,战争一旦打响,弹药的消耗量非常大。在和平时间就要进行生产和储备,才能满足战时的需要。运输环境主要是指战时的运输环境,包括各种运输工具和运输路线。弹药系统必须承受恶劣的运输环境,经过运输后确保性能不降低。

2.2.4　组成要素分析

弹药系统的功能确定后,就要对组成要素及功能进行分析,为科学合理地选择组成要素提供理论依据。

下面分别就智能弹药系统的战斗部、投射部、制导控制部的组成要素进行分析。

1. 战斗部分析

1) 战斗部毁伤元分析

战斗部的功能是弹药毁伤目标或完成其他战斗任务的部分,毁伤元又是弹药毁伤目标或完成其他战斗任务的核心元素,是弹药的重要组成部分。毁伤元按其毁伤途径可分为硬毁伤元、软毁伤元和特种毁伤元。毁伤元的分类如图2-6所示。

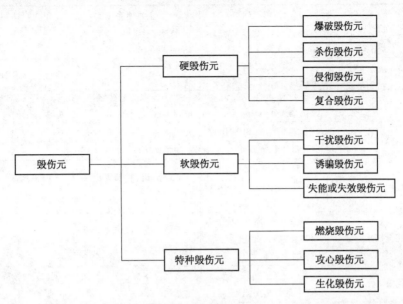

图2-6 毁伤元的分类

通过毁伤元的分析可以清楚地看到,毁伤元也是一个由多要素组成的具有毁伤功能的系统。为了便于分析,将常用的毁伤元列入表2-2中。随着高新技术的发展,战场新目标的出现,新的毁伤元仍将不断涌现。

表2-2 常用毁伤元

	毁伤元	作用原理	主要用途	适用弹药
硬毁伤元	爆炸毁伤元(包括固体炸药、燃料空气炸药、温压炸药)	靠炸药爆炸产生的爆轰产物和空气冲击波毁伤目标,对于燃料空气炸药和温压炸药爆炸时,吸取空气氧气形成大面积缺氧区,引起发动机熄灭,人员窒息	摧毁建筑物、港口、桥梁、武器装备、车辆、破坏坑道、杀伤人员	炮弹、火箭弹、航弹、导弹战斗部
	杀伤毁伤元(自然破片、预控破片和预制破片)	靠装药爆炸时产生的高速碎片毁伤目标	毁伤战车、轻型装甲车、飞机、导弹、武器装备、杀伤人员	炮弹、火箭弹、航弹、导弹战斗部、航炮炮弹、子弹等
	动能侵彻毁伤元	靠自身动能击穿目标	实心穿甲侵彻体用于反装甲,半穿甲侵彻体用于反轻型装甲、钢筋混凝土工事、机场跑道等	炮弹、火箭弹、航弹、超高速导弹等
	爆炸成型弹丸毁伤元	靠装药爆炸时药型罩形成的弹丸击穿目标	击毁轻型装甲、钢筋混凝土工事、反武装直升机、反舰等	末敏子弹、导弹战斗部、水雷、地雷
	聚能射流毁伤元	靠聚能装药爆炸时药型罩形成的金属射流击穿目标	反装甲目标、击毁钢筋混凝土工事	炮弹、火箭弹、破甲子弹、导弹战斗部、子母弹、地雷等
	复合毁伤元	按对付的目标或战斗部任务,有选择地进行组合	根据对付的目标或战斗任务而定	炮弹、火箭弹、航弹、导弹战斗部、航炮炮弹等

	毁伤元	作用原理	主要用途	适用弹药
特特种毁伤元	燃烧毁伤元	靠燃烧剂引燃易燃物品,如汽油等	毁伤仓库、指挥控制站、武器装备、人员	炮弹、火箭弹、航弹、子弹等
	攻心毁伤元	通过宣传品对敌方人员进行心理战,瓦解敌军	瓦解敌军,减弱敌军战斗力	炮弹、火箭弹、航弹等
	生化毁伤元	通过昆虫或化学战剂毁伤敌人武器装备	毁伤敌方武器装备、光电仪器,杀伤人员	炮弹、火箭弹、导弹战斗部、航弹等
软毁伤元	通信干扰毁伤元	靠通信干扰发出的电磁波干扰敌方通信	干扰通信网络,使通信产生错误信息	炮弹、火箭弹、航弹等
	强电磁脉冲干扰毁伤	靠炸药爆炸产生的强电磁脉冲干扰通信,破坏电子装备,甚至烧毁电器元件	光电对抗、毁伤光电器材、杀伤人员	大口径炮弹、火箭弹、航弹、导弹战斗部等
	强光干扰毁伤元	靠发出的强光使光电探测器致盲,光电器件烧毁,人眼致盲	光电对抗、毁伤光电器材、杀伤人员	炮弹、火箭弹、航弹等
	箔条干扰毁伤元	靠撒在空中的箔条"云雾"干扰雷达探测	干扰雷达探测器(包括雷达站)	炮弹、火箭弹、导弹战斗部、舰炮炮弹等
	次声干扰毁伤元	靠产生的次声波干扰人员听觉	杀伤人员	炮弹、火箭弹、枪榴弹等
	烟雾干扰毁伤元	靠炸药爆炸或发烟器产生的烟雾云干扰光电探测器	干扰光电探测器	炮弹、火箭弹、航炮炮弹等
	水声干扰毁伤元	靠炸药在水中爆炸产生的水声干扰声纳探测器	干扰声纳探测器	舰载炮弹和火箭弹、水雷等
	计算机病毒干扰毁伤元	靠计算机病毒破坏计算机软件,使计算机信息处理混乱	破坏计算机网络、信息处理中心	未见弹药上应用
	红外诱饵诱骗毁伤元	靠炸药爆炸或红外剂燃烧时产生的红外诱骗敌方红外探测器	干扰红外探测器和红外器材	炮弹、火箭弹、舰炮炮弹等
	假目标诱骗毁伤元	靠实物或虚拟假目标诱骗敌方各种光电探测器	诱骗敌方各种光电探测器	多以装备形式出现,未见弹药上应用
	非致命毁伤元	靠次声、噪声、催泪剂或其他手段,不造成人员生命危险	反恐和有生力量	炮弹、火箭弹、枪榴弹、子弹等
	高效润滑失能毁伤元	利用高效润滑剂,撒在机场跑道上使飞机难以起飞	反机场跑道	大口径炮弹、火箭弹、航弹、导弹战斗部等
	高粘结失能毁伤元	利用高粘结剂撒在飞机跑道上或公路上,使飞机不能起飞,车辆开不动	反机场跑道,反机动	大口径炮弹、火箭弹、航弹等
	高阻燃烧失能毁伤元	靠高阻燃剂或阻燃物阻止发动机正常工作甚至爆炸	反机动,主要是反飞机和车辆的机动	炮弹、火箭弹、导弹战斗部、航弹
	碳纤维失能毁伤元	靠碳纤维搭在电网的电线上,造成电网短路,烧毁供电设备	破坏输供电网	航弹、导弹战斗部、火箭弹、炮弹等

2）毁伤元选择依据及原则

毁伤元是战斗部毁伤目标或完成其他战斗任务的部分。毁伤元选择正确与否,将会直接影响到战斗部的性能,所以,科学正确地选择毁伤元是战斗部设计的关键。

毁伤元的选择依据包括战场目标、作战任务、主要战术指标(威力指标)和技术成熟度。

（1）战场目标不同,所用的毁伤元也就不同。如战场目标为敌坦克或雷达站,所使用的毁伤元就不一样,前者可能采用高速动能穿甲毁伤元或聚能破甲毁伤元;而后者多采用爆炸毁伤元或爆炸杀伤毁伤元。

（2）作战任务不同,所用的毁伤元也不一样。如战场目标为敌坦克,作战任务是对敌坦克群实施硬毁伤或失能(暂时失去战斗能力)毁伤。前者必须采用侵彻毁伤元;而后者常采用通信干扰,或使观瞄系统失效,或使发动机熄灭的失能毁伤元。

（3）战术指标(威力)不同,采用的毁伤元也不一样。例如,要击穿 50～60mm 或 600～650mm 的均质装甲,前者需用低速动能穿甲毁伤元或聚能爆炸成形弹丸穿甲毁伤元,后者只有采用高动能穿甲毁伤元或聚能破甲毁伤元。

（4）技术是制约毁伤元发展的主要因素。毁伤元的毁伤能力与技术状况成正比,技术越先进,毁伤元的毁伤能力越强。实践证明,技术越成熟,技术风险越小,成功率越大,应选择技术先进、成熟度高的毁伤元。

通过上述毁伤元选择依据分析,选择毁伤元的基本原则是以实现弹药系统的功能,完成战斗任务为前提,在保证完成战斗任务的前提下,应尽量选择技术先进、成熟度高、成本低的毁伤元。

（1）高毁伤原则。高毁伤是指毁伤元对目标的毁伤能力强、毁伤效果好。而毁伤能力强可减少用弹量,可实现高的效费比。大量试验表明,采用聚能爆炸成形弹丸击穿 $50\sim60mm/0°$ 均质钢甲,破孔大、破片多、毁伤效果好;而采用聚能破甲毁伤破孔小、破片也少、毁伤效果差。

（2）技术先进可靠原则。选择毁伤元时必须充分考虑到目标的防护性能及其发展趋势,应具有超前意识。选择技术先进的毁伤元是实现高毁伤的主要技术途径,而作用可靠的毁伤元是实现高毁伤的基本保证。毁伤元的作用越可靠,毁伤目标的概率就越高,消耗的弹药也就越少。

（3）多用途原则。随着战场上新目标的不断出现,新的毁伤元也相继问世,弹药的品种也随之增加。弹药品种增加会给使用、生产、运输和保管带来诸多的麻烦,因此世界各国都在开发多用途弹药,即集几种(两种以上)毁伤元于一体,实现一弹多用。例如,20 世纪 90 年代中后期国内研制的集杀伤—破甲、杀伤—燃烧等毁伤元于一体的组合型多用途弹,该弹既具有一般杀伤榴弹的功能,可杀伤敌方有生力量;又具有破甲功能,可穿透敌方轻型装甲(步兵战车、自行火炮等);同时,沿破孔随进杀伤燃烧毁伤元,大幅度地提高了对轻型装甲车辆的毁伤效果。

（4）适应多平台原则。多平台是指在选择毁伤元时必须考虑能适应多种发射平台。例如,高速动能穿甲毁伤元和聚能破甲毁伤元都是反装甲毁伤元。前者是靠自身的动能穿透装甲,它的必备条件是高速,只要能提供高速的发射平台均可选用高速动能穿甲毁伤元,但能提供高初速的发射平台较少,常用的有高速身管火炮和高燃速火箭发动机。后者是靠聚能装药爆炸时,金属药型罩形成的金属射流击穿装甲,弹丸的着靶速度对破甲影响不大。因此,它对发射平台提供的初速要求不高,可适用于多种发射平台,如身管火炮(含无后坐力炮)、火箭炮(含肩射火箭筒)、抛投(航弹)、布设(地雷)等。另外在选择毁伤元时还要充分考虑到对车载、舰载和机载发射平台的适应性。

2. 投射部

1）投射方式

投射部的功能是赋予弹药飞向目标的动能和方向,是弹药的重要组成部分之一。按其投射的方式可分为:①身管火炮发射;②火箭发动机推进;③电磁发射;④飞机抛投;⑤人工布设。

2）投射部的选择依据及原则

投射部的功能是赋予弹药飞行的动能和方向。投射方式与发射平台密切相关,由于增程技术、制导控制技术在弹药上的应用,大幅度地提高了弹药的射程和命中精度,弹药性能(射程和命中精度)对发射平台的依赖性也大大减弱。所以,投射方式主要取决于弹药对付的目标及战斗任务。

战场目标按其重要性可分为战略目标、战术目标和战役目标三大类。战略目标是指军事核心目标,具有重要的战略意义,如指挥控制中心、导弹发射井、重要的军事基地等,它有很强的防御能力,一般设置在大后方;战术目标是指有重要的军事价值和经济价值的目标,具有重要的战术意义,一般离前沿较远;战役目标是指战役中要毁伤的军事和经济目标,一般离前沿较近。弹药(含战术导弹)主要对付的是战术和战役目标。由此可见,目标的距离是选择投射方式的主要依据之一。对于间瞄射击弹药,可参考图 2-7 选择投射方式。

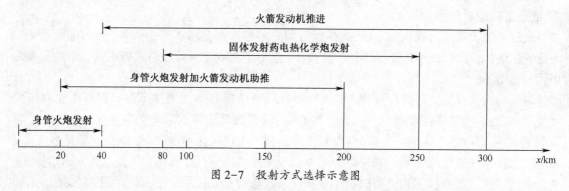

图 2-7　投射方式选择示意图

战场目标按其面积可分为点目标、面目标和面目标中的点目标 3 种。如对付 1～3km 内的点目标,如坦克、装甲车辆、钢筋混凝土工事,一般采用身管火炮发射无控穿甲弹或火箭发动机助推有控破甲弹;对付面积目标,一般采用火箭发动机推进的火箭弹;对付面目标中的点目标,采用身管火炮发射或火箭发动机推进的子母弹,包括末敏子母弹和简控子母弹。

战场目标按其运动速度可分为静止(速度为零)目标、低速运动目标和高速运动目标 3 种。运动目标又称为时间敏感目标,时间敏感目标均为点目标,对付时间敏感目标一般选择身管火炮发射、身管火炮发射加火箭增速或固体发射药电热化学炮发射的炮弹或增程弹。

3. 制导控制部

制导控制部是由导引装置和控制装置两部分组成。导引装置是通过各种探测装置测出弹药相对目标或发射点的位置参数,并按照设定的导引方式形成导引指令,将指令传送给控制装置。控制装置则迅速而准确地执行所接收到的导引指令,并通过执行装置控制弹药飞向目标。制导控制部的组成要素框图如图 2-8 所示。对于无控弹药,没有导引装置,控制装置也非常简单,其作用是保证弹药在空中能稳定地飞行。按其稳定方式,可分为高速旋转稳定和尾翼稳定两种。由于无控弹药的工作原理和结构都比较简单,在此不做介绍。

1）制导体制

根据制导系统工作是否需要弹药以外的任何信息,制导装置又可分为非自主制导和自主制

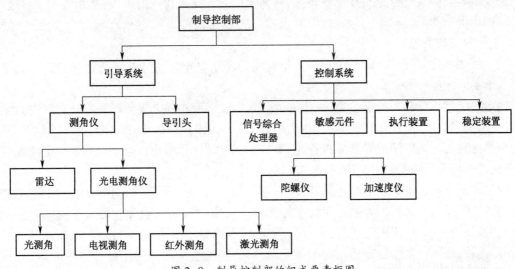

图 2-8　制导控制部的组成要素框图

导两大类。习惯上又把制导体制分为自寻的制导、遥控制导、地图匹配制导、方案制导、惯性制导和低成本制导 7 种。

（1）自寻的制导。自寻的制导是指由弹上导引头感受目标辐射或反射的能量（如电磁波、红外线、激光、可见光和声音等）测量目标和弹药相对运动参数，并形成相应的引导指令通过执行装置控制弹药飞向目标的制导方式。根据所利用能量的能源所在位置的不同，自寻的制导系统又可分为主动式、半主动式和被动式 3 种。

主动式寻的制导是指装在弹上的能源对目标辐射能量，同时由导引头接收从目标反射回来的能量的寻的制导方式。采用主动寻的制导的弹药，当弹上的主动导引头截获目标并转入正常跟踪后，就可以独立自主地工作，不需要弹药以外的任何信息。

半主动式寻的制导是指能量发射装置不在弹上，而是在制导站或其他位置，弹上只有接收装置的寻的制导方式。由于能源不在弹上，能量发射装置就不受弹的体积和重量的限制，能源的功率可以很大，因此制导系统的作用距离就比较大。

被动式寻的制导是指弹上导引头的接收装置，直接感受从目标辐射的能量的制导方式。被动寻的制导系统的作用距离比较近，典型的被动式自寻的系统是红外自寻的制导系统。

自寻的制导的制导设备全在弹上，具有发射后不管的特点，制导精度较高，可攻击高速目标。但是，它靠目标反射或辐射的能量来测定弹药与目标的偏差，作用距离较近，抗干扰能力也较差，一般用于空空、地空制导弹药。

（2）遥控制导。遥控制导是指由弹药以外的制导站向弹药发出引导信息，并将弹药导向目标的制导方式。按引导指令在制导系统中形成的部位不同，又可分为波束制导和遥控指令制导两种。

波束制导系统是由制导站发出波束（无线电波束或激光波束），弹药在波束内飞行，弹上的制导设备感受到偏离波束中心方向和距离，并形成相应的引导指令，通过执行装置控制弹药飞向目标。

遥控指令制导是指由制导站的引导设备同时测量目标、导弹的位置和其他运动参数，并在制导站形成引导指令，再通过无线电波或传输线将引导指令发送给弹上的控制装置，控制装置按指令操纵弹药飞向目标。

遥控制导设备大部分分布在制导站上,而弹上的制导设备比较简单,制导距离大,制导精度随距离的增大而降低。对于通过无线电发送信息的遥控制导,容易受到干扰。一般用于地空、空空、空地和反坦克等制导弹药。

（3）地图匹配制导。地图匹配制导是指利用地图信息进行制导的一种制导方式。按图像可分为地形匹配制导和景象匹配制导两种。

地形匹配制导是利用地形信息,故也称地形等高线匹配制导。景象匹配制导是利用景象信息制导。它们的工作原理基本相同,都是利用弹上计算机储存的地形或景象图为样本,与弹药上的传感器测出的地形图或景象图进行比照和相关处理,计算出弹药当前位置与预定位置的偏差,形成制导指令,将弹药导向预定区域或目标。

（4）方案制导。方案制导是指弹药按预先拟制的一种飞行航迹飞向目标的一种制导方式,方案制导的引导指令是根据弹药在飞行中的实际参量值与预定值的偏差量来形成的。方案制导过程实际上是一个程序控制过程,所以,方案制导也称程序制导。

（5）惯性制导。惯性制导是指利用弹上惯性元件,测量弹药相对于惯性空间的运动参数,并在设定运动的初始条件下,由弹载计算机计算出弹药的速度、位置和姿态等参数,形成控制信号,引导弹药按预定的飞行计划飞向目标的一种自主制导方式。

惯性制导系统一般由惯性测量装置、控制显示装置、状态选择装置、弹载导航计算机和电源等组成。惯性测量装置包括 3 个加速度计和 3 个陀螺仪。加速度仪用来测量弹药质心运动的 3 个方向的加速度,通过两次积分,可计算出弹药在所选择的导航参考坐标系中的位置;陀螺仪用来测量弹体绕质心转动运动 3 个方向的角速度,对角速度进行积分可计算出弹体的姿态。

（6）复合制导。复合制导是指由上述两种以上的制导方式组合起来的一种制导方式,以提高制导系统的制导精度。根据弹药在整个飞行过程中,或在不同的飞行段上,制导的组合方式可分为串联复合制导、并联复合制导、串并联复合制导 3 种。串联复合制导就是指弹药在不同的飞行段上采用不同的制导方式,如在起始段和中间段采用惯性制导,在末段采用寻的制导。并联复合制导是指弹药在整个飞行中,或在弹道的某一段上,同时采用几种制导方式。串并联复合制导是指弹药在飞行过程中,既有串联又有并联的复合制导方式。

（7）低成本制导。除上述 6 种制导方式外,在 20 世纪 90 年代兴起了一种 GPS 加惯导组成的低成本复合制导。该制导方式是利用弹上接收装置接收 GPS 信息,经过相关处理后,计算出弹药当时位置与弹药在所选择的导航参考坐标系中的位置偏差量;由弹上的惯性元件测量出弹药运动的姿态角,通过弹载制导计算机综合处理后形成制导指令,再通过执行机构控制弹药飞向目标。它具有制导精度高、全天候制导、结构简单、成本低等优点。

2）控制方法

智能弹药在空间的运动属于一般刚体运动,即包括质心运动和绕质心的转动。质心运动决定弹药在空间的位置,即弹药的飞行轨迹;而绕质心的转动只影响弹药的姿态,弹药姿态的改变又影响到质心的运动。控制弹药在空中的位置,主要是控制质心的位置,而质心位置的控制通常是通过对姿态的控制间接实现的。

智能弹药的空间姿态可用 3 个自由度来描述,即俯仰角及角速度、偏航角及角速度和滚转角及角速度,通常也称为 3 个通道。根据控制通道的个数,控制方法可分为单通道控制、双通道控制和三通道控制等 3 种。

（1）单通道控制方式。单通道控制方式是指只通过控制一个通道实现控制弹药在空间的运动方式。采用单通道控制的弹药必须是以较大的角速度绕弹轴旋转,否则只能控制弹药在某一平面内的运动,而不能控制其空间运动。单通道控制一般采用"一"字舵面的继电式舵机,其工作原理是:当弹体旋转时,舵面按一定的规律从一个极限位置向另一个极限位置交替偏转,其综合效果产生的控制力,使弹药沿基准弹道飞向目标。

(2)双通道控制方式。双通道控制方式是指通过控制俯仰和偏航两个通道来控制弹药在空间的运动方式,也称为直角坐标控制。其工作原理是:由探测跟踪装置测量出弹药和目标在测量坐标系的运动参数,按决定的导引规律分别形成俯仰和偏航两个通道的控制指令,并将控制指令分别传送到执行坐标系的两对舵面上,控制弹药按预计弹道飞向目标。

(3)三通道控制方式。三通道控制是指通过控制俯仰、偏航和滚转3个通道来控制弹药在空间的运动方式。其工作原理是:探测跟踪装置测量出弹药和目标的运动参数,然后形成3个控制通道的控制指令,所形成的3个通道的控制指令与3个通道的某些状态量的反馈信号综合,送给执行机构,通过执行机构控制弹药按预计弹道飞向目标。

3)导引规律

导引规律是指将弹药准确地导向目标所遵循的规律,也称制导规律或导引方法。根据运动学观点,导引规律确定了,弹药飞向目标的运动轨迹(理想弹道)也就确定了,不同的导引规律导致弹道的曲率不同、系统的动态误差也不同,过载分布的特点及导弹、目标速度比的要求也不同。

导引规律选择的依据是目标的运动特性环境和制导设备的性能及使用要求。对于固定目标,通常采用程序引导方法,其原理是通过探测装置测量出实际飞行弹道与标准弹道之间的偏差量,经过综合处理,计算出制导指令,由控制装置控制弹药按标准弹道飞向目标,这种方法也称为摄动法。对于机动目标,常用的导引规律有以下5种:

(1)平行接近法。平行接近法是指在导引过程中目标视线在空间始终沿给定方向平行移动,即视线角速度为零的一种导引方法。或者说弹药的速度矢量在任意瞬间都指向弹药与目标的相遇点。

(2)追踪法。追踪导引法是指弹药在追击目标的全过程中,弹药飞行的速度矢量 v_0 始终指向目标,即跟踪追击。

(3)比例导引法。比例导引法是指在制导全过程中,弹药速度矢量的转动角速度与目标视线的转动角速度始终保持一定的比例关系的导引方法。比例导引法的弹道是介于追踪法和平行接近法两种弹道之间,在弹道起始阶段和追踪法接近,在弹道末段和平行接近法弹道相近。

(4)三点法。三点法是指在制导全过程中,制导站、弹药、目标三者始终保持在一条直线上的导引方法。它也称为重合法或视线法。

(5)前置角法。前置角法是指在制导的全过程中,任意瞬时弹药均处于制导站和目标连线的一侧的导引方法。

4)探测装置

制导弹药与无控弹药的根本区别在于它在受到外界干扰而偏离理想弹道的情况下,在控制装置的操纵下,仍能按理想弹道飞行。为实现这一目标,必须解决两大关键问题。第一是首先利用各种探测装置实时测出实际弹道偏离理想弹道的偏差量;第二是通过执行装置消除这一偏差量,保证弹药仍按理想弹道飞行。

(1)测角仪。在遥控系统中,探测装置一般为测角仪。测角仪的一般工作原理是在制导的全过程中实时测出弹药和目标的运动及位置参数并将所测参数与测量坐标系的基准弹道参数(信号)进行比较,计算出误差量(误差信号),误差信号经过放大与转换之后生成与角误差信号相对应的电信号,执行装置将按此电信号控制弹药按理想弹道飞行。

（2）导引头。导引头是一种装在弹上的探测跟踪装置,其作用是适时测量弹药偏离理想弹道(标准弹道)的失调参数,根据失调参数形成控制指令,并传送给弹上的控制系统,控制弹药按预计的理想弹道飞行。这里必须指出,采用不同的导引方法所需测量的失调参数的类型不同。

导引头按其接收目标辐射或反射能量的能源位置不同,可分为主动式导引头(接收目标反射的能量,照射目标的能源在弹上);半主动式导引头(接收目标反射的能量,照射目标的能源不在弹上);被动式导引头(接收目标辐射的能量)。导引头按接收能量的物理特性不同可分为雷达导引头和光电导引头,而光电导引头又可分为电视导引头、红外导引头、激光导引头等。

5）执行机构

执行机构的作用是根据探测装置送来的控制信号或测量元件输出的稳定信号操纵弹上的舵面或副翼偏转,或者改变发动机的推力矢量方向,控制弹药按理想弹道飞行。执行机构一般是由放大变换元件、舵机和反馈元件等组成的一个闭合回路。其工作原理如图2-9所示。

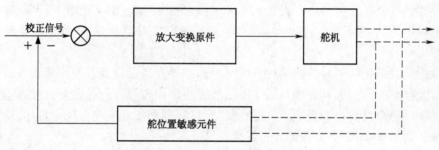

图2-9 执行装置工作原理示意图

放大变换元件的作用是将输入信号和舵机反馈的信号进行综合放大,并按舵机的类型,把信号变换成该舵机所需的信号形式。舵机的作用是在放大变换元件输出信号的作用下,在控制力的驱使下操纵舵面按预计规律转动。反馈元件的作用是将执行装置的输出量(舵面的偏转角)反馈到输入端,使执行装置成为闭环调节系统、检查执行效果,以便制定新的执行方案,提高调节质量。

此外,还有一种推力矢量控制机构,是一种通过改变发动机排气流的方向,或者利用弹上产生的微推力矢量来控制弹药飞行。

6）制导控制部选择依据与原则

由制导控制部的组成和工作原理得知,制导控制部技术含量高、结构复杂、涉及的知识面宽、成本高,这就对如何选择制导控制部提出了更高的要求,必须全面地、系统地进行分析比较,充分论证,择优选用。

（1）选择依据。

① 对付的战场目标不同,对制导控制部的要求也不同。例如,对付点目标要求制导精度要高,对付面目标对制导精度要求就可以低一些。又如,对付的是时间敏感目标或静止目标,对制导控制部的要求也不同。对付时间敏感目标的制导精度要求更高,对于地面静止目标常采用低成本制导体制,即GPS加惯性导航装置。

② 战术技术指标是研制工作的依据。与制导控制部有关的主要战技指标有弹药战斗部毁伤指标、制导精度指标、制导控制部抗干扰指标、可靠性指标和弹药飞行速度指标等。例如,战

斗部毁伤半径大,制导精度可差一些,也就是说 CEP 可以大一些。另外,弹药的飞行速度越高,要求制导控制部的反应速度要越快,进而对制导控制部的执行装置的反应速度要求更快。

③ 不同的发射平台,发射过载不同。目前制导控制部的控制装置或其他敏感元件均为电子、光电器件和精密微机电装置,抗过载能力弱。所以,必须根据发射平台的过载大小以及器件的封装工艺和材料选择相应的制导控制部。

(2) 选择原则。

① 高捕获高精度。高捕获是指目标探测器装置捕获目标的概率要高,高精度是指探测装置对所捕获的目标的运动参数的测量精度要高。

② 高可靠性。如果制导控制装置工作不可靠,失去了对弹药飞行的控制能力,那么,有控弹药就成了无控弹药,其飞行状态可能比无控弹药更糟。

③ 抗干扰能力强。信息干扰、信息欺骗和信息伪装是信息对抗的有效手段,这就要求目标探测装置在信息对抗的环境中还能正确无误地捕获目标,准确地测得目标的运动参数。

④ 大功率、小体积、低成本。目标探测装置的探测距离(视力)取决于探测装置的功率,功率越大,探测距离越远,对控制装置越有利,制导精度相对也高一些。对于采用寻的制导体制的弹药,探测装置是装在弹上,由于受弹药尺寸和重量的限制,特别是身管火炮发射的弹药受尺寸和重量的限制更严一些,这就要求探测装置的体积要尽量小一些。此外,由于弹药的用量大,必须选择低成本制导控制部。

⑤ 严格控制新技术比例。制导控制部是一种技术密集型部件,它是由多项高新技术综合集成而成,技术的综合集成本身就是一种创造,所以,应尽量选择别人已用过的技术进行综合集成,严格控制使用新技术的比例,否则风险太大,甚至导致项目失败。

2.2.5 要素筛选与集成

弹药概念设计是根据战场目标或作战任务设定弹药的整体功能,再按整体功能和战术指标筛选组成要素(子系统或部件),并将所选要素集成一个有机整体(概念弹药),为技术方案设计奠定基础,提供理论支持。根据弹药系统功能分析,对付不同目标或完成不同功能,组成弹药系统的要素也不同。所以,组成要素的筛选与集成必须针对具体目标或作战任务,从弹药整体性能最优出发,综合考虑要素与整体性能之间、要素与要素之间的相互关系,应用系统工程方法,从诸多要素中筛选出最合适的要素,并将所选要素按照一定的法则组成一个有机整体,确保弹药系统的整体性能最优。

系统分析与评价方法有很多,此处主要介绍层次分析法、排队优序法。

1. 层次分析法

层次分析法(AHP)是一种整理和综合人们主观判断的定性与定量分析相结合的决策思维的系统分析法。

层次分析法根据问题的性质和达到的目标,分解出问题的不同组成要素,并按因素间的相互关系及隶属关系,将其分层聚类组合,形成一个递阶的、层次结构模型,然后对模型中每一层次因素的相对重要性,依据人们对客观现实的判断给予定量表示,再用数学方法确定每一层次全部因素相对重要性次序的权值,获得最低层因素对于最高层(总目标)的重要性权值,或进行优劣性排序,以此作为评价和选择方案的依据。

层次分析法的基本步骤如下:

(1) 建立阶梯层次结构模型;

（2）建立判断矩阵；

（3）层次单排序；

（4）层次总排序；

（5）分析与决策。

阶梯层次结构模型一般由目标层(顶层)、准则层(中间层)和方案层(底层)等3层组成,如图2-10所示。一般系统只有一个目标,如有多个目标应在总目标层下面再建立一个分目标层。

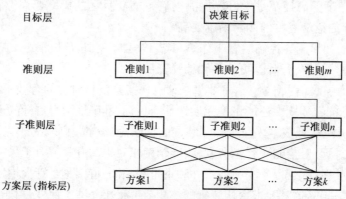

图2-10 阶梯层次结构模型

准则层表示实现预定总目标所采取的各项准则或评价标准。方案层表示为解决问题而选用的各种方案、措施等。准则层是用来衡量目标能否达到的准则,均与目标有关,需用实线相连,各方案与准则之间也要用实线相连。如无实线相连的任意两单元之间表示不存在联系。

建立阶梯层模型时,首先要明确问题,弄清问题中涉及了哪些因素,分清总目标、分目标、准则以及它们之间的联系,然后由上而下建立阶梯层次模型。

每个单元对临近的下一层单元均有一个判断矩阵,矩阵中的元素表示针对上一层某单元,本层次相关的单元之间相对重要性的比较,一般采用1~9标度和它们的倒数表示重要程度,根据分析者进行定性分析的直觉和经验来判断确定,也可以通过专家函询调查法或其他方法获得,标度值是根据两两比较相对重要程度而确定的,标度的取值如表2-3所列。

表2-3 判断矩阵标度值的确定

标　度	定　义	说　明
1	同等重要	两个单元相比同样重要
3	稍微重要	两个单元相比一单元比另一单元稍微重要
5	明显重要	两个单元相比一单元比一单元明显重要
7	很重要	两个单元相比一单元在实践中的主导地位已显示出来
9	极端重要	两个单元相比一单元的主导地位占绝对重要地位
2、4、6、8	上述两相邻判断的折中	表示需要在上述两个标度之间折中时的定量标度
上列各数倒数	反比较	若单元 i 与单元 j 相比较得 b_{ij},而 j 单元与 i 单元相比较则得 $1/b_{ij}$

当判断矩阵不具有完全一致性时,其特征根也将发生变化,可以利用特征根的变化来检查判断矩阵的一致性程度。检查判断矩阵的一致性指标用符号 CI 表示。

$$\text{CI} = \frac{|\lambda_{\max-n}|}{n-1}$$

CI 越大,表明一致性越差;反之一致性越好。

一般矩阵阶数 n 越大,判断矩阵的一致性越差,但并不意味着判断矩阵没有满意的一致性。为了判断判断矩阵的一致性的满意程度,引进判断矩阵的平均随机一致性指标 RI。

$$CR = \frac{CI}{RI}$$

当 CR<0.1 时,判断矩阵才具有满意的一致性,此时通过单元两两比较的相对重要性才有意义。否则,必须重新比较,调整标度,再进行随机一致性比率的计算,直到 CR<0.1 为止。

$n=1\sim15$ 阶判断矩阵的 RI 值已列入表 2-4 中。

表 2-4　判断矩阵 RI 值

阶数 n	1	2	3	4	5	6	7	8	9	10
RI	0	0	0.58	0.90	1.12	1.24	1.32	1.41	1.45	1.49
阶数 n	11	12	13	14	15					
RI	1.52	1.54	1.56	1.58	1.59					

判断矩阵的一致性程度可以用和积法进行计算。和积法的具体步骤如下:

(1) 将判断矩阵的每一列元素做归一化处理,即

$$\bar{b}_{ij} = \frac{b_{ij}}{\sum\limits_{k=1}^{n} b_{kj}} \quad (i,j=1,2,\cdots,n)$$

式中:脚标 i 和 k 表示列,j 表示行。

(2) 将每一列经归一化后的判断矩阵按行相加,有

$$\overline{W}_i = \sum_{j=1}^{n} \bar{b}_{ij} \quad (i=1,2,\cdots,n)$$

(3) 对向量 $\overline{\boldsymbol{W}} = [\overline{W}_1, \overline{W}_2, \cdots, \overline{W}_n]^{\mathrm{T}}$ 归一化,有

$$W_i = \frac{\overline{W}_i}{\sum\limits_{k=1}^{n} \overline{W}_k} \quad (i=1,2,\cdots,n)$$

(4) 计算判断矩阵最大特征根

$$\lambda_{\max} = \sum_{i=1}^{n} \frac{(BW)_i}{nW_i}$$

式中:$(BW)_i$ 为向量 BW(两个矩阵乘积)的第 i 个元素,B 为判断矩阵。

(5) 判断矩阵一致性指标计算。计算 CI 和 CR,当 CR<0.1 时,表明判断矩阵有满意的一致性。否则,重新计算,直到 CR<0.1 为止。

2. 排队优序法

排序得分原则:假设有 M 个评价方案,排在第一位得分 $(M-1)$;排在第二位得分 $(M-2)$;排在第 i 位得分为 $(M-i)$;排在 M 位得分为 $(M-M)$。

如果有 N 个各次相同的方案,要把它们排在同一位置上,则后面要空出 $(N-1)$ 个位置,它们的优序数等于它们对应的优序号 J 减去 $0.5(N-1)$。

2.2.6 目标特性及作战任务分析

下面将以毁伤敌方集群坦克为例,具体讨论要素的筛选与集成。按坦克参战的特点,可能在 3 种情况下出现集群坦克,第一种是处于待命状态下;第二种是处于行进状态下;第三种是处于进攻状态下。对付不同状态下的集群坦克,弹药的整体功能要求不同,所使用的弹药也不同。下面只讨论对付在待命状态下的集群坦克。

待命状态下的集群坦克,一般位于敌后方,离前沿阵地较远,处于静止状态,为了增强坦克的生存能力,坦克顶部披挂了爆炸反应装甲,并进行了伪装。

1. 弹药系统整体功能设定

根据目标特性和作战任务分析,击毁待命状态下的集群坦克,弹药应具有以下功能:

(1) 远距离打击能力。待命状态下的集群坦克,一般离前沿阵地较远,要击毁集群坦克,弹药必须能飞到集群坦克区。

(2) 精确命中能力。坦克目标的体积较小,属于点目标,击毁点目标首先需命中目标,特别是击毁处于待命状态下的集群坦克,离前沿阵地又远,所以,击毁远距离的坦克,弹药必须具有较高的命中精度。

(3) 高毁伤能力。由于远距离命中坦克比较困难,一旦命中坦克,必须击毁坦克。所以,弹药必须具有高毁伤能力,以确保命中坦克后就能击毁坦克。

综合分析,击毁待命状态下的集群坦克,弹药的整体功能是远程、精确命中和高效毁伤。

2. 要素筛选

要素筛选必须从整体出发,局部服从整体,综合考虑要素与整体之间、要素与要素之间的关系;正确处理射程、毁伤能力和命中精度三大指标的关系;在保证弹药整体性能最优的前提下,应尽量选取指标先进、成熟度高、成本低的要素。

1) 战斗部的组成要素分析与筛选

战斗部的功能是直接毁伤目标。由毁伤元功能分析得知,具有毁伤坦克能力的毁伤元主要有动能穿甲、聚能破甲、聚能爆炸成形弹丸、爆破杀伤和穿—爆复合 5 种毁伤元。对付待命状态中的集群坦克,弹药数量越多,命中毁伤坦克的概率就越高。很显然,采用子母弹或子母型战斗部要比采用整体战斗部的弹药数量多得多,通常采用子母弹或子母型战斗部。

适用于子母弹的毁伤元,主要有聚能破甲、聚能爆炸成形弹丸、爆破杀伤和穿—杀复合 4 种毁伤元。爆破杀伤毁伤主要是靠炸药爆炸时形成的爆轰冲击波和杀伤破片毁伤坦克,炸药装药量越多,毁伤能力越强。由于炮弹或火箭弹的弹径较小,战斗部重量有限,如果子弹的装药量越多,装的子弹个数就得减少,命中坦克的概率也会减小。考虑弹药对战斗部的重量有限制,一般不采用爆破杀伤子母弹。所以,可选用的毁伤元还有聚能破甲、聚能爆炸成形弹丸和穿—杀复合 3 个毁伤元。

聚能破甲毁伤是靠炸药爆炸时,金属药型罩形成的射流穿透坦克装甲,毁伤坦克内的人员和设备,其破甲能力强,穿透相同厚度钢甲所需的装药直径较小,装药量也少,子弹的体积较小。而对于相同内腔的母弹,装的子弹数量就多,命中目标的概率就高一些,但射流直径较小,破孔直径小,破甲后效较差。

聚能爆炸成形弹丸是靠炸药爆炸时,药型罩形成的弹丸击穿坦克装甲,爆炸成形弹丸直径较大,速度不高,穿深能力较弱,穿透相同厚度钢甲所需装药直径较大,装药量也多,子弹的体积较大。而对于相同内腔的母弹,装的子弹数量较少,命中目标的概率也低一些,但是,穿孔直径大,穿甲后效好。

穿—杀复合毁伤是靠爆炸成形弹丸击穿坦克装甲,再随进一个杀伤子弹,毁伤坦克内的人员和设备,毁伤效果好。但是,子弹个子更大,装的子弹个数更少一些。

上述 3 种毁伤元的性能能已列入表 2-5 中。

表 2-5　毁伤元性能比较

项目　毁伤元	毁伤效果	数量	可靠性	成本
聚能破甲	一般	最多	好	低
聚能爆炸成型弹丸	好	较多	好	低
穿—杀复合	最好	较少	较差	较高

2）投射部的组成要素分析与筛选

根据投射部特性的分析,目前常用的投射方式主要有身管炮发射、火箭发动机推进、身管炮发射加增程装置、电热化学炮发射和无人机投放 5 种。由于电热化学炮发射还未用于武器,这里暂不讲述。另外,由于待命状态中的坦克离前沿阵地较远,身管火炮发射提供的飞行功能有限,较难满足远程打击的要求,因此也不选用。最后只剩下身管炮发射加装增程装置、火箭发动机推进和无人机投放 3 种。

身管炮发射加增程装置是在身管炮发射的炮弹上装一个增程装置,可大幅度地提高炮弹的射程,实现远程打击。身管炮发射射速较高,有较好的火力持续性和火力机动性,母弹散布误差较大,成本较低。

火箭发动机工作时产生的反作用力推动火箭弹前进,射程远近取决于火箭发动机的装药量的多少和工作效率。射程越远,火箭发动机所需的装药量就越多,火箭弹质量就越大。由于战斗部质量受限较小,故可装的子弹数量较多,但成本高,母弹散布很大,火力持续性和火力机动性较差。

无人机投放是靠无人机把子弹携带到目标区上空,无人机属于有控飞行器,能较精确地飞抵目标区,火力机动性好。但无人机的有效载荷量较小,装的子弹少,火力的持续性极差,成本很高。

上述 3 种投射方式的性能如表 2-6 所列。

表 2-6　投射方式性能比较表

项目　投射方式	母弹落入目标区的概率	携带子弹数量	火力持续性	整弹成本
身管炮发射加增程装置	中	中	好	低
火箭发动机推进	小	多	中	中
无人机投放	高	少	差	高

3）制导控制部的组成要素分析与筛选

为了实现弹药精确打击待命状态集群坦克,应采用必要的制导控制装置。常用的方法主要有母弹有控子弹无控、母弹无控子弹有控和母弹与子弹均有控 3 种方法。战时弹药的消耗量最大,毁伤待命状态集群坦克必须以多对多,所需弹药数量较多,不适合于采用高精度制导控制部。待命状态的集群坦克属于面目标中的点目标,只需保证母弹有较高的概率落入目标区,通常采用低成本制导或简易制导控制部。目前,常用的简易制导控制方法主要有 GPS 一维弹道修正、微矢量修正和传感器引爆。

GPS 一维弹道修正是指只对射程进行修正，通过装在弹上或引信上的 GPS 集成器控制阻力环或阻力片调整轴向阻力，实现对射程的修正。这种方法结构简单、可靠性高、成本低，但修正精度有限，用于身管炮发射的旋转稳定炮弹比较合适。

微矢量修正是指靠装在弹药质心附近的数个或数十个微型矢量火箭发动机产生的推力，改变弹药飞行的速度方向，实现对弹道的修正。由于微型矢量火箭发动机的个数有限，多用于弹道末端修正，修正指令可由弹上装置产生，也可以由地面控制站发送。修正精度取决于微型矢量火箭发动机个数，个数越多，修正精度越高。

传感器引爆是目前子弹上常用的制导控制方法。传感器引爆是指弹上的目标探测器一旦捕获到目标，立刻引爆炸药装药。当炸药爆炸时药型罩形成爆炸成形弹丸，并以 2000m/s 左右的速度飞向目标，大大地提高了子弹命中坦克的精度。

3. 要素集成

要素集成是在要素分析和筛选的基础上，从整体性能最优出发，应用系统工程方法，将筛选出来的各要素按一定的法则组成一个具有新功能的有机整体。要素集成时，既要考虑到各要素的优势，又要考虑到各要素与整体之间、要素与要素之间的相互关系，优势互补，确保弹药整体性能最优。

为了便于要素综合集成，现将上述筛选出来的要素列入表 2-7 中。

按表 2-7 中的备选要素，可综合集成为 36 个整体方案。综合集成绝不是各备选要素的简单拼凑，而是按一定法则的有机组合，确保整体最优。

表 2-7　备选要素表

战斗部	投射部	制导控制部	
		母弹	子弹
聚能破甲子弹	身管发射加火箭发动机助推	一维弹道修正	传感器引爆子弹
聚能爆炸成型弹丸子弹	见发动机推进	微矢量修正	无控子弹
穿—杀复合子弹	无人机投放		

可采用淘汰法，首先通过定性分析比较淘汰一些整体性能较差的方案。

由战斗部分析得知，聚能破甲子弹的体积比穿—杀复合子弹的体积小得多，对于一定内腔体积的母弹，所装的破甲子弹比穿—杀复合子弹多得多。所以，无控穿—杀复合子弹比无控破甲子弹的性能要差。根据毁伤元的特性，爆炸成形弹丸能在较远的距离上（约 1000 倍装药口径）能够击穿 0.6~1.0 倍装药口径厚度的装甲；而聚能破甲毁伤元只能在有利炸高（约 2~8 倍装药口径）才能获得最大的穿深。所以，聚能破甲毁伤元不适用于传感器引爆子弹药。穿-杀复合毁伤元是靠爆炸成形弹丸先把装甲穿一个孔，杀伤元再通过穿孔进入装甲内爆炸。离装甲的距离越远，杀伤毁伤元通过穿孔进入装甲内的概率越小，而且增加了杀伤毁伤之后，子弹体积和重量均要增加，相应的子弹数就要减小。归纳起来，爆炸成形弹丸毁伤元用于传感器引爆子弹比较合适，聚能破甲毁伤元用于无控子弹比较合适。

由投射部分析，无人机投放虽然能将子弹精确地携带到目标区，提高了子弹命中坦克的概率，但是无人机携带的子弹有限，火力持续性又差，武器整体成本又高。与其他两种投射方式相比，无人机投放子弹不适宜于对付处于待命状态的集群坦克，剩下的只有身管炮发射加火箭发动机助推和火箭发动机推进两种投射方式可选。

根据制导控制部分析,母弹采用简控方式,分别为一维弹道修正和微矢量修正,均可作为备选要素;子弹采用传感器引爆和无控两种,作为备选要素。为了便于要素集成,现将上述初步筛选出来的备选要素列入表2-8中。

表2-8　备选要素表

战斗部	投射部	制导控制部	
		母弹	子弹
聚能破甲毁伤	身管发射加火箭发动机助推	一维弹道修正	传感器引爆
聚能爆炸成型弹丸毁伤	火箭发动机推进	微矢量修正	无控

按表2-8中的备选要素可以集成16个整体方案。根据聚能破甲毁伤元只适用于无控子弹,而爆炸成形毁伤元只有与传感器引爆子弹相结合,才能充分发挥爆炸成形弹丸大距离毁伤装甲目标的能力。于是又淘汰了8个方案,最后还剩下8个整体方案:

(1) 聚能破甲战斗部、身管炮发射加火箭发动机助推、母弹采用一维修正、子弹为无控型等要素组成,用符号 f_1 表示。

(2) 聚能破甲战斗部、身管炮发射加火箭发动机助推、母弹采用微矢量修正、子弹为无控型等要素组成,用符号 f_2 表示。

(3) 聚能破甲战斗部、火箭发动机推进、母弹采用一维修正、子弹为无控型等要素组成,用符号 f_3 表示。

(4) 聚能破甲战斗部、火箭发动机推进、母弹采用微矢量修正、子弹为无控型等要素组成,用符号 f_4 表示。

(5) 爆炸成形弹丸战斗部、身管火炮发射加火箭发动机助推、母弹采用一维修正、子弹为传感器引爆型等要素组成,用符号 f_5 表示。

(6) 爆炸成形弹丸战斗部、身管炮发射加火箭发动机助推,母弹采用微矢量修正、子弹为传感器引爆型等要素组成,用符号 f_6 表示。

(7) 爆炸成形弹丸战斗部、火箭发动机推进、母弹采用一维弹道修正、子弹为传感器引爆型等要素组成,用符号 f_7 表示。

(8) 爆炸成彩弹丸战斗部、火箭发动机推进、母弹采用微矢量修正、子弹为传感器引爆型等要素组成,用符号 f_8 表示。

上述8个方案各有优缺点,还需通过评估筛选出整体性能更优的方案。

4. 要素集成方案评价

通过定性分析比较,已从36个方案中初步筛选出来8个方案,下面将经过整体性能综合评价,从8个方案中筛选出2~3个整体性能更优的方案,整体性能综合评价关键是设定评价指标和建立评价模型。

1) 评价指标

评价指标是评价备选方案优劣的准则,能表征弹药系统的整体性能。评价准则选择不同,评价结果就不一样。一般地,评价指标越多,评价结果就越合理、可信。但评价指标过多,评价模型太复杂,甚至难以建立模型,反而会影响评价结果的合理性。所以,只能选择对整体性能影响较大的参数作为评价准则。基于以上分析,这里选择战术指标(单发母弹毁伤坦克的概率)、火力持续性、可靠性和成本指标作为评价准则。分别用符号 C_1、C_2、C_3 和 C_4 表示。通过分析比较,影响最大的是战术指标 C_1,其次是火力持续性 C_2,再其次是可靠性 C_3,影响最小的是弹药

成本 C_4。用层次分析法,可计算出各评价指标的权值。

通过两两比较,评价指标的判断矩阵如表 2-9 所列。

表 2-9 评价指标的判断矩阵

	C_1	C_2	C_3	C_4
C_1	1	2	3	4
C_2	1/2	1	2	3
C_3	1/3	1/2	1	2
C_4	1/4	1/3	1/2	1

按判断矩阵中的数据,用和积法可计算出判断矩阵的最大特征值 $\lambda_m = 4.03$;一致性指标 CI = 0.010;随机一致性指标 CR = 0.011;各评价指标的权值为 $(\omega_1, \omega_2, \omega_3, \omega_4) = (0.466, 0.277, 0.161, 0.096)$。因为 CR<0.1,表示判断矩阵有满意的一致性,所计算的权值是可信的。

2)评价模型

要素集成方案的评价是对弹药系统概念设计方案的评价,属于事前评价。由于存在许多不确定因素,不可能做出比较准确的评价。评价模型很多,有单因素评价模型和多因素综合评价模型,这里采用综合评价模型。

$$W_i = \sum_{J=1}^{n} \omega_J a_{iJ}$$

式中:W_i 为第 i 集成方案对评价目标的权值;ω_J 为第 J 评价指标对评价目标的权值;a_{iJ} 为第 i 集成方案对评价指标 J 的权值。

3)集成方案对评价指标的权值计算

对评价指标权值的计算方法很多,如专家函询调查法、层次分析法、排队优序法等,这里采用排队优序淘计算集成方案对评价指标的权值。

各集成方案按其性能对各评价指标的排序已列入表 2-10 中。

表 2-10 各集成方案排序表

指标 排序号	战术指标 C_1	火力持续性 C_2	可靠性 C_3	成本 C_4
1	f_8	f_1, f_2, f_5, f_6	f_1, f_3	f_1
2	f_6			f_3
3	f_5		f_2, f_4	f_2
4	f_7			f_4
5	f_4	f_3, f_4, f_7, f_8	f_5, f_7	f_5
6	f_2			f_7
7	f_1		f_6, f_8	f_6
8	f_3			f_8

按表 2-10 中的排序,根据排队优序计分原则,便可计算出各集成方案对评价指标的得分,计算结果已列入表 2-11 中。

表 2-11 各集成方案得分表

排序号\指标	战术指标	火力持续性	可靠性	成本
f_1	1	5.5	6.5	7
f_2	2	5.5	4.5	5
f_3	0	1.5	6.5	6
f_4	3	1.5	4.5	4
f_5	5	5.5	2.5	3
f_6	6	5.5	0.5	1
f_7	4	1.5	2.5	2
f_8	7	1.5	0.5	0

将表 2-11 中的数据进行归一化处理后,便可计算出各集成方案对评价指标的权值。计算结果已列入表 2-12 中。

表 2-12 各集成方案对评价指标的权值表

排序号\指标	战术指标	火力持续性	可靠性	成本
f_1	0.0357	0.1964	0.2321	0.250
f_2	0.0714	0.1964	0.1607	0.1786
f_3	0	0.0536	0.2321	0.2143
f_4	0.1071	0.0536	0.1607	0.1429
f_5	0.1786	0.1964	0.0893	0.1071
f_6	0.2143	0.1964	0.0179	0.0357
f_7	0.1429	0.0536	0.0893	0.0714
f_8	0.250	0.0536	0.0179	0

4) 集成方案综合权值计算

为了便于计算,现将各评价指标对评价目标的权值和表 2-12 中的权值列入表 2-13 中。

表 2-13 权值总表

排序号\指标	战术指标	火力持续性	可靠性	成本	综合权值 $W_i = \sum\limits_{j=1}^{n} \overline{\omega}_j a_{ij}$
	0.466	0.277	0.161	0.096	
f_1	0.0357	0.1964	0.2321	0.250	0.1324
f_2	0.0714	0.1964	0.1607	0.1786	0.1307
f_3	0	0.0536	0.2321	0.2143	0.0728
f_4	0.1071	0.0536	0.1607	0.1429	0.1043
f_5	0.1786	0.1964	0.0893	0.1071	0.1623
f_6	0.2143	0.1964	0.0179	0.0357	0.1606
f_7	0.1429	0.0536	0.0893	0.0714	0.1027
f_8	0.250	0.0536	0.0179	0	0.1342

将表 2-13 中的数据代入综合评价模型公式,便可计算出各集成方案对评价目标的综合权值。计算结果已分别列入表 2-13 最右边一栏的各行中。

5）评价结果分析

从表 2-13 最右边一栏中的数据可知：

（1）集成方案 f_5 权值最大,为 16.23%；其次是方案 f_6,权值为 16.06%；再其次是方案 f_8,权值为 13.42%。这 3 个方案引爆型子弹的权值,比无控聚能破甲子弹的权值大,这表明传感器引爆型子弹是对付集群坦克的有效手段。

（2）对于身管炮发射加火箭发动机助推的增程炮弹,采用一维弹道修正的权值略大于采用微矢量修正的权值。一维弹道修正方案是否优于微矢量修正方案,这一结论仅供参考。

（3）对于火箭发动机推进的弹药,采用微矢量修正的权值大于采用一维修正的权值,也就是说对于远程火箭弹采用一维弹道修正不合适。

（4）身管炮发射加火箭发动机助推方案的权值大于火箭发动机推进方案的权值,也就是说,身管火炮发射加火箭发动机助推方案的综合性能优于火箭发动机推进方案。

最后需要指出的是,本案例中的评价指标还不够全面,各集成方案的排序未经过充分的分析论证,所以评价结论仅供参考。

2.3　智能弹药技术方案设计

智能弹药的技术方案设计是智能弹药从构想向物化转化的第一步,也是非常关键的一步。技术方案先进与否、能否可行,将直接影响到智能弹药的先进性、研制周期和成本。

智能弹药技术方案设计是在智能弹药概念设计的基础上,为实现智能弹药总体目标,按筛选出来的要素集成方案设计技术方案,选择技术路线,并对技术方案的可行性进行初步分析论证。具体内容如下：

（1）确定技术方案设计原则；

（2）初步战术指标分解；

（3）初步技术方案设计；

（4）技术可行性分析。

2.3.1　技术方案设计原则

在进行智能弹药技术方案设计时,应遵循以下原则：

1. 整体性能先进原则

智能弹药系统是由多要素组成的一个有机整体,在进行技术方案设计时,要有整体观点、全局观点。技术方案设计必须根据弹药承担的作战任务和总目标要求,一切从弹药系统整体性能最先进出发,局部服从整体,子系统要服从总系统,单项技术要服从总体技术,充分论证,全面考虑,有机结合,优势互补,以确保弹药系统整体性能最优。

下面以末敏弹为例,分析整体性能先进性与其主要性能指标之间的适配关系。

根据末敏弹工作原理,末敏弹要击毁目标,首先是探测器能捕获到目标,其次是 EFP 能命中目标,再次是 EFP 能击穿目标。因此,末敏弹击毁目标的概率是一个条件概率,可表示为

$$P_{x \cdot b} = P_{x \cdot 1} P_{x \cdot 2} P_{x \cdot 3} \tag{2-1}$$

式中：$P_{x \cdot b}$ 为一定距离上,末敏子弹击毁给定厚度的装甲目标的概率；$P_{x \cdot 1}$ 为一定距离上,EFP

击穿给定厚度的装甲的概率；$P_{x\cdot 2}$ 为一定距离上，EFP 命中目标的概率；$P_{x\cdot 3}$ 为一定距离上，探测器捕获目标的概率。

由以上分析得知，射距、可穿透钢甲厚度和该距离上击毁给定厚度装甲目标的概率 $P_{x\cdot b}$ 是表征末敏弹整体性能的 3 个主要指标。

射距越远，敏感覆盖的范围越大，在覆盖范围的目标数也就多，末敏弹击毁目标的机会增多，但也意味着目标探测器的探测距离远了，EFP 的攻击距离也远了。由 EFP 形成与侵彻的工程实践表明，EFP 的有效攻击距离通常为 800~1000 倍装药口径，即攻击距离越远，装药口径就要越大，装药量也就越多，子弹就越重。另外，射距越远，EFP 飞行时间越长，EFP 的散布增大，将直接导致命中目标概率下降。可见，片面强调增大射距，将会影响到末敏弹整体性能的先进性。

在进行末敏弹技术方案设计时，要综合考虑射距、可穿透装甲厚度和击毁目标的概率 $P_{x\cdot b}$ 这 3 个指标。

2. 继承与创新原则

任何事物的发展都是从简单到复杂，弹药的发展也是如此。继承已有技术成果是弹药发展的基础，大胆创新、善于创新是弹药发展的关键，没有基础谈不上发展，没有创新就不会出现新一代弹药。所以，继承与创新的原则就是以继承重基础，以创新谋发展。

3. 高新技术占一定比例

任何一种新弹药都是在以往弹药的基础上发展起来的，智能弹药也不例外。在进行技术方案设计时，必须保持高新技术占一定的比例。如果比例定得过低，弹药的先进性就差；如果比例定得过高，虽然指标先进，但耗资过大，研制期增长，成本增加。

以末敏弹为例，末敏弹的目标探测器主要有主被动毫米波、红外或主被动毫米或红外复合等几种体制。虽然主被动毫米波与红外复合体制的目标探测器，对目标识别的准确度提高了，但它的高技术占比也提高了，技术难度就加大了。至于选用哪一种目标探测体制，应根据军事需求和技术状态而定。

面对众多高新技术，选择哪几项高新技术、选择什么样的高新技术，是智能弹药技术方案设计的核心和关键。所以，基本原则是根据智能弹药承担的作战任务和总目标要求，尽量选择那些成熟度高或已在同类弹药上用过的高新技术，并且要严格控制高新技术所占比例，一般为 30% 左右。

4. 立足国内，借鉴国外

我国在军事科学技术方面与发达国家的差距还很大，需要引进或借鉴国外先进技术，提高自我发展的起点，缩短与先进国家的差距。进行技术方案设计时，必须根据国内技术状况，充分利用国内的资源，开发出有自主知识产权的产品。但立足国内，不等于闭关自守，要虚心学习国外先进经验，吸收国外先进技术和先进思想，瞄准世界先进水平，借鉴国外先进技术，提高研究起点。同时，要充分利用国内资源，研发出有自主知识产权的高新装备。

例如，GPS 是一种比较简单、定位精度较高的方法。美国率先把 GPS 用于导弹（包括巡航导弹）、制导炮弹和制导炸弹，已形成多种 GPS 制导模块，大大提高了炮弹命中精度，降低了制导炮弹成本，是一种高精度低成本制导方法，受到世界各国的普遍重视。目前，我国自行研发、独立运行的全球卫星定位与通信系统——"北斗"卫星导航系统（BDS）与美国的 GPS、俄罗斯的"格洛纳斯"（GLONASS）、欧盟的"伽利略"（GALILEO）系统并称四大卫星导航系统。但 BDS 还在发展当中，必须借鉴国外的 GPS 技术，把国内的卫星导航制导技术搞起来，作为技术跟踪与储备,等 BDS 发展成熟了,就能把 BDS 制导技术广泛应用于弹药的制导。

2.3.2 初步战术技术指标分解

基本确定智能弹药总体战术指标和组成要素之后,在进行技术方案设计之前,应对智能弹药初步战术指标进行分解。

1. 分解原则

在进行技术方案设计之前,必须将智能弹药总指标分解成子系统或分系统指标。系统指标的分解与许多因素有关,存在着许多不确定因素,难度较大。

智能弹药指标分解必须从全局出发、局部服从整体、由上而下逐层分解和由下而上逐层综合相结合,要统筹考虑,权衡利弊,遵循难者低、易者高的原则,尽量做到科学合理。

2. 分解程序

智能弹药指标的分解首先是将智能弹药的主要战术指标射程、命中精度和毁伤能力分解成投射部、制导控制部和战斗部的指标,然后再将投射部、制导控制部和战斗部指标分解成部件指标。

3. 分解方法

若智能弹药的某项总指标可分解成 N 个概率指标,则有

$$P = P_1 P_1 \cdots P_N = \prod_{i=1}^{N} P_i (0 < P_i < 1)(i = 1,2,\cdots,N) \tag{2-2}$$

考虑到各组成要素的高新技术含量、影响因素及难易程度的不同,引入要素难度系数 $K(K \geq 1)$。难度越大,系数 K 就越大,难度最低的系数设为 $K=1$。

假设各分系统的难度系数分别为 $K_1,K_2,\cdots,K_N$,P_0 为 $K_J = 1$ 时的 P_J 指标(第 J 个分系统难度最低),即有 $P_0 = P_J$,并且 $P_i = P_0/K_i(i = 1,2,\cdots,N)$(设各分系统的分解指标与其中最低难度分系统的指标呈线性比例关系)。现将 P_i 代入式(2-2),得

$$P_0 = \left(P \cdot \prod_{i=1}^{N} K_i\right)^{\frac{1}{N}} \tag{2-3}$$

由式(2-3)可知,只要已知各组成要素的难度系数 K_i,就可以求出 P_0,进而求得 P_i。

由此可见,智能弹药指标分解的关键是确定各组成要素的难度系数 K_i。确定难度系数 K_i 需要参照同类产品的指标,一般采取难度系数 K_i 要和初定指标相结合,遵循由易到难的方法。这就要求除了有较丰富的实践经验之外,还必须进行科学的理论分析。

以末敏弹为例,对末敏弹击毁装甲目标的战术指标进行分解。

假设每发母弹内装两枚末敏子弹,每发末敏子弹击毁装甲目标的概率相同。已知两发母弹击毁一辆装甲目标的概率 P 不小于90%。

由前面的分析可知,末敏子弹在一定距离上击毁给定厚度装甲目标的概率 $P_{x\cdot b}$,等于 EFP 在该距离上击穿给定厚度装甲的概率 $P_{x\cdot 1}$ 和命中目标概率 $P_{x\cdot 2}$ 以及目标探测器捕获目标的概率 $P_{x\cdot 3}$ 的乘积。末敏子弹的主要战术指标 $P_{x\cdot b}$ 是 EFP 战斗部、稳态扫描装置和目标探测器指标的综合表达,只有 $P_{x\cdot 1}$、$P_{x\cdot 2}$ 和 $P_{x\cdot 3}$ 都达到了,末敏子弹的主要指标 $P_{x\cdot b}$ 才能达到。

根据概率理论,4枚末敏子弹至少有1枚末敏子弹击毁装甲目标的概率为

$$P = 1 - (1 - P_{x\cdot b}^0)^4 \tag{2-4}$$

由于已知两发炮弹击毁一辆装甲目标的概率 P 不小于90%,取 $P = 0.9$,则通过式(2-4)可求出末敏子弹击毁装甲目标的概率 $P_{x\cdot b}^0 = 0.438$。

设 K_1，K_2，K_3 分别为 EFP 战斗部、稳态扫描装置和目标探测器的难度系数，并代入式(2-3)，整理，得

$$(P_0)^3 = P_{x \cdot b}^0 K_1 K_2 K_3 \qquad (2-5)$$

只要知道了难度系数 K_1，K_2，K_3 就可求得 P_0，进而可求得 $P_{x \cdot 1} = P_0/K_1$，$P_{x \cdot 2} = P_0/K_2$，$P_{x \cdot 3} = P_0/K_3$。

实践证明，EFP 战斗部技术比较成熟，难度较低，其难度系数可取为 1，即 $K_1 = 1$。同时参照同类产品，EFP 在一定距离(约等于装药口径的 1000 倍)上，击穿给定厚度装甲的概率 $P_{x \cdot 1}$ 一般为 90%~95%，在此取 $P_{x \cdot 1} = 90\%$，即 $P_0 = 0.9$。

$P_{x \cdot 2}$ 表示 EFP 在一定距离上命中目标的概率，它与 EFP 自身命中目标的精度、稳态扫描装置的稳态性能、末敏子弹的运动状态和气象条件、目标探测器的探测精度和中央控制器的精度等诸多因素有关，尤其是末敏子弹的运动状态和气象条件等因素具有随机性。所以，在指标分解时，$P_{x \cdot 2}$ 可以适当低一些。

$P_{x \cdot 3}$ 表示目标探测器捕获目标的概率，尽管目标探测器的技术含量高，但由于 EFP 命中精度 $P_{x \cdot 2}$ 的影响因素多，确定 $P_{x \cdot 2}$ 的难度更大。

参照工程实践，可设 $P_{x \cdot 2}$、$P_{x \cdot 3}$ 两者的难度系数比 $K_2 : K_3 = 1.2$，即 $K_2 = 1.2K_3$。将 P_0，K_1，K_2，K_3 和 $P_{x \cdot b}^0$ 代入式(2-5)，可求得：$K_3 = 1.18$，$K_2 = 1.2$，$K_3 = 1.42$，则有：$P_{x \cdot 2} = 0.63$，$P_{x \cdot 3} = 0.76$。为了便于考核和验收，最后取 $P_{x \cdot 2} = 0.65$，$P_{x \cdot 3} = 0.75$。

将 $P_{x \cdot 1}$、$P_{x \cdot 2}$、$P_{x \cdot 3}$ 代入式(2-2)，则可求出经指标分解后末敏子弹在一定距离上击毁给定厚度装甲目标的概率 $P'_{x \cdot b} = 0.9 \times 0.65 \times 0.75 = 0.4387$。

由于 $P'_{x \cdot b} \approx P_{x \cdot b}^0$，表明上述指标分解是基本合理、可行的。

射距、可穿透装甲的厚度和在 x 距离上击毁厚度为 b 的装甲目标的概率 $P_{x \cdot b}$ 是表征末敏子弹药整体性能的 3 个主要指标。以上只讨论了末敏子弹在一定距离上击毁给定厚度装甲目标的概率 $P_{x \cdot b}$ 指标的分解问题，如何确定射距和可穿透装甲的厚度是一个系统工程问题，所以在进行指标分解时，必须从整体性能最优出发，统筹考虑，权衡利弊，把各组成要素的优势结合起来，形成有机整体，确保整体性最优，即保证末敏子弹在最大距离上击毁给定厚度装甲目标的概率达到最大。

2.3.3　初步技术方案设计

智能弹药技术方案设计是将智能弹药从概念设想转化为实物的关键环节，智能弹药的功能能否实现、任务能否完成、指标能否达到，最核心、最关键是所选用的技术和技术路线是否科学、合理。

智能弹药技术方案设计是根据各组成要素功能和任务、初步技术指标，遵循弹药系统技术方案设计原则，用系统工程方法优选那些指标既先进、风险又小的技术。

下面分别从增大射程、提高精度、改善威力 3 个方面进行相关技术分析，为智能弹药技术方案初步设计时优选或遴选相关技术提供支撑。

1. 增大射程的技术分析

为了满足未来大纵深战场的需要，弹药必须远程化，增大弹药射程是弹药远程化的前提。而增大弹药射程的技术很多，如图 2-11 所示。

1) 增大初速与减阻增程技术

由外弹道理论得知，弹药初速度增加，阻力也随之增加。在增大弹药速度的同时，应尽量减

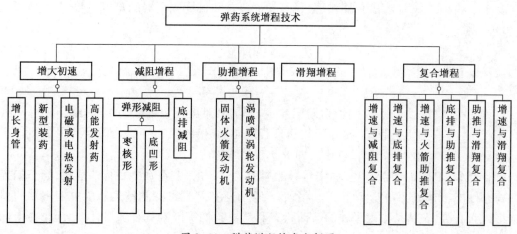

图 2-11　弹药增程技术分解图

小弹丸阻力,使增大速度与减阻复合增程效果更加明显。

现代远程炮弹初速已达到 900m/s 以上,全弹道上都是超声速飞行,其阻力主要来自波阻和底阻。因此,弹形减阻的关键是优化弹丸全长、弹头长度占比、弹尾结构(尾部长度和尾锥角度)、弹带结构、引信头部结构等气动外形的优化匹配设计工作,最大限度地减小波阻和底阻。因此,弹形减阻(减小激波阻力)结合底排减阻(减小底部阻力)就成为一种重要的复合增程技术。

2) 滑翔增程技术

滑翔增程技术是受滑翔飞机及飞航式导弹飞行原理的启发而提出的一种弹药增程技术。滑翔增程是指弹药在空中飞行时靠弹翼产生的稳定升力与重力平衡,使弹药下降速度减慢,能在空中飞行更长的时间,以达到增大射程的目的,增程效果好,增程率不小于 100%,甚至可达200%。为了减小阻力,弹翼一般在最大弹道高才打开,弹翼打开的时机和打开时的姿态,对增程效果和散布均有较大影响。为了保证射击精度,滑翔增程弹同时应配有弹体姿态探测与控制装置,不仅增大了质量也使弹药结构更加复杂。所以,滑翔增程技术一般用于超远程弹药和有控弹药。

3) 火箭助推增程技术

火箭助推增程是指依靠助推发动机提供的推力,以增大弹药的飞行速度,进而达到增程的目的,助推增程效果比较好,增程率一般为 30%~100%。助推增程需要助推发动机,增程越远,助推发动机的重量越重,使弹药的附加重量增加,会使有效荷重量减小,这对于提高弹药的毁伤能力不利。同时,采用助推增程会使弹药的散布增大,对提高命中精度不利。当射程较远时(≥50km)时,要采用弹道控制技术,以减小弹药散布。

4) 复合增程技术

复合增程是指两种或两种以上增程技术的有机组合,常用的复合增程技术主要有:增大速度与减阻增程复合、底排减阻与火箭助推增程复合、火箭增程与滑翔增程复合等。

以底排火箭复合增程技术为例,底排火箭复合增程技术是针对弹丸飞行阻力的变化规律,综合应用底排减阻和火箭助推两项增程技术的新型增程途径,采用先底排后火箭的增程方式能够充分发挥这两种增程技术的优势而避免其缺点。弹丸出炮口后,在低空飞行时,全弹空气阻力大,其底阻可占全部空气阻力的约 40%,此阶段采用底部排气减小底阻的效果最佳;当弹丸进入空气密度较小的高空时,空气阻力较小,此阶段采用火箭发动机助推增速的增程效果最佳,可使弹丸进一步增加射程。当与高初速、低阻弹型技术相结合时,可使增程率达到50%以上。

2. 提高命中精度的技术分析

提高弹药命中精度的技术很多,按其作用原理,大体可分为三大类,即末端敏感技术、弹道修正技术和制导技术,如图2-12所示。

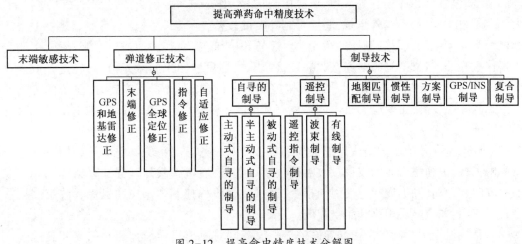

图2-12 提高命中精度技术分解图

1) 末敏技术

末敏技术的工作原理是在弹道末端,即离目标一定距离时,探测器开始工作,不断搜索扫描范围内的目标,一旦探测器发现认定了目标,就立刻引爆炸药,射出单个或多个EFP或预制破片或小子弹等毁伤元飞向目标并击毁目标。

与末制导炮弹相比,末敏弹没有制导系统,对点目标的命中概率比末制导炮弹低,特别是对付运动中的目标。但末敏弹以多制多的优点更适用于对付集群目标,"打后不管"和无须用目标指示器同步照射目标等特点使其应用更为方便灵活。

2) 弹道修正技术

弹道修正是指对偏离理想弹道的弹药飞行轨迹进行修正。弹道修正是提高弹药命中精度的一种技术,具有弹道修正能力的弹药称为弹道修正弹药,按其修正维数可分为一维修正和二维修正。

(1) 一维弹道修正技术。一维弹道修正是指只对纵向(射程)进行修正,主要是通过阻力片张开和收拢调整弹药的飞行速度,实现对射程的修正。常用的主要有GPS定位修正、雷达跟踪监视修正和GPS与雷达相结合的弹道修正3种。

(2) 二维弹道修正技术。二维弹道修正是指对弹道的纵向和横向散布误差进行修正,通常是靠安装在弹上的鸭式舵或微型固体火箭发动机提供的动力,实现弹道纵向和横向散布误差的修正。常用的二维弹道修正技术主要有微推力矢量弹道修正技术、鸭式舵弹道修正技术、阻力片与微推力矢量组合弹道修正技术。

二维弹道修正与一维弹道修正相比,难度大、结构复杂、成本高。对于旋转稳定式弹药,纵向散布误差较大,横向散布误差较小,通常采用一维弹道修正技术;对于尾翼稳定式弹药,纵向和横向散布误差均较大,采用二维弹道修正技术比较好。

3) 制导技术

由于各类弹药对付的目标不同、战斗任务不同以及射程远近不同、发射平台不同所选择的

制导技术大不相同。目前,在智能弹药上用的较多的制导技术主要有以下几种:

(1) GPS/INS 制导技术是由全球定位(GPS)制导和惯性(INS)制导组合的复合制导技术。GPS 定位精度高,可提高制导精度,还具有结构简单、作用可靠等优点,其致命弱点是易受干扰;惯性制导是通过弹载惯性组件,测量出弹药相对于惯性空间的运动参数,由弹载计算机计算出弹药的速度、位置和弹体姿态等参数,形成控制信号,引导弹药按预定的飞行弹道飞向目标,其最大优点是自主制导,不受外干扰,弱点是制导精度较差。

(2) 激光半主动式寻的制导的激光照射装置不在弹上,而在地面或空中制导站,由激光照射手操作激光照射目标,弹载激光接收装置接收从目标反射回来的激光信号,经过弹载计算机处理形成相应的引导指令,并通过执行机构控制弹上的鸭式舵,产生控制力,控制弹药飞向目标。激光制导精度高,主要用于打击如坦克和其他装甲车辆、指挥控制中心、地下工事或其他重要军事设施。

(3) 波束制导是由制导站或操作手发射的波束(无线电波束或激光波束)射向目标,弹药在波束内飞行,由弹尾安装的波束接收器接收波束信号,通过弹载处理器计算出弹轴偏离波束中心的方向和距离,并形成相应的引导指令,通过执行机构控制弹药飞向目标。波束制导一般用于直射弹药,如直瞄反坦克和防空弹药。

(4) 有线遥控指令制导是由制导站的导引设备同时测出目标与弹药的位置和其他运动参数,由制导站的计算机进行处理,形成相应的引导指令,通过传输线将引导指令发送给弹上的控制装置,控制装置按指令,控制执行机构操纵弹药飞向目标。由于有线遥控指令制导是通过传输线传递引导指令,不受外界干扰,但必须保证弹药在飞行全过程中传输导线不断,对环境要求较高,一般用于近程反坦克导弹药和空地导弹。

3. 提高毁伤能力的技术分析

提高战斗部的毁伤能力就是提高毁伤元的毁伤能力。目前,常用的毁伤元已多达 20~30 种,并随着战场上新目标的出现,或高新技术在弹药上的应用,毁伤元的种类和数量还会不断地增加。对于不同毁伤元,其毁伤目标的机理不同,影响毁伤能力的因素不同,提高毁伤能力的技术方案也不同。

1) 提高毁伤元能量的技术

绝大多数毁伤元毁伤目标是靠自身所携带的能量,目前常用的能量主要有化学能、电能和动能 3 种。

(1) 提高化学能主要是提高炸药装药的爆热和炸药装药量。爆热越高,对目标的破坏能力越强。提高炸药装药量主要是通过提高装药密度和采用新的装药方法。

(2) 提高电能的主要方法是提高电能的密度。例如,通信干扰毁伤元是通过通信干扰机发射的电磁波干扰敌方的通信。干扰机用的能源就是电能,电能越大,干扰敌方通信的能力越强。

(3) 提高动能的主要技术是提高弹药初速、采用增速装置,或减小速度损失。着靶动能越高,对目标的毁伤能力越强。

2) 提高毁伤元能量利用率的技术途径

提高能量利用率是提高毁伤能力的有效方法。不同毁伤元,能量的转换机制不同,提高能量利用率的技术途径也不同。

(1) 提高爆破毁伤元能量利用率主要是提高炸药的化学能转换成爆轰产物热能的效率,以及爆轰产物的热能转换成空气冲击波能量的利用率。目前,提高爆破毁伤元能量利用率的常用技术途径有全面瞬时爆轰技术、定向爆轰(含聚能爆轰)技术及分点同时爆轰技术。

（2）提高杀伤毁伤元能量利用率主要是提高炸药的化学能转换为破片动能的效率。目前，提高杀伤毁伤元能量利用率的常用技术途径有预控和预制破片技术、子母弹技术和定向破片技术。

（3）提高 EFP 毁伤元能量利用率主要是提高炸药的化学能转换 EFP 动能的效率和提高爆炸成形弹丸动能的利用率。目前，提高 EFP 毁伤元能量利用率的常用技术途径有：①装药结构设计技术，即设计合理的装药结构可以提高炸药的化学能转换成 EFP 动能的效率，同时使 EFP 有一个良好的弹形；②药型罩设计技术，即设计合理的药型罩几何形状及尺寸可以使 EFP 有一个良好弹形，具有较高的存速能力；③药型罩材料优选技术，即优选性能优良的药型罩材料可以有利于形成良好弹形的 EFP；④多点引爆技术，可以使药型罩形成弹形优良的 EFP 。

（4）提高动能毁伤元能量利用率主要是提高动能的利用率。目前，提高动能毁伤元能量利用率的常用技术途径有：改进弹形提高动能毁伤元的气动性能，减少空气阻力和速度损失；采用新结构，提高着靶时的断面比动能；采用自锐材料使弹丸在侵彻过程中保持良好的弹头形状，提高穿深能力。

3）复合毁伤技术

复合毁伤元是指向两种以上毁伤元组成的一种新毁伤元，是毁伤元发展的主要方向。常用的复合毁伤元技术有如下几种：

（1）破—破—破三级串联聚能毁伤元复合，有效地击穿挂有爆炸反应装甲的复合装甲，大幅度提高破甲弹的破甲能力。

（2）穿—爆复合毁伤，先靠 EFP 把混凝土飞机跑道穿一个洞，然后随进一个爆破子弹在混凝土中爆炸，使飞机跑道形成一个大坑或形成一个大面积鼓堆，有效地阻止敌机起飞。

（3）穿—杀复合毁伤，首先靠 EFP 把钢筋混凝土工事墙穿一个孔，再随进一个杀伤子弹在工事内爆炸杀伤工事内的人员，摧毁工事内的设备，大大地提高毁伤效果。

4）合理利用环境资源的技术

由于弹药携带的能量有限，合理利用环境资源可大幅度地提高弹药的毁伤能力。例如云爆弹，它是将战斗部所携带的燃料抛撒在空中，与空气中的氧混合形成燃料空气炸药——云雾炸药，大大提高了爆破毁伤能力。

2.3.4　技术可行性分析

技术方案初步确定之后，应对备选技术方案进行可行性分析，给调整技术方案提供依据，减小技术风险.确保备选技术方案的正确性和合理性。技术方案可行性分析的主要内容是技术状态、技术指标的可实现性和技术风险。下面仅讨论技术状态分析和技术指标的可实现性分析。

1. 技术状态分析

根据弹药研制程序，弹药研制可分为预先研究和型号研制两大类。预先研究按其研究内容和目的，又可分为应用基础研究、应用研究和先期技术开发研究 3 个阶段。按技术发展的一般规律，从应用基础研究→应用研究→先期技术开发→型号研制，技术是逐渐成熟的。大量实践证实，只有通过型号研制（工程应用研究）的技术，才能算是成熟的技术。技术成熟度与各研究阶段的关系如图 2-13 所示。

从图 2-13 可知，研究阶段不同，技术的成熟度不一样。应用基础研究阶段是针对弹药研制和发展中提出的问题，以未来武器型号为背景，对新概念、新原理弹药，以及所需的理论、新技术、新材料进行探索性研究，通过应用基础研究的技术，应在原理上、理论上是可行的技术。而

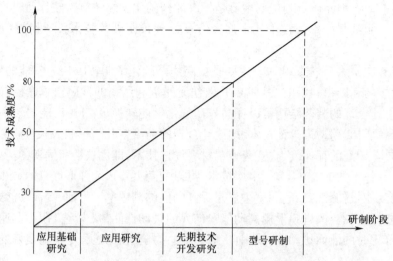

图 2-13 技术成熟度与各研究阶段的关系

原理上、理论上可行的技术的成熟度约为 30%。

应用研究阶段是在应用基础研究的基础上,有明确的应用目标和技术指标,是对应用基础研究的成果、新概念、新原理、新技术、新材料用于弹药的可行性和可实现性进行研究。通过应用研究的技术,基本达到了技术指标的要求。技术成熟度为 50% 左右,可认为是基本成熟的技术,可进入先期技术开发研究。

先期技术开发研究是在应用研究的基础上,按背景型号的要求(包括初步战术技术指标),将应用研究的成果和其他有关的科学技术成果进行综合集成,系统地验证各项技术用于型号的可行性和可实现性。凡通过先期技术开发的技术,基本上达到了背景目标的技术指标要求,技术的成熟度为 80% 左右,可以认为是较成熟的技术。

型号研制是在先期技术开发研究的基础上,按弹药型号的要求,将先期开发的研究成果和其他有关的科学技术成果,进行武器化、产品化研制。凡是已成功地用于产品型号的技术,一般情况下应是成熟技术。如果应用环境、约束条件、技术指标不同,即是已用于产品型号的技术,不能认为是完全成熟的技术,应进行技术适应性研究。

综上所述,在进行技术状态分析时,必须从整体出发,对所选的技术逐项进行判定,重点是高新技术、关键技术和综合集成技术状态一定要进行科学正确的判定。

2. 技术指标的可实现性分析

所选技术方案可行与否,关键是技术指标能否实现。技术指标可实现性的分析可分为理论分析和试验验证两种,理论分析又可分为定性分析和定量分析两种。

1)定性分析

定性分析的方法很多,如特尔菲法(专家函询调查法)、经验判别法、比较法等。下面只介绍比较法。

比较法,是指同一技术用于不同环境和条件的技术指标进行比较。在进行技术指标比较之前,必须对技术指标的影响因素和影响规律进行分析。

以 EFP 的设计为例,若已知 EFP_1 的装药口径为 120mm,炸药装药为钝化黑索金,在 120m 距离上击穿 80mm 厚均质钢甲的概率为 95%。那么,对于装药口径为 130mm、炸药装药为 B 炸药、药型罩材料相同、几何形状相似和装药结构相似的 EFP_2,在 130m 距离上击穿 90mm 厚均质钢甲的概率能否达到 95%？

由穿甲力学可知,远距离 EFP 的穿甲能力与其几何形状、质量和初速密切相关。由爆炸力学可知,EFP 的几何形状、质量和初速与药型罩的几何形状和材料、炸药装药的几何形状、装药量和装药性能密切相关。

通过比较法可知,两种 EFP 的药型罩材料相同、几何形状相似、装药结构相似,前一种炸药为钝化黑索金,后一种炸药为 B 炸药。根据几何相似理论,如果两种 EFP 的装药结构和药型罩的几何形状相似、药型罩材料和炸药相同,那么两种装药爆炸后,药型罩形成的 EFP 相似,初速相同。在射距相似的条件下,即 X/d(X 为射距,d 为装药直径)相等,侵彻同一装甲材料的穿甲能力也相似,即 L/d(L 为穿甲深度)相等。

两种 EFP 的射距比分别为 $X_1/d_1 = 120000/120 = 1000$ 和 $X_2/d_2 = 130000/130 = 1000$,均为 1000 倍装药口径;穿甲深度比分别为 $L_1/d_1 = 80/120 = 0.667$ 和 $L_2/d_2 = 90/130 = 0.692$。即 $L_2/d_2 > L_1/d_1$,EFP_2 的穿甲指标稍大一些。

由于 EFP_2 采用的是 B 炸药,而 B 炸药的性能优于钝化黑索金,则 EFP_2 的初速必然大于 EFP_1 的初速,况且穿甲深度只相对增加了 3.25mm。所以,EFP_2 在 1000 倍装药口径距离上击穿 0.692 倍装药直径厚的均质钢甲的概率达到 95% 的指标是可实现的。

2) 定量分析

定量分析的理论依据是数学模型。数学模型是事物客观物理现象的数学描述,是事物客观规律的反映,计算结果比较客观科学,更接近真实情况,可信度高。按其对客观物理现象描述的程度,数学模型可分为经验估算模型、工程计算模型和数值计算模型 3 种。

(1) 经验估算模型是以大量试验数据为基础,结合理论分析建立的经验公式,其特点是公式简单、使用方便,计算结果有一定的可信度,常用于技术指标的初步估算。在不同的试验环境和条件下,综合系数的值是不同的,有一定的使用范围。所以,在用经验估算模型估算技术指标时,必须搞清楚综合系数的取值与试验环境和条件之间的关系,否则计算结果的误差就太大了。

(2) 工程计算模型又称为零维计算模型,是在理论分析的基础建立起来的计算模型,能较好地描述事物的主要物理现象,有较强的理论基础,计算结果具有一定的普遍性,计算模型简单。工程计算模型一般都是在一定的假设条件下建立的,其计算结果有一定的近似性和片面性。

(3) 数值计算模型是以理论为基础建立的计算模型,既能较真实地描述事物的客观物理现象,又有定量计算结果,是研究人员常用的一种重要研究手段。数值计算模型中涉及物质的本构关系,本构关系正确与否直接影响计算结果的误差。所以,数值计算一般都要经过多次试验结果检验后,才能与试验结果相吻合。

3) 试验分析

试验分析是指依托试验结果进行技术指标可实现性分析。定量分析所用的数学模型与实际情况差别较大,容易导致计算结果与实际相差较大,特别是那些不能进行定量分析的高新技术或关键技术,必须用试验方法进行技术指标可实现性分析。

试验的方法很多,如模拟试验、半实物仿真试验、部分原型试验、静态试验、动态试验等,至于采用哪种试验方法,根据具体情况而定。

2.4 智能弹药总体方案设计

智能弹药总体方案设计是在智能弹药各组成要素(部件或子系统)和技术方案已基本确

定,主要关键技术及部件已完成先期技术开发研究的基础上,按研制要求和武器工程化的要求,以实现智能弹药功能和总体技术指标为前提,应用系统工程方法,从整体出发,将概念设计和技术方案结构化、具体化、图纸化。

智能弹药总体方案设计始于方案阶段,并贯穿于整个研制过程,它侧重于处理智能弹药全局性问题。在方案阶段,根据战技指标,分析可行的技术途径和技术关键与难度,进行总体论证,对形成的若干总体初步方案进行比较、评价、决策和筛选;在工程研制阶段,分解功能和指标,运用参数分析、系统数值仿真、融合技术等方法,指导组件、部件设计,侧重解决组件、部件之间的接口设计、总体优化、可靠性、维修性、可继承性和可生产性等问题;在设计定型阶段,组织实施各项性能和功能试验,并处理试验过程中新发现的问题。

智能弹药总体设计的基本内容包括:战术技术指标分析、分解指标与确定参数、系统原理设计、总体布局与结构设计、可靠性设计、系统样机试验、制定规程和规范等。

2.4.1 总体方案选择

智能弹药总体方案设计的第一步即总体方案的选择性设计,根据战术技术要求拟定弹药合适的口径、种类、结构类型及质量等总体参数,并选择引信。

以下主要介绍炮弹总体方案设计中有关总体方案选择的一般方法。

1. 弹种的选择

弹种的选择主要是根据要摧毁目标的性质及弹药当前发展的技术水平确定。

1) 根据目标性质来选择弹种

(1) 对付有生目标——选用杀伤弹、群子弹、榴霰弹、杀伤子母弹和杀伤布雷弹等。

(2) 对于装甲目标——选用穿甲弹、破甲弹等。

(3) 对于空中目标——选择装配近炸、时间或着发等引信的杀爆弹、穿甲弹或燃烧弹。

(4) 对于观察敌人行动和对敌射击效果——选用照明弹和电视侦察弹等。

2) 根据技术发展来选择弹种

近十多年,炮兵弹药发展很快,出现了很多威力大、射程远、精度高的新弹种。炮兵弹药的发展给炮兵武器提供了新的作战能力,提高了炮兵在现代战场上的作用。

现代火炮系统能完成多种战斗任务。现代大口径火炮除了能发射榴弹、发烟弹、照明弹和化学弹外,还能发射子母弹、布雷弹、末制导炮弹、末敏弹、传感器侦察弹和电视侦察弹等。

2. 稳定方式的选择

炮弹飞行稳定方式主要有旋转稳定和尾翼稳定两类。

1) 旋转稳定

采用线膛炮发射的炮弹,圆柱段下端一般镶嵌或焊接铜质合金类材料的弹带,通过弹带在火炮膛线中高速挤进从而赋予弹丸旋转速度。弹丸高速旋转产生的陀螺效应可以保持弹丸飞行稳定。另外,涡轮装置也可以使弹丸产生高速旋转的陀螺效应。

2) 尾翼稳定

按箭羽稳定原理,在弹上安装尾翼,利用尾翼的空气动力作用使全弹的阻心位置后移到弹丸质心和尾翼之间,形成使弹头始终指向前方的稳定力矩,使弹丸具有静稳定性。当尾翼弹压心与质心之间的距离达到全弹长的 10%～15%(静态储备量)时,就能保证该弹具有良好的静稳定性,同时也具有追随稳定性。

3）以尾翼稳定为主、旋转稳定为辅

目前，还有一类以尾翼稳定为主、旋转稳定为辅的复合稳定弹药，这类复合稳定方式又可以细分为两种：一是火箭弹等尾翼稳定的弹药，通常利用尾翼的结构或安装角度与空气来流形成一定的迎风面，迫使弹丸在飞行过程中产生一定的旋转速度，以尽可能减小气动偏心或推力偏心等造成的落点散布，改善此类炮弹的最大射程密集度；二是通过中大口径线膛炮发射的制导类炮弹，由于这类弹药在目标探测和姿态控制时不允许弹丸转速太高，所以通常的解决办法就是在弹丸尾部加装稳定尾翼的同时把弹丸圆柱段下端固定的弹带改制成可滑动的弹带。这样不仅有效地解决了发射平台的适应性问题，也解决了此类炮弹飞行稳定性问题，同时又可以满足此类炮弹目标探测和姿态控制等器件正常工作的要求。

3. 弹重的选择

弹丸质量的大小影响面较大，与弹丸威力、弹道性能、生产、运输供应等都有很大关系，还影响到火炮发射速度、火炮的自动化程度及其使用寿命。确定合理的弹丸质量，首先应考虑弹丸的威力和弹道性能，在此基础上可兼顾其他要求。

若为现有火炮配新弹，则要求新弹质量必须满足以下炮管强度和炮架强度的约束条件：

$$\varphi m v_0^2 \leqslant E_0 \qquad \text{（炮口动能条件）}$$
$$(m + \beta m_\omega) v_0 \leqslant D_0 \qquad \text{（炮架动量条件）} \qquad (2\text{-}6)$$

式中：m 为弹丸质量；v_0 为弹丸初速度；m_ω 为发射药质量；φ，β 分别为与弹丸、火炮有关的虚拟系数、后效作用系数；E_0，D_0 分别为现有火炮的炮口动能和炮口动量。

若是新炮配新弹设计，即新弹与火炮系统同时立项研制。作为与火炮适配的分系统，新弹质量等总体参数的确定必须以满足整个武器平台的战术技术指标要求为限定条件。

4. 引信与装填物的选择

引信与战斗部装填物是传统炮弹中直接关系到战斗部的固有威力性能及其有效发挥的两个重要组成部件。

1）装填物选择的原则

装填物是毁伤目标的能源物质或战剂。通过对目标的高速碰撞，或装填物（剂）的自身特性与反应，产生或释放出具有机械、热、声、光、电磁、核、生物等效应的毁伤元（如实心弹丸、破片、冲击波、射流、热辐射、核辐射、电磁脉冲、高能离子束、生物及化学战剂气溶胶等），作用在目标上，使其暂时或永久地、局部或全部丧失其正常功能。有些装填物是为了完成某项特定的任务，如宣传弹内装填的宣传品、侦察弹内装填的摄像及信息发射装置等。

炸药是杀爆类弹药的装填物主体，是形成破片杀伤威力和冲击波摧毁目标的能源。炸药的选择遵循以下原则：

（1）确保发射安全及威力的前提下，炸药的威力和猛度应适合弹药性能的要求。

（2）理化性能稳定，与弹体材料等相容性好，能长期储存、不变质。

（3）满足与战斗部壳体材料破碎特性适配的要求，如高能炸药与高强度高破片率钢的适配可以提高战斗部的威力性能。

（4）原料丰富，价格便宜，生产和装填方便。

2）引信选择的原则

引信是一种利用目标信息和环境信息，在预定条件下引爆或引燃弹药战斗部装药的控制装置或系统，是弹药的重要组成部分，用于控制弹药的最佳起爆位置或时机。

引信的选择原则应遵循：

（1）引信的类型必须与设计弹药的类型相配合。

（2）引信要有高度的安全性和可靠性，即要求平时勤务处理、保管、运输、装填和发射等过程中绝对安全，在弹道上不早炸，在目标区域内能适时引爆弹丸。

（3）起爆冲量应与弹丸的炸药装药相适应，保证可靠起爆。

（4）引信的体积小，结构尽可能简单，能防雨、防水，长期储存不变质。

（5）引信成本低、经济性好。

（6）引信外形和接口尺寸应与弹丸外形及接口相适应，或按相关标准从口径系列中选取。

2.4.2 总体外形及气动布局设计

智能弹药总体外形及气动布局不仅直接影响到空气阻力的大小，进而影响弹药的飞行稳定性，还会影响到智能弹药的飞行特性、控制特性以及射程、毁伤能力等整体战术技术指标。

总体外形及气动布局设计是智能弹药总体方案设计的主要内容之一，它与弹药总体结构设计密切相关，相互依托、相互制约。外形及气动布局设计离不开具体总体结构，而总体结构设计必然会影响到外形及气动布局。

1. 总体外形及气动布局形式

常规的枪弹和炮弹依靠急螺旋转原理稳定飞行，一般由多段圆锥台和圆柱体等简单的结构形式组合而成，这类没有升力面的弹药其外形及气动布局形式比较简单。智能弹药是依靠空气动力面和尾翼的升力而控制稳定飞行的，它们的外形及气动布局形式与常规的传统弹药相比不仅多样而且复杂许多。智能弹药的外形及气动布局形式主要有：正常式布局；鸭式布局；无尾式布局；旋转对称式布局；面对称式布局，如图 2-14 所示。

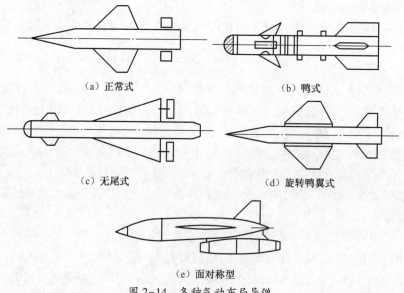

(a) 正常式　　　　　　　　　(b) 鸭式

(c) 无尾式　　　　　　　　　(d) 旋转鸭翼式

(e) 面对称型

图 2-14 各种气动布局导弹

2. 总体外形选择

智能弹药总体外形的选择是智能弹药总体外形设计的第一步，它是在智能弹药总体结构设计的基础上，根据《研制任务书》中的总要求，在保证整体性能和全面实现战术技术指标的前提下，选择气动性能好、便于加工的外形。

外形选择的基本原则如下：

（1）保证全面实现总体战术技术指标；

（2）充分发挥各部件的功能；

（3）保证在空中飞行稳定；

（4）有良好的气动性能；

（5）便于加工和批量生产；

（6）外形美观。

总体外形的选择目前还没有一种科学合理的方法，一般常用理论分析和经验相结合的方法，即通过理论分析，初步选定总体外形，再根据掌握的资料，特别是类似产品的外形，适度调整总体外形。

例如远程弹药，由于采用了火箭发动机助推增程，不仅使炮弹的总长度增长了，还采用了尾翼稳定方式。由于远程弹药在空中飞行的时间较长，空气阻力对射程影响较大，为了减小空气阻力，弹头部应是圆弧形。由空气动力学理论得知，弹头越尖，即圆弧部越长，空气阻力越小，射程就越远；但如果弹头部过尖，即圆弧部过长，会使弹长增加，炮弹的质心后移，不利于飞行稳定。所以，在选择弹头部形状时，应综合考虑，参考同类产品，合理选择弹头形状。尾翼翼展越大，提供的升力也越大，阻力中心后移，有利于炮弹飞行稳定，但翼展越大，阻力会增大，使射程减小。所以，应在保证炮弹飞行稳定的前提下，尽量减小翼展。

3. 总体外形设计

智能弹药总体外形设计主要内容包括：外形及气动布局选择、外形几何参数的确定和气动特性预测 3 个方面。

1）总体外形设计概述

（1）气动布局选择。气动布局选择是在已有气动布局研究结果的前提下，设计者根据型号要求和使用特点，选择正常式布局、鸭式布局、旋转弹翼式布局、无尾式布局或无翼式布局等。

（2）外形几何参数的确定。外形几何参数的确定和气动特性预测是紧密相连和交替进行的。当气动外形布局确定后，其气动特性取决于飞行条件和外形几何参数，通过外形几何参数选择和气动特性的反复计算最终确定满足飞行特性、控制特性对气动特性要求的外形几何参数。

对制导弹药，外形几何参数很多，有些外形参数受限制，不能随便选择。在制导弹药气动外形设计时，导引头往往是选定的，因此其头部外形和长度等往往也已限定。气动外形设计往往是气动特性预测——飞行特性计算——控制特性计算多次反复循环的过程，所以最终所确定的外形参数气动特性往往并不是空气动力最优，而是各分系统综合平衡的协调结果。为了保证飞行特性、控制特性或毁伤效果，在气动特性上做出一些牺牲的情况也是常有的。

（3）气动特性预测。预测智能弹药气动特性常用手段有以下几种：

① 工程计算是用工程计算公式计算弹药的气动参数，这种方法计算比较简单，一般适用于旋转稳定的炮弹或结构比较简单的尾翼稳定炮弹的气动参数计算。工程计算虽然只能给出气动特性，不能给出流场情况，但由于其使用方便且气动特性的精度基本能满足初步设计要求，故目前仍是预测气动特性的主要手段。

② 数值计算是依靠综合应用连续介质力学、流体力学、计算力学和应用数学等获取的分析模型，经编程解算或基于现有的商业软件实现有关计算、模拟与分析。流场计算结果在分析流动机理、气动特性变化趋势、提出外形修改意见方面是很重要的。

③ 风洞吹风试验是根据相似理论，将原型弹的缩比模型弹放置在风洞中进行吹风试验，并

观察吹风过程的物理现象,测得有关的气体动力参数,为弹药的外形设计提供技术支持。智能弹药外形比较复杂,不可能做到完全相似。所以,试验测得的气动参数与弹药在空中飞行时的气动参数存在一定的误差。试验表明:弹药外形越简单,吹风试验测得的气动参数越接近飞行时的气动参数。另外,缩比模型大小的选择将直接影响到试验现象的真实性和试验结果的正确性,应根据弹药外形的复杂性和风洞吹风试验条件,合理设计缩比模型尺寸。

④ 飞行试验是通过弹药射击飞行试验来重点校核某些主要气动特性参数。飞行试验成本高、周期长,所以在气动外形设计中不能作为主要手段大量使用。

2) 基本步骤

气动外形设计必须和总体、弹道、控制、结构等设计反复进行协调,才可能设计出合适的气动外形。其基本步骤如下:

(1) 初步外形方案选择。根据战术技术指标要求,在经验或有关参考样弹的基础上,设想几个初步外形方案,这些初步外形方案在满足指标要求的外形参数(如弹长、弹径等)情况下,可以是不同的气动布局形式。然后,采用工程方法计算气动特性,确定外形参数,给出供六自由度刚体弹道计算和控制系统计算用的全部气动特性数据。根据飞行特性、控制特性计算结果修改外形方案,重新进行气动特性↔飞行特性↔控制特性计算,直到所给出的气动特性满足飞行特性、控制特性要求为止。在此过程中,也要与结构、发动机、战斗部等进行反复协调。

(2) 选型风洞试验。采用部件组合法设计各初步外形方案的风洞试验模型,除了不可改变的外形参数外,对于可改变外形几何参数的气动部件——弹翼、尾翼、舵面等,以计算确定的外形参数为基准在允许范围内进行缩比设计。在典型马赫数下进行不同组合模型的风洞试验,校核其主要气动特性是否满足要求。

在风洞试验中,对于不同的智能弹药有不同的选型标准。对于同一种智能弹药,其最大速度不同,所要求的最低静稳定度标准也不同;即使最大飞行速度相同,卷弧形尾翼稳定的火箭弹与平直尾翼稳定的火箭弹的最低静稳定度标准也不同。例如,对于尾翼稳定的无控火箭弹,选型标准一般有两个:一个是发动机工作结束最大飞行速度时保证稳定飞行必须达到的最低静稳定度;另一个是为了达到要求射程所允许的最大阻力系数。

对于达到选型标准的外形,要按照试验大纲的试验条件(马赫数、攻角、侧滑角、滚转角、舵偏角等)进行系统的试验,取得完整的试验数据。

(3) 确定气动外形。以计算结果为基础,运用风洞试验或其他模拟试验对外形参数和气动特性进行检验和修正,再通过飞行试验重点校核某些主要气动特性参数,最后确定弹药的气动外形。

(4) 提供全套气动特性数据。通过理论计算、地面模拟试验及飞行试验来修正各种气动特性,并及时分析处理研制过程和飞行试验中出现的有关气动力问题,当气动外形确定后,要提供全套气动特性数据。

3) 几个关系的处理

气动外形设计及其所需具备的气动特性取决于发射方式、目标特性、战斗部特性、增程方式、制导方式、控制形式、飞行方式、可继承性与可发展性等,所以,气动外形设计要处理好与它们的关系。

(1) 与发射方式的关系。采用筒式或管式发射的制导弹药,要求升力面在发射筒(管)内必须折叠。若采用前后折叠,则必须采用平直翼,并要限制翼的弦长,所以这种方式一般要采用大展弦比升力面,特别是采用大展弦比尾翼;若采用周向折叠,则一般要采用卷弧翼,卷弧翼有自滚转特性,采用卷弧翼的智能弹药一般要采用旋转飞行方式。当采用架式发射时,要注意升力面展向尺寸与发射架的协调。

(2)与目标特性的关系。攻击机动目标的制导弹药,其气动布局和操纵机构要保证具有较高的机动性,能快速地产生较大的法向力,提供足够的法向过载。而用于攻击静止面目标的制导弹药,不要求有太高的机动性,但要求有较高的稳定性,因此其气动布局和执行机构与对付机动目标的智能弹药有一定差别。

(3)与战斗部特性的关系。智能弹药的战斗部类型由所攻击目标的特性决定。攻击坚固建筑物或地下工事等目标时,要采用侵彻战斗部;攻击地上静止目标时,一般采用杀爆战斗部;攻击坦克目标时,一般采用破甲战斗部。因此,对战斗部应采用模块化设计,并要保证母弹气动的一致性和弹道的一致性。采用子母战斗部的智能弹药,在气动设计时要考虑战斗部开舱对母弹、子弹气动特性的影响,以及抛撒子弹时的多体气动干扰,特别是母弹对子弹、子弹与子弹间的气动干扰问题。

(4)与增程方式的关系。远射程是智能弹药设计者始终追求的目标之一。例如,远程制导炮弹通过火炮发射+火箭助推+滑翔实现远射程,减阻、无控飞行外形的稳定性及有控飞行外形的滑翔增程能力,是远程制导炮弹研制的关键,进行气动外形设计时必须予以解决。

(5)与制导方式的关系。制导方式和制导器件直接影响到智能弹药气动外形和气动部件的弹上排布。例如,组合导航的超声速远程制导炮弹,没有导引头,头部可以采用最小阻力旋成体外形。而对于具有激光、红外导引头的末制导炮弹,在末制导段之前的大部分弹道上导引头不工作,可增加头罩,既可保护导引头、改善头部形状,又可增加头部长径比,从而达到减阻的目的。

(6)与控制方式的关系。智能弹药采用的控制方式一般有两种,即空气动力面控制和推力矢量控制(包括脉冲喷流控制)。例如,远程制导炮弹和制导火箭,由于发动机喷管出口在底部,难以采用尾舵控制的正常式布局,一般采用鸭式布局。鸭舵在弹体头部离质心较远,控制效率高、响应快,但鸭舵不能进行滚转控制,为使鸭舵能进行滚转控制,需要辅助滚转控制措施或采用自旋尾翼技术。对于火炮发射的远程制导炮弹,由于轴向过载大,自旋尾翼难以正常工作;而对于火箭炮发射的远程制导火箭弹,可以采用自旋尾翼技术来保证鸭舵进行正常的滚转控制。

(7)与弹道特性的关系。智能弹药采用的飞行方式和弹道特性,取决于战术技术指标,特别是目标特性和攻击方式。气动布局和气动特性、控制方式是实现飞行方式和弹道特性的保证。例如,远程制导炮弹的弹道由无控飞行段和有控飞行段组成,在无控飞行段鸭舵处于折叠状态,气动设计时要保证在增速发动机工作结束时具有足够的静稳定度。过弹道顶点后鸭舵张开,对炮弹实施姿态控制,进行滑翔增程和航向修正。所以,远程制导炮弹气动设计时应做到稳定性与操纵性、俯仰控制舵偏角和平衡攻角的合理匹配,使其具有良好的滑翔性能和落点精度。

(8)与继承发展的关系。智能弹药的发展一般有两条技术途径:一条途径是常规无控弹药的制导化改造或原型制导弹药的改型改进;另一条途径是全新的设计。无论是哪条途径,都应尽量采用模块化设计技术,以便为后续型号的发展和产品的系列化创造条件。模块化设计一般是针对导引头舱段和战斗部舱段进行的,更换导引头舱段可获得不同的制导精度,更换战斗部舱段可对付不同的目标,而升力面和舵面一般是不更换的。所以,气动外形设计时,要保证导引头不同或战斗部不同的同系列智能弹药其全弹的气动特性和弹道特性具有一致性。

4. 气动布局设计

气动布局又称为气动构型,是指空气动力面(包括弹翼、尾翼、操纵面等)在弹身周向及轴向互相配置的形式以及弹身(包括头部、中段、尾部等)构型的各种变化。

制导弹药的气动布局与无控弹药的气动布局有很大的不同。例如,常规榴弹采用陀螺稳定,利用高速旋转(转速一般在 10000r/min 以上)的陀螺效应使静态不稳定的弹丸成为动态稳定的,从而提高了落点精度。炮射导弹或末制导炮弹虽然也采用旋转飞行方式,但旋转的目的在于简化控制系统和消除推力偏心、质量偏心、气动偏心对飞行性能的影响,制导弹药的飞行稳定性是靠尾翼保证的。此外,制导弹药还需要有空气动力舵面、燃气动力舵面或横向脉冲喷流控制器等操纵执行机构。

1)翼面沿弹身周向布置形式

根据战术技术特性的不同需要,翼面沿弹身周向布置主要有图 2-15 所示的几种形式。

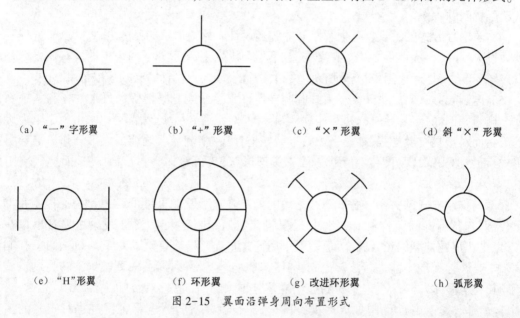

（a）"一"字形翼　　　（b）"+"形翼　　　（c）"×"形翼　　　（d）斜"×"形翼

（e）"H"形翼　　　（f）环形翼　　　（g）改进环形翼　　　（h）弧形翼

图 2-15　翼面沿弹身周向布置形式

（1）"一"字形翼是从飞机机翼移植而来的,与其他多翼面布置相比,具有翼面少、质量小、阻力小、升阻比大的特点。侧向机动一般采取倾斜转弯技术,即利用控制面来旋转弹体,使平面翼转到要求机动的方向,这样既充分利用了"一"字形布局升阻比大的优点,又满足了弹药机动过载的要求,但其航向机动能力差、响应慢,通常用于远距离飞航式导弹和机载布撒器等。

（2）"+"形与"×"形翼的翼面布置特点是各方向都能产生所需要的机动过载,并且在任何方向产生法向力都具有快速的响应特性,从而简化了控制系统的设计。由于翼面多,与平面型布置相比,质量大、阻力大、升阻比低,为了达到相同的速度特性必须多损耗一部分能量。另外,在大攻角下将引起较大的诱导滚转干扰。

（3）环形翼具有降低反向滚转力矩的效果,但会使纵向性能变差,尤其是阻力增大。试验数据表明,超声速时环形翼的阻力要比常规尾翼增加 6%~20%。环形翼常用于鸭舵控制,可以有效降低鸭舵对后面的翼面气动干扰产生的反向滚转力矩。特别是在鸭舵起副翼作用进行滚动控制时,尾翼产生的反向滚转力矩较大。

（4）由"T"形翼片组成的改进环形翼既能降低鸭舵带来的反向滚转力矩,又具有比环形翼大的升阻比。此外,它结构简单,并使鸭舵能进行俯仰、偏航、横滚三方向控制。

智能弹药的弹身大多为轴对称型,为保证气动特性的轴对称性,必须使翼面沿弹身周向轴对称布置,所以,"+"形和"×"形是最常用的形式。

2) 翼面沿弹身轴向配置形式

按照弹翼与舵面沿弹身纵轴相对配置形式和控制特点,智能弹药通常有正常式布局、鸭式布局、全动弹翼布局、无尾式布局及无翼式布局5种布局形式。其中,正常式布局和鸭式布局是最常采用的两种布局形式。

(1) 正常式(尾翼控制)布局。弹翼布置在弹身中部质心附近,尾翼(舵)布置在弹身尾段的布局为正常式布局,如图2-16所示。其中弹翼主要起飞行稳定作用,尾翼主要起控制作用。

当尾翼(舵)是"+"形时,尾翼相对弹翼有两种配置形式:一种是尾翼面与弹翼面同方位的"++"或"××"配置;另一种是尾翼面相对弹翼面转动45°方位角的"+×"或"×+"配置。两种配置各有特点,小攻角时,"+×"(或"×+")配置前翼的下洗作用小,尾舵效率高。但是,"+×"配置会使发射装置结构排布困难一些。

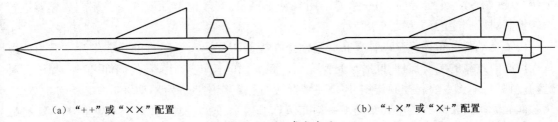

(a) "++"或"××"配置　　　　　　　(b) "+×"或"×+"配置

图2-16　正常式布局

正常式布局尾翼的合成攻角小,从而减小了尾翼的气动载荷和舵面的铰链力矩。由于总载荷大部分集中在位于质心附近的弹翼上,所以可以大大减小作用于弹身的弯矩。由于弹翼是固定的,对后舵面带来的下洗流干扰要小些。因此,尾翼控制(正常式布局)的空气动力特性比弹翼控制(全动弹翼布局)、鸭式控制布局更为线性,这对要求以线性控制为主的设计具有明显的优势。此外,由于舵面位于全弹尾部,离质心较远,舵面可以小些。并且,改变舵面尺寸和位置对全弹基本气动力特性影响很小,这对总体设计是十分有利的。

图2-17所示为全动弹翼控制、鸭舵控制和尾翼控制响应特性的比较。可以看出,正常式布局的响应是最慢的。静稳定条件下,在控制开始时由舵面负偏转角产生一个使头部上仰的力矩,舵面偏转角始终与弹身攻角增大方向相反,舵面产生的控制力的方向也始终与弹身攻角产生的法向力增大方向相反,因此导弹的响应特性比较差。

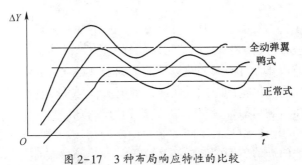

图2-17　3种布局响应特性的比较

由于正常式布局的舵偏角与攻角方向相反,全弹的法向合力是攻角产生的法向力减去舵偏角产生的法向力。因此,正常式布局的升力特性比鸭式布局和全动弹翼布局要差。由于舵面受前面弹翼下洗影响,其效率也有所降低。当固体火箭发动机出口在弹身底部时,由于尾部弹体内空间有限,会使控制机构安排困难。此外,尾舵有时不能提供足够的滚转控制。

（2）鸭式（控制）布局。与正常式布局相反,鸭式布局的控制面（又称为鸭翼）位于弹身靠前部位。弹翼位于弹体的中后部,其布局形式如图2-14（b）所示。其中,弹翼主要起飞行稳定作用,鸭翼主要起控制作用。

从气动力观点看,鸭式布局的优点是控制效率高,舵面铰链力矩小,能降低导弹跨声速飞行时过大的静稳定性。从总体设计观点看,鸭式布局的舵面离惯性测量组件、导引头、弹上计算机近,连接电缆短,敷设方便,避免了将控制执行元件安置在发动机喷管周围的困难。

当舵面做副翼偏转进行滚转控制时,在尾翼上产生的反向诱导滚转力矩减小甚至完全抵消了鸭舵的滚转控制力矩,使得舵面进行滚转控制困难,这是鸭式布局的主要缺点。解决鸭舵难以滚转控制的技术途径主要有两个:一个是采用低速旋转飞行方式,鸭舵只进行俯仰和偏航控制,不进行横滚控制,对于以攻击面目标为主的远程弹箭,一般采用惯性导航系统（INS）与全球定位系统（GPS）的组合导航;另一个是采用自旋尾翼段,有效地消除或减小鸭舵副翼偏转进行滚转控制时所产生的诱导反向滚转等。

（3）全动弹翼布局。全动弹翼布局又称弹翼控制布局。质心附近的弹翼作为主升力面既是提供法向过载的主要部件,同时又是操纵面。弹翼面的偏转控制弹药的俯仰、偏航、横滚3种运动。其中,弹翼主要起控制作用,尾翼主要起飞行稳定作用且固定不动。

（4）无尾式布局。无尾式布局由一组布置在弹身后部的主翼（弹翼）组成,主翼后缘有操纵舵面,如图2-14（c）所示。有时在弹身前部安置反安定面,以减小过大的静稳定性。主翼后缘的舵面主要起控制作用,主翼主要起飞行稳定作用。

（5）无翼式布局。无翼式布局又称为尾翼式布局,由弹身和一组布置在弹身尾部的尾翼（3片、4片或6片）组成。其中,尾翼主要起稳定作用且固定不动,控制作用需要增加独立的推力矢量控制或脉冲发动机控制等装置来实现。

2.4.3 总体结构设计

总体结构设计是以《研制任务书》和相关标准化文件为依据,将概念设计和技术方案结构化、图纸化、具体化。遵照模块化设计原则,把各部件或分系统综合集成一个有机整体,在确保智能弹药性能指标最优的前提下,做到结构布局科学合理,外形美观,升级改造方便,有利于批量生产。

1. 结构模块化设计

弹药系统推行通用化、系列化和组合化的"三化"设计要求和研制模式是研制方、生产方和使用方的共同职责,是实现武器装备跨越式发展的有效途径。

模块化设计是在通用化设计与系列化设计的基础上,以系统、分系统和组件为主要对象,设计出一系列具有特定功能和结构的通用模块或标准模块,以便能组织批量生产。达到缩短研制周期、降低成本、提高质量和可靠性、简化维修和后勤保障的目的。

弹药模块化产品是指由一组具有不同功能的特定的模块在一定的范围内和条件下组成多种不同功能或相同功能但性能不同的系列产品。

1）建立模块系统

建立模块系统分为以下几个步骤:

（1）功能分析与分解。模块是产品的组成部分,是为满足某类产品的部分功能的需要而存在的,因此在划分模块之前,首先应对某类产品的功能进行分析,使所建立的模块系统在一定范围内能够组合成满足各种不同需求的产品,具有长远的生命力,而且经济可行。

（2）模块划分。在功能分析与分解的基础上,合理确定各种模块的主要技术性能的范围,尽可能少的品种和规格的模块,能够组合成尽可能多种类和规格的产品,及时满足用户各种多样化的需要。

（3）模块设计。将模块划分结果作为模块设计的依据,并着重考虑其通用性,特别注意它和所有其他相关模块或专用零部件的组合能力或连接能力,以及它需要传递的功能及其相关的物理性能参数。

2）组合形成新产品

模块系统建立后,在总体设计过程中就要有目的地将弹药系统设计成"固定部分""准变动部分"和"变动部分",将"固定部分"视为通用模块部分或标准模块部分,"准变动部分"和"变动部分"为专用模块和其他专用零部件。在组合形成新产品过程中,还要注意尽可能多地采用通用模块,尽可能少地使用专用模块,合理布局与连接模块。

3）弹药结构模块化过程

弹药模块化设计首先是在弹药系统功能分解的基础上,将弹药系统总体功能分解成若干个功能模块,再根据模块功能和技术特点进行结构设计,具体化为结构模块。弹药结构模块化过程如图 2-18 所示。

弹药的整体功能是各组成要素功能有机结合成的一种新功能,在进行整体功能分解时,应充分考虑到要素功能与整体功能之间、要素功能与模块功能之间的关系,使模块功能具有相对完整性。

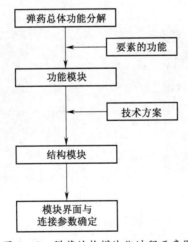

图 2-18　弹药结构模块化过程示意图

在进行弹药模块化设计时,应用系统工程方法,从全局出发,纵横综合考虑。纵向考虑,是指根据弹药发展的趋势,为产品改型和系列化打好基础,创造条件;横向考虑,是指一模多弹,即一种功能模块能适用于多种弹药,同类功能模块能互换,便于产品性能的提高和产品的更新换代。

结构模块是功能模块的具体化。所以,在进行弹药结构布局设计时,要根据模块的功能及工作原理,结合技术方案特征,在保证弹药整体性能最优的前提下,科学合理地安排各模块在弹药系统的恰当位置,充分发挥各模块的作用。模块的布局不仅直接影响模块功能的发挥,而且还会影响到弹药总体功能的发挥。如果模块布局不合理,就会给弹药系统造成先天的不足,后患无穷。

下面以末敏子弹和底排火箭复合增程弹的结构布局设计为例进行说明。

(1)末敏子弹的结构布局设计。末敏子弹总体功能是在一定距离(或一定高度)处击穿装甲车辆顶甲。它主要由 EFP 战斗部、目标探测器、稳态扫描装置和处理控制器等组成。EFP 战斗部的功能是击穿装甲车辆顶甲;敏感器的功能是发现识别目标;稳态扫描装置的功能是保证 EFP 战斗部和目标探测器有一个正确的运动姿态;处理控制器的功能是适时处理探测器获得的目标信息并在最佳时机引爆炸药装药。

由 EFP 战斗部的工作原理得知,炸药爆炸时药型罩变形成弹丸需要一定的时间和自由空间,也就是说在药型罩前面不能有任何障碍物,否则会影响 EFP 的形成,进而影响到 EFP 的侵彻能力。由敏感器的工作原理可知,天线或镜头前面不允许有任何遮蔽物,否则就不能发现和捕获目标。为了保证末敏弹总体功能的发挥,必须把敏感器的天线或镜头放置在最前面,而 EFP 战斗部只能在后面,这必然会影响 EFP 的侵彻能力。目前,世界各国已装备和在研的末敏子弹(SADARM、Smart、GS155 等)均采用这种串联布局方式,如图 2-19(a)所示。

假设末敏子弹采用聚能装药和敏感器并列的并联斜置结构布局方式,则可以将聚能装药轴线和敏感器天线轴线均与弹轴(铅垂方向)呈 30°夹角实现两条轴向错位平行,这样一来在 EFP 装药和敏感器天线前面均无遮蔽物,从而可充分发挥 EFP 和敏感器的功能。如图 2-19(b)所示。并联斜置结构布局方式的模块化结构清晰,有利于模块的更换,但战斗部模块和敏感器模块的固定比较困难,子弹长度可能会增长,EFP 装药直径和敏感器天线的直径也可能会减小,对侵彻穿深会有一定的影响。所以,在采用并联斜置结构布局方式时,必须进行充分论证,综合考虑,权衡利弊。

(a)串列分置布局

(b)并列分置布局

图 2-19　末敏子弹的结构布局

(2)底排火箭复合增程弹的结构布局设计。底排火箭复合增程弹总体结构布局设计时,底排装置总是置于弹丸的最底部,而火箭装置可以放置于弹丸的不同部位。依据火箭装置与底排装置的相对位置,底排火箭复合增程弹的总体结构布局形式主要有 3 种基本结构布局形式,即前后分置式(图 2-20(a))、弹底并联式(图 2-20(b))、弹底串联式(图 2-20(c))。

① 前后分置式,即在弹体头弧部放置火箭装置,底排装置安排弹底部。这种布局结构由于前置火箭发动机完全依赖弹丸头弧形状来设计,有效地利用了弹丸头部空间,使弹丸的有效随行载荷装载空间不致减小太多,既可达到一定程度上的增程效果又确保了弹丸一定的威力性能。由于这种布局形式的火箭装置与底排装置的排气通道不重叠,可以实现两个装置的异步工

作(底排结束后火箭开始工作)或工作时段部分重叠的同步工作(底排工作的同时火箭也工作),但火箭点火序列设计难度较大,弹丸结构比较复杂。

② 弹底并联式,即火箭药柱在外圈、底排药柱在内圈同处一个装置内,并共享同一个排气口。这种布局结构最为简单,弹丸有效携载空间牺牲最小,但增程效率有限。另外,由于火箭药柱点火的一致性难以保证,只能实现先底排后火箭的异步工作,并且存在一定的散布。

③ 弹底串联式,即火箭装置与底排装置同处弹底部,相对弹头而言,火箭装置在前,底排装置在后,呈串联方式排布。这种布局结构由于火箭装置与底排装置同置弹底,不与弹丸的传爆序列或抛射序列发生干涉,使整个弹丸总体结构布局相对简单。根据火箭排气通道的设计与安排,这种基本形式可以实现异步工作或同步工作。由于底排装置与火箭装置均占居弹丸有效的圆柱段空间,会使弹体有效携载空间(威力性能)大为降低。

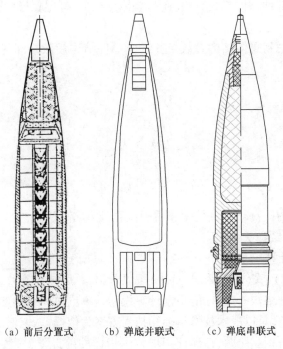

（a）前后分置式　　　（b）弹底并联式　　　（c）弹底串联式

图 2-20　底排火箭复合增程弹的结构布局

2. 总体结构参数设计

总体结构参数设计是根据《研制任务书》中提出的总要求,从全局出发,在保证全面实现总体功能和战术技术指标的前提下,在各组成部分的功能和技术方案已基本确定、结构模块布局基本优化的基础上,综合考虑总体结构参数与各部件结构参数之间的相互依赖关系,用工程计算或数值仿真,确定总体结构参数。

总体结构参数一般可分为两种:一是在《研制任务书》中已明确给定的那些参数,属于给定参数,在结构设计时必须满足给定参数;二是在《研制任务书》中没有给定的那些参数,属于未定参数,需要通过设计确定。

下面结合远程炮弹具体案例重点介绍未定参数的设计问题。

假设某远程炮弹的《研制任务书》中提出的主要战术技术指标有:炮弹直径 155mm,最大射程不小于 50km,炮弹散布的圆概率 CEP ≤ 50m,对人员的有效杀伤半径 $R_{杀} \geqslant 50m$。试对该型远程炮弹的总体结构参数设计进行设计与分析。

根据远程炮弹的总体功能特点及其已知的性能指标等条件,该弹的总体结构参数设计与分析步骤如下:

1) 问题分析

首先要弄清楚总体结构参数与那些因素有关,为建立计算模型打下基础。

假设根据前期总体概念和技术方案设计的结果,该型远程炮弹的总体技术方案确定为:战斗部采用预制整体杀伤战斗部;增程装置采用固体火箭发动机助推;导引部采用 GPS 弹道修正装置;稳定部采用尾翼稳定。其总体结构布局形式为:GPS 弹道修正装置放在头部;中间为战斗部;火箭发动机放在弹尾部;尾翼装簧也放在弹尾部。

根据以上技术方案及总体结构布局形式,需要确定的总体结构参数主要有:弹重 Q、弹长 L、质心位置、尾翼翼展等参数。这些总体结构参数与各组成部件结构参数相互联系。特别是质心位置,不仅与各组成部件结构参数有关,还与总体结构形状、尾翼形状密切相关。

2) 建立计算模型

根据以上分析,考虑到总体结构参数与各组成部件结构参数之间的关系,可得到总体结构参数的计算模型为

$$Q = \sum_{i=1}^{N} q_i \tag{2-7}$$

$$L = \sum_{i=1}^{N} l_i \tag{2-8}$$

$$L_c = \frac{1}{Q} \sum_{i=1}^{N} l_{ci} \cdot q_i \tag{2-9}$$

式中:Q, L, L_c 分别为炮弹总质量、总长度和质心位置(距头部);q_i,l_i,c_i 分别为第 i 个部件的质量、长度和质心位置(距弹头部)。

3) 总体结构参数计算

由计算模型式(2-7)、式(2-8)和式(2-9)可以看出,总体结构参数是由各部件结构参数组成的,只有知道了各部件结构参数,才能根据计算模型计算出总体结构参数。

部件结构参数的计算是以战术技术指标和技术方案为依据,从全面出发,以整体性能为重,各部件之间要相互支持,相互照顾,在保证实现技术指标的前提下,尽量减轻部件重量,减少部件长度。

由于远程炮弹是由战斗部、制导控制部、火箭助推增程部和尾翼稳定部所组成的,所以弹重和弹长的计算式(2-7)和式(2-8)可具体展开为

$$Q = q_{控} + q_{战} + q_{增} + q_{翼} \tag{2-10}$$

$$L = l_{控} + l_{战} + l_{增} + l_{翼} \tag{2-11}$$

一般情况下,制导控制部、战斗部和尾翼稳定装簧的结构参数,可根据战术技术指标和技术方案求得,而火箭助推增程装置的参数不仅与火箭助推增程的战术技术指标和技术方案有关,还与炮弹的总质量有关。

由于制导控制部、战斗部和尾翼稳定装置的重量可以独立求出,则在式(2-10)中剩下 Q 和 $q_{增}$ 两个未知数。根据线性代数理论,式(2-10)的解是不定的。所以,只能先假设一个弹重 Q_1,由式(2-10)计算出 $q_{1增}$,再根据固体火箭发动机的理论和外弹道理论,计算出炮弹的射程 X_m,直到 X_{mi}(第 i 次计算结果)不小于 50km 为止。并把计算结果代入式(2-10)和式(2-11),便可计算出炮弹的质量和长度。

另外,为了保证尾翼弹飞行稳定性,通常要求炮弹质心位置设计为 $L_c = (0.5 \sim 0.55) L_0$。于是,式(2-9)可改写为

$$\frac{1}{Q} \sum_{i=1}^{N} l_{ci} q_i = (0.5 \sim 0.55) L \qquad (2-12)$$

由于 Q、L、L_c 已知,将各部件结构参数 l_{ci} 和 q_i 的预选定值代入式(2-12),如果不满足此式,则需重新调整参数 l_{ci} 和 q_i,直到式(2-12)成立为止,此时所对应的 l_{ci} 和 q_i 即为最终的设计值。

3. 总体结构参数分解

总体结构参数分解是根据总体结构参数与各部件结构参数之间的关系,将总体结构参数分解到各部件,这种方法一般只适用于总体结构参数已在《研制任务书》中明确给定的情况。例如,老炮弹改造升级或为老炮配新弹的研制项目其总体结构参数都会明确给定,通常要做的工作就是如何将总体结构参数分解到各部件。

总体结构参数分解是总体结构参数计算的一种逆运算。从式(2-7)~式(2-9)可以看出,已知总体结构参数 Q、L 和 L_c 后求解各部件参数 q_i、l_i 和 l_{ci} 是比较困难的。通常采用的具体分解方法是:先根据各部件的功能、战术技术指标和技术方案,求出各部件结构参数 q_i、l_i 和 l_{ci},再将部件参数 q_i、l_i 和 l_{ci} 分别代入式(2-1)~式(2-9)中计算,如果等式成立则计算结束,否则重新调整各部件结构参数 q_i、l_i 和 l_{ci},直到式(2-1)~式(2-9)成立为止。

4. 总体结构参数优化

总体参数优化设计的关键是建立目标函数和选择适当的优化方法。弹药总体参数优化设计的目标函数必须能够反映主要优化目标的实际值以及各种约束条件的满足程度,并且目标函数值是方案之间进行比较的重要依据。优化方法的选择也同样重要,一个适宜的优化方法应能在前一次所选择的参数组合基础上,很快地找到一组更优的参数组合,使得优化搜索能迅速地达到极值(优化值)。

第3章　智能弹药结构设计

智能弹药的总体方案确定以后,则进入智能弹药结构设计阶段。结构设计是按照总体提出的战技指标、功能、技术方案、结构参数以及有关的技术要求,在一定的约束条件下进行零部件结构设计。结构设计是总体结构设计的具体化、部件化、零件化,是实物化的依据,是智能弹药设计的重要组成部分。

智能弹药的结构设计,大多建立在传统弹药结构的基础上,通过分析各种智能弹药的具体设计实践经验开展的。本章主要根据不同弹药类型及其结构特点对各种因素进行概括分析。

3.1　一般旋转稳定弹药结构设计

3.1.1　弹药外形结构

弹药外形由弹头部、圆柱部,弹尾部、上下定心部,弹带与闭气环等部分组成,如图 3-1 所示。

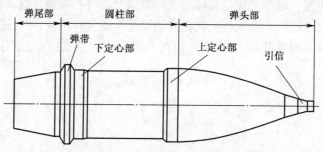

图 3-1　弹药的组成部分

弹药的基本尺寸如图 3-2 所示。所有这些尺寸对弹药的威力、弹道性能、飞行稳定性都有着直接的影响。弹药的基本尺寸应当根据战术技术要求和弹药的特点来选择。

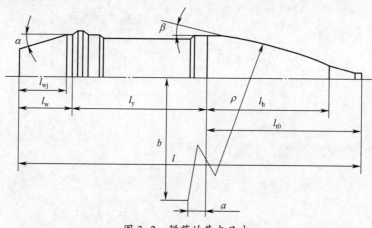

图 3-2　弹药的基本尺寸

64

在这些尺寸中,口径 d,全长 l,弹头部长 l_{t0},圆锥部长 l_y,及弹尾部长 l_w 为决定整个弹药结构布局的基本尺寸,其余尺寸则用来表征弹药的外形特点。因此,在确定上述诸尺寸时,应首先着眼于基本尺寸,在此基础上就容易确定其他尺寸。

1. 弹药全长

弹药全长 l 是在弹药质量已定后确定的,它主要影响弹药的飞行稳定性、威力和弹壳强度。

旋转弹药的最大长度受到飞行稳定性的限制。旋转弹药在空中飞行时,受到空气阻力翻转力矩的作用,迫使弹药翻转。但是由于弹药高速旋转,产生了一种克服弹药翻筋斗的急螺效应,而使弹药飞行稳定。弹药越长,空气阻力的翻转力矩越大,相应要求弹药的转速也越高。对一般线膛火炮而言,弹药的旋转是借助弹带嵌入膛线的运动而产生的。因此,限于弹带材料(紫铜或铜合金)的强度,弹药转速不可能无限制提高。

从榴弹威力来看,全长 l 增大,有利于弹药威力的提高。

从发射时弹药强度来看,当弹药质量一定,全长 l 增加,势必会使弹体壁减薄,从而导致强度不足。

从迎面空气阻力来看,飞行稳定的弹药随着其飞行速度的不同,总可找出对应最小的正面阻力的某一最合适的全长。总括来看,全长增加对减小空气阻力有利。

除了上面提到的这些主要影响因素外,还应考虑弹药使用和供应的方便。例如在自行火炮和坦克炮内,为了避免由于操作空间狭窄而带来的操作和处理的困难,以及利于提高射击精度,不应使弹药过长。

2. 弹头部

弹头部尺寸和形状对正面空气阻力影响较大,特别是在超声速时,影响更大,以致对射程也产生一定的影响。母线形状弹头部是旋成体,其旋成母线的形状有直线、圆弧、抛物线和椭圆形几种,此外也有这些曲线的组合型,如图 3-3 所示。

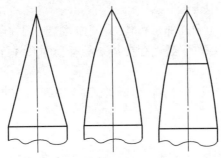

图 3-3　弹头部母线形状

从空气阻力来看,对于飞行稳定的弹药,弹头部长度 l_{t0} 越大,弹药形状越尖锐,其阻力值就越小。因此,就整个弹药而言,弹头部长短对正面阻力系数 C_{x0} 起着重要的影响。图 3-4 表明,弹头部增长,空气阻力系数明显降低,弹形系数减小。

从阻力观点来看,以抛物线形母线最有利而以椭圆形母线最差。但当弹药速度较小时,母线形状对阻力没有显著影响。从制造工艺来看,以直线及圆弧形为宜。从装填炸药量的观点来看,以椭圆和圆弧形为好。当炸药量及射程都有一定要求时,可采用直线和圆弧的组合曲线。

目前大部分榴弹都采用圆弧形母线。当弹药飞行速度小于 500m/s 时,母线与圆柱部界面的连接角 β(图 3-2)可取为 0°。这时,圆弧母线的曲率中心即在弹头部与圆柱部界面上。对于

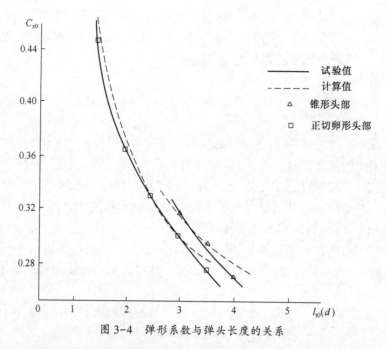

图 3-4 弹形系数与弹头长度的关系

速度更高的弹药,为了减少空气阻力,使弹药头部形状更加尖锐,这时可取 $\beta = 1° \sim 3°$。一般来说,$\beta \leqslant 3°$,否则会造成圆柱部与弹头部的不平滑连接,以致引起涡流或激波产生,从而使空气阻力增大。

3. 圆柱部

圆柱部尺寸 l_y 是指上定心部至弹带之间的距离。一般情况下,它也是弹药导引部的长度。因此,它对弹药在膛内的运动有着决定性的影响。另外,它与弹药的威力也有密切关系。

从弹药的运动状态考虑,若圆柱部尺寸 l_y 大,则膛内导引性能好,出炮口后章动小,具有较好的飞行稳定性,从而提高了射击精度。

从正面空气阻力来看,减短圆柱部是有利的。但应注意,圆柱部过分减短,反而会引起诱导阻力增加。因此,在一定射击条件下必然存在某一最有利的圆柱部长度,它对应着最小的空气阻力。

由于榴弹威力一般都随圆柱部的增长而增大,因此必须综合考虑上述诸因素,最后确定出圆柱部尺寸。

4. 弹尾部

弹尾部最简单的形状是圆柱形,其特点是结构简单,便于生产加工。

从空气的阻力观点来看,最有利的形状却是吻合于弹尾部区域内空气流线的形状,因为这种形状可使弹后的涡流阻力减至最小。空气流线的形状又取决于弹药的速度。试验证明,弹尾部空气边界层的流线可近似用一条折线来代替(其误差并不很大)。因此,弹尾部通常也可制作成圆柱与截锥的结合形,也称船尾形。

圆柱形弹尾与船尾形弹尾示如图 3-5 所示。

图 3-6 所示为船尾形弹尾与圆柱形弹尾在不同马赫数下阻力系数的比较。

由图可以看出,随着船尾长增加,阻力系数减小。但当速度很大时,因尾波在弹带后即产生分离,所以圆柱形弹尾与船尾形弹尾对阻力影响差别不大。

从某些特殊要求来看,例如为了使定装式炮弹的弹药和药筒有牢固的结合,尾柱部长度至

66

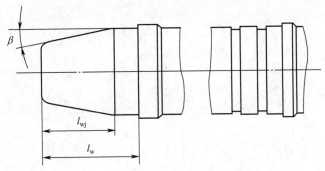

图 3-5　圆柱形弹尾与船尾形弹尾

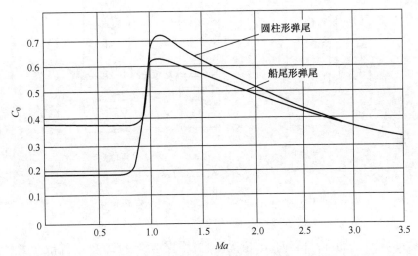

图 3-6　船尾形弹尾与圆柱形弹尾阻力系数比较

少应为 $0.25 \sim 0.5(d)$；有时在其上还必须加工 $1\sim2$ 个紧口沟槽以固定药筒用。又如,为现有火炮设计弹药时,如果必须采用制式发射药,那么在确定弹尾部尺寸时,应考虑保持原来的发射药装填密度不变。

一般旋转弹药的弹底部是平的,而现在有些旋转弹药的弹底却为凹形,带有底凹船尾的弹药也称底凹弹,如图 3-7 所示。

底凹船尾的优点如下:

(1) 根据速度要求,可调节船尾部的长度,使其达到最有利的尺寸。若速度大,则船尾可长些;速度小,船尾可短些。这样,为了保证弹药具有最有利的尺寸,在弹重不增加的情况下,可增加弹长,一般达 $5\sim6$ 倍口径。

(2) 使弹药质心相对前移,空气阻力中心相对后移,减短了作用在弹药上翻转力矩的臂长,增加了弹药的飞行稳定性。

(3) 相对同样弹长,底凹弹的赤道转动惯量小,有利于飞行稳定性。

(4) 可在底凹侧向开进气孔,由于进气的引流作用,可增大底压 $13\%\sim20\%$,从而可减小阻力 7%,而且马赫数 Ma 越大,底凹侧孔的作用越明显。另外,在弹药出炮口时,由于火药气体容易通过侧孔流出,减小了底凹部的破裂,使底凹壁可以做得很薄。

(5) 可使弹带装配在靠近弹底的部位,因而将弹带在膛内所受径向力由弹底来承受,提高了弹壁的强度(弹壁可减薄),有利于提高弹药威力。

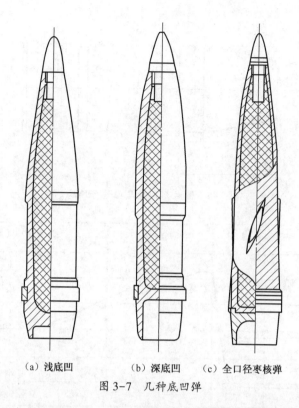

|（a）浅底凹|（b）深底凹|（c）全口径枣核弹|

图 3-7　几种底凹弹

（6）底凹内可装一定量的发射药,而对药室容积,发射装药量的影响不大。

综上所述,底凹弹可提高弹药的射程、威力和精度。据射击试验表明,在相同条件下,底凹弹可增程 3%～5%;在底凹部开侧向孔的情况下,可增程 10%～12%。射弹散布 E_x/X 一般可减小 25%～40%。

底凹船尾有两种结构:一种是与弹体成整体式的(图 3-7(a)和图 3-7(b));另一种与弹体成非整体式的(图 3-7(c))。整体式底凹结构简单,强度好,与弹体同轴性好,但工艺性较差。非整体式底凹结构,可选用密度较小的材料,而且加工性好。

3.1.2　定心部、弹带与闭气环

1. 定心部

旋转稳定弹药的定心部分为上定心部和下定心部,它的作用是使弹药在膛内正确定心。两个定心部表面可以承受膛壁的反作用力。定心部加工精度较高,与炮膛有一很小的间隙,以保证弹药顺利装填。定心部的间隙也不能过大,否则会使弹药在膛内的摆动过大,影响膛内的正确运动,并使射击精度变差。定心部的宽度,应保证弹药在膛内摆动时不会在定心部上造成过深的阳线印痕。下定心部一般都在弹带之前,可保证弹药装填时弹带的正确位置,承受部分膛壁的径向压力。

2. 弹带

弹带的作用是:在弹药发射时嵌入膛线,赋予弹药一定的转速,并密封火药气体,保证弹药在膛内的定位。

1) 弹带数目

随着弹药的长度和初速的增大,必须相应增大弹药的转速,以保证弹药的飞行稳定性。这样就对弹带的强度有一定的要求。为此,除了合理选择弹带材料外,还需将弹带的宽度加大。然而,随着弹带宽度加大,就会增大弹带压力和弹体壁的挠度,影响弹带顶部和炮膛壁间的接触。另外,过宽的弹带在与膛线挤压时会产生飞边,影响弹药外弹道性能,常采用两条较窄的弹带来代替一条宽弹带。铜质弹带的最大宽度一般为:小口径弹 10mm,中口径弹 15mm,大口径弹 25mm。

2)弹带直径

弹带的直径应大于火炮阴线的直径,其超出部分称为弹带的强制量(图 3-8)。强制量的大小对弹药沿膛内运动的正确性有重要意义。

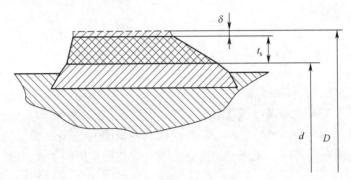

图 3-8　弹带的强制量

弹带的外径 D 为弹药口径,炮膛线深度为 t_s ,弹带强制量为 δ ,三者关系为

$$D = d + 2(t_s + \delta) \tag{3-1}$$

在口径 d 和 t_s 一定的条件下弹带的直径取决于强制量 δ ,选择强制量 δ 的大小应考虑如下两点。

(1)保证弹药在膛内运动时,塞紧火药气体,避免火药气体对炮膛的烧蚀。

(2)防止弹带与弹体产生相对旋转,使弹药出炮口后有一定的转速。

强制量 δ 也不能太大,否则会影响火炮的寿命,尤其是在坡膛处磨损会增大。根据经验一般取 $2\delta = 0.002 \sim 0.005(d)$ 。

3)弹带形状

弹带的形状对弹带嵌入膛线有很大影响。当弹带嵌入膛线时,起初强制压缩弹带到火炮坡膛内;然后在弹带上形成导转突起部,也就是已经压缩的弹带开始嵌入膛线,如图 3-9 所示。

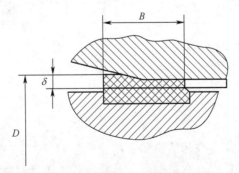

图 3-9　弹带嵌入膛线过程

为了使弹带容易卡入膛线,并起到较好的定心作用和减小飞行中的空气阻力,要求弹带前端面应为一斜面。为了接纳弹带嵌入坡膛和膛线时产生的积铜,防止形成飞边,后端面也应做

成斜面(图3-10(a))。用于分装式弹药弹带的后斜面应从弹体开始,而定装式炮弹还必须在弹带的后面留下一个小平面,以便支持药筒口部。

如果采用一条宽弹带,则应在弹带上开一些矩形或梯形的环形沟槽(图3-10(b))。环形沟槽的深度不应大于膛线深度,而槽宽也不应大于阳线宽度。沟槽的数目应这样选择,即在弹带嵌入膛线时,弹带金属能把沟槽填满。

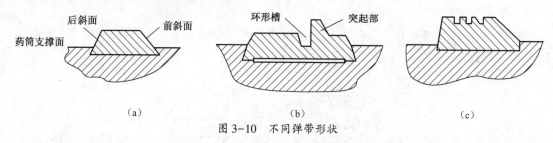

图 3-10　不同弹带形状

为了提高高速火炮的寿命,常常在弹带上加一个起缘突起部(图3-10(a)),以减小对火炮磨损。一般弹带是通过其前斜面与膛线起始部接触进行定位的,而火炮膛线的起始部最容易被高温火药气体烧蚀,从而引起装填定位不准确,使药室容积增大,初速减低。有起缘部的弹带则通过起缘部与坡膛接触而定位。膛线起始部的磨损对弹药定位影响不大,并能可靠地塞紧火药气体。

3. 闭气环

在某些弹药中,弹带的后面装有一个由尼龙塑料制成的闭气环。它的作用是补充弹带闭气作用的不足。另外,闭气环的直径比弹带的直径大,这样在膛线起始部有些磨损的情况下,仍能保证弹药初始位置的定位(有突起弹带的作用),提高火炮的寿命。

闭气环应有弹性,通常用凸起卡入弹体槽内。闭气环在弹药出炮口后破碎时,应不影响弹药飞行阻力。

3.1.3　弹药内腔结构

弹药内腔形状及基本尺寸如图3-11所示。

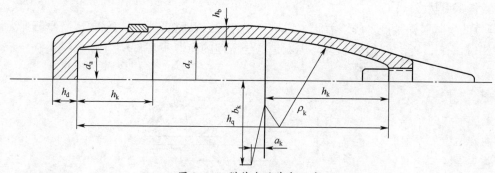

图 3-11　弹药内腔基本尺寸

内腔的形状和尺寸除了决定弹药质量和装填物质量以外,还影响到弹药质量合理分布,从而影响弹药在膛内的运动性能以及在空中的飞行稳定性。内腔尺寸也决定了弹壳的壁厚和底厚,影响弹壳在发射时的强度和弹药威力。

1. 内腔形状

一般榴弹的内腔形状有圆柱部(带有小锥度)、截锥圆柱部及弧形部的组合型。

70

从弹药威力出发,为了使爆破榴弹尽量多装炸药,则必须加大内腔容积。为此,内腔形状大致与等强度壁厚相适应。为了使杀伤榴弹具有良好的破片性能,其内腔形状也应尽量适应等壁厚的要求。

从弹药在膛内的运动条件来看,弹药的质量分布应尽可能集中在质心处,而质心以靠近弹带处为宜。

从制造工艺简便考虑,内腔形状应与炸药的装填条件相适应。例如,小口径高射榴弹多采用压装法,其内腔则应做成柱形。有些大口径榴弹,为了从弹顶或弹底装填块状高能炸药,弹药内腔应为圆柱形或部分圆柱形。对抛射式弹药,如照明弹、宣传弹、燃烧弹、烟幕弹、子母弹等,因有装填物抛出,所以内腔尺寸也应为圆柱形,如图 3-12 所示。

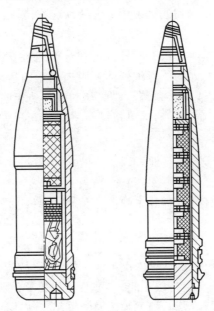

图 3-12　某型照明弹和燃烧弹的内部结构

内腔多为平底形,周边有一定圆角。但有些弹药为了改善底部装填物的应力分布,加强弹底强度和有利于冲压加工,弹药内腔底部常做成双圆弧形,甚至为半球形。为了便于机械加工,内腔应尽量避免阶梯形突变,而在曲线衔接处采用圆弧。

2. 壁厚

榴弹的壁厚与弹药的作用威力有着密切的联系。不同类型的榴弹,其壁厚范围往往不同,所以常用来作为表征弹药结构的一个特征数。

爆破榴弹的壁厚完全取决于发射强度。在保证发射强度的前提下,采用最小壁厚可以增加炸药的装填量。发射时,弹药底部所受惯性力最大,而头部较小,故等强度壁厚将是底部最厚,而沿着头部方向递减。

对于杀伤榴弹的壁厚除了考虑发射强度外,还应保证得到所要求的破片。因此,应当综合考虑弹体金属材料与炸药性质来确定壁厚。一般来说,当炸药猛度较高,或弹壁金属较脆时,壁厚尺寸可以稍大一些;相反,当炸药猛度较低,弹体金属强度较高,壁厚应相对减小。高射杀伤榴弹的壁厚一般又比地面杀伤榴弹大。

特种弹的壁厚在满足弹壁强度的条件下,应尽量薄一些,并使内腔成圆柱形,以便装填更多的装填物和使其顺利抛出。

3.1.4 低阻远程形弹药的结构特点

1. 概述

提高弹药的射程,一是提高初速,二是减小弹道系数。一般远程弹药都具有较高的初速。此时,弹形的好坏对射程影响较大。因此,应对远程形弹药的外形很好地进行设计。

一般将弹药在零偏角时所受空气阻力系数 C_{x0} 分解为头部阻力系数 C_{xh}、弹体表面旋转摩擦阻力系数 C_{xf}、船尾部阻力系数 C_{xt}、弹底阻力系数 C_{xb}、弹带阻力系数 C_{xr}。以 $Ma = 3$ 为例,其头阻占总阻的 34.5%,摩阻占总阻的 14.5%,弹带阻力仅占 2.6%,尾阻占 12.0%,底阻占 36.4%。其中头阻、底阻是主要的,且头阻所占比例随马赫数增加而增大,而底阻随马赫数增加所占比例却减少。由此可见,对高初速远射程的弹药,减少头阻是很重要的。

2. 结构特点

弹形的特点是头部很长,基本上没有圆柱部。弹全长超过 6 倍口径,而头部长约为 5 倍口径以上,故可大大减少头部阻力。为了保证弹药在膛内的正确运动,在弹药质心处固定有呈流线形的与弹轴成一定角度的定心块。弹带与船尾与一般弹药相同。弹带可采用一般金属弹带或塑料弹带。这种弹形突破了弹长一般不得超过 5.5 倍口径的限制,以及必须有圆柱部的老概念,形成为一种新弹形。

远程形弹药有"全膛"和"次膛"两种类型:全膛远程弹就是弹药是同口径的;而次膛弹药则为次口径的弹药。

以全膛远程弹药为例,全膛远程弹药由弹体、定心块、弹带、闭气环、底凹装置及引信几部分组成。

1) 弹体

弹体外形基本上由弧形部构成,这种外形可减小弹药飞行中的迎面阻力。弹体大都没有圆柱部,为了在膛内定心,其上装有定心块。此外,弹带的位置靠近弹体底部,以减少弹带压力对弹体强度的影响。为了增加弹药威力,榴弹弹体通常采用高破片率钢,内装高能炸药。

2) 定心块

远程形弹由于没有圆柱定心部,而在弹头弧形部上固定有 3 块或 4 块在膛内起导引作用的定心块。定心块应具有最佳空气动力外形。为了不影响弹药在飞行中的旋转,定心块应顺着旋转方向倾斜一定角度。定心块的宽度最好能与 3 条炮膛阳线接触,其长度约为 4 倍口径。定心块与弹体可用螺钉固定,也可采用焊接连接;或与弹体一起加工成型。后者工艺通常要求弹体材料为易于挤压的金属,并具有足够的强度,以保证膛内安全,当前用焊接方法较多。

3) 弹带、闭气环

全膛远程弹一般多采用环形金属弹带。环形弹带与低缠度膛线(现均为 20 倍口径)配合,可使长度较大的弹药保持飞行稳定。弹带材料多为铜质,也可采用非金属弹带。

闭气环装在弹带后面,一般用聚酰胺塑料制成,在弹药出炮口后破碎散落。

4) 底凹装置

一般由铝合金制造,可使弹药质心前移,提高弹药的飞行稳定性及射击精度,而且拆卸方便,随时可将弹药改换成底排弹。对于同样弹形的照明弹、烟幕弹、子母弹等,弹体一般分成两部分,靠弹顶部分采用铝合金材料,而弹体下部和底凹装置采用钢材,这样来调节弹药质量和重心位置,可达到与榴弹有相同的弹道性能。

5）引信

对远程形榴弹，与一般榴弹相同，采用着发引信或空炸引信。为了互换，在弹药药室口部处有一个引信腔，内装辅助药柱。当用着发引信时，不取出辅助药柱，当用空炸引信时要取出辅助药柱。辅助药柱上端有提手带，可方便取出，其下端有毡垫，在发射时起缓冲作用。

3.1.5 底部排气弹的结构特点

1. 概述

弹药在飞行中总受底阻作用，即使弹形很好的弹药，仍存在着底阻。一般旋转弹药在超声速下的底阻约占总阻的 30%～40%；细长头部的远程形弹药，因头阻减小，故底部阻力所占的比例更大，一般可达总阻的 40%～50% 甚至更多。为了进一步提高射程，就需要减小弹药底阻。"底部排气弹"正是基于这种思想而设计的一种增程弹药。

底部排气弹的底部装有专门的排气装置。排气装置中的"排气剂"或"烟火剂"在弹药出炮口后或在弹药开始点火时放出气体。气体进入弹药后部的低压区，使弹底压力增加，底阻减小，从而增加射程。因为排气缓慢，对弹药的扰动小，其散布也不很大，所以它用于高初速旋转稳定的远程弹药上最为有利。

2. 结构特点

底部排气弹在外形上类似于一般弹药，主要特点是在弹底上加了一个排气装置，如图 3-13 所示。

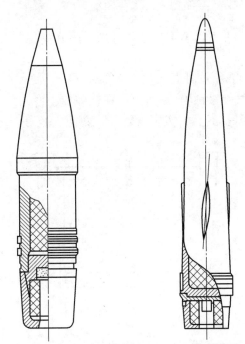

图 3-13　普通底排弹和枣核形底排弹结构

底部排气装置一般由壳体、排气药柱、点火器等主要部分构成。壳体外形构成弹药的船尾，其底部有单个或多个排气孔，中间部分构成燃烧室。弹药在飞行中，从燃烧室内排放气体。燃烧室内压力一般不高，因此壳体材料通常用铝或一般钢材制造。

排气药柱一般做成 2 块或 3 块的扇形体结构，以增大起始燃烧面积，并用阻燃材料包覆药柱两端及外表面(图 3-14),使药柱呈减面燃烧。

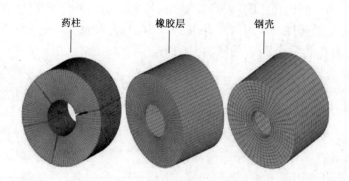

药柱　　　　橡胶层　　　　钢壳

图 3-14　底排药柱结构

排气药柱一般为复合形火药,由约 75% 的过氯酸铵和 25% 的端羧基聚丁二烯与少量胶黏剂组成。过氯酸铵作为催化剂,端羧基聚丁二烯为燃烧剂。由压制或铸造成型。药柱应点火可靠,并有足够的强度。

点火器一般有两种:一种是点火器在膛内被火药气体点燃,而火药气体同时还点燃排气药柱。弹药出炮口时,由于弹后压力迅速下降排气药柱很容易熄灭。这时点火器的火焰继续点燃排气药柱,保证其正常燃烧。另一种机械式点火器靠发射时的惯性力点燃。这种点火器构造比较复杂。它除了点火作用外,平时还起底部排气装置的密封作用。这种结构的排气药柱不直接承受膛内气体的作用。

此外,排气装置内还装有垫片和橡胶圈。垫片用以调节排气药柱的尺寸,并起缓冲作用;橡胶圈则起调整密封作用。

更简单的排气装置是将烟火剂直接压入一般弹药的弹底中,并在膛内直接点火。如图 3-15 所示。这种底部排气弹又称喷烟弹,多用在枪弹和小口径炮弹中。初速小的弹药用喷烟弹也是很有利的。小口径曳光炮弹,实质就是一个喷烟弹。

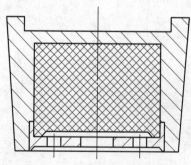

图 3-15　烟火剂底排装置

3.1.6　底排—火箭复合增程弹的结构特点

1. 概述

底排—火箭复合增程弹是针对弹药飞行阻力的变化规律,综合应用底排减阻和火箭助推两项增程技术,采用先底排后火箭的增程方式能够充分发挥这两种增程技术的优势而避免其缺点。当这种复合增程与高初速、低阻弹形技术相结合时,可使增程率达到 50% 以上。

底排火箭复合增程的设计思想:弹药出炮口后在空气密度很大的低空飞行,空气阻力大,底阻占全部空气阻力的比例也大,因此采用底部排气减阻增程。当弹药进入空气密度小的高空时,再用火箭发动机加速,以获得更高的增程率。

2. 结构特点

底排—火箭复合增程弹总体结构布局设计时,底排装置总是置于弹药的最底部,而火箭装置可以放置于弹药的不同部位。依据火箭装置与底排装置的相对位置,底排—火箭复合增程弹的总体结构布局形式主要有前后分置式、弹底并联式和弹底串联式 3 种基本结构形式,如图 2-20 所示。

3. 火箭装置

火箭装置由箭药燃烧室、火箭药柱、火箭空中点火具、喷管、喷堵、堵盖等零部件组成。火箭发动机的壳体通常上下两端都车制螺纹,分别与战斗部壳体和底排装置壳体相连接。

为了承受 $10000g$ 以上火炮发射过载和膛内 $300MPa$ 以上高温高压气体的冲击与烧蚀,燃烧室、喷管、喷堵、堵盖等零件必须构成一个抗高过载与抗高速旋转的结构组件。火箭发动机不工作时喷堵、堵盖必须密闭喷管排气通道,而火箭发动机开始工作时喷堵、堵盖则必须被顺利喷出,使喷管排气通道畅通。

目前可用于炮射火箭增程弹的火箭药主要有改性双基型和复合型二种。由于火炮用复合增程弹的总长受到飞行稳定性的限制,弹长设计分配的空间十分有限,希望火箭发动机占弹长的比例小些为好,这就要求箭药的比冲值大些为好。由于复合型箭药要比改性双基型箭药的比冲值大,故复合型箭药可以作为首选。

由于火箭发动机的起始工作时刻是在飞行弹道高空,则火箭药的点火必须采用延期点传火方式。

3.1.7 其他零部件

一般弹药都是由弹体、头螺、底螺和一些辅助零件如爆管、隔板、被帽和风帽等组成。

1. 头螺

头螺在下列情况下使用:

(1) 当弹药作用需要从弹头部抛出装填物时,如反装甲子母弹、燃烧弹;

(2) 当弹药需要从弹头部装药时,如破甲弹;

(3) 当用现有设备制造整体弹壳有困难时,如一些大口径榴弹;

(4) 当一些同口径弹种,如榴弹、照明弹、子母弹等为了取得弹道一致,常用不同壁厚、不同金属的头螺来调整弹药的外形、质量和质心位置。

对头螺的要求如下:

(1) 头螺与弹体结合时轴对称性好;

(2) 弹体与头螺连接处密封性好;

(3) 保证弹体与头螺有一定的强度;

(4) 头螺与弹体结合牢固。对榴弹应在内廓上使两零件端面紧密结合,而在外表上留出一道间隙。为了防止头螺旋出,还可用螺钉进行固定。

2. 底螺

底螺在下列情况使用:

(1) 当弹药必须具有保持坚固完整的实心头部时,如穿甲弹、混凝土破坏弹、碎甲弹和大口径爆破弹等；

（2）当弹药需要从底部抛出装填物时，如照明弹、宣传弹、燃烧弹、子母弹等，

（3）当弹药需要从底部装填炸药时。

对底螺的要求如下：

（1）结合牢固。选择适当的螺纹方向，防止弹药在发射或与目标碰击时发生相对回转。对于榴弹多用左螺纹；对于穿甲弹多用右螺纹。此外，为了防止螺纹回转，还可使用健、销或螺栓来固定。

（2）密封可靠。在膛内紧塞火药气体有着重要的作用。当底螺处漏气时，很可能产生膛炸的严重事故。为了可靠紧塞火药气体，可使用各种办法，其中最简单的办法是在螺纹中填满各种油灰，并使用以各种塑性金属（铜、铅）制成软垫放在弹底环形凸起部，也可以利用塞片或塞环装在弹底和弹体上。

用装有纯感装填物的底螺弹进行试射，并抽检铅环变形程度、螺纹连接处的熏黑程度和垫在弹底上的硝化棉完整状况，可判定底螺紧塞状况。底螺和药柱间还应垫纸垫，以消除间隙，并起缓冲作用。

底螺又分为固定式和可抛式两种。

（1）固定式底螺：在穿甲弹、混凝土破坏弹、碎甲弹和底螺榴弹中使用。它用螺纹连接在弹药上，发射与作用时都与弹体牢固连接在一起。

（2）可抛式底螺：在照明弹、宣传弹、燃烧弹、子母弹等弹药中使用。由于在弹药作用时要在弹道上将底螺抛出，所以这种底螺与弹体的连接常采用剪切螺（螺纹圈数较少）和剪切销等连接方法。

对这种底螺，除要求弹药在发射时可靠的密封外，还要求弹药剪切作用可靠。剪切螺纹或剪切销强度应选择合适，否则抛射压力过大，可能压坏装填物的零件或装填物。为了防止底螺在抛出时碰击抛射物，如照明炬伞、宣传品、子母弹中的子弹等，底螺常做成偏心式或用剪切销不均匀配置的方法。对于一些初速很大，膛压很高的照明弹，在要求弹底具有一定厚度的情况下，为了避免空中作用后弹底对正常开伞运动的干扰，可以采用分层偏心结构的底螺。

3. 爆管

爆管在下列情况下使用：

（1）当需要将爆炸装药与装填物分开时，如爆开式发烟弹、化学弹等；

（2）当需将敏感的传爆药与爆炸装药分开时，为了便于弹药装配和使用安全；

（3）为了使装填物密封可靠；

（4）加大引信中起爆能量，使炸药爆炸完全。

对爆管的要求如下：

（1）爆管质量尽量轻，长度短，在可能时尽量避免使用爆管。

（2）长度较长的爆管要做成与药室等长式，防止发射时因离心力作用而产生振动和歪斜。

4. 隔板

只有当弹药需要抛出装填物时才配用隔板零件，如燃烧弹、宣传弹、子母弹等。其用途一方面是防止抛射药气体直接作用在装填物元素上；另一方面是将抛射药气体压力作用在头螺或底螺上，切断其弱连接，将装填物抛出弹外。

对隔板的要求是：具有足够的强度，在抛射药气体压力作用下不变形，不破裂，能将压力传递下去；有的隔板中心有小孔，能使抛射药气体通过小孔点燃装填物（燃烧剂、照明剂等）。

3.2　一般尾翼稳定弹药结构设计

尾翼弹的结构设计包括下列诸项：

(1) 确定尾翼弹的尺寸；

(2) 确定弹壳的结构特点；

(3) 确定稳定装置的结构；

(4) 选择弹壳和零件的材料；

(5) 选择装填物；

(6) 选择引信。

本节着重讲述迫击炮弹的结构设计，其他弹形，主要阐述其结构特点。

3.2.1　迫击炮弹

迫击炮发射的炮弹称为迫击炮弹。迫击炮弹有尾翼稳定的，也有旋转稳定的。除某些大口径迫击炮弹由后膛装填外，大部分迫击炮弹由炮口装填，依靠自身重力下滑，以一定速度撞击炮膛底部击针而使弹上的底火发火。

迫击炮弹的设计和计算方法在许多方面与旋转弹类同，但也有一些特殊之处。

1. 迫击炮弹的设计特点

1) 发射药的装填密度小及点火方式特殊

迫击炮弹的发射药配置在弹尾部后面的稳定装置上(图 3-16)，因此药室容积的大小取决于炮弹尾部在膛内留下的空间，而这个空间与发射装药相比是较大的，因而迫击炮弹的发射装药的装填密度值很小，通常在 $40\sim15\text{kg}/\text{m}^3$ 的范围内变化，而一般的线膛火炮的装填密度约在 $650\sim800\text{kg}/\text{m}^3$ 的范围内。发射装药的装填密度小，点火时发射药往往不能立刻均匀点燃和燃烧，因而降低了炮弹的射击精度。

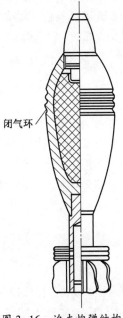

闭气环

图 3-16　迫击炮弹结构

为了使迫击炮弹在发射时能可靠点火与均匀燃烧,通常将迫击炮弹的发射药分成两部分:第一部分发射药称为基本装药(底药),它的质量小,而装填密度大,装在以厚纸制成的、带有底火的基本药管内,基本药管插在迫击炮弹的尾管内(图3-17);第二部分发射药称为辅助装药,它的质量较大(为底药的10倍或10倍以上),辅助装药通常又分成数个药包套在尾管上。

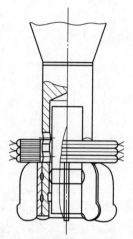

图3-17 迫击炮弹发射装药的配置

因此,在设计迫击炮弹时,必须考虑到发射装药的点火问题。这就要求设计出强度可靠、作用确实的尾管结构及与其相应的基本药管。

2) 火药气体的泄出

迫击炮弹一般从炮口装填,为了保证其下滑运动,在迫击炮弹与炮膛壁之内,应有一定的缝隙。炮弹下滑时,能使膛内被挤压的气体顺利通过缝隙流出,而且不会明显影响下滑速度。

由于这个缝隙的存在,使得发射时火药气体大量往外泄出,泄出量可以达到总量的10%~15%。火药气体的泄出,使膛压降低,初速下降,射程减小,同时还使炮弹的初速或然误差增大。此外,缝隙的存在也影响炮弹在膛内运动的定位作用,从而导致射击精度降低。

迫击炮弹与膛壁间的缝隙,一方面是装填条件所必须有的,但另一方面却又是造成射击精度降低的主要原因。所以,在设计迫击炮弹时,应当确定一个最合理的缝隙值。为了解决这个矛盾,现在多采用闭气环结构,使炮弹下滑时有合理的缝隙;而当炮弹发射向前运动时,闭气环扩张,消除缝隙,防止火药气体流出。

3) 利用尾翼的稳定方式

迫击炮弹是通过炮弹后部的尾翼来稳定的。飞行时,由于有尾翼,使空气阻力中心移到整个炮弹质心的后方。所以,由空气阻力形成的力矩,是使弹药回至弹道切线位置的稳定力矩。稳定力矩越大,炮弹在空中飞行的稳定性也越好。

从飞行稳定性的观点来看,应使空气阻力中心后移,质心位置尽量前移。为此,必须选择质量很轻的尾翼,同时增加弹头部的质量。

2. 迫击炮弹的结构设计

1) 迫击炮弹的外形结构尺寸

迫击炮弹的形状和尺寸如图3-18所示。

迫击炮弹的尺寸,应根据设计所提出的威力、射程以及射击精度等方面的要求来确定。从减小空气阻力来考虑,迫击炮弹的尺寸与旋转弹药不同,这是由于它是以亚跨声速飞行的弹药,

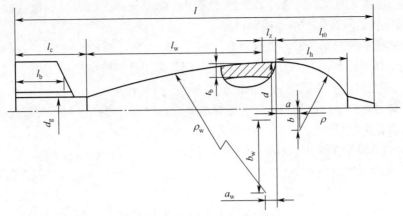

图 3-18　迫击炮弹的外形尺寸

因此弹形与旋转弹药的弹形相差较大。一般迫击炮弹外形为滴状,对减小空气阻力最为有利,而为了增大威力以及一些特种迫击炮弹,如照明弹、宣传弹等,其装填容积都较大,外形也粗大。

(1) 迫击炮弹的长度。迫击炮弹的质量确定后,其长度主要取决于弹体壁厚和稳定装置的长度。弹体壁厚是根据弹体在发射时以及碰击障碍物的强度条件来确定的(对爆破迫击炮弹),或者是以在目标上的最大作用威力的条件来确定(对杀伤迫击炮弹),而稳定装置的长度是根据弹药在飞行中的稳定性条件来确定。

与旋转弹药不同,迫击炮弹的长度不受其飞行稳定条件的限制,这一点是尾翼式弹药的突出优点。由于增大弹药的长度即增加其质量,因而也是增大威力的重要措施之一。但是,在迫击炮弹的质量和口径确定后,随着弹体长度的增大,空气阻力也增加,因而使射程降低。所以,确定迫击炮弹的长度应在保证最大威力的条件下,根据给定的(或者是弹道计算所确定的)值量,取最小的长度。

(2) 弹头部。弹头部的形状和主要尺寸是指弹头部的高度、弹顶的形状和弹头母线的参数。

弹头部的长度与迫击炮弹的射程、飞行稳定性,以及侵彻障碍物的深度有关。增大弹头部长度可使弹头部锐化,因而空气阻力将少许减小。然而这又会使迫击炮弹在飞行中的产生摆动,增大空气阻力。所以,确定弹头部的长度应根据确定的弹药长度、弹药飞行速度以及空中的摆动情况选取空气阻力最小的弹头部长度。

就迫击炮弹飞行稳定性而言,弹头部应短些。因为弹头部增长时,空气阻力中心前移。这样,将使空气阻力中心和迫击炮弹质心间的距离减小,降低了飞行稳定性。就迫击炮弹威力而言,杀伤迫击炮弹应选取短的弹头部,这是因为爆炸时弹头部所产生的破片一般都侵入土壤中去了。所以,当弹药质量给定时,杀伤迫击炮弹头部越短,其产生杀伤破片的那一部分就越多。对于爆破弹和杀伤爆破弹来说,当用于对工事破坏时,应在爆炸瞬间得到最有利的侵彻深度。由于迫击炮弹的撞击速度小,为提高撞击作用,弹头应做得长些。还应考虑到,当迫击炮弹长度给定时,加长弹头部会使炮弹药室容积减小,因而装填炸药的质量也减小了。所以,一般滴状爆破迫击炮弹的弹头部长度比杀伤迫击炮弹头部长度大一些。对于大容积迫击炮弹来说,由于断面质量大,所以它具有足够的撞击作用,就不需要再使弹头部锐化了。但由于现代迫击炮弹的初速有增大的趋势,所以弹头部长度应适当增加。

迫击炮弹弹头部的形状母线可取圆弧形,圆弧中心通常位于弹头部的底平面上。为了使弹头部更加尖锐,可增大圆弧形成线的半径和使其中心向弹头部底面下移。在这种情况下,弹头部和圆柱部形成线之间产生一个连接角口。

由于迫击炮弹弹头外形一般不进行加工,而定心部(或圆柱部)则需加工。在车削定心部时,由于定心部与头弧母线不同心,常出现一侧头弧车削较多而另一侧却留下台阶的现象。为了避免出现这种现象,一般选取弹头弧形成线的底圆直径较定心部直径小,使定心部高出弹头弧形部。但这样会使弹体外形的流线性受到破坏。更好的办法是取头部母线为圆弧与直线的组合形。也可在弹头部与圆柱部交界处留有 $30°\sim50°$ 的连接角,如有可能将头弧部外形进行加工则更好。

(3)圆柱部。圆柱部的长度对空气阻力和迫击炮弹的威力有一定影响。

增大圆柱部的长度时,空气阻力增加。所以,为了减少空气阻力而得到最大射程,就必须减小迫击炮弹圆柱部的长度。

为了增大爆破迫击炮弹的威力,可以增大其圆柱部的长度。例如,可做成圆柱部很长的大容积爆破迫击炮弹。然而,增大迫击炮弹圆柱部的长度将引起射程的降低。所以,爆破迫击炮弹圆柱部的增加,不仅受到迫击炮弹全长的限制,而且也受到射程的限制。

(4)弹尾部。弹尾部的主要构造尺寸是:弹尾的长度 l_w、形成线的半径 ρ_w 和形成半径的中心坐标 a_w、b_w 以及尾管的直径 d_g 等。迫击炮弹的射程、威力及炮膛药室均与弹尾部的形状和尺寸有关。

迫击炮弹尾部形状对空气阻力的影响较大。当迫击炮弹尾部空气边界层不被分离,气流不产生涡流时,空气阻力将最小。因此,弹尾部的形成线应按迫击炮弹飞行速度最大时的气流流线形状绘制。一般取圆弧作为弹尾部的形成线,圆弧中心位于弹尾部起始基面或稍高些。当迫击炮弹飞行速度增加时,气流流线比较平直,因此弹尾部的长度应增加。

当增加迫击炮弹的威力而射程没有决定意义时,可以用减少弹尾部长度的方法来增大圆柱部的长度。

改变弹尾部的尺寸时,发射药的药室容积将改变。故设计现有迫击炮的迫击炮弹时,如想保留原标准装填条件,在改变弹尾部尺寸的同时,必须改变稳定装置的尺寸,以使药室容积不变。

(5)迫击炮弹的导引部。迫击炮弹的导引部由弹体上的定心部(圆柱部)和稳定装置上的定心突起部或定心面构成。迫击炮弹发射时,火药气体从定心部间隙中泄出。为了减少火药气体的泄漏,一般有两种方法:一是在定心部上,车制各种类型的环形沟槽(图 3-19(a)),火药气体经过狭小的缝隙冲入环形沟槽,并在这里膨胀,使速度迅速下降,这样就可减少火药气体的流出量(图 3-19(b))。

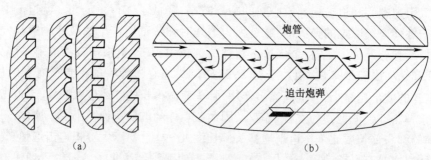

图 3-19 环形沟槽

另一种方法是,在迫击炮弹靠近定心部的下方装闭气环。对闭气环的要求是:当迫击炮弹沿炮管下滑时不应闭气;沿炮管向前运动时能可靠闭气;出炮口后闭气环破碎或缩回,不影响炮弹飞行。

图 30-20 所示为一种可由各种材料(如钢或铝合金)制成的闭气环。环分两个半圆,其端部各有凸凹槽(图 30-20(d)),它们在弹体槽内结合成一体(图 3-20(c))。弹药装填下滑时,其直径不超过弹径(图 3-20(a))。当发射时,火药气体一方面推动弹药运动,另一方面一些火药气体通过弹炮间隙向膛外流出。这样就造成闭气环外缘压力减低,从而使闭气环径向自弹体槽内向外扩张,同时高压气体又进入闭气环与槽底的中间。这样,高压火炮气体又使闭气环自槽内均匀地从径向向外膨胀(图 3-20(b)),使闭气环外表面紧靠炮膛而闭气。当弹药出炮口后,由于槽内火药气体压力的作用,使闭气环继续径向膨胀而破碎,且立即与弹体分离,并碎成 3 块或 3 块以上。

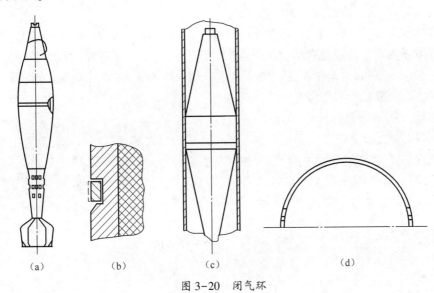

（a）　　　　　（b）　　　　　（c）　　　　　（d）

图 3-20　闭气环

为了减少闭气环与炮膛的摩擦,有的闭气环外表面涂有一层润滑材料,如聚四氟乙烯或二硫化钼。美制 81mm 迫击炮弹用的闭气环由两部分组成,即前面装一个聚氯乙烯环,其上有断裂槽,出炮口后断裂,后面有两个半圆形的金属环。

2) 迫击炮弹的内形结构

迫击炮弹内形的基本尺寸如图 3-21 所示。

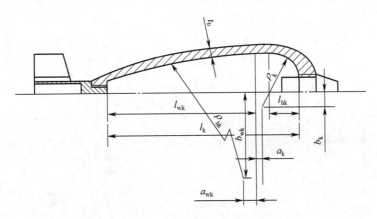

图 3-21　迫击炮弹内腔基本尺寸

迫击炮弹的质量、炸药的质量、装填方法及弹壳外形尺寸确定后,即可确定迫击炮弹药室的尺寸。药室的尺寸主要取决迫击炮弹弹壳壁厚。

弹壳头部壁厚,不论迫击炮弹的用途如何,均应比圆柱部和弹尾部的壁厚要大些。其目的在于将弹质心尽量靠前配置,以满足飞行稳定性的要求。

弹壳圆柱部和弹尾部的壁厚取决于迫击炮弹的用途和弹壳的强度。

爆破迫击炮弹在满足发射强度条件下,应使圆柱部的壁厚最薄,而弹尾部的壁厚随着与圆柱部的距离增大而减小。

杀伤迫击炮弹圆柱部和弹尾部的壁厚应根据其最大杀伤作用来确定。

杀伤爆破弹弹壳的圆柱部和弹尾部的壁厚通常在整个长度上是相同的。

从铸造工艺性的观点来看,弹壳壁厚均匀一致,可避免在定心部出现组织疏松的缺陷。这是因为壁厚均匀,在金属冷却时收缩比较一致。

在弹体内外形状、尺寸确定后,还要确定弹体是由几个零件组成。弹体最好是设计成整体的。因为整体弹体发射与碰击强度均较高,密封性较好,弹体质量不对称性也较小。但是有时不得不采用非整体结构,这是由于工艺的要求或弹药作用的要求(如照明弹、燃烧弹、烟幕弹),此时弹体可由二个或几个零件螺接而成。

3. 迫击炮弹稳定装置的设计

迫击炮弹的稳定装置通常包括尾翼片和尾管。射击精度和射程均与稳定装置的构造有关。设计稳定装置主要考虑迫击炮弹飞行稳定性和将发射药分开燃烧。

1)迫击炮弹稳定装置的结构尺寸

稳定装置的结构尺寸如图 3-22 所示。

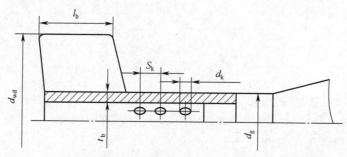

图 3-22　稳定装置的结构尺寸

从稳定性来考虑,设计稳定装置,主要是确定尾翼的翼展、数目、高度以及尾管的长度;而从实现发射药分开燃烧来考虑,主要是确定传火孔的数目与直径及其装配位置。

为了提高精度,可使迫击炮弹在飞行中旋转。采用的办法是,将翼片与弹轴线倾斜成一定角度,在弹药飞行时,气动力作用在这些扭转后的尾翅上使弹药旋转。

适于口径稳定装置的构造尺寸如表 3-1 所列。

表 3-1　某些迫击炮弹的稳定装置的构造尺寸

名　称	稳定装置长度 l_c (d)	稳定杆长度 l_d (d)	尾翼高度 b (d)	尾翼数目 n	尾管壁厚		传火孔直径 d_g /mm	传火孔数目 M_k
					内径/mm	壁厚/mm		
82mm 杀伤迫击炮弹	1.00	0.57	0.43	10	0.38	5.4	6.7	12
	1.00	0.20	0.80	6	0.38	5.75	5.5	18

名　称	稳定装置长度 l_c (d)	稳定杆长度 l_d (d)	尾翼高度 b (d)	尾翼数目 n	尾管壁厚		传火孔直径 d_g /mm	传火孔数目 M_k
					内径/mm	壁厚/mm		
100mm 杀伤迫击炮弹	1.53	1.19	0.34	10	0.30	4.75	7.0	15
120mm 杀伤迫击炮弹	1.51	1.04	0.47	12	0.33	6.75	9.0	18
160mm 杀伤迫击炮弹	2.23	1.13	1.10	12	0.25	7.50	9.0	18
240mm 杀伤迫击炮弹	2.25	2.17	1.04	10	0.30	8.5	10.0	18

2）考虑飞行稳定性的结构设计

根据稳定性的考虑来设计稳定装置时，主要是确定如下结构尺寸：

尾翼：翼展 d_{wd}，尾翼数目 n，尾翼高度 l_b。

尾管：稳定杆长度 l_c。

首先根据相似的并经试验证明是稳定的迫击炮弹稳定装置，大致确定这些尺寸，然后再根据计算和试验进行修改。最后，通过射击试验确定下来。在射击试验中，通过分析声音（飞行失稳的迫击炮弹在空中发出不正常的怪声），通过射程和弹着点散布情况来判断飞行稳定性。有条件时，可用光学仪器跟踪拍摄全弹道飞行过程，或用雷达装置跟踪获得弹道曲线。失稳的迫击炮弹弹道曲线是不正常的。当稳定性不足时，可用加长尾管长度或用两层尾翼、张开式尾翼等方法解决。

尾管壁厚主要根据发射时的强度要求确定，但确定外径时应考虑其毛胚直径符合圆钢的标准，以免给生产供应造成困难。尾管内径也应按钢管的规格标准来定。在确定稳定装置的长度时，应注意到迫击炮的药室容积，这与内弹道性能密切相关。

尾翼片的厚度基本上取决于其在膛内运动时碰击炮膛壁的刚度，通常口径越大，其径向尺寸也越大，刚度也就越差。因此，厚度要相应增大。尾翼片一般采用低碳钢，也可以考虑采用铝合金来制造。

3）考虑分开燃烧的结构设计

主要是确定传火孔的数目、直径和配置位置。由于迫击炮弹发射药装填密度小，采用旋转弹药的点火方式不能保证足够的起始点火压力，因此采用了分开燃烧的方法。由于基本药管内装药的装填密度大，当其点火后达到足够压力时，由传火孔冲出的火药气体能使装填密度较小的辅助装药正常完全点火。基本装药的气体冲破传火孔纸壳时的压力通常为 $40 \sim 120$MPa。如果压力过小，则不能保证辅助装药均匀全面点火；如果压力过大时，则会引起发射药形状破坏，影响内弹道性能。

（1）传火孔的直径。当基本药管内的发射药燃烧达到一定压力时，火药气体将对传火孔处基本药管的纸壳产生剪切破坏。如果已知传火孔破裂瞬间的火药气体压力值，则根据抗剪强度的计算公式可确定传火孔的直径：

由

$$\frac{\pi d_k^2}{4} p_0 = \pi d_k t \tau_{cp} \tag{3-2}$$

可得传火孔直径为

$$d_k = \frac{4\tau_{cp}}{p_0} t \tag{3-3}$$

式中：t 为基本药管纸壳厚度；τ_{cp} 为基本药管纸壳材料的抗剪强度；p_0 为传火孔打开时的火药气体压力。

（2）传火孔总面积和传火孔数目。由火药在半密闭容器内燃烧并流出的规律，可求得传火孔总面积 S_m 为

$$S_m = \frac{f_0^{0.5} m_{\omega 0} k_0}{c A_0 I_k} \cdot \frac{\delta - \Delta}{\delta - (1 - \psi_m)\Delta} \tag{3-4}$$

式中：f_0 为基本装药火药力（N·m/kg）；Δ 为发射药装填密度（kg/m³）；δ 为火药的密度（kg/m³）；$m_{\omega 0}$ 为基本装药质量（kg）；I_k 为火药的压力冲量（N·s/m³）；c 为气体流出系数，一般取 0.4；k_0 为参量，$k_0 = \sqrt{\chi^2 - 4(\chi - 1)\psi_m}$；$A_0$ 为参量，$A_0 = \left(\dfrac{2}{\gamma + 1}\right)^{\frac{1}{\gamma - 1}} \sqrt{\dfrac{2\gamma}{\gamma + 1}}$；$\psi_m$ 为火药已燃烧部分的相对体积，$\psi_m = \dfrac{\dfrac{1}{\Delta} - \dfrac{1}{\delta}}{\dfrac{f}{p_m} + \alpha - \dfrac{1}{\delta}}$；$\alpha$ 为火药余容（m³/kg）；p_m 为火药气体平均的最大压力（Pa）；χ 为火药的形状系数；γ 为火药气体的绝热指数。

其中：p_m 为设计者根据点燃附加药包的要求确定的，可参考现有数据或通过试验确定。

传火孔的数目应该是整数，同时为使迫击炮弹膛内运动受力均匀，传火孔数目应是轴对称配置。为了保证尾管的强度和均匀点燃发射药，当传火孔分层配置时，应将其沿周围方向交叉配置。

传火孔的位置配置与减小初速散布有关。在 p_0 值较低时，传火孔轴向配值较密，并对准附加药包，以减小初速散布。此时，由于火药气体还未来得及在药室中扩散，因而点燃附加药包的瞬时压力较大；但在 p_0 较高时，传火孔过于集中对准附加药包，则火药气体可能会冲碎附加装药，使膛压峰值突增。尤其是在低温下火药脆性大时，容易产生这种情况。

例 3-1 120mm 杀伤爆破迫击炮弹尾管传火孔的设计

已知：尾管中火药气体压力 $p = 117.7\text{MPa}$；底药的质量 $m_{\omega 0} = 0.03\text{kg}$；底药的装填密度 $\Delta = 0.65 \times 10^3 \text{kg/m}^3$；火药的密度 $\delta = 1.6 \times 10^3 \text{kg/m}^3$；火药的余容 $d = 0.84 \times 10^{-3} \text{m}^3/\text{kg}$；火药的形状系数 $\chi = 1.31$；火药力 $f_0 = 1128 \times 10^3 \text{N·m/kg}$；系数 $c = 0.4$；绝热系数 $\gamma = 1.17$；底药的压力冲量 $I_k = 156 \times 10^3 \text{N·s/m}^2$；

解

（1）火药燃烧部分的相对体积：

$$\psi_m = \frac{\dfrac{1}{\Delta} - \dfrac{1}{\delta}}{\dfrac{f}{p_m} + \alpha - \dfrac{1}{\delta}} = \frac{\dfrac{1}{0.65 \times 10^3} - \dfrac{1}{1.6 \times 10^3}}{\dfrac{1128 \times 10^3}{117.7 \times 10^6} + 0.84 \times 10^{-3} - \dfrac{1}{1.6 \times 10^3}} = 0.0930$$

（2）系数：

$$k_0 = \sqrt{\chi^2 - 4(\chi - 1)\psi_m} = \sqrt{1.31^2 - 4(1.31 - 1) \times 0.0930} = 1.265$$

（3）参数：

$$A_0 = \left(\frac{2}{\gamma + 1}\right)^{\frac{1}{\gamma - 1}} \sqrt{\frac{2\gamma}{\gamma + 1}} = \left(\frac{2}{1.17 + 1}\right)^{\frac{1}{1.17 - 1}} \sqrt{2 \times \frac{1.17}{1.17 + 1}} = 0.6188 \times 1.038 = 0.643$$

（4）传火孔横断面积：

$$S_m = \frac{f_0^{0.5} m_{\omega 0} k_0}{c A_0 I_k} \cdot \frac{\delta - \Delta}{\delta - (1 - \psi_m)\Delta}$$

$$= \frac{(1128 \times 10^3)^{0.5} \times 0.03 \times 1.265}{0.4 \times 0.643 \times 156 \times 10^3} \cdot \frac{1.6 \times 10^3 - 0.65 \times 10^3}{1.6 \times 10^3 - 0.65 \times 10^3 \times (1 - 0.093)}$$

$$= 1.004 \times 10^{-3} \times 0.940 = 0.94 \times 10^{-3} \, \text{m}^2$$

（5）传火孔的直径取为8mm。

（6）传火孔的数目：

$$m = 4 \frac{S_m}{\pi d^2} = 4 \times \frac{0.94 \times 10^{-3}}{3.14 \times 0.008^2} \approx 18.7$$

最后确定传火孔数目为20孔。

3.2.2 张开式尾翼弹结构特点

张开式尾翼弹结构形式的弹药有如下性能特点：弹药空气阻力大，但稳定性好，射击精度高，此外弹药无旋转或微旋转（70r/s）以下。因此，张开式尾翼结构特别适于直瞄射击的破甲弹（或榴弹）。张开式尾翼结构的形式，主要取决于使尾翼张开的载荷类型。这些张开载荷可用空气阻力、旋转离心力、汽缸内的火药气体压力、弹簧力等。

在设计张开式尾翼结构时，应确保尾翼在膛内呈合拢状态。弹药出炮口后，尾翼应迅速张开到位；对有炮口制退器的火炮，尾翼张开时不碰打炮口制退器，弹药在飞行过程中，尾翼的张开状态稳固等。

下面以气缸张开式尾翼弹为例介绍。

气缸张开式尾翼弹药的典型结构如图3-23所示。

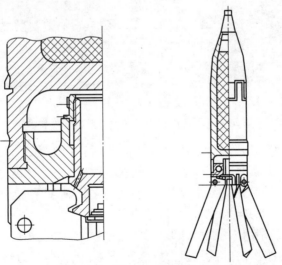

图3-23　气缸张开式尾翼弹及局部放大图

这种结构的特点是，弹底部有一气室或称气缸，其内的活塞上有小孔，以进出火药气体。平时活塞由剪切销或紧塞圈固定，阻止尾翼张开；弹药出炮口后，气缸内压力使活塞切断剪切销或挤压紧塞圈而向下运动到位，并带动尾翼呈张开状态。尾翼张开后应自锁，不能因受空气阻力而返回。

在设计气缸张开式尾翼结构时，主要应根据膛压时间曲线合理选择气缸直径和容积、活塞小孔直径、活塞行程，并严格控制其小孔直径的公差，以及紧塞圈上挤压凸起的尺寸和材料性能。气缸内压力时间曲线和活塞的运动主要与膛压曲线与后效期压力时间曲线、气缸的容积及小孔的面积，以及紧塞圈的抗力等有关。

3.2.3 杆形头部尾翼弹结构特点

杆形头部结构，是指在圆柱形的弹体或圆弧形弹头部前面伸出一个较细长的圆杆。如图 3-24 所示。

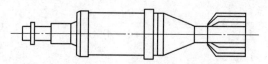

图 3-24 杆形头部尾翼弹结构

这种特殊形状的弹药在气动力方面具有以下特点：

（1）产生锥形激波和锥形分离区。如图 3-25（a）所示。在超声速情况下，一个平钝头部的弹药将产生强烈的脱体正激波，这时的波阻是很大的。如在平钝头部的前方伸出一个尖锐的短杆（图 3-25（b）），当杆较短时，和平钝头部的波阻没有明显区别。随着杆长的增加，开始出现新的波形图（图 3-25（c）），即在杆尖处产生斜激波，并伴随一个锥形分离区，使波阻明显下降。此时弹药前部的正面阻力相当于"等效锥形头部"下的阻力。它随杆长增加而下降。但当杆子过长，波阻又开始上升，同时发生"两重流"现象，即气流激波分离点变得极不稳定。激波在杆上位置有前有后，阻力有大有小。"两重流"可使弹药的射击精度明显降低。应极力避免这种情况出现。

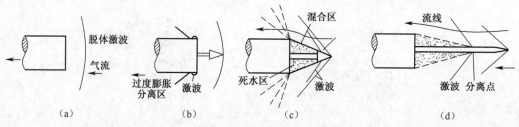

图 3-25 杆形头部形状与长度对激波的影响

（2）减小法向力，使压心后移。上述"等效锥"仅对正面阻力而言，对于法向力，仍取决于圆杆的断面积，故法向力比普通弹药要小。因此，弹药压心后移，稳定力矩增加。这样，在超声速下，在弹药后面安置同口径尾翼或小翼展的超口径尾翼，就可保证弹药的飞行稳定性。而一般弹药采用同口径尾翼在超声速下是很难保证稳定飞行的。

根据这一原理，许多国家广泛利用杆形头部结构的尾翼弹药，用在使用直接瞄准的高初速破甲弹上。它的优点是结构简单，头部阻力虽然比流线型的头部阻力略大些，但飞行稳定性好，精度高，头部的无用质量可以减轻。杆形头部还可装弹头引信，并保证破甲弹的有利炸高。

如图 3-26 所示为苏联 100mm 坦克炮用破甲弹。该弹选用了特殊的气动力外形，头部为瓶形结构，肩部很平，且可减小头部升力，提高了飞行稳定性，因而可以提高弹药精度。另外，采用滑动弹带环结构，使弹体产生低速旋转，同时保证膛内闭气性良好，尾翼为前张式，靠离心惯性力张开，弹带为铜弹带，弹药头部和尾部都是由铝合金制成。弹体材料为优质高碳钢，壁厚较大,引信为机械引信,头部触发,爆轰波通过中心管使弹底雷管起爆,从而使弹药爆炸。

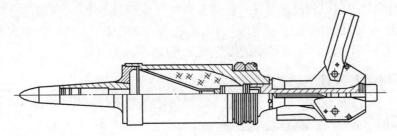

图 3-26　带有头锥的杆形头部张开式尾翼破甲弹

此外,为了避免"二重流",常将弹药前面的圆杆做成锥形(图 3-27),或在杆子前端处安置一个分流环或加工出有锥度的台阶(图 3-28),迫使气流在此分离。

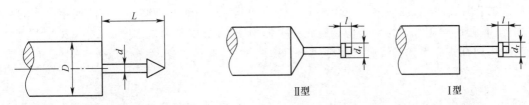

图 3-27　带有头锥的杆形头部模型　　　图 3-28　带有分流环杆形头部模型

安装分流环除了在超声速情况下消除"二重流"现象和减小波阻外,在亚声速情况下,还可起"紊流环"作用,避免气流横向分离,减小头部法向力及弹药的翻转力矩。带分流环的杆形头部有两种形式(图 3-28)。通过风洞实验可得以下结论:

(1)在亚声速范围,分流环应尽可能采用大的尺寸。分流环的直径增大,可使阻心后移 3%～9%,增加弹药的静稳定性。而在超声速下,则安装小直径分流环较好,甚至不装分流环对阻力影响也不大。

(2)分流环距杆顶端位置:在亚声速条件下可取 5mm 左右,此时稳定性最好;在超声速条件下,Ⅰ 型距杆端 15mm 至 20mm 附近装小分流环,气动特性好;而 Ⅱ 型可不装分流环。

(3)对反坦克破甲弹,从弹药飞行稳定性要求来看,可采用加分流环的杆形头部,空气动力特性改善,即阻力减少和静稳定性增大,再结合采用尾翼稳定,对提高精度和提高破甲效率方面都有好处。

3.2.4　次口径脱壳尾翼弹结构特点

次口径脱壳穿甲弹弹药由飞行部分和脱落部分(弹托、弹带等)组成。

飞行部分的直径远小于弹药的直径,当弹药在炮口脱壳之后,飞行部分应独自具有飞行稳定性,应尽量提高有效质量比(飞行部分质量与弹药质量之比)。

弹托的外径即弹药的直径。弹托的作用是:在膛内对飞行部分起定心导引作用,并传递火药燃气压力和火炮膛线对弹药的导转侧力(若使用滑膛炮发射则无此力),使飞行部分获得高初速和一定的炮口转速;弹药出炮口后,弹托立即脱离飞行部分,使飞行部分具有良好的起始外弹道性能。弹带安装在弹托上,以密封弹膛间隙,防止火药燃气泄漏。由于弹托和弹带自身的动能无助于穿甲作用,也称消极质量,因而应使其质量尽可能小,并要尽量缩小脱落部分的飞散范围。

产生脱壳的基本动力是火药燃气的作用力、弹药旋转的离心力和空气动力。

弹药出炮口后,迅速顺利脱壳是提高弹药密集度的关键技术之一,脱落部分对飞行部分产生的挤压、摩擦、碰撞及空气动力的干扰越小越好,图3-29是某尾翼稳定脱壳穿甲弹在距炮口分别为1.5m、3.3m、4.5m、13m处的狭缝摄影照片,显示了脱壳过程。

图3-29 某脱壳穿甲弹的脱壳过程

尾翼稳定脱壳穿甲弹,也称为杆式穿甲弹,如图3-30所示,其特点是穿甲部分的弹体细长,直径较小,长径比目前可达到30左右,仍有向更大长径比发展的趋势,如加刚性套筒的高密度合金弹芯的长径比可达到40,甚至60以上。弹药初速约为1500~2000m/s。杆式穿甲弹的存速能力强,着靶比动能大。与旋转稳定脱壳穿甲弹相比,其穿甲威力大幅度提高,杆式穿甲弹可分为滑膛炮用杆式穿甲弹和线膛炮用杆式穿甲弹两种,这两种弹药除弹带部分不同外,其余部分的结构基本相同。

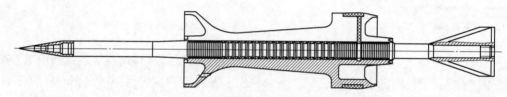

图3-30 尾翼稳定脱壳穿甲弹典型结构

尾翼稳定脱壳穿甲弹由飞行部分和脱落部分组成;飞行部分一般由风帽、穿甲头部、弹体、尾翼、曳光管等组成;脱落部分一般由弹托、弹带、密封件、紧固件等组成。

(1)弹体。弹体是穿甲作用的主体,是一个关键零件。其材料的性能及结构决定了穿甲弹的穿甲能力。目前,常使用穿甲能力强的高密度、高强度的钨合金或贫铀合金材料。其长径比的大小决定其穿甲能力。弹体中间的环形槽或锯齿形螺纹是与弹托啮合的部分,通过环形槽将弹托在炮膛内所受火药燃气的推力传递给飞行部分。为了使传递的推力均匀分布,环形槽的加工精度要求非常高,如要求任意两个环形槽间的距离公差为±0.045mm,只有使用高精度的数控车床或加工中心才能完成。弹体两端的螺纹分别联接风帽和尾翼,螺纹尾端的锥体部分起定心作用,保证风帽、尾翼和弹体的同轴度。弹体的前端和尾部的几个环形槽处是在炮膛内发射时经常发生破坏的部位,在正常情况下前端受压应力,尾部受拉应力,但是在弹体直径较小时,前端往往由于压杆失稳而破坏,尾部往往由于产生横向摆动而折断,所以整个弹体的刚度设计是非常重要的。

(2)风帽和穿甲头部。位于弹体前端和风帽内的穿甲块称为穿甲头部,在穿甲过程中穿甲块有防止弹体过早碎裂的作用。穿甲头部用于对付间隙装甲和复合装甲。穿甲块的大小和个数,可根据弹体的直径和对付的目标来确定,穿甲块的材料多采用与弹体相同的材料。目前,也经常使用半球形头部,即在弹体的前端车制成半球形,用于对付均质装甲。锥形、截锥形等多种形式的头部用于对付一些特定的目标,但如果穿甲弹的威力足够大,也可以有效对付其他的装甲目标。

风帽的作用是优化弹体头部的气动外形,减小飞行阻力。风帽的外形多采用锥形、3/4指数形或抛物线形等。为减少风帽对穿甲的干扰,多采用铝合金材料。

(3) 尾翼。尾翼起飞行稳定作用,在穿甲过程中其对穿甲的贡献甚小,所以目前一般使用铝合金材料,而早期使用钢尾翼。尾翼是决定全弹气动外形好坏的关键零件,为了减少空气阻力一般采用大后掠角、小展弦比、削尖翼型的6或5个薄翼片。随弹药速度的增加,后掠角也增大,一般取65°~75°。设计的翼片厚度为2mm左右,展弦比为0.75左右。削尖的翼型结构:一是为了减少激波阻力;二是使用不对称的斜切角,在外弹道上为飞行部分提供导转力矩,使飞行部分在全外弹道上都具有最佳的平衡转速。

(4) 弹托。弹托是尾翼稳定脱壳穿甲弹的又一个关键零件,它占脱落部分95%以上的质量。所以尽量减少其质量是结构改进和优化的目标。

广泛应用的弹托是沿其纵轴均分为3个卡瓣的马鞍型结构,使用超硬铝合金材料,目前新研制成功的密度小、强度高、质量更轻的复合材料弹托一般采用尾锥更长的马鞍型4个卡瓣的结构。

在膛内发射时,弹托应具有可靠的强度。各卡瓣在火药燃气的作用下应彼此抱紧成为一个整体,能很好地支撑并导引飞行部分。弹托与密封件及弹带应配合恰当,可靠地密封火药气体。在膛外应脱壳迅速、顺利,对飞行部分的干扰小。

3.3　子母弹结构设计

子母弹是以母弹(如炮弹、火箭弹、导弹、航空炸弹等)作为载体,内部装填一定数量的子弹,发射后母弹在预定高度开舱抛射出子弹,以完成毁伤目标和其他战斗任务的炮弹,是一种高效的面杀伤武器。从威力方面而言,同样口径的子母弹威力大大高于普通榴弹,以反装甲子母弹为例,它不仅在反装甲目标的性能上具有其突出的特点,而且在杀伤人员方面也远远优于普通榴弹。

子母弹携带大量的子弹,为使众多的子弹发挥最佳的作战效能,不仅需要足够大的子弹覆盖面积,而且又具有毁伤目标所要求的合理密度,同时尽可能增大子弹发火率,减少子弹瞎火数,这就需要解决好子母弹的开舱与子弹抛射的技术问题。本节主要介绍一些目前子母弹的结构特点及其所采用的开舱、抛射方法。

3.3.1　子母弹的结构特点

典型子母弹结构通常由母弹弹体、引信、开舱抛射机构、分离机构和子弹等部分组成。如图3-31、图3-32所示。

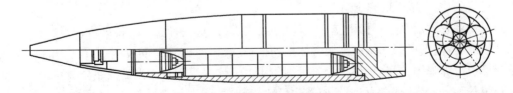

图3-31　典型炮射子母弹结构

母弹弹体是盛装子弹的容器,在外形基本上与普通榴弹相同或相近,内腔与普通榴弹则有着明显的差别:首先,尽量减薄母弹的壁厚,增大内腔容积,以便装填尽可能多的子弹;其次,为

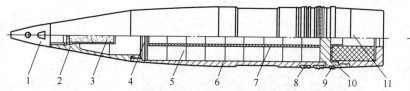

图 3-32　典型炮射子母弹结构示意图

1—引信；2—头螺；3—抛射装置；4—推板；5—子弹；6—弹体；
7—支承件；8—导带；9—闭气环；10—接螺；11—弹底；12，13—衬块。

了便于子弹装填和抛出子弹，内腔必须做成圆柱形的；最后，母弹头部或底部通常是开口的，以便于将子弹从此推出弹体。

部分子母弹为了增大子弹装填数量，通常将弹体设计为长圆柱形，但这样增大了弹体磨擦阻力，不利于提高射程。

引信主要作用是适时引爆（燃）开舱抛射机构。通常为电子或机械时间引信，其作用精度较高。

开舱抛射机构通常由传火机构、抛射药、推板、子弹支撑筒和剪切螺（销）组成，其作用是接受引信输出，点燃开舱药，产生动能将子弹从弹体内抛出。

分离机构主要作用是赋予子弹初始飞行状态，提供子弹较好的分离环境，使子弹散布范围及子弹引信作用可靠性提高。

对于旋转稳定弹药，由于子母弹的旋转，子弹出舱后借助旋转所产生的离心力便能及时分离并达到规定的散布范围，可以不需要分离机构，但对于非旋转子母弹如迫击炮弹子母弹、尾翼式火箭弹子母弹等，由于弹药本身不旋转或微旋，子弹被抛出弹体后无外力使其及时分离和分散，子弹只能靠空气动力作用来散开，使得子弹达到稳定飞行的时间大大延长，从而使得子弹的散布范围、散布均匀性、子弹发火率等达不到指标要求，须设计分离机构使子母弹可靠分离。

子弹是子母弹的战斗诸元，其类型多样，可杀伤、破甲，也可以是其他功能或多功能复合的，通常是数枚叠加套装后装入母弹内。

3.3.2　子母弹的工作原理

子母弹主要用于对付集群目标，子母弹飞行过程是由母弹携带多枚子弹飞行至预定抛射点，经过母弹开舱、抛射出子弹，直至子弹群散布在预定目标区攻击目标。

按照子母弹的飞行过程，子母弹弹道主要由一条母弹弹道和由母弹抛出许多子弹形成的集束子弹道所组成。如图 3-33 所示。

当子母弹发射后飞抵目标上空一定高度时，母弹的时间引信作用，传火机构引燃抛射药，抛射药点燃后，依靠抛射药产生的高压气体推动推板，破坏弹头（底）的连接螺纹，打开弹头（底），将子弹推出母弹弹体，同时子弹在分离机构作用下子弹按照套装的先后秩序分散开来。子弹下落过程中子弹上的旋转翼片和飘带使子弹稳定旋转，子弹引信解脱保险，当子弹达到其平衡落速后子弹几乎垂直下落，碰击目标后起爆战斗部，攻击目标。由于子弹末段弹道几乎垂直下落，特别适合于攻击坦克、装甲车辆等比较薄弱的顶部装甲。

图 3-34 所示为末敏子弹群攻击群坦克示意图。

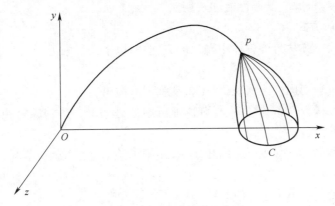

图 3-33   子母弹弹道示意图

图 3-34   末敏子弹群攻击集群坦克示意图

3.3.3   开舱方式

对于不同的子母战斗部,即使是同一弹种的子母战斗部,其开舱部位与子弹抛出方向都是有区别的,在选择开舱、抛射方式时,都需要进行认真的全面分析、论证。

1. 母弹开舱的要求

无论何种方式开舱,均需满足如下基本要求:

(1)要保证开舱的高可靠性。要求开舱可靠度高,如果不开舱,该发战斗部就完全失效。为此要求:配用引信作用可靠度高,传火序列及开舱机构性能可靠。在选定结构与材料上,尽量选用那些技术成熟、性能稳定、长期通过实践验证的方案。

(2)开舱与抛射动作协调。开舱动作不能影响子弹的正常抛射,即开舱与抛射之间要动作协调,相辅相成。

(3)不影响子弹的正常作用。开舱过程中不能影响子弹的正常作用。特别是子弹不相互碰撞,子弹零部件完整无损坏,子弹飞行稳定,子弹引信能可靠解脱保险和保持正常的发火率。

（4）要求具有良好的高、低温性能和长期储存性能。

2. 母弹常用开舱方式

按照开舱部位及子弹从母弹弹体中抛出的方向，有以下几种常见开舱抛撒方式：

1）后抛

母弹尾弧部设置剪切螺纹或剪切销、子弹从弹尾部抛出。

此种开舱方式结构较简单，只需在母弹内靠近引信处增加合适的抛射药即可，开舱可靠性高，但存在以下各种弊端：

（1）子弹抛出方向与母弹飞行方向相反，致使子弹绝对速度减小，不利于子弹分散及子弹引信解脱保险。

（2）在一定程度上减小了子弹散布中心射程。

（3）设计尾部剪切螺纹或剪切销时，须同步考虑发射强度和开舱剪切强度的矛盾，不容易找正其合理匹配关系。

2）前抛

母弹头弧部设置剪切螺纹或剪切销，子弹从头部抛出。当子母弹弹径较小时，可采用战斗部壳体头弧部开舱，子弹向前方抛出。加上抛射导向装置的作用，子弹向前侧方抛出，达到较好的抛射效果。

由于子弹抛出方向与母弹飞行方向一致，增大了子弹的绝对速度，利于子弹分散及子弹引信解脱保险，同时，利于增大子弹射程，而且对全弹强度匹配设计容易实现。

但由于子弹从头部抛出，抛射药需安装在弹后部，引信输出需通过一个传火机构才能点燃抛射药，这使得开舱抛撒机构较复杂，相应降低了可靠性。

3）侧抛

当子母弹弹径加大到 230mm 以至 260mm 时，子弹装填数量增大，应采用战斗部壳体全长开舱，子弹向四周径向抛射，这种方式需解决好壳体强度与抛撒药量的匹配，同时需最大程度降低对子弹的作用力。

4）二级抛射

当子母弹弹径进一步增加，子弹数量更大时，为了均匀撒布，必要时还可采用二级抛射的形式即先抛出子弹串，然后将子弹串分离。

3. 母弹开舱的实施方法

对于母弹的开舱方式，目前采用的主要有如下几种实施方法：

（1）剪切螺纹或剪切销开舱。一般作用过程是：时间点火引信将抛射药点燃，再在火药气体的压力下，推动推板和子弹将头螺或底螺的螺纹（或剪切销）剪断，使弹体头部或底部打开。这是一种最常用最简单的开舱方式。

（2）雷管起爆，壳体穿晶断裂开舱。其作用过程是：时间引信作用后，引爆 N 个径向放置的雷管，在雷管冲击波的作用下，脆性金属材料制成的头螺壳体产生穿晶断裂，使战斗部头弧全部裂开。

（3）爆炸螺栓开舱。这是一种在连接件螺栓中装有火工品的开舱装置，是以螺栓中的火药力作为释放力，靠空气动力作为分离力的开舱机构，它常被用在航弹舱段间的分离。

（4）组合切割索开舱。一般采用聚能效应的切割导爆索，根据开裂要求固定在战斗部壳体内壁上。导爆索的周围装有隔爆的衬板，以保护战斗部内的其他零部件不被损坏。切割导爆索一经起爆，即可按切割导爆索在壳体内的布线图形，将战斗部壳体切开。

（5）径向应力波开舱。这种方式是靠中心药管爆燃后，冲击波向外传播，既将子弹向四周推开，又使战斗部壳体在径向应力波的作用下开舱。为了开舱可靠，部位规则，一般在战斗部壳体上加上若干纵向的预制断裂槽。这种开舱的特点是开舱与抛射为同一机构，整体结构简单紧凑。

3.3.4　子弹抛射方式

在抛射步骤上可分为一次抛射和两次（或多次）抛射。由于两次抛射机构复杂，而且有效容积不能充分使用，携带子弹数量少等原因，因而在一次抛射可满足使用要求时，一般不采用两次抛射。

1. 子弹抛射的要求

对各种方式的抛射，均需满足如下基本要求：

（1）满足合理的散布范围。根据毁伤目标的要求和战斗部携带子弹的总数量，从战术使用上提出合理的子弹散布范围，以保证子弹抛出后能覆盖一定大小的面积。但在实践中还应注意到，实际子弹抛射范围的大小，还与开舱的高度、气象条件等因素相关。

（2）达到合理的散布密度。在子弹散布范围内，子弹应尽可能地均匀分布，至少不能出现明显的子弹积堆现象和大的空洞。均匀分布有利于提高对集群装甲目标的命中概率。

（3）子弹相互间易于分离。在抛射过程中，要求子弹间能相互顺利分开，不允许出现重叠现象。如果子弹分离不及时，子弹就不能很快进入稳定姿态，子弹飞行过程中就会翻跟头，不利于子弹引信解脱保险，这将导致子弹失效。

（4）子弹作用性能不受影响。抛射过程中，子弹零部件不得有损坏，子弹不得有明显变形，更不能出现殉爆（或空炸）现象，力求避免子弹间的相互碰撞。此外，还要求子弹引信解脱保险可靠，发火率正常，子弹起爆完全性高。

2. 子弹常用抛射方式分析

目前常用的抛射方法，主要有如下几种：

1）母弹高速旋转下的离心抛射

这种抛射方式，对于一切旋转的母弹，不论转速的高低，均能起到使子弹及时分散的作用。特别是对于火炮子母弹药转速高达每分钟数千转，以至上万转时，则起到主要的以至全部的抛射作用，这时子弹将呈椭圆形均匀散布。

2）机械式分离抛射

这种抛射方式是在子弹被抛出过程中，通过导向杆或拨簧等机构的作用，赋予子弹沿战斗部径向分离的分力。导向杆机构已经成功地使用在122mm火箭子母弹上。狭缝摄影表明，5串子弹越过导向杆后，呈花瓣状分开。这种抛撒方式需避免子弹与分离机构之间的刚性碰撞，以免损伤子弹。

3）燃气侧向活塞抛射

这种方式主要用于子弹直径大，母弹中只能装一串子弹的情况，如美国的MLRS火箭末端敏感子母战斗部所用的抛射机构。前后相接的一对末敏子弹，在侧向活塞的推动下，垂直弹轴沿相反方向抛出（互成180°），每一对子弹的抛射方向又有变化。对整个战斗部而言，子弹向四周各方向均匀抛出。这种抛撒系统可提供一个可控的均匀的落点分布；抛撒机构的结构简单，作为能源的火药种类比较多，比较容易获得，因而系统的成本较低，而且性能可靠，适合大量装备，因而可作为炮兵子母弹抛撒系统的首选，目前国内外大部分子母弹药也都采用这种抛撒方式。

4) 燃气囊抛射

子弹外缘用钢带束住,子弹内侧配有气囊。当燃气囊充气时,子弹顶紧钢带,使其从薄弱点断裂,解除约束。在燃气囊弹力的作用下,子弹以不同的方向和速度抛出,以保证子弹散布均匀。使用这种抛射机构的典型产品是英国的 BL755 航空子母炸弹。

气囊可以延长火药燃气对子弹的作用时间,达到对子弹平缓加载的目的,可以将抛撒过程控制在要求的范围内,同时又能满足其抛撒指标要求,是一种柔性分离机构,对于舱体容积过大,对抛撒过载有严格限制的子弹药特别适用。但由于这种抛撒分离机构结构较复杂,体积较大,对于中小口径子母弹来讲不利于提高子弹装填量,且成本较高。

5) 橡胶管燃气式抛射

类似于燃气囊抛射。它利用橡胶管良好的弹性,在火药燃气的作用下膨胀后子弹沿径向抛射出去,使子弹获得速度。这也是一种柔性分离机构,这种抛撒分离机构,其结构较简单,可靠性较高,且抛射速度较高,适用于后开舱方式。但不利于提高子弹的射程,且橡胶属于柔性物质,难于实现所有子弹抛射适度的一致性,另外其长储性能不好。

6) 子弹气动力抛射

通过改变子弹气动力参数,使各子弹之间空气阻力有差异,以达到使子弹分散的目的。这种方式已在国外的一些产品中使用。如在国外的炮射子母弹上,就有意地装入两种不同长度尾带的子弹;在航空杀伤子母弹中,采用由铝瓦稳定的改制手榴弹做的小杀伤炸弹,抛射后靠铝瓦稳定方位的随机性,从而使子弹达到均匀散开的目的。

7) 中心药管式抛射

一般子弹排列不多于两圈,子弹串之间用聚碳酸酯塑料固定并隔离。战斗部中心部位装有分散药管(一般为条状药)。时间引信作用,引起分散药管爆燃产生高压气体,使壳体沿全长预制槽开裂,同时气体将子弹向四周抛出。使用成功的典型机构是美国 MLRS 火箭子母弹战斗部。这种抛撒方式在火炮发射弹药上须解决好弹体发射强度与断裂强度、子弹壳体强度与母弹壳体强度、分散药量等之间的合理匹配。

8) 微型计算机控制程序抛射

应用于大型导弹子母弹上。由单片机控制开舱与抛射的全过程,子弹按既定程序分期分批以不同的速度抛出,以得到预期抛射效果,该种方式能达到较高的控制精度。

3.4　末敏弹结构设计

末敏弹大多数采用子母弹结构,母弹内装多枚末敏子弹,母弹仅仅是载体,末敏子弹具有末端敏感目标的功能。

3.4.1　末敏弹的工作原理

根据作战任务要求以及地理、气象等参数计算确定射向、射角、开舱时间等,发射末敏弹。当末敏弹在火炮膛内运动时,时间引信就开始工作。按照预定的外弹道运动规律,母弹飞行至地面目标区上空后,时间引信作用,母弹在高速旋转时,在惯性离心力作用下,弹底、后子弹、前子弹、拱形推板等被依次抛出。末敏子弹抛出后,子弹上的减速伞和减速翼片打开,进入减速减旋阶段。释放主旋转伞,此时的子弹轴线与铅垂轴成一定的角度对目标进行稳态扫描、探测、识别,当探测到目标后起爆战斗部形成爆炸成形弹药(EFP),以大约 2000m/s 的速度射向装甲目标并将其摧毁。如果一直到最后没有发现目标,那么末敏子弹战斗部将会自毁。图 3-35 所示为末敏弹的全弹道作用过程。

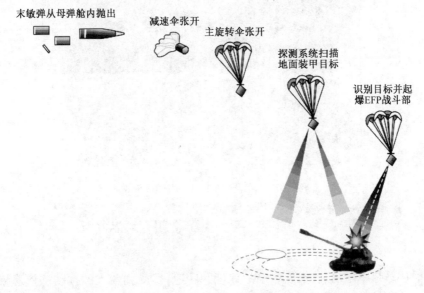

末敏弹从母弹舱内抛出　减速伞张开　主旋转伞张开　探测系统扫描地面装甲目标　识别目标并起爆EFP战斗部

图 3-35　典型末敏弹的全弹道作用过程

3.4.2　末敏弹的结构特点

末敏弹的构造随着发射平台、载体及作战用途的不同千差万别。炮射末敏弹、火箭末敏弹、航空炸弹末敏弹、航空布撒器末敏弹不仅母弹(载体)外形、结构、装载的末敏子弹数等有较大差异,而且末敏子弹的构造也各不相同,如末敏子弹的外形、减速/减旋装置、稳态扫描机构、敏感器等均展现出各自的特色。

下面以"斯马特"为例介绍末敏弹的结构特点。全备末敏弹由时间引信、抛射药管、拱形推板、弹底、弹带以及两枚相同的末敏子弹组成,如图 3-36 所示。

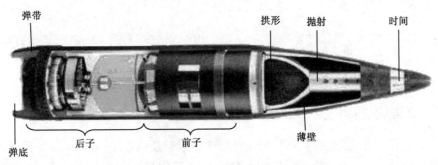

弹带　拱形　抛射　时间
弹底　后子　前子　薄壁

图 3-36　"斯马特"末敏弹结构示意图

"斯马特"末敏弹主要由子弹弹体、减速/减旋装置、稳态扫描装置、红外敏感器、主被动毫米波敏感器、弹载计算机、电源、EFP 战斗部、安全起爆装置等组成,如图 3-37 所示。

图中的冲压式球形减速伞和折叠式减旋翼构成减速减旋装置,旋转伞、抛掉减速伞和伞舱后的子弹及弹伞连接装置构成了稳态扫描装置,EFP 战斗部则主要包括子弹壳体、高能炸药和

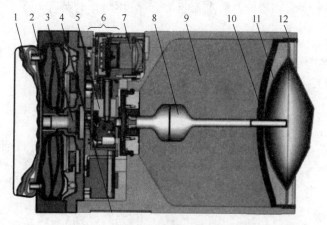

图 3-37 "斯马特"末敏弹内部剖面图

1—减速伞;2—旋转伞;3—分离机构;4—减旋翼片;5—安全起爆装置;6—电子模块;
7—红外探测器;8—毫米波组件;9—炸药;10—药型罩;11—毫米波天线;12—定位环。

钽药型罩。

末敏子弹从母弹中抛出后,具有较高的速度和转速,且受到较大的扰动。减速减旋装置在稳定子弹运动的同时,将子弹的速度和转速按规定的时间或距离减至有利于旋转伞可靠张开并进入稳态扫描的数值。旋转伞则使子弹以稳定的落速和转速下落,并保证子弹纵轴与铅垂方向形成一定的角度对地面进行稳态扫描。

红外敏感器、主被动毫米波敏感器、弹载计算机及电源构成复合敏感器,其作用是测量子弹距离地面的高度,搜索、探测并识别目标,确定子弹对目标的瞄准点和起爆时间,发出起爆信号起爆 EFP 战斗部。

EFP 战斗部的作用是起爆后使药型罩形成高速飞行的弹药(速度在 2000m/s 以上)从顶部攻击并击毁目标。

3.5 弹道修正弹结构设计

弹道修正弹是通过对目标的基准弹道与飞行中的攻击弹道进行比较后,给出有限次不连续的修正量来修正攻击弹道,以减少弹着点误差,达到提高弹药对目标的命中精度的一种低成本弹药。

3.5.1 弹道修正弹的工作原理

不同方案的修正弹工作原理不同,下面介绍期望弹道获取系统、实际弹道测量系统、修正参数解算系统均在发射平台的弹道修正弹(方案 1)的工作原理,如图 3-38 所示。弹药发射后,火控系统的探测装置——雷达(或激光、电视、红外跟踪等)系统继续跟踪目标,不断测出目标飞行参数的变化值,火控计算机根据上述参数的变化,计算目标参数变化后的目标未来点,通过无线电发射机向弹药发出修正指令信号,位于弹尾部的信号接收装置收到指令信号后,控制相应的燃气发生器喷气,产生的推力对原先弹道进行修正,该弹的修正速度为 15m/s,经过 5 ~6 次修正,总共可使弹药横向位移 30~50m。

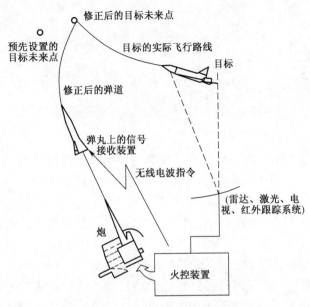

图 3-38　弹道修正弹的工作原理

　　方案 2 的期望弹道获取系统、实际弹道测量系统、修正参数解算系统均在弹上，将期望的弹道或弹着点事先装入弹载存储系统，弹药的实际弹道用 GPS 定位，弹体旋转稳定，采用头部气动鸭舵执行机构进行全方位(距离和方向)自主修正，这种方案可真正实现"打后不用管"。气动执行机构可以采用两种思路进行：一是修正执行及解算系统和引信一体化，但是微型化难度很高；二是修正执行机构的体积限制放宽，允许修正模块占去战斗部有效载荷的 10% ~ 20%，甚至更多。这样微型化技术难度大大减小，但丧失了利用原有"笨"弹的能力。

　　方案 3 将期望弹道获取系统和修正参数解算系统放置在发射平台(如地面)，实际弹道测量系统放置在弹上，用 GPS 及惯性导航系统确定实际弹道，发射平台处理数据，解算弹道，计算误差，下达修正指令并传输给弹药，进而修正弹道。这种方案机电结构简单，作用可靠，完全能做到原弹的外形基本不变，可对原有"笨"弹进行改造。缺点是不能实现"打后不管"。

3.5.2　弹道修正弹的结构特点

　　弹道修正弹大都在常规弹药的基础上改造而成，弹道修正弹通常由弹道测量系统、弹道信息处理系统、修正执行机构以及原制式弹药部分组成。原制式弹药部分包括发射装药系统、引信、战斗部和稳定部等。如图 3-39 所示为瑞典"崔尼提"40mm 弹道修正弹，弹道测量系统和弹道信息处理系统都在发射平台上，将处理后的修正参数信息通过无线电传输给弹药，弹底部装有指令信号接收机。该弹的修正执行机构是气体射流脉冲发动机，在弹药的中部设有数个用于弹道修正的小喷孔，气源由小型燃气发生器产生，战斗部为装填球形钨质破片预制破片式战斗部；底部装有折叠式尾翼，用来降低弹药的转速并使弹药稳定飞行。头部装有近炸引信。

　　弹道修正执行机构是弹道修正弹的重要组成部分，其作用是在弹道上为弹药施加力或力矩，改变弹药运动方向。弹道修正执行机构主要有二类：一类是脉冲矢量修正机构；另一类是气动修正执行机构。

　　1. 脉冲矢量修正执行机构

　　脉冲矢量修正执行机构又称力型控制修正机构，是通过在弹药质心附近呈环状分布的横向

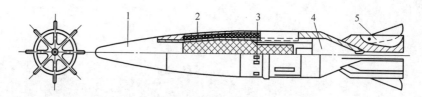

图 3-39 瑞典"崔尼提"40mm 弹道修正弹

1—引信;2—战斗部;3—修正执行机构;4—指令信号接收机;5—稳定部。

喷流机构实现修正的,利用由起爆装置、药柱或燃气发生器生成的气源,经电磁阀等的控制,通过弹体侧壁开口的喷嘴喷射所产生的脉冲式推力矢量来修正弹药的横向运动,达到修正弹药弹道方向的目的,在弹药飞行过程中该装置能进行多次修正。这种修正执行机构的优点是工作环境不受飞行的高度及飞行速度的影响,体积和质量小,启动及响应时间短,反应速度快,产生的能量大,结构简单,成本低。缺点是:脉冲发动机能量有限,脉冲控制力的大小有限;不能够连续作用,具有离散性,修正精度相对较低。

以 ERINT 微型固体火箭脉冲矢量发动机组为例,ERINT 微型发动机组由 180 个微型固体火箭发动机组成。这些发动机只有猎枪弹壳大小,分成 10 圈,每圈 18 个发动机环形排列,其推力垂直于纵轴。如图 3-40 所示,单个发动机由发动机壳体(燃烧室)、推进剂、喷管及点火装置等组成,发动机壳体采用石墨/环氧复合材料,以减轻质量和降低成本。固体推进剂浇注在发动机铝质锥体内,然后在锥体上缠绕石墨/环氧复合材料,每个发动机含推进剂 25g,比冲 2200N·s/kg,工作时间 18ms,矩形脉冲中心 12.5ms,起动时间 5.24ms,最大推力 6.0kN,总冲量51.15N·s,可提供速度增量 0.4m/s。

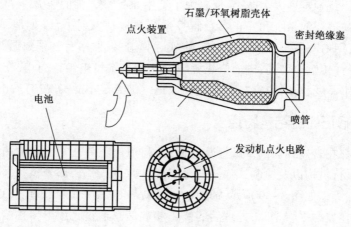

图 3-40 ERINT 微型发动机

2. 气动修正执行机构

气动修正执行机构是借助于改变气流方向,从而改变作用在修正弹上的力和力矩的活动面来实施弹道修正的技术,是传统飞行器广泛采用的控制手段之一。除常规的气动舵面外,弹道修正弹还可通过径向活动翼面、阻力环(板)、扰流片、活动围裙和用来改变头部外形的风帽等气动力手段来实现对飞行弹道的修正。气动修正执行机构的优点是可持续提供控制力;缺点是工作效率受飞行速度和高度影响,当飞行速度过高或过低时,工作效率都会下降;机械机构存在滞后阻尼,响应时间长。

阻力器作为修正执行机构的优点是机构设计相对简单,易于实现,易于加工,修正效率高(能使弹药的阻力系数增大到 5~8 倍)。阻力器的主要结构形式有:环型阻力器、桨型阻力器、花瓣式阻力器、柔性面料伞形阻力器等,如图 3-41 所示。

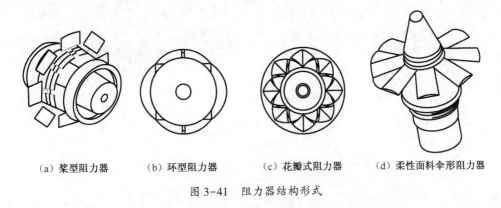

(a) 桨型阻力器   (b) 环型阻力器   (c) 花瓣式阻力器   (d) 柔性面料伞形阻力器

图 3-41　阻力器结构形式

3.6　末制导炮弹结构设计

末制导炮弹是由火炮发射,在弹道末段进行制导的单个炮弹对付单个目标的灵巧型精确制导弹药。末制导炮弹与一般炮弹的主要差别是弹药上装有制导系统和可供驱动的弹翼或尾舵等空气动力装置。在末段弹道上,制导系统探测和处理来袭目标的信息,形成控制指令,驱动弹翼或尾舵,修正弹道,使弹药命中目标。

3.6.1　半主动式末制导炮弹的工作原理

半主动式末制导炮弹是指末制导炮弹与照射目标的光源异地设置的工作方式。当激光指示器操作手瞄准目标后,便呼叫射手发射炮弹,在末制导炮弹飞抵目标的过程中,激光指示器要不间断地向目标发射脉冲激光。弹上激光导引头接收到由目标反射来的激光能量后,制导装置便产生控制指令,由舵系统执行控制指令,直至命中目标。射手发射炮弹后发射装置即可隐蔽和机动,但激光照射器必须全程瞄准照射目标,带来实战使用中的不便。

“铜斑蛇”末制导炮弹的工作过程如图 3-42 所示。先由激光指示器照射目标,炮手根据激光指示器编码和目标距离,通过弹上的激光编码选取孔和定时器开关装定激光编码和定时器,然后将炮弹装入炮膛发射。利用弹体向前运动的加速度使弹上惯性开关和电源接通,开始工作,定时器启动并同时释放尾翼。此时,由于作用在尾翼上的加速度负载使尾翼仍收拢在尾翼槽内,弹上的滑动闭气带卡入膛线,炮弹与滑动闭气弹带之间做相对滑动,“铜斑蛇”炮弹以 20r/s 出口转速飞出炮口,然后,在离心力的作用下打开尾翼,进入无控弹道飞行。当它飞越弹道最高点附近,定时器将弹翼展开;当“铜斑蛇”末制导炮弹飞近目标约 3km 附近,定时器启动激光导引头开始工作,导引头接受目标反射的激光回波,陀螺测出弹体在飞行中的偏移量,再由传感器将偏移量转换成相应的比例导引指令送给舵机,操纵尾翼,控制“铜斑蛇”的飞行,使其最终准确命中直至歼毁目标。

3.6.2　半主动式末制导炮弹的结构特点

不同型号的末制导炮弹结构组成尽管存在各种差异,就一般而论,可原则地划分成以下结

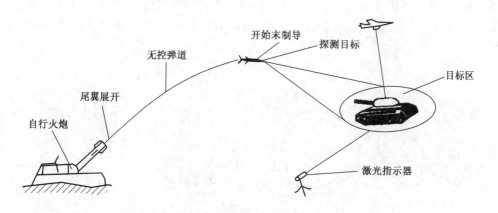

图 3-42 "铜斑蛇"炮弹武器系统工作原理图

构组成：

(1) 弹体结构：由弹身和前、后翼面连接组成的整体；

(2) 导引舱：由导引头部件、整流罩、馈线、传感器等组成；

(3) 电子舱：由自动驾驶仪、信号处理器、时间程序机构、横滚角速率传感器等组成；

(4) 控制舱：由机械类零件，如舵机、热电池、气瓶、减压阀等组成；

(5) 战斗部舱：包括引信、战斗部等；

(6) 动力舱：包括助推发动机、闭气减旋弹带、底座等。

图 3-43 所示为"铜斑蛇"炮弹的结构简图。

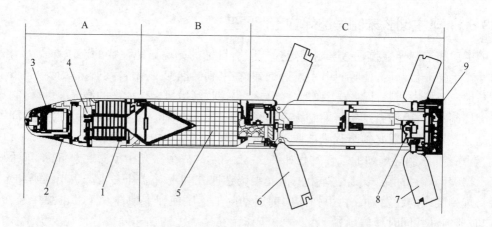

图 3-43 "铜斑蛇"炮弹的结构简图

1—电子舱；2—导引头；3—陀螺；4—横滚速率传感器；5—聚能装药；6—弹翼；

7—尾舵；8—舵机；9—滑动闭气环。

"铜斑蛇"末制导炮弹采用正常式气动布局，由制导部分、电子设备、战斗部、弹体和控制回路组成，导引头(含电子舱和导引头)在前，战斗部居中，由舵机、冷气源和执行电路等组成的控制舱居后，弹翼和尾舵都采用折叠式，滑动闭气减旋弹带在炮膛内起密闭火药燃气和降低炮弹转速用。炮弹出炮口后，先展开尾翼，进入无控段飞行，飞到起控点后，转入滑翔段和末制导段导引飞行。制导部分包括激光导引头、陀螺和滚动速率传感器、电子设备(除电子组件外，还有

100

激光编码选取孔和定时开关);战斗部总质量22.5kg,装有炸药6.4kg,采用空心聚能装药结构,由炸药装药、药型罩、内锥罩、引信等组成;弹体和控制部分包括四片弹翼、四片尾翼、滑动闭气弹带。发射前弹翼和尾翼都折叠在弹体槽内。

鉴于末制导炮弹上的光学系统、陀螺、电子装置、控制装置等精密组件需要承受火炮在发射条件下的高过载,所以,在它们的结构上一定要采取特殊措施,如精选各种固封材料和采用先进的固封技术等;又由于155mm普通制式弹药其炮口转速为250r/s,不能满足末制导炮弹内的制导部件对工作环境的要求,还要在弹体尾部装有一个用聚丙烯材料制成的滑动闭气环,把出口转速降到20r/s左右,使之成为低速旋转的炮弹。

3.7　简易制导炮弹的结构设计

简易制导炮弹是一种利用卫星导航(GPS)和微机电惯导(INS)技术发展起来的一种新型低成本制导炮弹。

以美国155mm"神剑"制导炮弹为例,"神剑"制导炮弹采用一个低成本的惯性测量装置和一个GPS接收机,GPS接收机从GPS星系中至少4个卫星上获取精确的位置和时间信号,对测量装置进行辅助制导。先根据这些GPS信号计算自身在三维空间里的位置,精度能达到米级,然后再根据瞄准点的GPS坐标寻的。使用这项技术,使常规炮弹的CEP从336 m减少到小于10m,且它的CEP与射程无关。

"神剑"制导炮弹通常采取大射角发射以获得最大射程和最佳弹道,在末端实施机动获得近乎垂直的攻角。10m CEP和近乎垂直的攻角使"神剑"在伊拉克执行的几次任务中都准确命中人口密集区的某个建筑,且附带毁伤也能控制在可接受的范围。与常规炮弹相比,一枚"神剑"炮弹效能相当于150枚同口径的炮弹,且不会在目标周围的区域造成不可预期的附带毁伤。"神剑"制导炮弹结构如图3-44所示。

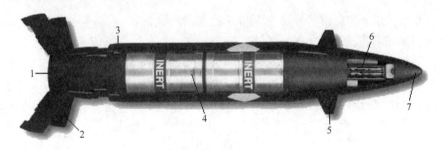

图3-44　"神剑"制导炮弹结构示意图

1—底排;2—旋转尾翼;3—弹带;4—多功能整体战斗部;5—鸭舵;6—GPD/IMU导航;7—感应式引信。

"神剑"制导炮弹在使用中一个致命的弱点是需要对目标的位置进行精确测量,即目标定位误差应小于10 m。目前,获得目标精确位置的最佳方法是用GPS接收机在目标位置测量,这种方法一般仅用于靶场试验,或者在战前对目标位置进行精确测量,很明显在作战中这么做的难度非常大。战场上通常使用目标定位系统精确测量目标的位置,但它提供的目标精度受距离的影响。目标定位系统主要由GPS接收机、激光测距仪和方位测量装置组成。目前的GPS和测距仪所产生的误差远小于方位测量装置所产生的误差。方位传感器装置(罗盘)所产生的误差与距离成线性关系,所以,距离越远误差就越大。

3.8 结构特征数的计算

弹药的结构特征数,是指表征弹药结构基本特点的某些参量,包括:

(1) 弹药的口径 $d(\mathrm{mm})$ 和质量 $m(\mathrm{kg})$;

(2) 弹药的相对质量 $C_m = m/d^3$ $(\mathrm{kg/m^3})$;

(3) 弹药装填物的质量 $m_\omega(\mathrm{kg})$;

(4) 装填物的相对质量 $C_m = \dfrac{m_\omega}{d^3}$ $(\mathrm{kg/m^3})$;

(5) 弹药的装填系数 $\alpha = \dfrac{m_\omega}{m}$;

(6) 弹壁在圆柱部上的平均厚度 $t_b(\mathrm{mm})$;

(7) 弹药质心至弹底端面的距离 $X_c(\mathrm{cm})$;

(8) 弹药的极转动惯量 $J_x(\mathrm{kg \cdot m^2})$;

(9) 弹药的赤道转动惯量 $J_y(\mathrm{kg \cdot m^2})$。

弹药的结构特征数是弹药威力计算、强度计算和飞行稳定性计算的必要数据。在上述特征数中,主要应计算弹药质量 m、装填物质量 m_ω、质心位置 X_c、极转动惯量 J_x 和赤道转动惯量 J_y。这些参量的计算是在弹药尺寸、弹壳及零件材料和装填物已选定的基础上进行的。计算弹药结构特征数的方法很多,这里主要介绍常用的基本计算法。

3.8.1 基本计算法

基本计算法是将弹药划分为许多单元部分,分别对各单元部分进行计算,然后相加得出整个弹药的构造特征数。

弹体单元的划分是根据弹药外形轮廓和内腔几何形状的特点,分别划分成许多单元部分。例如,外形轮廓可在尾锥部、尾柱部、弹带槽、下定心部、圆柱部、上定心部分别划分为截锥形和圆柱形的单元部分;同样,在内腔也可划分为锥形、柱形等单元部分。

(1) 弹头弧形部的划分。弹头部为圆弧旋成体,为了计算简便,可将它划成许多等分的小单元体(图 3-45)。在计算时,把每个小单元体近似看作截锥体。为了保证必要的计算精度,划分的间隔应使

$$h \leqslant (0.03 \sim 0.04)\rho$$

式中:ρ 为弧形体母线的曲率半径。

弧形体在 x_k 处的半径为

$$r_k = \sqrt{\rho^2 - (x_k + a)^2} - b$$

式中:a,b 为弧形体母线曲率中心的坐标。

(2) 尾翼的划分。对尾翼弹,尾翼是非旋成体,可将每片尾翼看作平板。因为尾翼是对弹轴对称配置的,各尾翼的形状和距弹底的位置均相同。所以可取出一片尾翼,根据其外形将尾翼划分成多个梯形,称为梯形单元。尾翼的内形(取决于尾管的形状)也按此法划分单元。

假定取出第 k 个单元,其尺寸与位置如图 3-46 所示。

这个单元如果是取自尾翼部分,表示一片尾翼中的一个梯形单元。如果取自弹药中其他部

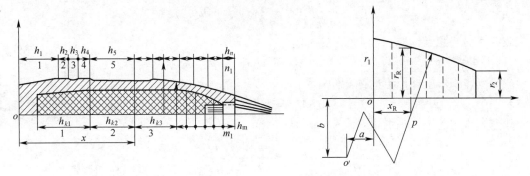

图 3-45 弹药单元的划分及弹药弧形部单元体的划分

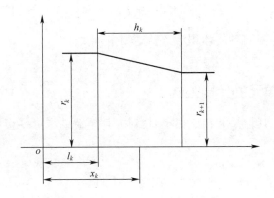

图 3-46 单元形状

分,则表示截锥体单元。

图中:r_k,r_{k+1}分别为单元左、右端面的半径(cm);h_k为单元的高度(cm);l_k为单元左端面到计算基点的距离(cm);x_k为单元形心到坐标原点的距离(cm)。

坐标原点一般对旋转弹取弹底平面中心,对尾翼弹,坐标原点取弹顶平面中心。

引信单元的划分,按外形也可分成许多截锥体弹体(图3-47)。

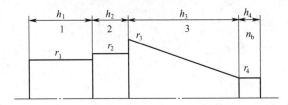

图 3-47 引信单元的划分

3.8.2 截锥体的计算公式

由截锥体的几何关系,可得出下列公式:

截锥体的体积:

$$V_k = \frac{\pi}{3} h_k (r_k^2 + r_k r_{k+1} + r_{k+1}^2)$$

截锥体形心至其左端面的距离:

103

$$C_k = \frac{\pi h_k^2}{3V_k} h_k (r_k^2 + 2r_k r_{k+1} + 3r_{k+1}^2)$$

截锥体形心至坐标原点(弹底)的距离:

$$x_k = l_k + C_k$$

截锥体体积对坐标原点的体积矩:

$$M_{vk} = V_k \cdot x_k$$

截锥体体积的极转动惯量:

$$J_{xvk} = \frac{\pi h_k}{10} (r_k^4 + r_k^3 r_{k+1} + r_k^2 r_{k+1}^2 + r_k r_{k+1}^3 + r_{k+1}^4)$$

截锥体对过其本身质心横向轴的体积赤道转动惯量:

$$J'_{yvk} = \frac{J_{xvk}}{2} + \frac{\pi h_k^3}{3} (r_k^2 + 3r_k r_{k+1} + 3r_{k+1}^2) - V_k C_k^2$$

截锥体对过全弹质心横向轴的体积赤道转动惯量:

$$J_{yvk} = J'_{yvk} + V_k (X_c - x_k)^2$$

3.8.3 梯形平板单元的计算公式

当梯形平板的厚度与其他尺寸相比很小时,对 n 片尾翼的梯形平板单元计算公式如下:
梯形板的体积:

$$V_k = \frac{n h_k t}{2} (r_k + r_{k+1})$$

式中: n 为尾翼片数; t 为梯形单元的厚度(cm);其余符号与截锥体相同。
梯形单元形心距其左端面的距离:

$$C_k = \frac{h_k (r_k + 2r_{k+1})}{3(r_k + r_{k+1})}$$

梯形单元形心距坐标原点的距离:

$$x_k = l_k + C_k$$

梯形单元对坐标原点的体积矩:

$$M_{vk} = V_k \cdot x_k$$

梯形单元的体积极转动惯量:

$$J_{xvk} = \frac{n h_k t}{12} (r_k^3 + r_k^2 r_{k+1} + r_k r_{k+1}^2 + r_{k+1}^3)$$

梯形单元对其本身质心横向轴的体积赤道转动惯量:

$$J'_{yvk} = \frac{J_{xvk}}{2} + \frac{nt}{12} h_k^3 (3r_k + r_{k+1}) - V_k C_k^2$$

梯形单元对过全弹质心横向轴的体积赤道转动惯量:

$$J_{yvk} = J'_{yvk} + V_k (X_c - x_k)^2$$

3.8.4 弹药总体结构特征数的计算

将弹药各零件分别按外廓、内廓分成数量不等的单元,然后将各部分按外廓各单元计算的特征数总和减去按内廓各单元计算的特征数总和就得该部分的特征数。再将这些零件的特征数相加,就得到全弹药的特征数。这些特征数包括质量、质心位置、极转动惯量和赤道转动惯量等。

(1) 总质量 m:

$$m = \sum_{i=1}^{nn} m_i$$

式中:m_i 为各零件的质量,如弹壳质量、炸药质量、引信质量、弹带质量、尾翼质量等。nn 为零件个数。

各零件的质量:

$$m_i = (\sum_{k=1}^{n_1} V_k - \sum_{k=1}^{m_1} v_k)\rho_i$$

式中:V_k,v_k 为此零件外形和内腔的单元体积;n_1,m_1 为外形和内腔分单元数;ρ_i 为此零件的密度。

某些选购零件如引信等,其质量已知,而零件整体的密度未知,除其质量得出其相应的假密度 ρ_i,再代入公式计算。

$$\rho_i = \frac{m_i}{(\sum_{k=1}^{n_1} V_k - \sum_{k=1}^{m_1} v_k)}$$

由上式可知,各零件的质量等于各零件外形体积与其内形体积之差再乘以零件的密度。

(2) 质心位置:

$$X_c = \frac{1}{m} \sum_{i=1}^{nn} M_i$$

式中:M_i 为各零件对坐标原点(弹底)的质量矩。

$$M_i = (\sum_{k=1}^{n_1} V_k x_k - \sum_{k=1}^{m_1} v_k x_k)\rho_i = (\sum_{k=1}^{n_1} M_{vk} - \sum_{k=1}^{m_1} M_{vk})\rho_i$$

可见,各零件质量矩即等于各零件外形体积矩与内形体积矩之差再乘以零件密度。

(3) 极转动惯量:

$$J_x = \sum_{i=1}^{nn} J_{xi}$$

式中:J_{xi} 为各零件的极转动惯量,$J_{xi} = (\sum_{k=1}^{n_1} J_{xvk} - \sum_{k=1}^{m_1} J_{xvk})\rho_i$

可见,极转动惯量等于各零件外形体积极转动惯量与内形体积极转动惯量之差再乘以零件密度。

(4) 赤道转动惯量:

$$J_y = \sum_{i=1}^{nn} J_{yi}$$

式中:J_{yi} 为各零件对全弹质心的赤道转动惯量,$J_{yi} = (\sum_{k=1}^{n_1} J_{yvk} - \sum_{k=1}^{m_1} J_{yvk})\rho_i$

可见,赤道转动惯量等于各零件外形体积赤道转动惯量与内形体积赤道转动惯量之差再乘以零件密度。

第4章 引信设计

4.1 概　述

本章以"引信系统分析"和"引信系统设计"为主干路线,主讲引信安全与解除保险设计,简要介绍发火控制系统及敏感装置的基本原理、引信物理电源类型和应用。关于发火机构与爆炸序列设计、引信试验和试验设计、引信自毁装置设计、引信可靠性设计、优化设计方法等传统引信设计内容,可参考引信专业相关设计手册和教科书,这里不赘述。

4.1.1　现代引信功能和作用过程

1. 现代引信功能和基本组成

引信功能(fuze function),是指引信所具有的保险、解除保险、感觉目标与适时起爆弹药主装药等的性能。一般地,引信具有 3 个基本功能:

(1) 保险与解除保险。由引信的安全系统完成。保证弹药在储存、勤务处理(包括偶然处理错误)及发射或布置时的安全,使弹药按照一定条件进入待发状态,包括安全分离、爆炸序列对正、开关闭合或其他环节作用。如果某一激励能使安全系统作用并解除保险,引信完成由保险状态向待发状态的转变,这一过程称为解除保险过程。

(2) 感觉目标并确定最佳起爆位置。由引信的发火控制系统完成。已进入待发状态的引信,觉察或感觉目标,获得目标特征信息或适当的冲量,控制爆炸序列(包括传火序列)中起爆元件正常爆炸,引信完成发火的控制,这一过程称为引信发火控制过程。

(3) 输出足够能量完全引爆或引燃弹丸的主装药。由爆炸序列完成。第一火工元件爆炸后,依次引爆爆炸序列的所有火工元件,直到最后一个爆炸元件输出足够的爆轰冲量或火焰冲量为止,引信完成所有作用,这一过程称作发火。

现代引信功能除了以上 3 个基本功能外,还可拓展以下几方面新功能:

(1) 控制弹丸最佳炸点、最佳开舱点、最佳发火时机,或者控制发动机的点火时机。

(2) 控制弹丸最佳发火点及毁伤元素的飞散方向或产生不同的毁伤元素。

(3) 修正弹丸弹道,提高对目标的命中精度。

(4) 获取目标信息并传给投放(发射)平台,实施毁伤效果评估。

(5) 敌我识别,避免误伤己方或友军目标。

(6) 网络控制功能,提高对多目标或多次战斗的毁伤效能。

其中,第(1)~(3),(5)点,是现代引信自适应、智能化精确起爆控制新功能;第(4)点,是现代引信系统与外部信息交联新功能;第(6)点,是群体式弹药的自组网引信新功能。

概括地,引信由发火控制系统、安全系统、能源(装置)和传爆序列 4 个基本部分组成,如图 4-1中虚线框。

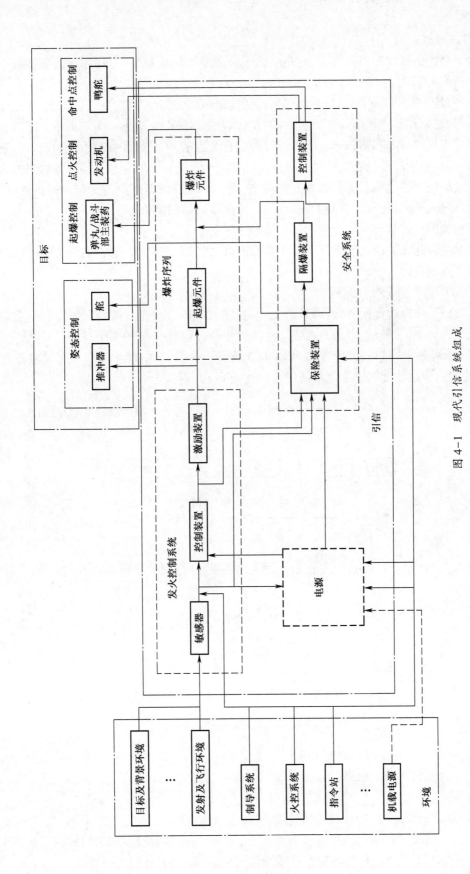

图 4-1 现代引信系统组成

2. 引信爆炸序列

引爆弹药由爆炸序列直接完成,它是引信十分重要的组成部分,爆炸序列的发展对引信技术会产生重大的影响。

按照冲量形式不同分类,引信爆炸序列包括传爆序列、传火序列。

按隔爆型式分类,引信爆炸序列包括:错位式隔爆爆炸序列、直列式无隔爆爆炸序列。错位式隔爆爆炸序列,应用于装有导爆药和传爆药、雷管的引信,引信勤务处理阶段和发射后解除保险之前,在高敏感度起爆元件与较钝感导爆药和传爆药、雷管之间,错位式隔爆爆炸序列实施输入激励能量的隔断。直列式无隔爆爆炸序列,应用于不含有敏感药剂的无起爆药雷管的引信,各爆炸元件之间无隔爆件,其自身的安全性高,安全系统结构简单。

逻辑爆炸网络是具有逻辑功能的另一类爆炸序列。

与起爆主装药无关的火工元件不属于爆炸序列,如安全系统、发火控制系统的保险装置、电源激活装置等使用的火工元件。

3. 引信作用和信息处理过程

引信作用是从发射周期开始,即弹药发射、投掷、布置开始,直至整个爆炸序列起爆并输出爆轰冲量或火焰冲量,最后,引爆弹丸或战斗部主装药(或抛射药)的整个过程,包括解除保险、信息处理、引爆或点火过程,如图4-2和图4-3所示。这里,引信爆炸序列将爆轰能量逐级放大,最后输出一个足够强的爆轰能量使弹丸或战斗部主装药完全爆炸。

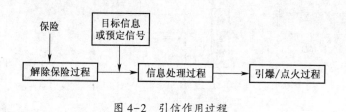

图4-2　引信作用过程

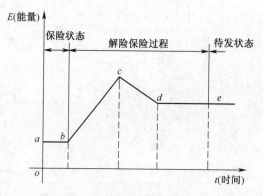

图4-3　典型引信解除保险过程

信息处理过程。信息处理是指发火控制系统对接收的解除保险信号、目标信号进行识别、控制处理,消除随机不确定东西,当发火控制系统输出发火信号时表示信息处理过程结束,转入引爆过程。

引爆过程。引爆是使发火信号的能量逐级放大,最后输出一个足以引爆弹药能量的爆轰能引爆信号,此时引爆过程结束。完成引爆过程的装置称为引爆装置。当引信输出引爆信号后,弹药主装药立即爆炸,引信作用的整个过程到此结束。

解除保险作用过程。引信解除保险过程如图 4-3 所示。弹药不可逆地发射开始到离开发射器的时间间隔称为发射周期,设 a 点为发射周期的起点($t=0$),a 点前($t=0_{-0}$)是生产、勤务处理(储存、维护、运输直至装填前)阶段,在此阶段引信应该处于保险状态,弹药安全,a 点后($t=0_{+0}$)发射周期就开始。正常发射条件下,a 点到 b 点的水平直线表示保险机构的保险件未动作或无位移等信号输出;b 点表示保险件在某一环境激励下开始动作或有位移等信号输出,表明此时解除保险开始,故称 b 点为解除保险的启动点。在 c 点,保险件获得最大能量,之后继续运动,完成解除保险过程。在 d 点,隔爆件移开,此时雷管对正,爆轰传递通道打开。但是,d 点不是解除保险过程终止点,例如某开关要到 e 点(接到碰目标或得到起爆信号、起爆指令)时才闭合,则 e 点才是解除保险结束点,$b\sim e$ 阶段就是引信的解除保险过程。e 点以后引信进入待发状态,若遇目标或达到给定的弹目交会条件,引信则立即爆炸。在 b 点和 c 点之间,若输入能量(激励)终止,则保险机构将自动恢复到保险状态 b 点;若引信解除保险过程已越过 c 点,则解除保险过程将不可逆转,故 c 点为解除保险过程的一个转折点。

根据引信输出信号的形式是火焰或爆轰能,可将引信的信息作用过程归为信息获取、信号处理和点火输出等 3 个步骤。信息获取,必须经过信号传递和信号转换过程。信号传递,是指将有用的信息传至引信安全系统和发火控制系统;信号转换是指引信接收到载有有用信息的信号后,将其变换为适合于引信内部电路传输的信号,例如,载有目标信息的光波信号,不适宜在电路中传输,必须将它转换为电压或电流信号。

引信获取信息有其特殊性,通常有触感、近感、接收预定信号 3 种方式。触感方式是指引信(或弹药)直接与目标接触,利用相互间的作用力、惯性力和应力波传递目标信息的方式。近感方式是指引信在目标附近时电磁波或其他物理场将目标信息传送至引信的方式。触感、近感方式为直接获取目标信息方式,获取目标或环境信息是由引信内部的敏感器及其信号处理器直接完成。接收预定信号为间接获取目标信息方式,由引信外的专门仪器设备完成,如观察站的雷达、指挥仪或其他设备等,获取目标信息的同时对引信发出控制信号,引信获取的是执行引爆或控制某动作的控制信号,故又称这种由目标信息转换的信号为执行信号。

引信中常见的执行信号有时间装定信号和指令信号。时间装定信号是引信在发射前、发射中或发射后接收到的时间装定信号,其装定方式有接触式、非接触式两种。指令信号是弹药发射后引信所接收的外来引爆指令,通常由观察站跟踪目标,当目标进入战斗部威力范围时,它就发出一个无线电信号,即指令。

现代引信的信号处理要完成识别(如真假信号)、控制(提供发火信号)、信号放大 3 个基本任务。根据不同引信类型和战术技术要求,信号处理装置也不同,如机械引信的延期机构、防雨装置、中间保险器,近感引信的放大电路、目标识别电路,时间引信的钟表机构、电子计时电路,等等,都是信号处理装置。发火控制信号形式与一般系统也不同,"发火输出信号"由火焰或爆轰能信号,完成发火输出信号的相应机构称为执行机构。

4.1.2 引信安全性设计要求

对引信的要求包括安全性、可靠性、使用性、经济性、环境适应性、引战配合性、抗干扰性、标准化。其中,引信安全性设计要求包括对引信的一般要求、引信安全设计要求,以及电引信、航空炸弹和子母弹引信安全性要求和电磁兼容性设计要求。

如图 4-4 所示,安全系统由保险机构或装置、隔爆机构或装置、各种开关和控制电路等组成。引信安全系统(Fuze Safety System 或 Safety and Arming System(Device),S&A)是指引信系统内用来保证安全并防止引信在运输、储存、装卸、安装和发射直至延期解除保险结束以前的各种环境下解除保险和爆炸的所有装置的组合。

现代引信安全系统主要以传递信息为目的,受各种传感器信号控制,其信息接收器一般接收来自环境信息、平台或载体发射信息,经过信息处理器确认已进入外弹道环境,则启动定时器或直接启动执行器解除隔爆机构或击发机构的保险。因此,安全系统必须满足信息获取原理,即感知与识别输入端信息源,产生新的信息。

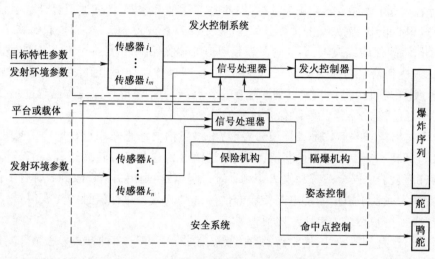

图 4-4　引信安全系统和发火控制系统

引信安全性设计应符合 GJB373A《引信安全性设计准则》中的有关规定。对于电引信安全性设计,还应该符合 GJB1244《电引信和电子引信安全设计准则》中的有关规定;对于航空子母炸弹引信的安全性设计,还应该符合 GJB1329《航空子母炸弹安全性设计与安全性鉴定准则》中的有关要求。

此外,对于线膛炮弹引信,通常采用后坐力和离心力来实现两种不同的环境激励解除保险。对于不旋转或微旋转的迫击炮弹或火箭弹引信,也可以采用后坐力和爬行力以及其他环境来实现两种不同的环境激励解除保险。

为了实现炮口安全,引信要有延期解除保险装置,保证弹药在安全距离内安全。对于中、大口径炮弹引信,通常要求引信在 400 倍口径距离内不解除保险,在 800 倍口径距离能可靠解除保险,或要求在距炮口 60m 处不解除保险,200m 时能可靠解除保险。对于破甲弹用引信,当要求最小攻击距离小于安全距离时,解除保险距离要满足最小攻击距离。

有时,为了考虑弹道上的安全,对破甲弹引信提出钝感度指标,要求引信在解除保险后的最高弹速点或一定距离处,通过一定厚度的靶板(马粪纸等)不发火。小口径高射炮弹引信要求距炮口 60m 不解除保险,机械式保险机构的保险距离不小于 20m。考虑到子弹引信的特殊环境,要求子弹引信与母弹分离前不解除保险,等等。

为了保证勤务处理安全,要求引信具有一定的安全落高和安全及作用可靠落高。应按战术技术指标要求,通过 GJB 573A《引信环境与性能试验方法》中的相关试验进行考核。

引信可靠性是指引信在规定条件下和规定时间内完成规定功能的能力。"规定条件"是指引信在生产、勤务处理和使用过程中所经受的各种环境条件。"规定时间"是指从成品交货、勤务处理、使用,直到正常作用所经历的时间。"规定功能"包括安全与解除保险功能、适时感觉目标并完全引爆(燃)弹丸或战斗部功能、抗干扰功能等。可靠性是以安全性为前提条件。引信可靠性设计应保证安全可靠性、作用可靠性和长期储存可靠性,按 GJB450《装备研制与生产的可靠性通用大纲》相关标准制定引信可靠性大纲,并进行可靠性设计与试验。可靠度、失效率和可靠寿命是评定引信可靠性的主要定量指标。机械引信、火药世界引信和压电引信的可靠寿命应符合 GJB166《引信制造与验收技术条件》中的有关规定;无线电引信的可靠寿命还应该符合 GJB596《无线电引信制造与验收技术条件》中的有关规定。

引战配合性是指在规定的弹目交会条件下,引信起爆区与战斗部或弹丸的最佳起爆区协调一致的性能。引战配合性包括引信引爆(燃)战斗部(弹丸)的适时性、完全性及其结构的协调性。引信引爆(燃)战斗部或弹丸的适时性是指在各种可能的弹目交会条件下,引信起爆区与战斗部或弹丸动态毁伤区协调一致的性能。它与引信类型、目标结构特性和易损性、战斗部(弹丸)的类型以及弹目交会条件等有关,常用引战配合效率来度量。引信引爆(燃)战斗部或弹丸的适时性对于不同引信类型、不同目标、不同战斗部或弹丸的要求不同。对于近炸引信,当其配用于杀伤战斗部或弹丸对付空中目标时,其适时性要求为战斗部或弹丸爆炸时有最大量的有效破片作用于目标要害部位;当配用于杀伤战斗部或弹丸对付地面目标时,其适时性要求为战斗部或弹丸对地目标的炸高和精度;当配用于破甲战斗部或弹丸对付装甲目标时,其适时性要求为战斗部或弹丸对装甲目标的炸高和精度。对于触发引信,当配用于杀伤战斗部或弹丸、破甲战斗部或弹丸、燃烧战斗部或弹丸时,其适时性要求为引信的瞬发度、灵敏度、大着角和小落角发火性等;当配用于爆破、穿甲战斗部或弹丸时,其适时性要求为引信的适当的延期时间。对于时间引信,其适时性要求为引信装定时间范围和计时精度。对于指令引信,其适时性要求为引信正确执行指挥站雷达和计算机输出的指令。

引信抗干扰性是指引信在有干扰下引信保持正常作用的能力。通常用有干扰和无干扰条件下毁伤概率之比或能破坏引信正常作用的干扰功率来表征。引信类型、战术技术指标不同,其干扰条件也不同,那么,引信抗干扰性的评定准则也不同。

引信研制的全过程中,特别是在总体设计时就应进行引信电磁兼容性设计,主要是抗干扰设计。引信总体设计应根据配用武器系统、研制经费、战术使用环境、干扰环境、设计方案、引信的复杂性和所允许的空间等因素,综合设计引信系统或分系统的电磁兼容性,在工程研制、设计定型阶段,要专门设计引信电磁兼容性试验,并参照相关国军标规定指标进行考核。电磁兼容性国军标有:GJB151A《军用设备和分系统电磁发射和敏感度要求》、GJB152A《军用设备和分系统电磁发射和敏感度测量》、GJB786《预防电磁场对军械危害的一般要求》、GJB1579《电起爆的电爆分系统通用规范》等,可参照这些国军标,对照引信应用武器系统,有选择地按其中对应的规定、方法来考核。例如,表 4-1 为某引信所选的考核项目。

表 4-1 某引信电磁兼容 EMC 考核项目

项　目	名　称	平台陆军
CE106	10kHz~18GHz 电场辐射发射	S
RE102	10kHz~18GHz 电场辐射发射	A
RS103	10kHz~40GHz 电场辐射发射	A
注:"A"—该项要求适用;"S"—由订购单位在订购规范中对适用性和极限要求作详细规定		

在引信设计过程中,应依照统一、简化、协调和选优的标准化原理进行标准化设计。引信标准化的主要形式有通用化、系列化和组合化(模块化)。引信通用化是根据互换性原理,尽可能

扩大同一引信(包括零件、部件、组件等)的使用范围。实现引信通用化表现在以下几方面:

(1)通过合理确定研制引信的功能范围,来实现一种引信通用于不同的弹药。

(2)通过将功能相同、尺寸相近的零部件进行集成(整合、简化),设计功能性零部件,如发火机构、安全和解除保险装置、隔爆机构、自毁装置、电源等,实现零部件通用。

(3)通过简化、统一,最大限度地压缩原材料品种规格。

引信的电磁兼容性是电引信、机电引信和近炸引信的一项系统或分系统的安全性和质量可靠性指标,它将影响引信的安全性、可靠性、使用性、引战配合性、环境适应性、抗干扰性和经济性等基本性能。对引信的电磁兼容性要求,比民用产品要晚 20 多年,20 世纪 90 年代后才在引信的各单项技术中逐步加以考虑,并在引信的战术技术指标中提出对引信或子系统的电磁兼容性要求。近年来,才在引信总体设计中考虑电磁兼容问题。

4.1.3 引信环境

引信环境是指引信可能要经受的特定的物理条件,通常包括生产、勤务处理和使用过程中所经受的各种环境。在生产过程中引信可能经受跌落、碰撞、错误操作等环境。例如,在勤务处理中,可能经受冲击、震动或振动、跌落、碰撞、高低温及湿度、盐雾、霉菌、沙尘、热冲击等环境;在使用中,可能经受震动或振动、冲击、惯性力、气动力、物理场(如磁场、电磁场等)、雨滴撞击等环境。使用过程中的环境差异很大,主要取决于所配用武器、弹药特性和战场环境。

引信只有在发射环境下才能完成正常接收、处理信号。勤务处理环境、发射环境、弹道环境对引信的信息收发系统、安全系统、发火控制系统、能源是有利时,这时引信系统具有开放性的特征。但是,有些环境对引信又是有弊的,引信必须具有对它们的抵抗能力,这时引信系统又具有封闭性特征。

引信的环境适应性设计,应该充分考虑各种环境的特性和环境对引信材料、元器件的影响。因为这些环境复杂、多变,无法建立精确的数学模型,所以,常采取各种模拟方法,有实验室模拟试验、仿真试验、外场试验、遥测试验、作战使用试验等,这些模拟试验是用来考核引信对所受环境的适应能力。

引信环境有多种分类方法:按寿命周期分为勤务处理环境、装填环境、弹道环境和目标所处的环境。弹道环境又分为发射环境、外弹道飞行环境和终点弹道环境。目标所处环境有目标区大气环境、水环境、地磁环境,等等。引信的外部环境包括目标与背景环境、发射与飞行环境、火控系统、制导系统、指令站及机载或导弹电源、战斗部、发动机、陀螺、推冲器、舵,等等。归纳起来,现代引信系统分析与外部环境的关系如图 4-5 所示,其特征表现在三方面:①引信与环境的关系越来越密切;②引信依赖环境工作的信息越来越多;③引信功能越来越复杂。这就使得引信技术向越来越向"智能化、制导一体化"方向发展,引信结构越来越复杂(模块化、集成化、小型化程度越来越高)。

现代引信与传统引信设计有所不同,反映在以下 3 个方面。

(1)力学环境(机械)的变化。实际系统总生存于噪声之中,有时环境噪声很强,甚至是决定性的,因而,系统是非线性和不确定的或非线性分岔的。而传统的引信设计是无噪声、确定性的。由于引信对环境、目标的探测,不可能实现信道数量足够大,所以,现代引信设计要考虑引信及其零件在膛内、飞行中遇到的冲击、振动、过载实际情形。

(2)目标环境的变化。现代引信作战使命的改变,使得目标(靶板厚度)越来越厚,目标结构由单层向多层、分层变化,目标材料由单一向复合发展。因此,现代引信设计的关键之一是对

112

目标信息的辨识,采取将需要信息(信号)与环境噪声同时作为输入来处理的方法(加大信息量方法),当信噪比相近时,提出信道容量足够大(或信道数量足够大)的可辨识原则和控制策略。

(3)电磁环境的变化。传统的引信设计只考虑自然干扰,现代引信设计必须同时考虑自然干扰和人工干扰。因此,现代引信系统分析和总体设计时,就应该进行电磁兼容性设计、环境适应性设计。

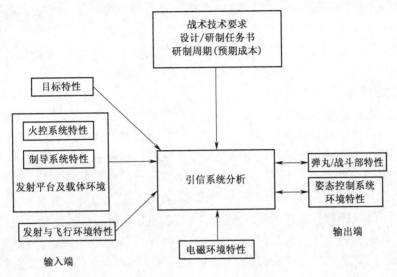

图 4-5　引信系统分析与外部环境的关系

1. 引信弹道环境

弹道是指发射体质心运动的轨迹。引信设计时可能的弹道环境如图 4-6 所示,发射环境开始后,弹丸飞行经历 3 个弹道:内弹道、外弹道、终点弹道。就不同载体所经历的弹道环境来说,又可分为高加速度、低加速度、恒加速度 3 种弹道环境。例如,高加速度弹道环境,图 4.6 中曲线①(实线),是一条具有高峰值的加速度曲线,火炮发射的弹药所经受的加速度环境是引信后坐解除保险的理想环境;导弹或火箭弹等自推进弹药经受的是低、中等加速度弹道环境($5 \sim 5000g$),图 4-6 中曲线②(虚线),这是一条近似梯形的曲线。

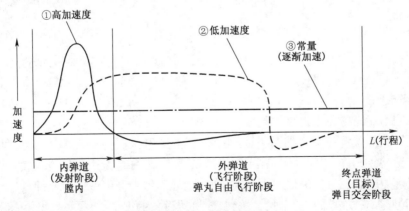

图 4-6　引信的弹道环境示意图

2. 目标及其特征

目标特征是指目标固有的物理特征,包括结构、体积、运动量(速度、加速度等)、力学(冲击、振动、阻尼等)、材料特性、电磁特性等。

3. 引信的电磁环境特征

现代战场环境主要是电磁环境,包括目标电磁环境、发射空间电磁环境、发射平台和载体电磁环境4个方面。其中,电磁环境是提出和确定设备或系统电磁兼容性设计指标要求、实施电磁兼容设计的前提。只有首先明确和依据预期的电磁环境,确定和遵循正确的设计、研制、试验、生产、安装、使用和维修的要求和步骤,并在整个寿命期内采取充分的管理保障措施,才能最佳地达到所希望的水平。

各种背景产生的电磁波辐射和二次辐射(反射、散射等),各种电气设备发出的无意的或电子干扰装置发出的有意的电磁波干扰,可能导致引信瞎火或早炸,其中,静电危害在引信中是非常尖锐的。目前,在引信的研制阶段,为了避开电磁环境的影响并能得到引信本身的真实参数,要求在对电磁波屏蔽的电波吸收实验室或屏蔽箱中进行试验,然后加上模拟的或实际的外界环境产生的各种电磁波干扰以考核其抗干扰的性能,这是引信针对电磁环境的存在而采取的试验方法。电磁环境这些电磁现象的特征可参见介绍电磁噪声或电磁兼容性设计的专业书籍。

4. 发射与飞行环境及其特征

引信的"发射与飞行环境",主要指从装配、储存、出厂到发射、起爆的整个过程的力学环境,可分为6个过程,即勤务处理、装填、膛内、后效期、飞行和碰目标或感觉目标过程。

发射平台及载体力学环境包括:载体飞行、惯性弹道、旋转稳定弹道、尾翼稳定弹道、柔性结构稳定弹道;推力弹道、涡轮发动机、直排发动机、底部排气;机动弹道,等等。它们的主要特征:阻力与推力、力矩,振动与冲击,气动加热。隶属系统环境有:携行与补给环境,弹仓、供输弹结构工作环境,供输弹可能的故障,热环境,等等,其特征为撞击与磕碰、冲击。

引信力学环境产生的各种环境力,将影响引信机构和零件的工作。一方面,它们可以作为引信的能源或激励,使引信中的零件产生运动或动作,如成为引信解除保险或发火的动力。另一方面,有些环境力会使引信中的零件产生松动、脱落、变形或破坏,成为影响引信正常工作的干扰力。引信在勤务处理过程中所经受的各种环境力,绝大多数属于干扰力,可能导致引信机构的提前作用或毁坏,使引信的安全性或可靠性得不到保证。合理地利用发射过程中的各种环境力,有效地控制干扰力的影响,是引信设计中的重要环节。关于引信力学环境、目标环境力、水中兵器引信的力学环境在 GJB135/Z《引信工程设计手册》和相关的国家标准中已有详细描述,这里不再赘述。

5. 引信静电环境

火炸药等活性介质和许多可燃粉状物体的生产中,静电危害问题非常尖锐。起爆药和电火工品的静电起爆事故在世界各国的报道中是屡见不鲜的。静电对电子元器件和设备,特别是对一些新式的集成电路器件会带来彻底损坏或性能退化。例如,在实验室一侧制造的器件,若不加保护措施,则不能完整无损地移送到另一侧;100V 的静电至少可以使 5 类半导体器件的质量严重下降,受影响最大的一类电路是 MOS 电路,其击穿电压因静电影响而至少降低 60%。因此,易受静电影响的元件,应用在引信上,如果质量退化,事先是无法测量、预测的,那么,一旦发射、飞行后就可能中途使引信失效。静电在电路、微处理器中会引起逻辑元件、存储元件等器件损坏。更严重是静电放电噪声的干扰,它会引起机器设备的误动。

6. 引信等离子体环境

等离子体就是电离气体。由于常温下气体热运动的能量不大,不会自发电离。因而在人类生活环境中,物质决不会自发地以第四种聚集态的形式存在。然而在引信工作环境中出现等离子体的情况有以下几种：

（1）在核爆炸中，核弹作用下的一切物质都变成炽热的高压气体，暴热的气圈形成一个非常明亮的火球，数千万度温度火球内部物质几乎全部电离，成为一个浓度极高的等离子体。

（2）火箭、导弹和飞机发动机喷出的燃气焰等离子体。也会产生空气电离，形成等离子区域。

（3）当物体以超声速运动时，由于空气动力加热作用，使物体表面的空气层产生电离。因此，弹丸在超声速飞行时，其引信表面附近会形成等离子层。

等离子体内存在振荡和静电波，对空中传播的电磁波会产生折射、反射和衰减等作用。显然，这对利用电磁波工作的无线电引信、红外引信和激光引信等主动式引信会产生干扰和使信号减弱。特别是对米波段无线电引信可能产生反射，等离子体会成为干扰引信的假目标。此外，射频环境对引信的干扰也极为严重，它不仅破坏引信电子部件的正常工作，而且直接干扰电起爆元件而引起发火。

4.2 引信系统设计程序

现代引信设计是传统引信设计的延伸和发展，是进行提高引信性能、拓展功能的设计和综合集成设计。无论引信设计属于哪类设计，引信设计程序包括引信系统设计、研制和生产过程，具体涉及程序如表4-2所列。

表4-2 引信设计程序

序号	引信设计程序		
1	系统设计		总体设计
			战术技术指标可行性分析，方案论证和方案设计，方案样机的研制
2	研制	工程研制	技术设计，性能样机的试制、试验和修改，鉴定试验
		设计定型	设计定型试验大纲，试验的组织实施，设计定型
3	生产、定型		生产定型准备，生产定型试验，生产定型

4.3 发火控制基本原理和感知装置

发火控制系统以传递能量为主，受安全系统控制，其主要功能是向爆炸序列的第一级爆炸元件输出激励机械能或电能，它包括传感器、控制器、发火机构或装置等。因此，发火控制系统必须满足信息实施控制，通过自动控制隔爆机构的运动，使爆炸序列、发动机等执行机构或装置处于最优运动状态。发火控制是现代引信要解决的关键问题之一，例如，碰目标后瞬时碰炸引爆、距离地面一定高度定距或定高炸引爆、弹道上在威力范围内距离目标炸空炸、近炸、侵入目标内炸等。发火控制系统和安全系统一样，也包括传感器、信息处理器、起爆控制电路等。

4.3.1 起爆方法

根据炸药的特性，在通常情况下，任何炸药是不会引起激烈的化学反应而爆炸的，必须在热力（火花、燃烧、摩擦）、冲击（碰撞、敲打）等外力作用下，才会产生爆炸（一种激烈的化学反应）。图4-7所示是一个药包完成起爆的顺序起爆过程：点火、起爆、中继起爆、药包爆炸。为使炸药爆炸,需要外界给予一定的激发能量,这种激发能量的供给者统称为起爆器材。

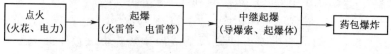

图 4-7　药包起爆过程

根据不同的起爆器材有不同的起爆方法,如图 4-8 所示,按引爆药包的方式有:雷管引爆、导爆索引爆;按雷管点燃方式有:电雷管起爆法、火雷管起爆法、导爆管雷管起爆法;按接线方式有:有线起爆法和无线起爆法;按激发方式有:电力起爆法和非电起爆法。其中,常用的炸药起爆方法有电力起爆和非电起爆两大类,后者又包括火花起爆、导爆管起爆和导爆索起爆。

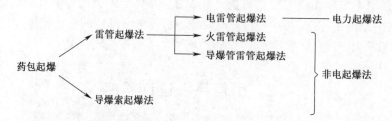

图 4-8　炸药起爆方式

4.3.2　引信发火控制基本原理

仅从引信发火控制技术来看,其经历了如图 4-9 所示的 6 个发展历程,$y_1 \sim y_6$ 表明从过去到现代的 6 个发火控制技术水平。从简单的炸点选择到识别目标的较复杂控制,引信发火控制技术的发展是一个从初级控制到高级控制的过程,大约经历了 A~F 6 个阶段。

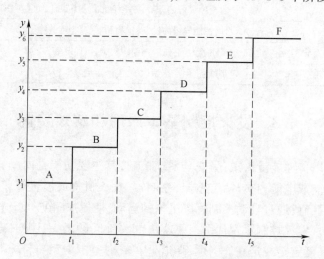

图 4-9　引信发火控制技术的发展历程

y—技术水平;A—炸点控制;B—作用方式控制;C—起爆方向控制;D—特定目标选择;
E—易损部位识别;F—敌我目标识别;t—经历时间。

A:第 1 阶段,最佳炸点位置控制阶段。
B:第 2 阶段,最佳作用方式控制。
C:第 3 阶段,最佳起爆方向控制。

D:第 4 阶段,特定目标选择。

E:第 5 阶段,目标易损部位识别控制。

F:第 6 阶段,敌我目标识别控制。

第 1、2 阶段应用确定性控制原理,第 3 阶段应用随机控制原理。第 4~6 阶段(D~F 阶段)应用智能控制原理,已赋予引信起爆的"智能控制"功能,实现"发现""分类""识别"目标及目标的特殊部位,"定位、跟踪"目标。现代引信技术发展正处于第 4、5 阶段,是完善自适应控制和进入"智能化"的阶段。

下面以侵彻硬目标引信为例说明各种控制原理的作用,如表 4-3 所列。

表 4-3　起爆控制的对比

控制类别	起爆名称	起爆准则	对付目标	判断和计算功能
确定性控制	固定延期	单一、延时	土地、土木质工事或钢甲或混凝土	无判断和计算功能
随机控制	自调延期	单一、减加速度	钢甲或混凝土墙	可感觉目标存在
自适应控制	自适应	逻辑、瞬发+空穴数+延时	土地、土木质工事、钢甲、混凝土和多层建筑	可分类目标、简单计算空穴数和侵彻行程
智能控制	智能化	逻辑体系、瞬发+空穴数+计行程+其他	各种可能遇到的目标	可识别目标的具体类别、可选择目标和较精确地计算起爆时机

确定性控制。如固定延期,这是基于大量统计,使用大量常见目标的平均数据,确定固定延期时间。随机控制或自动调整延期。这种引信需要敏感元件——加速度传感器,能感觉目标存在并根据目标性质控制炸点,即当目标厚度和强弱在一定的、不大的范围内变化时,能较好地控制起爆,控制器结构简单。例如,苏联 ДВР 式引信,美国 M739A 式引信。自适应控制。这是目前已实现的一种现代控制起爆模式,不仅需要传感器发现目标的存在,而且控制器较复杂,可以判别目标软硬性,即能够判别目标类型,对付多种常见的目标,实现多种起爆方式。智能控制,这是引信最理想的控制起爆模式,能对付更多的或所有实际可能遇到的目标,选择最需毁伤的目标,识别目标的具体类别、尺寸和强度,可寻找目标的薄弱部位,实时计算弹目交会过程,实现针对最需要毁伤的目标及其易损部位、采用最有利的起爆方式和最适宜的起爆时机。

4.3.3　引信感知装置

引信感知装置是指用来感知目标或其环境信息、预定信号的一种装置。其任务是"发现"目标、"识别和定位"目标,或者接收预定信号确定引爆弹药的时机。引信感知装置主要由敏感装置、信号处理器和执行机构三部分组成,见图 4-10 所示。

(1) 敏感装置。例如,触发引信中的击针、火帽或雷管、压电晶体,近感引信中的收发元件,时间引信中的装定元件。

(2) 信号处理器(signal processor)。例如,触发引信中的延期装置和防雨装置,近感引信中的信号处理电路,时间引信中的计时装置。

(3) 执行机构(executive device)。例如,起爆元件。

(4) 保险机构和电保险装置。例如,敏感元件和执行元件的保险机构;无线电引信中的远距离接电机构和信号处理器的保险电路(如 RC 闭锁电路)等。

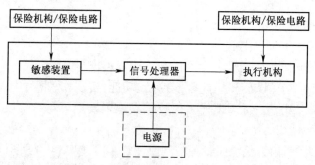

图 4-10　引信感知装置组成框图

引信感知装置的种类很多,其结构可简单或复杂。它的分类主要取决于敏感装置的类型。通常按作用方式和作用原理进行分类,如图 4-11 所示。

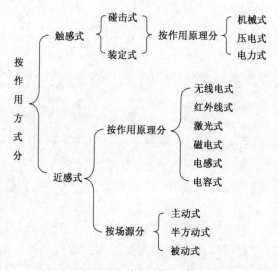

图 4-11　感知装置分类

根据引信分类,除了触发引信和近感引信以外,常用的还有"时间引信"和"指令引信",这类引信又称作"执行引信",它们属于间接式感知信号,其感知装置较复杂。时间引信的感知装置称为定时器,可以归于触感式一类。指令引信的感知装置称为指令接收装置,可以归属于近感式一类。

1. 触感基本原理

在弹碰击目标时,触感装置中的敏感元件受到冲击力(或前冲力)而产生位移。根据机械力传递的信息可知,作用于敏感元件力的方向和作用点,就反映了目标的位置。也就是说,冲击力的方向就是目标所在的方位,与弹轴方向一致,因而弹目间方位角为零。冲击力的作用点就是弹目间距离,其值也等于零。敏感元件受力而产生位移,是将获取的目标位置信号转换成了适合于在触感装置内传递的位移信号,这就是触感定位的基本原理。

利用力的大小传递目标特性信息,这就是触感识别目标的基本依据。在弹药结构和弹目交会条件一定的情况下,弹目碰击时产生的力大小,就反映出目标的机械特性。单纯利用机械力传递目标机械特性信息去区别各种目标是很困难的,所以,触感识别目标的能力较低。但是,引信触感目标识别并不需要像雷达那样去识别目标种类,只要求能够识别真假目标,以保证对攻

118

击的目标引爆的可靠性,这就是触感识别目标的基本概念。

灵敏度和瞬发度是触发引信(或触感装置)最重要的、最基本的两个性能指标。引信灵敏度(contact fuze sensitivity)是指触发引信碰击目标后而作用的敏感程度,有瞬发灵敏度和惯性灵敏度,又称触发引信敏感度。灵敏度一般用触感装置所需的能量来衡量,这个能量越小,则说明触感装置的灵敏度越高。引信瞬发度(fuze instantaneity)是指瞬发引信从碰击目标到完成爆炸所经历的时间长短。瞬发度是指触感装置的作用时间,这一性能也称作用迅速性。作用时间越短,瞬发度越高,或称作用迅速性高。

2. 近感作用物理场特性

对引信来说,近感是指弹药在目标附近不接触目标而对其进行识别和定位的一门技术。具有这种性能的感知装置为近感装置。由于在弹目交会过程中,近感装置可以不断地获取目标位置信息,因而,可以选择在目标附近最佳炸点处引爆战斗部。很明显,与触感装置相比,近感装置更能充分发挥战斗部的威力,提高武器系统的作用效果。根据目标特性,引信近感可应用的物理场很多,有电磁场、热辐射场、声或声辐射场、磁场、静电场等。引信近感作用通常利用物理场的辐射特性、分布特性和反射特性来获取目标信息。常见的引信近感装置有无线电近感装置、红外线近感装置、磁近感装置、声近感装置等。引信近感装置作用一般利用目标物理场的辐射特性、物理场的分布特性、物理场对目标的反射特性。

4.3.4 定时器及其时间信息装定

定时器是用来控制两个时刻时间间隔的装置。其工作原理是利用一延时机构来控制一物理量的变化。定时器启动后,物理量在延时机构的控制下逐渐变化,并和时间成单值函数关系。当被控物理量达到预定值时(对应于相应大小的时段),信号输出装置被启动而发出制动信号。为了使定时器便于控制和使用,延时机构所控制的物理量多是使用角位移、线位移和电流和电荷等。由定时器的工作原理知,定时器的精度主要取决于延时机构。常用的引信定时器有火药定时器、钟表定时器、电子定时器、核时间基准发生器等。

引信定时器主要包括 4 个部分:①启动系统,控制程序作用的开始;②动力源,维持计时动作;③时间基准或调节器;④输出系统,在预定或根据战场环境变化自动调整时间间隔并完成所需动作后输出控制信号。现代引信定时器,除了这 4 个部分以外,还包括感知装置、信息处理器、控制器等。

时间装定信号是引信在发射前、发射中或发射后接收到的装定信号,其装定方式有接触式、非接触式两种。发射前装定,由专门的仪器设备测定目标距离和方位,由火控计算机计算出引信作用时间(装定时间值),用专用装定器通过导线、接口将该时间信号传输到引信电路,也称有线装定,属于接触式时间装定。发射中装定,是将发射器固定在平台发射装置的适当部位,弹丸穿过时,将装定信息传输给引信。发射后装定,多采用遥控装定。

现代战场环境下,引信定时器的时间不固定,其发火控制作用已经从单一的固定延时变为自调、自适应延期,甚至是智能化的时间控制。

4.4 安全系统设计

引信安全系统功能包括实现爆炸序列隔爆、冗余地锁定隔爆件、实现延期解除保险、判断或显示安全和解除保险状态。为实现其解除保险功能,还具备识别解除保险环境、实现安全状态

(S)向解除保险状态(A)的转换、锁定解除保险状态。

图4-12所示为一般的隔爆型安全系统功能与零部件的对应图。表4-4、表4-5是保险机构的分类和常用保险机构的应用特点。不同应用环境的保险机构,其设计要求也不同,但都必须满足引信安全性与作用可靠性要求、环境试验要求。

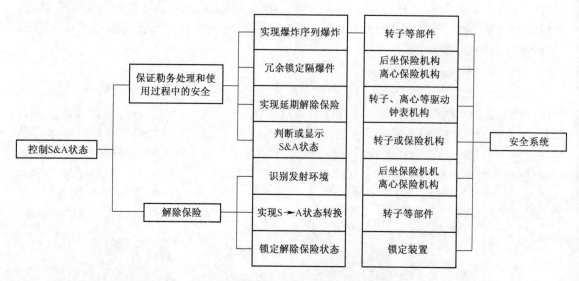

图4-12 安全系统的功能及与之对应零部件例子

表4-4 保险机构分类表

序号	名称	解除保险环境
1	后坐保险机构	后坐力
2	离心保险机构	离心力
3	空气动力保险机构	空气气流压力
4	燃气动力保险机构	膛内或火箭发动机的火药气体压力
5	易熔合金保险机构	火箭发动机热能或引信与空气摩擦产生热能
6	火药保险机构	火药元件燃烧
7	气压或水压保险机构	气体静压或水压
8	化学保险机构	化学作用
9	电保险或全电子保险装置	电能
10	流体与准流体保险机构	流体动力
11	综合保险机构	以上两种或两种以上环境

表4-5 常用保险机构应用特点

序号	名称	应 用 特 点	
1	后坐保险机构	后坐过载系数较大($K_1 > 500$)的加农炮弹和榴弹引信	直线运动式保险机构
		后坐过载系数较小($K_1 < 500$)的迫击炮弹、火箭弹和无后坐力炮弹引信	曲折槽式、双自由度式、爬行式、互锁卡板式保险机构

序号	名称		应 用 特 点
2	离心保险机构	1	足够的离心惯性力,弹丸转速大于生产与勤务处理的最高转速
		2	离心惯性力在炮口和主动段末达到最大值
		3	离心销成对、成组配置
3	钟表保险机构	1	中大口径炮弹、导弹、火箭弹引信
		2	无返回力矩钟表机构作用时间精度较低,用于除小口径弹引信外的其余弹药引信,常与其他保险机构合用
		3	有返回力矩钟表机构,作用时间精度较高,应用于时间引信
		4	带飞轮钟表机构,用于火箭弹引信
4	气动力保险机构	1	空气动力保险机构,勤务处理安全性好,易实现延期解除保险,应用于火箭弹、航空炸弹、迫击炮弹引信
		2	燃气动力保险机构,应用于导弹、火箭弹引信
5	压力保险机构		应用于水雷、深水炸弹、鱼雷、导弹和航空炸弹引信
6	电保险或全电子保险装置		电保险装置应用于隔爆爆炸序列的机电、电引信,全电子保险装置应用于无隔爆爆炸序列的引信

隔爆机构(或装置)(interrupter device)的基本功能是在引信处于保险状态时能可靠隔断,在预定条件下又能可靠解除隔断,并能满足起爆完全的要求。它是解除保险前将爆炸序列中的一个爆炸元件与下一级爆炸元件隔离的机构或装置,即解除保险前隔断爆炸序列爆炸传递,解除保险后可靠传递爆炸。如表4-6所列,按基本运动形式分为滑动和转动两类隔爆机构。滑动隔爆机构按驱动力不同分为弹簧滑块、离心滑块和弹簧—离心滑块隔爆机构。转动隔爆机构按转子不同分为水平转子、垂直转子和球转子隔爆机构。

隔爆机构所受的驱动力有发射过程的环境力(后坐力、离心力等)、弹簧力,以及由点火管产生的火药气体压力等。隔爆机构的设计,要与发火机构、保险机构、接电机构、装定机构等联系起来考虑,统筹安排,以便简化引信的结构。

表4-6　隔爆机构分类表

序号	名 称	
1	滑动隔爆机构	弹簧滑块隔爆机构
		离心滑块隔爆机构
		弹簧—离心滑块隔爆机构
2	转动隔爆机构	水平转子隔爆机构
		垂直转子隔爆机构
		球转子隔爆机构

4.4.1　后坐保险机构

后坐保险机构是利用后坐力来解除保险的一种直线运动式保险机构,常见的有单行程后坐保险机构(图4-13)和双行程后坐保险机构(图4-14)两种。单行程机构在膛内启动,并在最大膛压处(前)解除保险。双行程保险机构在膛内启动(此时保险件运动方向与弹丸运动方向相反),在膛外后效期后解除保险(此时保险件运动方向与弹丸运动方向相同)。

后坐保险机构的结构设计要点如下:

(1) 足够的运动行程和零件强度。后坐件应有足够的运动行程,以满足勤务处理安全性和解除保险可靠性的要求;惯性筒必须有足够的壁厚,以防变形对机构性能带来的影响。

(2) 防复位、错装措施。保险钢球等运动零件在解除保险后不能复位。如采用上、下钢球的结构,应选用同一直径或者尺寸相差显著,以防错装。用钢珠锁住某一零件时(图 4-14(a)),卡入量 δ 要保证可靠解脱,根据经验取卡入量 δ 与钢球直径 d 之比为: $0.2d<\delta<0.5d$,其中,d 为钢珠直径。

(3) 相对运动零件有良好的接触表面。对于起导向作用的零件,其导向表面粗糙度尽量要小,并且表面镀有较硬的镀层。对于非旋转弹引信的单行程直线运动保险机构,钢珠的导向孔应稍向下倾斜,以保证可靠解脱,或由运动零件将钢珠推出,钢球的卡入槽应设计成斜面或圆弧面。

(4) 增大上钢球解脱行程。例如,对于双行程直线运动保险机构应尽量减小惯性筒外壁与引信体内壁之间的间隙,以增大上钢球解脱时的行程。

1. 后坐保险机构运动微分方程

以图 4-14 所示双行程后坐保险机构为例,运动零件有惯性筒及其弹簧、上钢珠、下钢珠,上钢珠锁住击针(图 4-14(a))。

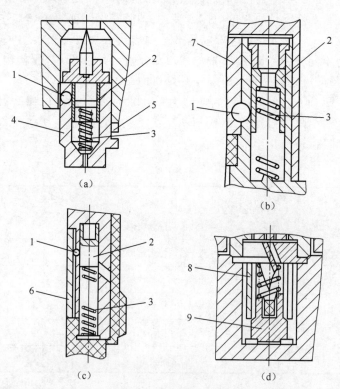

(a)

(b)

(c)

(d)

图 4-13　单行程保险机构

1—保险钢珠;2—惯性筒;3—惯性筒簧;4—击针座;5—保险半环;
6—滑块;7—回转体;8—裂环;9—火帽座。

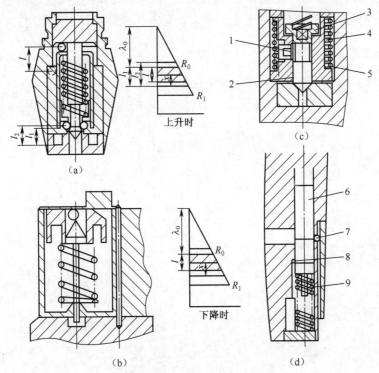

图 4-14 双行程保险机构

1—离心销;2—火帽座;3—上卡管;4—保险簧;5—下卡管;6—惯性杆;7—上钢珠;8—下钢珠;9—惯性杆簧。

取惯性筒为研究对象。假设引信用于旋转弹上,惯性筒轴线与弹轴重合(中心配置)。以 x 表示惯性筒行程并取向上为正方向。

(1) 惯性筒下降运动微分方程。发射后弹丸在膛内是做加速运动,当后坐力 F_s 大于弹簧抗力 $R_x(F_s > R_x)$ 时,惯性筒系统将克服弹簧抗力 R_x 向下运动(与弹丸运动方向相反)。惯性筒下降运动微分方程为

$$m \frac{\mathrm{d}^2\theta}{\mathrm{d}t^2} x = F_s - R_x - F_f$$
$$= ma(t) - k(\lambda_0 + x) - fm_2 n r_0 \omega^2$$
$$= \frac{m\pi D^2}{4\varphi m_p} P - k(\lambda_0 + x) - fm_2 n r_0 \omega^2 \qquad (4-1)$$

式中:m 为惯性筒等效质量, $m = m_1 + u/3$,其中,m_1 为惯性筒质量,u 为弹簧质量;x 为惯性筒下降时任一瞬间的位移;F_s 为后坐力;R_x 为弹簧抗力,$R_x = k(\lambda_0 + x)$,其中,k 为弹簧刚度,λ_0 为弹簧预压量;F_f 为摩擦力;m_2 为下钢珠质量;n 为下钢珠数目;r_0 为下钢珠重心至弹轴的距离;f 为滑动摩擦因数;D 为弹丸口径;ϕ 为虚拟系数(或称次要功计算系数);m_p 为弹丸质量;P 为平均压力。

令 $\omega_n^2 = k/m$,ω_n 就是后坐保险机构的固有频率,代入式(4-1),有

$$\frac{\mathrm{d}^2\theta}{\mathrm{d}t^2} x + \omega_n^2 x = \frac{\pi D^2 P}{4\phi m_p} - \frac{k\lambda_0}{m} - \frac{fm_2 n r_0 \omega^2}{m} \qquad (4-2)$$

(2) 惯性筒上升运动微分方程。惯性筒下降到位只是解除保险过程的第一阶段结束,完成解除保险还需要等待惯性筒上升到释放下钢珠(或其他保险零件)的位置,这是解除保险的第

二个阶段。出炮口，由于弹丸做减速运动，当弹簧抗力超过作用于惯性筒组件的后坐力 F_s 时，惯性筒组件将在弹簧抗力作用下克服后坐力向上运动。惯性筒组件上升运动方程为

$$m \frac{\mathrm{d}^2 x}{\mathrm{d}t^2} = R_x - F_s - F_f$$

$$= k(\lambda_0 + l_1 - x) - ma(t) - fm_2 nr_0 \omega^2$$

$$= k(\lambda_0 + l_1 - x) - \frac{m\pi D^2 P}{4\phi m_p} - fm_2 nr_0 \omega^2 \tag{4-3}$$

式中：$R_x = k(\lambda_0 + l_1 - x)$，其中，$l_1$ 为惯性筒下降到底行程。

同样，令 $\omega_n^2 = \dfrac{k}{m}$，则式(4-3)变为

$$\frac{\mathrm{d}^2 x}{\mathrm{d}t^2} + \omega_n^2 x = \frac{k(\lambda_0 + l_1)}{m} - \frac{\pi D^2 P}{4\varphi m_p} - \frac{fm_2 nr_0 \omega^2}{m} \tag{4-4}$$

又设式(4-4)等式右边等于 k_0，即

$$k_0 = \frac{k(\lambda_0 + l_1)}{m} - \frac{\pi D^2 P}{4\phi m_p} - \frac{fm_2 nr_0 \omega^2}{m}$$

那么，将式(4-4)简化为

$$\frac{\mathrm{d}^2 x}{\mathrm{d}t^2} + \omega_n^2 x = k_0 \quad \text{或} \quad m\frac{\mathrm{d}^2 x}{\mathrm{d}t^2} + kx = k_0 m \tag{4-5}$$

可见，式(4-5)右端函数 k_0 就是该保险机构的输入激励。因此，只要已知输入激励函数，就可以求出机构的位移、速度、加速度响应。

2. 安全性和作用可靠性计算

后坐保险机构的安全性和作用可靠性计算内容包括：在勤务处理时的安全性、发射时解除保险的可靠性、解除保险时间计算等。通过计算应该能够回答诸如这些问题：勤务处理中是否安全？发射时能否可靠解除保险？弹道上哪一点启动解除保险或在哪一点解除保险火炮发射弹药引信是在膛内还是在膛外解除保险？在膛外距离炮口多远解除保险？等等。

（1）勤务处理安全性计算。勤务处理安全性的关键参数是安全落高，用 H 表示。战术技术要求 H 应大于规定的落高。传统应用华西里也夫经验公式的安全第一、二安全条件式计算 H。

（2）可靠解除保险计算。严格地，应该通过求解运动微分方程，观察惯性零件能否可靠运动到解除保险的位置，以此来判别解除保险可靠性。但是，对于直线运动式保险机构，可以运用静力学方法给出的简单的可靠解除保险的判断式

$$R_2 \leqslant \frac{2}{3} K_1 mg \tag{4-6}$$

式中：R_2 为保险机构到达转折点时弹簧最大抗力；m 为后坐零件等效质量；K_1 为最大后坐过载系数；2/3 是裕量系数。对于炮弹引信，裕量系数包括：装药初温的变化、弹重误差、装药重量误差、炮管磨损、弹径误差以及引信惯性零件重量误差等因素，但不包括该引信配用于不同火炮、不同弹种和不同装药时引起的 K_1 值的变化，例如，82 迫击炮杀伤榴弹的 0 号装药 $K_1 = 1193$，而 3 号装药 $K_1 = 7320$，相差近 7 倍，显然，2/3 的裕量系数是不能反映出这种差别的。对于火箭弹引信，裕量系数包括了发动机点火时起始压力误差、装药燃速误差、装药尺寸误差、燃烧室尺寸误差、喷喉尺寸误差、侵蚀燃烧程度、弹重误差以及引信惯性零件重量误差等因素的影响，但不

包括因装药除初温及配用弹种的不同所引起的变化,例如,某火箭杀伤爆破榴弹,在+50℃时,$K_1 = 29.15$,而在-40℃时,$K_1 = 14.16$,相差近 1 倍,这种差别也不包含在 2/3 中。K_1值取引信所配用的所有弹药系统中最大后坐过载系数的最小值,对于火箭弹引信,取低温(-40℃)时的K_1值。

例 4-1 如图 4-13(d)所示为某一刚性保险机构(单行程),$R_1 = 2100\text{g}$,$R_2 = 3000\text{g}$,现用于$K_1 = 5000$ 的火炮系统,试校核该机构的安全与可靠解除保险性能。

解 R_1、R_2为刚性保险器最大拉力的上、下限。

(1)安全条件式:$R_1 \leqslant 2000p$,p是零件重量。当K_1比较小时,允许$R_1 \geqslant (1500 \sim 2000)p$,当$R_1 = (1000 \sim 1500)p$ 时,需用其他保险器(如用运输保险销);而$R_1 < 1000p$ 时,不适宜用刚性保险器。

(2)可靠解除保险条件:$R_2 \leqslant \gamma K_1 p$。一般取$R_2 = 1.4R_1$。

根据题意,首先校核安全性。解题时请注意:因为是考核安全性,所以,要设想引信偶然跌落时可能头向上也可能头向下,解除保险的活动零件要选用最大重量的零件,这里,取$p = 1 \times 10^{-2}\text{N}$。因为$R_1 = 21\text{N}$,而 2000 倍零件重为$2000p = 2000 \times 10^{-2}\text{N} = 20\text{N}$。由于$K_1 = 5000$,不算太大,所以允许$R_1 \geqslant 11500 \sim 20001p$,本题的计算结果显示,该刚性保险机构满足安全条件式:$R_1 \geqslant 2000p$,则安全有保证。

然后,校核可靠解除保险。由于弹丸总是头向前的,所以,惯性裂环是解除保险的关键零件,取$p = 6 \times 10^{-3}\text{N}$,$\gamma = 0.8$,$R_2 = 30\text{N}$,则$\gamma K_1 mg = 24\text{N}$。结论:因为$R_2$小于$K_1 mg$,不满足可靠解除保险条件,所以该刚性保险机构不能可靠解除保险。

3. 计算解除保险启动时间与解除保险时间

计算惯性筒上升时间,必须要确定其开始上升的时刻(启动时间)t_0和上升所经历的时间t_n。设发射时刻为 0,惯性筒解除保险时间为t_b,则满足:$t_b = t_0 + t_n$。

以膛内上升段为例来求启动时间t_0与解除保险时间t_b。

(1)计算惯性筒系统启动时间t_0。发射后,惯性筒下降到位,这时弹簧抗力最大,表达式为

$$R_2 = k(\lambda_0 + l_1) \tag{4-7}$$

如果R_2满足式(4-6),则机构能够可靠解除保险,惯性筒系统开始上升,运动方程为式(4-4)。系统开始上升起始条件:$t = 0$ 时,$x = 0$,$\ddot{x} = 0$,则得

$$\left(\frac{\mathrm{d}^2 x}{\mathrm{d}t^2}\right)_{t=t_0} = \omega_n^2(\lambda_0 + l_1) - fm_2 nr_0 \omega_0^2 \tag{4-8}$$

式中:ω_0为$t = t_0$时的系统固有振动频率。这时k_0为

$$k_0 = \omega_n^2(\lambda_0 + l_1) - fm_2 nr_0 \omega_0^2$$

对于火炮来说,$k_0 = \dfrac{P_0 m \pi D^2}{4\phi m_p}$,那么,得

$$P_0 = \frac{4\phi m_p}{\pi D^2 m}(k(\lambda_0 + l_1) - fm_2 nr_0 \omega_n^2)$$

式中:P_0为对应惯性筒开始上升时刻的膛内弹底压力。传统算法是由弹道表查得P_0值,再用插值法求得启动时刻t_0。而随着计算机技术的发展,现在已经普遍应用各种计算方法,在建立系统数学模型后,利用计算机进行数值计算,可以获得更高精度的解。

(2)计算惯性筒上升经历时间t_n。分两种情况:一种情况,$P_0 > P_g$(炮口处压力)时惯性

筒在膛内开始上升;另一种情况,$P_0 < P_g$ 时惯性筒在后效期内开始上升。

① $P_0 > P_g$ 情况,惯性筒膛内开始上升。在方案设计阶段已知弹丸加速度曲线,传统的求解方法采用直线简化法,因 $t = t_0$ 时为发射时刻,此时,$x = 0$,$\dfrac{\mathrm{d}^2 x}{\mathrm{d} t^2} = 0$,则

$$x = b\omega_n^{-2}\left[(t - t_0) - \sin\omega_n(t - t_0) \right], \ \boldsymbol{v} = \frac{\mathrm{d}x}{\mathrm{d}t} = \omega_n^2(1 - \cos\omega_n(t - t_0))$$

$t = t_g$ 时,如果 $x_g > l_2$(l_2 是惯性筒上升到完全解除保险的行程),则表明惯性筒在膛内已解除保险。如果 $x_g < l_2$,则表明惯性筒在后效期内仍在运动,还需要继续计算惯性筒在后效期内运动时间。但是,要注意后效期、自由飞行阶段的 $a(t)$ 曲线与膛内的不同。

② $P_0 > P_g$ 情况,惯性筒在出炮口之后的后效期内开始上升。后效期内弹底压力通常用近似方法表示,这时惯性筒开始上升的弹底压力用 $(P_{CH})_0$ 表示。

对旋转弹,有

$$(P_{CH})_0 = \frac{4\phi G}{\pi D^2 p}\left[k(\lambda_0 + l_1) - fm_2 nr_0\omega_0^2 \right]$$

对于非旋转弹,无 F_f 力作用,则弹底压力 $(P_{CH})_0$ 为

$$(P_{CH})_0 = \frac{4\phi G}{\pi D^2 p}\left[k(\lambda_0 + l_1) \right]$$

后效期内的运动方程仍是式(4-4),但此时弹丸加速度(以直线近似为例)为

$$a(t) = a_g - \frac{a_g t}{(t_k - t_g)}$$

式中:t_k,t_g 为从发射时算起到膛内 k 点的时间和到炮口的时间,则

$$\frac{\mathrm{d}^2 x}{\mathrm{d}t^2} + \omega_n^2 x = c_1 + c_2 t, \ c_1 = k_0 - a_g, \ c_2 = a_g/(t_k - t_g)$$

解方程,有

$$x = (x_g - c_1/\omega_n^2)\cos\omega_n t + \left[(v_g - c_2/\omega_n^2)\sin\omega_n t \right]/\omega_n + (c_1 + c_2 t)/\omega_n^2$$

当 $x = l_2$ 时,机构完全解除保险,可以求出对应的完全解除保险时间 t_n,同时也可求出后坐保险机构解除保险时弹丸飞离炮口的距离。因为惯性筒系统上升运动结束时间可能是在后效期内,也可能是在后效期结束以后,所以,还必须进行判别惯性筒系统上升运动结束时刻。对于已经完成方案设计,并已设计出后坐保险机构结构图,那么,进行机构运动计算的目的是要求出解除保险零件开始上升时间 t_0、解除保险时间 t_b 和炮口保险距离 X_b。归纳起来,其计算方法和步骤如下:

① 根据结构分析解除保险零件受力情况。

② 按照物理定律建立机构运动微分方程,提出适当的简化假设,将微分方程化成标准形式。

③ 计算方程的常数,写出解的表达式。

④ 求开始运动时间 t_0。

⑤ 按解的表达式计算 $x\sim t$,$v\sim t$。

⑥ 如果膛内尚未解除保险,则求出 x_g、v_g,转入后效期计算,重新从 1 开始,分析力,列方程。如果后效期尚未解除保险,则求出 x_k、v_k,转入弹道飞行中计算,直到解除保险为止。

例 4-2 如图 4-15 所示后坐保险机构,用于 152mm 加榴炮上,弹重 $G = 43.6$kg,用减装药

射击,炮口速度 $V_g=282\text{m/s}$,虚拟系数 $\Phi=1.1$,测量获得 P—t 数值见表 4-7。机构参数 $R=1.65\text{kg}$,$\lambda=1.6\text{cm}$,$\lambda_0=0.9\text{cm}$,$a=0.6\text{cm}$,上升解除保险行程 $l_2=1.3\text{cm}$,惯性筒重 $p_t=1.34\times10^{-3}\text{kg}$,弹簧重 $p_\mu=0.33\times10^{-3}\text{kg}$,试求:(1) 惯性筒开始上升时间 t_0;(2) 解除保险时间 t_b 及炮口保险距离 X_b。

表 4-7　P-t 数值

t/ms	4.88	7.89	11.80	16.52	18.91	19.47
$P_m/(\text{kg/cm}^2)$	750	449	272	145	116	111

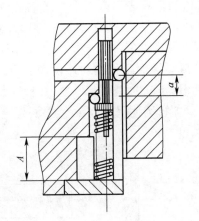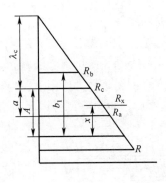

图 4-15　后坐保险机构

解　不考虑摩擦,只考虑弹簧抗力 R_x 和后坐力 F_s。

(1) 先计算诸常数。取惯性筒为研究对象。

$$m=(p_t+\frac{1}{3}p_\mu)/g=[(1.34+0.33/3)\times10^{-3}]/g=1.4796\times10^{-6}\text{kg}\cdot\text{s}^2/\text{cm}$$

$$k=\sqrt{R/\lambda m}=\sqrt{1.65/(1.6\times1.4796\times10^{-6})}=834.851/\text{s}$$

$$k_0=(R/\lambda m)(\lambda_c+a)=1.0455\times10^6\text{cm/s}$$

(2) 求 P_0。惯性筒开始上升运动时,有

$$P_0=\frac{4G\phi K}{g\pi D^2}\approx281.96\quad\text{kg/cm}^2$$

可以根据所给的 p—t 曲线或 p—t 表和 P_0 值,用插值法计算得到 t_0,有

$$t_0=0.0115\text{s}$$

下面判别惯性筒是在膛内上升,还是在后效期上升? 首先要判别是否 $P_0<P_g$?

(3) 求 x_g 及 v_g。因为 $P_g=110\text{kg/cm}^2$,$P_0>P_g$,所以,可以判断惯性筒是在膛内开始上升。

求得:$x_g=0.8682\text{cm}$,$v_g=5.281\text{cm/s}$。由于 $x_g<l_2=1.3\text{cm}$,所以,还可进一步判断后坐保险机构在膛内未完全解除保险,即说明引信在膛内是安全的。出炮口后,弹丸在后效期继续加速飞行,故惯性筒还将做上升运动。这时,已知:①后效期惯性筒运动的行程:$x=l_2-x_g=1.3-0.8682=0.4318\text{cm}$;②$k=834.851/\text{s}$。求解后效期运动微分方程,计算获得 x-t,v-t 曲线,一直算到 $x>x_b$ 为止。若应用插值法计算,得到如下结果:

① 在 $t=0.0115\text{s}$ 时,惯性筒在膛内开始向上运动,此时,$x=0$,$v=0$。

② 出炮口时间 $t=t_g=0.01947\text{s}$ 时,$x_g=0.8682\text{cm}<l_2=1.3\text{cm}$,膛内安全,此时,惯性筒速

度 $v_g = 5.281\text{cm/s}$。

③ 后效期内解除保险,解除保险时间(距离炮口的时间)$t_b = 0.00349\text{s}$,即从惯性筒在膛内开始向上运动后 $t = 0.02296\text{s}$,此时炮口保险距离(距离炮口)$X_b = 0.9842\text{m}$。

只要能够获得较精确的数学模型,可以进行数值计算,结果比插值要精确。但是,也需要分惯性筒下降和上升两个阶段进行仿真。

4.4.2 离心销保险机构

离心销(或称离心子)保险机构是利用离心力来解除保险的一种直线运动式机构,离心力由旋转弹丸的角速度产生,或由非旋转弹丸引信的风翼或涡轮产生,其保险件的运动形式为直线运动。因此,离心销保险机构可用于旋转弹和非旋转弹。由于勤务处理中弹丸可能得到的转速远低于发射时的转速,所以,离心销保险机构的安全性优于后坐保险机构,而且通用性能也较好。通用的离心销保险机构有:螺旋簧保险的离心销保险机构和环状簧保险的离心销保险机构。它们的工作过程是:平时,离心销在弹簧力作用下,顶住被保险零件,此时保险机构为保险状态;发射时,离心销在离心力作用下,将克服弹簧抗力而释放被保险零件,保险机构解除保险。图 4-16 所示为螺旋弹簧保险离心销保险机构。

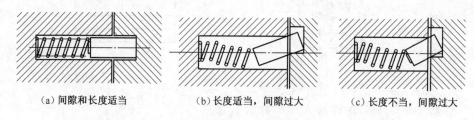

(a) 间隙和长度适当 (b) 长度适当,间隙过大 (c) 长度不当,间隙过大

图 4-16 用螺旋簧保险的平移离心销保险机构

设 $R_{\min}$ 为离心销簧最小刚度;m 为弹簧系统等效质量;λ_0 为离心销簧预压变形量;r_0 为离心销质心到弹轴距离;l 为解除保险行程。取离心销为研究对象,离心销在膛内所受惯性力主要有:离心力、离心销簧抗力、引信体对离心销的反作用力、被锁住零件作用在离心销上的力、切线力、科里奥利力、被锁住零件后坐力对离心销产生的作用力、被锁住零件的切线力矩对离心销产生的作用力。离心销所受各力的计算公式列于表 4-8。

根据受力分析,离心销在膛内的运动微分方程为

$$m\frac{\mathrm{d}^2 x}{\mathrm{d}t^2} = F_c - R_x - f_1 N - f_2 R \tag{4-9}$$

式中:f_1 为离心销与座之间滑动摩擦因数;f_2 为离心销与被锁住零件之间滑动摩擦因数。

将表 4-8 各力的表达式代入式(4-9),又 $\omega = 2\pi\eta^{-1}V$,$\dot\omega = 2\pi\eta^{-1}a(t)$,其中,$\eta$ 为膛线导程,V 为弹速,则

$$m\frac{\mathrm{d}^2 x}{\mathrm{d}t^2} = m(r_0 + x)(2\pi/\eta)^2 V^2 - R'(\lambda_0 + x)$$

$$-f_1\sqrt{(m + Mi^{-1})^2(a(t))^2 + \left\{[m(r_0 + x) + J(ir)^{-1}]a(t) + 2mV\frac{\mathrm{d}x}{\mathrm{d}t}\right\}^2(2\pi/\eta)^2}$$

$$-f_2 a(t)i^{-1}\sqrt{M^2 + (2\pi J(\eta r)^{-1})^2} \tag{4-10}$$

若 $\omega = \omega_g$,$\dfrac{\mathrm{d}\omega}{\mathrm{d}t} = 0$,代入式(4-10),则得离心销在后效期内运动的微分方程为

128

表 4-8　离心销受力计算公式

序号	力　名　称	环境力计算公式
1	离心力	$F_c = m(r_0 + x)\omega^2$
2	离心销簧抗力	$R_x = R'(\lambda_0 + x)$
3	后坐力	$F_s = ma(t)$
4	切线力	$F_k = m(r_0 + x)\dfrac{\mathrm{d}\omega}{\mathrm{d}t}$
5	科里奥利力	$F_g = 2m\omega\dfrac{\mathrm{d}x}{\mathrm{d}t}$
6	被锁住零件受后坐力对离心销的作用力	$F_{si} = Ma(t)/i$
7	被锁住零件受切线力对离心销的作用力	$F_{ki} = J(ir)^{-1}\dfrac{\mathrm{d}\omega}{\mathrm{d}t}$
8	引信体对离心销的反作用力	$N = \sqrt{(F_s + F_{si})^2 + (F_k + F_{ki} + F_g)^2}$
9	被锁住零件作用在离心销上的力	$R = \sqrt{F_{si}^2 + F_{ki}^2}$

$$m\frac{\mathrm{d}^2 x}{\mathrm{d}t^2} = m(r_0 + x)\omega_g^2 - R'(\lambda_0 + x)$$

$$-f_1\sqrt{(m + Mi^{-1})^2\,(a(t))^2 + \left(2m\frac{\mathrm{d}\omega_g}{\mathrm{d}t}\frac{\mathrm{d}x}{\mathrm{d}t}\right)^2} - f_2 Mi^{-1}a(t) \qquad (4\text{-}11)$$

将 $a(t)=$ 常量代入式(4-11),则得到弹丸在弹道上飞行时离心销的运动方程。

设计计算包括以下内容:

(1) 勤务处理安全性。实际上各种引信的最大安全滚落高度约数百米,所以,设计时一般不必计算平时安全性。

(2) 解除保险可靠性。考虑到火炮磨损和低温发射情况时弹丸转速将降低约10%(火箭弹也如此),故通常留20%的安全系数。对于没有反恢复装置的平移离心销保险机构,为了保证当弹丸飞到最大射程时机构仍处于解除保险位置,还必须满足条件:

$\omega_{b2} \leqslant \omega_T$,其中,$\omega_{b2}$ 为离心销簧刚度最大时解除保险所需角速度;ω_T 为弹丸飞到最大射程时的角速度。

(3) 离心销启动和解除保险时刻。首先,应判断离心销是否在膛内开始移动。若 $x_h > l$,则说明机构在后效期内已解除保险;若 $x_h < l$,则说明机构在后效期内未解除保险,这时,需列出后效期以后离心销的运动方程,再求解。

结构设计中应注意以下几点。

(1) 离心销必须对称配置,以防引信侧向跌落时解除保险。如果只有两个对称配置的离心销,引信侧向跌落时,因位于下面的一个离心销在惯性作用下向下移(解除保险方向),同时位于上面的离心销因弹性会反跳,故这时有可能使机构解除保险。为了防止这种情况发生,增加离心销数目、减轻离心销质量、加大离心销行程、增加弹簧抗力都是有效的方法。

(2) 离心销的导向长度及其与驻室间的间隙要适当。导向长度太短或间隙过大,都会导致离心销倾斜,甚至有卡住的可能。离心销的长径比一般取为2~3。

(3) 如果由离心销锁住的零件在弹丸碰目标时才开始移动(如瞬发击针和惯性击针等),为了不使引信瞎火,那么,设计时要保证当弹丸飞到最大射程时离心销不因转速降低(通常最大射程时的转速仅为炮口转速的1/3)而返回到保险位置,必要时可增设反恢复装置。

（4）如果被离心销锁住的零件质量较大，为了避免离心销因受力过大产生弯曲变形而阻碍解除保险，则设计时要保证后坐力只作用于引信体等固定零件，而不是作用在离心销上。

离心保险机构中绝大多数都要求在膛外开始运动（离心旋转板机构例外），故需求其开始运动时间 t_0，以判定保险机构设计的合理性。有时，还需求出解除保险时间 t_b，以便计算炮口保险距离，为此，必须进行运动的计算。计算方法因不同机构而不同，一般地，多采用逐渐逼近法求离心销启动时刻 t_0，而求运动曲线要作一些假设，使微分方程成为线性常系数的方程，从而求出近似的解析解。现代计算方法和计算机仿真技术已经很成熟，只要建立了精确的系统数学模型，就可以进行精确的数值计算。

4.4.3　制动式曲折槽保险机构

迫击炮、无坐力炮、火箭炮等低加速火炮系统发射时的加速度和平时勤务处理时的坠落冲击所产生的加速度很相近，采用后坐保险机构难于解决发射时可靠解除保险和平时安全性的矛盾。由于低加速弹丸飞行加速度峰值较小、持续时间较长，而坠落峰值较大、作用时间短特征，所以，可以采用制动式曲折槽保险机构，如图 4-17 所示。

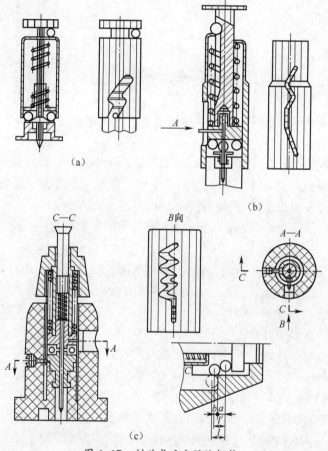

图 4-17　制动式后坐保险机构

制动式曲折槽保险机构有 3 种基本形式：

（1）惯性筒既做直线运动又做旋转运动，导向座不动，如 M-6 引信，见图 4-17（a）。

（2）惯性筒既做直线运动又做旋转运动，导向销连同导向座一起也做旋转运动，如破-1甲

130

引信,见图 4-17(b)。

（3）惯性筒只做直线运动,而导向销带动导向座做旋转运动,如苏"冰雹"火箭弹引信,见图4-17(c)。

从制动效果来看,上述第三较好,因为导向座的转动惯量可做得大些。第二种制动效果最差,因为当两个零件都转动对,换算转动惯量还不如单一零件的大。

导槽各段的夹角 $2\alpha \approx 90°$,一般取 $\alpha = 40° \sim 50°$,这样不仅制动效果好,有利于平时安全性,而且不影响解除保险的可靠性。导槽与销子之间的配合可参照现有机构选用。惯性筒下降到位时,其顶端不应抵住销子,以免卡死。在保险位置时,导向销不宜停在曲折槽拐弯处。惯性筒一般用低碳钢镀铬,黄铜镀镍或硬铝经氧化处理后制造,这样可以使导向表面具有足够的硬度和粗糙度($Ra3.2 \sim 0.8$),以避免产生塑性变形或卡死。传统用冲裁的方法加工曲折槽,生产效率高、成本低,但导引条件不如铣削加工的好,可采用精密数控加工。

导向销在图 4-18 所示位置"1"。惯性筒受力有:后坐力 F_s、弹簧抗力 R、导向销反力 N 及摩擦力 fN,这是一个空间力系。一般说来,惯性筒的直径是不大的,可以把这一力系近似地看作汇交力系。这样,可以列出惯性筒的运动微分方程为

$$m\frac{\mathrm{d}^2 x}{\mathrm{d}t^2} = F_s - R - N(\cos\alpha + f\sin\alpha)$$

$$= ma(t) - k(\lambda_0 + x) - N(\cos\alpha + f\sin\alpha) \quad (4-12)$$

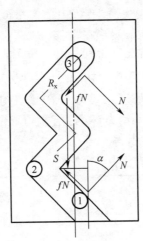

图 4-18　惯性筒受力

设惯性筒的极转动惯量为 J,惯性筒与导向销接触点到轴心的距离为 r,惯性筒的转角为 φ。惯性筒的转动方程为

$$J\frac{\mathrm{d}^2\varphi}{\mathrm{d}t^2} = N(\cos\alpha + f\sin\alpha)r \quad (4-13)$$

惯性筒轴向位移与圆周方向位移的关系为

$$\mathrm{d}x = r\tan\alpha\mathrm{d}\varphi$$

则

$$\frac{\mathrm{d}^2 x}{\mathrm{d}t^2} = r\tan\alpha\frac{\mathrm{d}^2\varphi}{\mathrm{d}t^2} \quad (4-14)$$

得到

$$m_p \frac{\mathrm{d}^2 x}{\mathrm{d}t^2} + kx = Km_p(K'\alpha - K_0) \tag{4-15}$$

或

$$\frac{\mathrm{d}^2 x}{\mathrm{d}t^2} + \omega_n^2 x = K(K'\alpha - K_0) \tag{4-16}$$

式中：$\omega_n^2 = \dfrac{k}{m_p}$，$m_p$ 为等效质量，$m_p = m + \dfrac{J}{r^2} \cdot \dfrac{\cot\alpha + f}{\tan\alpha - f}$；$K' = \dfrac{m}{m_p}$；$K_0 = k\dfrac{\lambda_c}{m_p}$；$K$ 是计算用整型数，$K=1$ 为下降运动，$K=-1$ 为上升运动。

为了确定第二段运动的初始条件，必须研究在曲折槽拐弯处导向销和惯性筒的碰撞过程。当 $2\alpha \leqslant 100°$ 时，导向销与第二段槽面近于垂直碰撞，惯性筒速度变为零。

4.4.4 隔爆机构

隔爆机构（或装置）（interrupter device）是解除保险前将爆炸序列中的一个爆炸元件与下一级爆炸元件隔离，以隔断爆炸序列的爆炸传递，解除保险后能可靠传递爆炸的机构或装置。因此，其基本功能是在引信处于保险状态时能可靠隔断，在预定条件下又能可靠解除隔断，并能满足起爆完全的要求。"隔断"，是指使爆轰或爆燃传递过程中止。火帽到雷管的传火通道隔断的引信称为隔离火帽型引信（俗称半保险型引信）。雷管到传爆管的传爆通道隔断的引信被称为隔离雷管型引信（俗称全保险型引信）。我国引信安全设计规范规定，新设计的引信都应是隔离雷管型，在勤务处理过程中处于隔爆状态，解除保险后，隔爆件运动直到解除隔爆状态。隔爆机构按其基本运动形式分类（表4-9），可分为滑动和转动两类。滑块隔爆机构按驱动力不同又分为弹簧滑块隔爆机构、离心滑块隔爆机构和弹簧—离心滑块隔爆机构。转动隔爆机构中常用的是转子隔爆机构，按转子不同又分为水平转子隔爆机构、垂直转子隔爆机构和球转子隔爆机构。隔爆机构机构中运动零件的驱动力有：发射过程的环境力（后坐力、离心力等）、弹簧力，以及由点火管产生的火药气体压力，等等。

表4-9　隔爆机构分类表

序号	名　　称	
1	滑动隔爆机构	弹簧滑块隔爆机构
		离心滑块隔爆机构
		弹簧—离心滑块隔爆机构
2	转动隔爆机构	水平转子隔爆机构
		垂直转子隔爆机构
		球转子隔爆机构

1. 设计要点

（1）驱动隔爆机构运动的力应优先考虑弹丸运动产生的各种惯性力（后坐力、离心力等）。对非旋转弹或低速旋转弹，则多采用储能弹簧抗力作动力。对有控电信号的导弹引信，则可采用火药驱动器的火药火烟火燃烧时产生的气体压力作动力，其点火时间可以由指令信号（电信号）控制。

（2）隔爆机构的结构设计，应与保险机构、接电装置、发火机构（或电路）、装定机构（或电路)等协调设计。

（3）隔爆机构的隔爆可靠性与材料特性、结构形状和敏感起爆元件的输出冲量有关,满足隔爆要求的结构尺寸无精确计算公式,通常根据试验和经验采用经验公式计算确定。对于具有延期解除保险性能的隔爆机构,还需要计算隔爆时间。

（4）隔爆机构设计主要是计算解除隔爆的可靠性。对于解除隔爆时间计算,并不是每个隔爆机构设计都需要,只有延期解除保险性能主要由隔爆机构本身来保证时,才必须进行隔爆时间的计算。

以滑块隔爆机构为例。按滑块移动的动力可分为离心式、弹簧式和综合式 3 种。根据离心滑块的运动形式,它属于直线运动式机构。离心滑块只能用于旋转弹引信,因其结构简单而被广泛应用,常用图 4-19 所示结构。弹簧滑块多用于非旋转弹和径向尺寸小的旋转弹引信,弹簧结构不同,有圆柱弹簧、锥形簧、鼓形簧和扭力簧等。综合式是指滑块驱动力为离心力和弹簧力的合力。离心滑块的运动有两种情况:①滑块开始运动前,其保险机构早就解除了保险;此时,滑块起动时间 t_0 由滑块的数学模型来决定;②保险机构解除保险过程中,滑块就有运动的趋势,而且对其有影响。保险机构解除保险时,滑块立即开始运动,所以求滑块起动时间,实际上是求其保险机构的运动诸元。为延迟滑块起动时间,以便能在炮口外起动,离心滑块都附加有后坐制动机构。

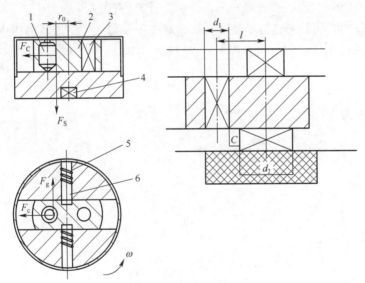

图 4-19　滑块隔爆机构

1—加重子;2—滑块;3—雷管;4—导爆管;5—离心销簧;6—离心销。

2. 离心滑块类型

1）带后坐制动销的离心滑块

带后坐制动销机构的后坐销开始上升的时刻即为滑块开始运动的时刻。首先计算后坐销的上升运动。符号:f_1 为销子与滑块间的摩擦因数;f_2 为滑块与滑块座间的摩擦因数;f_3 为销子与滑块座间的摩擦因数;C_2 为销子自身的离心力;S_2 为销子的后坐力;C_1 为滑块的离心力;S_1 为滑块后坐力;$C_1-f_2S_1$ 为滑块对销子的摩擦力;N 为滑块座对销子的法向反力;f_3N 为滑块座给销子的摩擦阻力;N 及 f_3N 的合力 N' 为

$$N' = \sqrt{N^2 + (f_3N)^2} \,, (\tan\varphi = f_3)$$

销子开始上升的瞬间,有

$$
\begin{cases}
\sum F_y = 0, N'\sin(\alpha - \varphi) = S_2 + f_1(C_1 - f_2 S_1) \\
\sum F_x = 0, N'\cos(\alpha - \varphi) = C_1 + C_2 - f_2 S_1
\end{cases}
\tag{4-17}
$$

消去 N',得

$$
\tan(\alpha - \varphi)(C_2 + C_1 - f_2 S_1) = S_2 + f_1(C_1 - f_2 S_1)
$$

一般销子在后效期内运动,故

$$
S_1 = m_1 a_0, S_2 = m_2 a_0
$$
$$
C_1 = m_1 r_{01} \omega_g^2, C_2 = m_2 r_{02} \omega_g^2
$$

式中:m_1 为滑块带雷管的质量;m_2 为销子质量;r_{01} 为滑块重心对引信轴的偏心距;r_{02} 为销子重心对引信轴的偏心距。ω_g 为弹丸在炮口处的角速度;a_0 为销子开始上升时的弹丸加速度。

将各值代入上面的式子,即得

$$
a_0 = \frac{\omega_g^2 \left[(m_2 r_{02} + m_1 r_{01}) \tan(\alpha - \varphi) - f_1 m_1 r_{01} \right]}{m_2 - f_1 f_2 m_1 + f_2 m_1 \tan(\alpha - \varphi)}
\tag{4-18}
$$

若 $\alpha_0 < \alpha_g$,则说明销子确实是在后效期内启动,设计是合理的。这时由后效期的 $a(t)$ 函数求出销子启动时间 t_0。若 $\alpha_0 > \alpha_g$,则说明销子在膛内就开始启动,设计是不合理的。这时必须修改设计参数,如减小 α,增大 m_2 或减小 m_1,并重新计算,直到 $\alpha_0 < \alpha_g$ 为止。

滑块移动到位的时间是通过销子及滑块的运动方程求得的。销子从凹槽中脱出行程为 b,滑块径向行程为 a_1。销子径向运动方程为

$$
m_2 \frac{d^2 x}{dt^2} = C_1 + C_2 - N'\cos(\alpha - \varphi) - f_2 S_1
\tag{4-19}
$$

销子上升运动方程为

$$
m_2 \frac{d^2 y}{dt^2} = N'\sin(\alpha - \varphi) - S_2 - f_1(C_1 - f_2 S_1)
\tag{4-20}
$$

又由 $x = y\tan\alpha$,得

$$
\frac{d^2 x}{dt^2} = \frac{d^2 y}{dt^2} \tan\alpha
\tag{4-21}
$$

整理后,有

$$
\left[1 + \frac{\cot(\alpha - \varphi)}{\tan\alpha} \right] m_2 \frac{d^2 x}{dt^2} = C_1 + C_2 - \cot(\alpha - \varphi) \left[S_2 + f_1(C_1 - f_2 S_1) \right] - f_2 S_1
\tag{4-22}
$$

式中

$$
C_1 = m_1(r_{01} + x)\omega_g^2, C_2 = m_2(r_{02} + x)\omega_g^2
$$
$$
S_1 = m_1 a(t), S_2 = m_2 a(t)
$$

首先求解上述方程,然后求 $x = a_1$ 时的时间 t_1 和速度 v_1。以 t_1 时刻的滑块行程 a_1,滑块速度 v_1 为初始条件,再解下述销子和滑块一起移动的微分方程:

$$
M \frac{d^2 x}{dt^2} = M(r_{01} + x)\omega_g^2 - f_2 M a(t) - 2 f_2 M \omega_g \frac{dX}{dt}
\tag{4-23}
$$

式中:$M = m_1 + m_2$;r_0 为销子上升完毕后,在新的起始位置滑块与销子系统的重心对引信轴的偏心距。

如果后效期后又经过时间 t_2 滑块还未运动到位,则以后效期结束时滑块的行程 a_2(从新的

起点算起)和速度 v_2 为初始条件,再改用下述方程继续计算,直到滑块运动到位为止。

$$M \frac{\mathrm{d}^2 x}{\mathrm{d}t^2} = M(r_0 + a_2 + x)\omega_\mathrm{g}^2 - 2f_2 M\omega_\mathrm{g} \frac{\mathrm{d}X}{\mathrm{d}t} - f_2(F_\mathrm{Eh} + F_\varphi) \qquad (4-24)$$

式中:F_Eh 为章动力;F_φ 为爬行力。

解上列方程,求得滑块运动到位时间 t_3,则滑块移动到位的总时间为

$$T = t_0 + t_1 + t_2 + t_3$$

2) 带保险塞的离心滑块

这种机构应在后效期内起动,此时离心子已解除保险。符号:N_1 为保险座对保险塞的反力;N_2 为滑块对保险塞锥台的压力;f_1,f_2 为相应的摩擦因数。

保险塞的上升运动方程为

$$m \frac{\mathrm{d}^2 y}{\mathrm{d}t^2} = R'(\lambda_0 + l - y) - S_1 - f_1 N_1 - f_2 N_2 \cos\alpha + N_2 \sin\alpha \qquad (4-25)$$

式中:m 为保险塞的等效质量;λ_0 为弹簧预压量;l 为保险塞下沉到底行程;α 为保险塞锥台部锥角之半。于是,有

$$N_1 = \frac{(C_2 - f_3 S_2)(\cos\alpha + f_2 \sin\alpha)}{(\cos\alpha + f_2 \sin\alpha) + (\sin\alpha - f_2 \cos\alpha)f_3}$$

$$N_2 = \frac{(C_2 - f_3 S_2)}{(\cos\alpha + f_2 \sin\alpha) + (\sin\alpha - f_2 \cos\alpha)f_3}$$

考虑到 $C_2 = m_2(r_{02} + x)\omega_\mathrm{g}^2$,得

$$m \frac{\mathrm{d}^2 y}{\mathrm{d}t^2} = R'(\lambda_0 + l) - R'y - ma(t) + K[m_2(r_{02} + x)\omega_\mathrm{g}^2 - f_3 m_2 a(t)] \qquad (4-26)$$

式中:r_{02} 为装配时滑块质量合件重心到引信轴线的距离;m_2 为滑块合件质量;f_3 为滑块与滑块座之间的摩擦因数;ω_g 为弹丸炮口角速度;x 为滑块水平方向位移;y 为保险塞垂直方向位移。

$$k = \frac{\tan\alpha - f_1(1 + f_2 \tan\alpha) - f_2}{(1 + f_2 \tan\alpha) + (\tan\alpha - f_2)f_3} \qquad (4-27)$$

令 $x = y = 0$,右端等于 0,求得机构起动瞬间弹丸加速度 a_0 为

$$a_0 = \frac{R'(\lambda_0 + l) + km_2(r_{02} + x)\omega_\mathrm{g}^2}{m_1 + kf_3 m_2} \qquad (4-28)$$

如果 $\alpha_0 > \alpha_\mathrm{g}$ 说明该机构在膛内起动,保险塞没有起到延迟起动时间的作用,应修改设计。满足 $\alpha_0 < \alpha_\mathrm{g}$ 条件后,即可根据后效期的 a—t 函数求出相应的启动时间 t_0。k 值表征保险塞的阻滞作用的大小,要求 $k < 0$,否则应修改结构参数。初始条件:$y = \dot{y} = 0$,解方程求出保险塞释放滑块瞬间滑块的位移 x、速度 v_1 和相应的时间 t_1。接着滑块将作为独立部件运动,以 $t = 0$,$x = x_1$,$\dot{x} = V_1$ 为初始条件,解算该方程即可求出该机构解除保险时间 t_2。则解除保险总时间为:$t = t_0 + t_1 + t_2$。

4.4.5　引信开关

无论近炸引信,还是触发引信和电子时间引信,它们的系统组成都包含各种开关。利用这些开关既可确保勤务处理和发射时的引信安全,也可实现引信适时起爆。随着微机电技术(MEMS 技术)的发展,各种微型开关、MEMS 开关成为当前的研究方向。因此,开关元件是现代

引信的关键元件之一。

引信用开关的设计要求如下：

（1）在规定的时间内闭合或断开可靠。

（2）在开关动作时，其闭合或断开时间的长短，应符合火工元件动作的要求。

（3）要求其结构小而坚固，价格低廉。

开关设计既是机械设计问题，也是电气设计问题，必须满足机械、电性能两方面的要求。

远距离接电开关的功用是在远离炮口的某个距离上，将电子线路、发火电路与电源接通，启动电路或使发火电路过渡到待发状态。所以，在远距离接电开关动作之前，引信电路是安全的，处于电保险状态。远距离接电开关可分为两类。一类是与机械的远距离保险机构相结合，在远距离解除保险机构运动到位时接通或断开电路。如苏"萨姆"-7引信的接电机构，它是在火药远距离解除保险药柱燃烧完了、雷管座旋转到位时，将雷管接入电路的。这种接电机构常与机械远距离解除保险装置结合起来设计，它大都是触点开关，除要求接通、断开可靠外，无其他特殊要求。另一类远距离接电开关是它自身具有远距离接通或断开性能。

利用易熔金属制成的热驱动延期开关，其两极用绝缘材料隔开，绝缘座上留有几个小孔供易熔金属熔化时接电用，绝缘垫上放有低熔点镉锌合金，当受热后，合金片熔化，流入小孔后开关接通。镉锌合金的熔点为140℃，与热源配合可获得1.0~2.4s延期接通时间。

用于苏AP-21M2引信上的离心力驱动的自炸开关实现自炸，平时，板簧与接触柱相接触，开关短路。发射后，在离心力作用下断开。弹道上，当离心力逐渐减小到一定程度后，板簧与接触柱接触，实现自炸。离心力驱动的自炸开关的设计与离心自毁机构完全一样。

火药原动机是一次作用的开关装置。它在火药原动机点火后接通，故称为爆炸开关。控制火药原动机延期点火的装置可以是电子电路。

触发开关在电引信中被广泛用于实现触发作用。它利用载体碰击目标时的反作用或前冲力而闭合以接通引信电路，使起爆元件发火的开关，又称发火开关或碰合开关。按作用原理不同，常见的触发开关有碰合开关、惯性开关。

对引信用触发开关的要求如下：

（1）应具有一定的机械强度。平时断开，在发射过程中和弹道上受干扰力作用时不得闭合，不允许有提前闭合事件发生，以保证发射时和弹道上的安全性。

（2）碰击目标时能迅速闭合、接通确实。动作时，其闭合时间要足够长，具体数值视所选火工品而定，一般应比电火帽或电雷管的瞬发度大几倍。

（3）接触电阻和分布电容要小。触点的允许电流超过火工品的额定电流，如需多次调试，反复接通场合下的允许电流要高些，否则一次调试就会烧坏触点，这是不允许的。

（4）应具有一定的灵敏度，在大着角碰击目标或小落角着地时应能可靠闭合。

惯性开关是利用载体碰目标时的前冲惯性力驱动开关元件，使其产生相对运动而闭合。有时也利用惯性力给晶体加压产生电荷，或者驱动电磁系统的某个零件运动，产生感应电动势作为信号，推动执行级工作，这是无触点开关，可以驱动闸流管等导通。在勤务处理过程中，惯性接点与上接点被绝缘体隔开。在弹道上，中间保险簧使两接点不能接触。当载体碰击目标时，惯性体在前冲惯性力的作用下克服中间保险簧的抗力向前运动，使惯性接点与上接点接触，接通引信电路，激发起爆元件。为使惯性开关作用可靠，在保证勤务处理和弹道安全性的条件下，应尽量降低中间保险簧的抗力或增大惯性体的质量。根据目标的不同，其作用灵敏度可在几百到几千 g 的范围内变化。

惯性开关包括振动开关、电触发开关两类,设计要点如下:

(1) 惯性开关的体积可以做得很小,如 MEMS 开关,可置于引信的任何部位,使用十分方便。

(2) 惯性开关动作速度较慢,不适合用于要求高瞬发度的场合。

(3) 任何惯性开关都需要偏置元件,如弹簧,弹簧的预压力应能抵消飞行时的振动、章动、摇动,以及减速度、雨点、高草和树枝碰击等干扰。但是,弹簧的预压抗力也不能过大,以免影响灵敏度,惯性开关的研究离不开设计试验。

凡是直接由目标反作用力使开关闭合的开关称为碰合开关。这类开关在电触发引信上用得较多,特别是在破甲弹引信上。如 J206 引信这类引信,M509A2E1 的弹头开关,XM763 的双层风帽开关,萨姆-7 的弹体变形开关,以及舰舰导弹引信中的弹头、弹翼开关等。根据引信战术技术指标要求和配合武器系统的使用要求,碰合开关可设计成各种形状,如销状、管状、片状和丝状等。

4.5 引信电源设计

引信电源是将机械能、化学能或其他形式环境能量转换为引信所需电能的系统或装置。根据工作原理分为化学电源和物理电源两大类。常见引信电源有:弹载电源,弹上电源,储能电容器。弹上电源在保险机构的控制下,通过电缆或接口直接给引信供电。根据引信战术技术指标要求,引信电源在特定条件下为电引信、机电引信、近炸引信内电子元器件、集成电路、电火工品等电子部件提供电能,保证引信电路正常工作。

4.5.1 引信化学电源

引信化学电源是一种将化学能直接转变成直流电能的装置,称为电池。化学电源种类很多,通常按工作性质、电解质性质、电极材料等进行分类。

1. 引信化学电源应用特点

(1) 专用性强。在引信的特定环境条件下使用,一种化学电源通常只适用于一种引信或相似引信。

(2) 安全性、可靠性好。储备电池平时处于非激活状态,不供电,只有在发射环境开始后才能提供电能,并能满足长期储存性能要求。

2. 引信化学电源设计基本要求

(1) 电性能要求。引信化学电源的电性能要求,包括工作电压、工作电流、工作时间、激活时间、放电噪声和绝缘电阻等。不同引信用化学电源,其电性能指标不相同。

(2) 环境适应性要求。引信化学电源的结构强度、密封性和性能稳定性等,都应该满足勤务处理和使用环境条件要求,应按 GJB 573A 中的有关规定进行考核。

(3) 无损落高要求。按 GJB 573A 方法中 104 条有关规定,对引信化学电源进行 1.5m 跌落试验,跌落试验后的引信化学电源不应该有任何损伤,并仍能满足性能要求。

(3) 体积和质量。引信化学电源的体积和质量应由引信总体确定。

(4) 长期储存性能要求。与引信不能分装的引信化学电源,与引信的储存期要求相同,应按 GJB 573A 方法中 306 条有关规定进行考核。

(5) 可靠性要求。引信化学电源应具有较高的作用可靠度。

（6）密封性要求。引信化学电源必须进行密封设计，以保证引信化学电源的性能稳定性，防止因溶液泄漏所造成的引信失效。

4.5.2 引信物理电源

引信物理电源是一种将机械能、热能等直接或间接转换成电能的装置。引信物理电源为引信正常工作提供所需电能。其输出电参量与弹丸或战斗部的飞行运动、力学环境有关，是飞行速度、旋转速度、后坐力、前冲力、章动力等的函数。引信物理电源还兼有换能器和传感器的功能，可为引信的安全与解除保险装置或起爆控制器提供信号或能量。

1. 引信物理电源应具备的应用特点

（1）可靠性好，在使用前可以百分之百地无损检测。

（2）安全性好，发射环境开始后，在膛内、弹道上为引信供电或提供解除保险、起爆信号。

2. 引信物理电源的分类

引信物理电源通常按电源关键部件运动形式、能量转换形式、电源结构形式等进行分类，见表4-10。按运动原理分，引信物理电源分为旋转发电机、直线发电机、振动发电机和非运动件电源等。按能量转换原理分，引信物理电源分为气动发电机、后坐发电机、撞击发电机、扭力矩发电机、燃气发电机、章动发电机、温差电堆、爆电换能器、压电发生器、爆炸磁流体发生器和二次电源等。按电源结构形式分，引信物理电源分为磁后坐发电机、爆电换能器、爆炸磁流体体发生器、二次电源，等等。

表 4-10　引信物理电源的分类

序号	分类方法	电源名称			
1	按运动原理分	旋转发电机	直线发电机	振动发电机	非运动件电源
2	按能量转换原理分	气动发电机	后坐发电机	撞击发电机	扭力矩发电机
		燃气发电机	温差电堆	章动发电机	压电发生器
3	按电源结构形式分	二次电源	爆电换能器	爆炸磁流体发生器	磁后坐发电机

引信物理电源是引信电路必需的重要部件。它的性能及其输出稳定性，直接影响引信的正常工作，例如，电源噪声可能会引起引信保险机构提前解除保险，致使引信不满足安全性要求；电池激活时间及其散布将增加电子时间引信的计时误差，使其计时精度下降，甚至无法应用，等等。因此，引信电源设计是引信设计的主要内容之一。

关于引信物理电源的设计可参考 GJB/Z 135—2002《引信工程设计手册》中电源设计内容，如：风动涡轮发电机、振动发电机、磁后坐发电机、爆电换能器，目的是使读者掌握对引信物理电源的战术技术要求，了解引信物理电源的类型、基本原理、特点和适用范围。

3. 对引信物理电源的要求

1）电压和功率要求

引信物理电源的输出功率或能量，应该满足引信全弹道使用要求。对于电子时间引信，物理电源的电压上升时间要短、散布要小。

这里借用额定功率的概念。额定功率是指引信电路正常工作的功率。额定功率值为引信电路的额定电压乘以额定电流。若引信电路实际功率大于额定功率，则引信电路将会损坏；若实际功率小于额定功率，则引信电路可能无法运行（正常工作）。这一要求实际上是对引信物理电源的电压和电流的要求。所要求的电源电压和电流的大小,主要取决于引信电路和电路所用的元器件。

不同引信电路,电源电压和电流要求不同,有:高电压(>90V)、低电流电源(>5mA);低电压(1.5V)、高电流(>300mA)电源;只有电压要求、无电流要求的电源(如栅极电源,一般情况下,栅极几乎无电流通过)。例如,采用晶闸管的起爆电路电压要求 20~30V,电流为 40mA;采用微功耗集成电路的电子时间引信电路的电源电压和电流要求都很小,其电压为 3.0~5V,电流小于 10mA。

2) 工作时间要求

由于引信是一次使用产品,所以,要求引信电源能保证一次使用的有效性,而不无须重复使用。不同引信对电源工作时间要求不同。例如,电子时间引信,要求引信电源工作时间大于弹丸飞行时间;具有触发、自毁功能引信,则要求引信电源工作时间大于引信自毁时间,等等。一般炮弹、火箭弹、战术导弹引信用电源工作时间最长不超过 180~240s。

3) 储存期要求

由于弹药储存期一般为 10~20 年,所以,与引信不能分装的引信物理电源储存期取最长弹药储存期,即 20 年。

4) 激活时间要求

为了保证弹药、引信的平时安全性,且便于长期储存,要求引信物理电源在平时不工作、不供电,所以,引信电源工作时都需要有一个激活过程,这个过程所经历的时间称作激活时间。激活时间是指在规定的电流负载下,从激励瞬间开始(激活机构开始动作)至输出电压达到标称值的时间。激活时间应该小于弹丸或战斗部在最小攻击距离内的飞行时间。但是,对于电子时间引信来说,要求引信电源快激活,否则不能精确控制计时起点、计时精度和炸点。

引信的信息处理器和高瞬发度弹药引信的起爆与控制电路,要求在发射后的膛内、弹道上或碰目标时快速供电。例如,高瞬发度破甲弹药子弹触发引信;发射中信息交联的小口径弹电子时间引信;引信目标探测器,等等,这类引信电路、电火工品需要在发射环境开始后才工作,由于弹丸或战斗部的飞行时间很短,甚至只有几秒,对于炮弹或火箭弹来说,其膛内或主动段过程更短(几毫秒),那么,引信电源必须在发射后几毫秒内快速激活并稳定地供电。

对于陆军武器弹药的子弹引信而言,一般都具有电自毁和电延期解除保险功能,在以满足子弹引信安全性为基本要求的设计思想指导下,必须保证子弹被抛撒前引信电源不供电,而在抛撒后数秒时间内(甚至几十毫秒内),迅速发电并很快稳定输出电能。例如,对付装甲目标,作为集束弹药"替代弹药"的子弹、各种子母弹子弹,由于攻击目标为飞机、巡航导弹、地面装甲等,大多配用破甲弹,在满足其高毁伤效率的要求下,对子弹引信的作用瞬发度越来越高,一般要求瞬发度小于 100μs,甚至只有 20~30μs。引信电源的快速发电、快速供电问题就显得尤为突出。再例如,某低空拦截弹药的作战距离只有 70~300m,要求破甲子弹引信的瞬发度小于 100μs,子弹引信在母弹开舱后完成解除保险和启动自毁功能,因为最小作战距离 70m 下,子弹抛出后飞行稳定并形成合理散布的空气动力作用过程约 100ms(<1s),所以,子弹引信物理电源必须在母弹开舱后一百多毫秒内激活,否则母弹引信将失去应有的炮口安全性。因此,快激活和快供电是这类引信电源的基本要求之一。

5) 噪声要求

电源噪声来源主要是引信的内部噪声。引信电源设计中必须采取相应措施,以防止或减小噪声对电源性能的影响。

6）比功率要求

比功率是指单位体积电源所输出的功率,单位为 W/cm^3。比功率越大,则单位体积提供能量就越大,而电源体积就越小,这对解决小体积高功率引信物理电源具有重要意义。

7）工作温度要求

应保证引信物理电源在引信工作温度范围内正常工作。一般引信工作温度范围为 $-40\sim50℃$。

对引信物理电源除以上要求外,还有结构强度、尺寸、经济性等要求必须满足引信的总体设计要求。

4.5.3 引信定时器用电源要求

引信有模拟式定时器和数字式定时器。模拟定时器中,如果内部无稳压措施,那么,电源变化会产生计时误差。数字定时器是依靠某种形式的模拟定时器来计算时间间隔的,电压调节不稳也会产生计时误差。对于民用定时器来说,因为外购电源品种很多,可以方便、经济地从市场购买,模拟时间基准电压很稳定,并且在环境、空间和重量等方面无限制。然而,炮弹引信是以军事应用为目的的,由于其使用的特殊性,将给定时器电源设计带来一定的困难。特别是数字式定时器,若它是以某种形式的模拟定时器作时间基准,尽管采用了电子数字计数法,对电压波动不敏感,因模拟定时器对电压敏感,在电压调节不稳定的情况下,仍然要产生计时误差,且其计时总精度不会高于模拟定时器。

引信用定时器按配用弹种分有 3 类:导弹引信定时器(射程约为 483km)、火箭弹引信定时器、炮弹引信定时器。电源体积大小,取决于弹丸体积的大小。在炮弹引信总体设计中,在考虑振荡器、计时电路、保险机构或者保险开关结构和空间布置的同时,也需要考虑电源结构和空间安排。表 4-11 和表 4-12 分别为环境要求、电气要求。

表 4-11 环境要求

引信		后坐力/g	转速/(r/min)	温度范围/℃
导弹		25	5	
火箭弹	非旋转	100	5	$-50\sim70$
	旋转	100	100	
炮弹		27000	500	

表 4-12 电气要求

引信	电压/V	电流/mA
导弹	$12\sim15$	$30\sim50$
火箭弹	6.7 ± 0.7	100
炮弹	$6\sim15$	$30\sim100$

引信定时器电源大多数要求在装定时激活。但是,因为电源开启时刻很难精确控制,所以,总是存在一定的定时器计时误差。弹丸速度越高,距离误差就越大,例如,某低速导弹引信电源的开启时间约为 50ms,距离误差约为 3m。如果发射时激活电源,看似有利于减轻其负担,但会

影响其有效供电时间。不同类型的定时器,要求电源的有效供电时间也不同。例如,数字式定时器要求电源从装定开始到弹丸起爆能够连续向定时器供电,但是,由于存在多种装定方式(有发射前装定、发射中装定和发射后装定等多种装定形式),所以,电源连续供电的时段有长有短,发射前装定的有效供电时间最长,发射后装定的有效供电时间最短。短有效供电时间电源选择或设计较容易。长有效供电时间供电电源往往难适应火炮的一些战斗任务的需要,例如,对特定目标的持续拦截射击,从引信装定到射击的时间不好控制。经常遇到这样的问题:确定电源具有足够功率来保证完全起爆目标的时刻。由此可见,引信定时器电源的有效供电时间和最大功率是两个关键指标。

第 5 章　固体火箭发动机设计

5.1　概　　述

固体火箭发动机设计主要包括装药、燃烧室、喷管、装药支撑装置及点火装置的设计。为了使智能弹药系统具有良好的战术技术性能,发动机必须满足以下要求:

（1）实现总体设计规定的方案。应能提供足够的能量使智能弹药具有所需要的速度。

（2）工作可靠。必须保证在规定的初温范围内正常地工作。在发动机工作过程中,绝不允许出现燃气压强意外增大或减小,以及不正常燃烧等现象。

（3）保证安全。必须保证在储存、运输、装填、发射以及飞行过程中的安全,绝不允许发生部件或零件脱落、自动点火或爆炸等现象。

（4）质量优良。要求质量比冲大,推力偏心矩小,结构工艺性好和成本低。

（5）能长期储存。在规定的储存期内性能稳定,作用可靠。

5.2　固体火箭发动机装药设计

根据固体火箭发动机所提出的战术技术要求,确定固体火箭发动机合理的装药形状、尺寸及相应的质量称为固体火箭发动机的装药设计。装药设计不仅与固体火箭发动机设计有关,而且和全弹的总体设计有关,也是总体设计的主要组成部分。

5.2.1　推进剂的选择

设计火箭弹时一般都选用已经定型生产的推进剂。从火箭弹设计角度出发,对选择的推进剂有以下要求:

（1）能量尽量高,即推进剂的比冲 I_{sp} 尽量大。由火箭弹最大理想速度公式 $v_{ik} = I_{sp}\ln(1 + m_p/m_k)$ 可知,当装药质量 m_p 和火箭弹被动段质量 m_k 一定时,最大理想速度 v_{ik} 取决于 I_{sp}。I_{sp} 大时 v_{ik} 大,射程远;如果射程相同,威力可以加大;若射程和威力不变,则可以使火箭弹质量减轻。

（2）推进剂在燃烧室内正常燃烧的临界压强尽可能低。有利于减轻燃烧室的质量,提高火箭弹的速度与射程。

（3）压强温度系数小。燃烧室壳体是以高温最大压强设计其强度的,过大的压强温度系数会使低温和常温时强度储备过大,从而增加消极质量;压强温度系数小,可使高、低温压强差别小,对保证低温正常燃烧也有好处。

（4）物理化学安定性好,冲击摩擦感度小,强度好。

目前常用推进剂有双基推进剂、改性双基推进剂和复合推进剂 3 种类型,几种常用推进剂的能量特性和内弹道特性如表 5-1 所列。

表 5-1　某些推进剂的能量特性和内弹道特性

推进剂	比冲 I_{sp}/(N·s/kg)	密度 ρ_p/(g/cm³)	燃速 r/(mm/s)	压强指数 n	燃速温度系数 $(\alpha_r)_p$%/(1/℃)	特征速度 C^*/(m/s)	临界压强 p_{cr}/MPa
双钴-1	2009	1.64~1.66	10.5	0.19	0.25		3.82
双钴-2	1989	1.64~1.66	12.8	0.21	0.07		4.22
GLQ-1	2279	1.668	25.0	0.35	0.233	1544	3.92
双铅-2	1960	1.61	10.5	0.358	0.23		
GLQ-2	2222	1.682	30.0	0.394	0.19	1508	3.43
DR-3		1.57	2.8~3.8	0.2	0.1	1262.7	
DR-5		1.59	4.5~6.0	0.11	0.17	1347.5	
GHT₀-1	2183	1.69	23.24	0.121	0.2	1485	
GHQT₀-1	2301	1.72	20.68	0.36	0.11	1558	
GHT-1	2381	1.73	20.48	0.302	0.1	1601	
862A 丁羟	2320	1.70	9.0	0.4	0.22	1584.0	
863A 丁羟	2342	1.74	9.4	0.44			
864A 丁羟	2332	1.79	12.0	0.34		1650.0	

5.2.2　装药药型的选择

装药药型的选择是装药设计的第一步,因为不同的药型适用于不同要求的固体火箭发动机,并有不同的设计方法,只有选定了药型之后,才能着手进行装药几何尺寸的设计。

前常用的药型如图 5-1 所示。

一般来讲,选择装药药型应根据以下原则:

(1) 使装药的药型有足够的燃烧面,以获得必要的炮口速度。野战火箭弹的炮口速度一般不能小于 40m/s。如果装药燃烧面小,就不能保证对炮口速度的最低要求。

对于非增程反坦克火箭弹来说,对装药药型除有足够燃烧面这一要求外,还应满足装药燃烧时间的要求。一般来说,单孔管状药可以满足这一要求。

(2) 对燃烧室壁的传热小。从传热角度看,内孔燃烧的装药传热最少。这是因为这类装药的外径是紧贴在燃烧室的内壁上,燃气不直接与燃烧室壁接触,可以显著减少对室壁的传热。而管状药在燃烧过程中,因燃气直接作用在燃烧室内壁上,传热较多,热损失较大。

(3) 装药药柱在燃烧室内容易固定。浇铸装药在燃烧室内易于固定,可以不用挡药板;管状药固定比较困难,一般要采用挡药和固药装置。

(4) 装药的余药少,利用率高。星孔装药有余药损失,管状装药余药损失较小。

(5) 装药有足够的强度。装药的强度主要取决于推进剂的组分与制造方法。但是即使是同一种推进剂,装药形状、尺寸与受载方向都对装药强度有影响。当轴向惯性力较大时,无论是单孔管状装药或星孔装药的长度都不宜太长,长度太长会使受压端面产生较大的应力;当单孔管状药内孔与外侧的通气参量差别较大时,药柱的厚度不宜太薄,否则,药柱内外压强差可能引起药柱破坏。

(6) 结构及工艺简单,便于大批量生产。

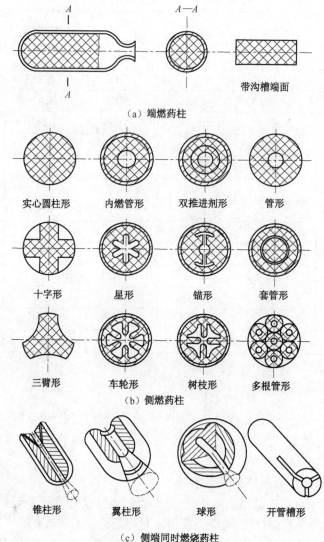

（a）端燃药柱

实心圆柱形　　内燃管形　　双推进剂形　　管形

十字形　　星形　　锚形　　套管形

三臂形　　车轮形　　树枝形　　多根管形

（b）侧燃药柱

锥柱形　　翼柱形　　球形　　开管槽形

（c）侧端同时燃烧药柱

图 5-1　几种常见的装药药型

5.2.3　单孔管状药的装药设计

具有单个中心圆孔的圆柱形装药称为单孔管状药,它的形状由 4 个参数确定,即外径 D 、内径 d 、长度 L 和装药根数 n ,通常用 $D/d - L \times n$ 表示。这种装药当两端包覆时燃烧面呈等面性变化。如果装药较长,长细比达 10 以上时端面不包覆也可看作等面性装药。

1. 装药尺寸与设计参量的关系

1）单孔管状药燃烧面变化规律

实际燃烧过程中燃烧面的变化相当复杂。下面的推导是按照几何燃烧定律——在整个燃烧过程中,装药按平行层燃烧规律逐层燃烧进行推导的。因此推导得到的是装药燃烧面理论上的变化规律。

图 5-2 所示为无包覆单孔管状药燃烧面变化示意图。燃烧前装药尺寸为外径 D 、内径 d 、

长度 L ,装药的肉厚为 e_1。则由图 5-2 可知:

装药的起始肉厚

$$e_1 = (D - d)/4$$

当装药燃烧到某瞬时,烧去肉厚为 e ,则装药一端的端面积为

$$A_T = \pi[(D - 2e)^2 - (d + 2e)^2]/4$$

装药的外侧和内孔表面积之和为

$$A_S = \pi[(D - 2e) + (d + 2e)] \cdot (L - 2e)$$
$$= \pi(D + d) \cdot (L - 2e)$$

燃烧总面积为

$$A_b = \pi(D + d)(L - 2e) + \pi[(D - 2e)^2 - (d + 2e)^2]/2 \tag{5-1}$$

当 $e = 0$ 时,装药各起始燃烧面积为

$$A_{T0} = \pi(D^2 - d^2)/4$$
$$A_{s0} = \pi(D + d)L$$
$$A_{b0} = \pi(D + d)L + \pi(D^2 - d^2)/2$$

由式(5-1)整理可得总燃面的变化规律为

$$A_b = A_{b0} - 4\pi(D + d)e \tag{5-2}$$

由式(5-2)可知,当单孔管状药两端不包覆时,呈线性减面性燃烧。用同样方法可得到装药一端或两端包覆时燃烧面变化规律。

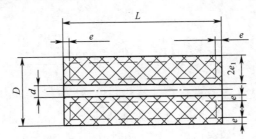

图 5-2 单孔管状药燃烧面变化示意图

2) 通气参量 æ 与装药尺寸的关系

在固体火箭发动机原理中,介绍过通气参量 æ,它定义为在固体火箭发动机燃烧室中所研究的 x 截面前的装药燃烧面积 A_{bx} 与该截面的燃气通道截面积 A_{px} 之比,它在装药未燃烧时靠近喷管处一端最大,称为起始通气参量 $æ_0$,其计算公式为

$$æ_0 = \frac{A_{b0} - A_{T0}}{A_{p0}} = \frac{A_{b0} - A_{T0}}{A_c - A_{T0}}$$

式中: A_c 为燃烧室内腔横截面积, $A_c = \pi D_i^2/4$, D_i 为燃烧室内径或绝热层内径。

将 A_{b0} , A_{T0} , A_c 代入上式,简化,得

$$æ_0 = \frac{4(D + d)L + (D^2 - d^2)}{D_i^2 - (D^2 - d^2)} \tag{5-3}$$

如果装药长细比较大,端面积与侧表面积相比很小,或者装药两端面包覆,则式(5-3)可简化为

$$æ_0 = \frac{4(D + d)L}{D_i^2 - (D^2 - d^2)} \tag{5-4}$$

145

对于多根装药,则有

$$\mathit{æ}_0 = \frac{4n(D+d)L}{D_i^2 - n(D^2 - d^2)} \tag{5-5}$$

上面讨论的是管状药总的通气参量,实际上燃气沿装药外表面和内表面流动速度是不一样的,也就是侵蚀效应不同,因此有时还需要分别计算单孔管状药沿装药外表面的外通气参量 $\mathit{æ}_e$ 与沿装药内表面的通气参量 $\mathit{æ}_i$, 有

$$\mathit{æ}_e = \frac{4nDL}{D_i^2 - nD^2} \tag{5-6}$$

$$\mathit{æ}_i = \frac{4L}{d} \tag{5-7}$$

内外通气参量之比为

$$m = \mathit{æ}_i / \mathit{æ}_e = \frac{D_i^2 - nD^2}{nd \cdot D} \tag{5-8}$$

试验证明, $\mathit{æ}_i$ 与 $\mathit{æ}_e$ 的比值对装药燃烧稳定性及初始压强峰有一定影响,尤其是在 $\mathit{æ}_0$ 较大时其影响更为明显。为了使初始压强峰不致过大以及保证正常燃烧的临界压强不致太高,通常取 $\mathit{æ}_i / \mathit{æ}_e = 1 \sim 2$。

3)充满系数和极限充满系数

充满系数 ε 是装药在燃烧室横截面上的充满程度,即装药横截面积与燃烧室内腔横截面积之比。

由定义

$$\varepsilon = \frac{A_{T0}}{A_c} = \frac{\pi n(D^2 - d^2)/4}{\pi D_i^2/4} = \frac{n(D^2 - d^2)}{D_i^2} \tag{5-9}$$

在设计过程中往往首先求出 ε 然后再计算装药尺寸。为了防止计算出的装药尺寸装不进燃烧室,引入极限充满系数 ε_l。极限充满系数是装药外径为极限直径时所对应的充满系数。装药的极限直径是指外径相等的多根单孔管状药对应于一定的装药根数和排列方式,所有装药都能装入燃烧室时,装药的最大外径,记为 D_l 。

令

$$\varphi_l = D_l / D_i$$

不同的装药根数与排列方式所对应的 φ_l 值,可以通过一定的几何关系求得。

图 5-3 为外实排列法装药。外实排列法装药先从外层密实排列,再逐步向内层排列。表 5-2 所列为外实排列法各层的装药根数。

表 5-2 外实排列法各层的装药根数

总装药根数	3	4	5	6	7	8	9	10	13	14	15	17	19	20	22	24
第一层(外层)				6	6	7	8	9	10	10	11	12	12	13	14	15
第二层	3	4	5		1	1	1	1	3	4	4	5	6	6	7	8
第三层													1	1	1	1

由图 5-4 可知, D_l 与 D_i 和外层装药根数 n_1 的关系为

$$\frac{D_l}{2} + \frac{D_l/2}{\sin(\pi/n_1)} = \frac{D_i}{2}$$

故

146

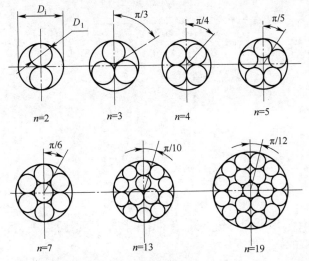

图 5-3　外实排列法

$$\varphi_l = \frac{D_l}{D_i} = \frac{\sin(\pi/n_1)}{1 + \sin(\pi/n_1)} \tag{5-10}$$

图 5-4 为多根装药内实排列法,装药先从中心排起。采用这种排列法装药的根数是限定的。同样可以通过几何关系计算 φ_l 值。

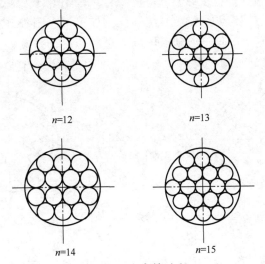

图 5-4　内实排列法

当 $n > 7$ 时,φ_l 还可按下式进行近似计算

$$\varphi_l = \sqrt{\frac{0.7}{n}}$$

极限充满系数 ε_l 的大小除了与装药根数、排列方式有关外,还与 $æ_i/æ_e$ 的比值有关。当 $æ_i = mæ_e$ 时,有

$$D = \frac{m\varepsilon_l - \varepsilon_l + 1}{\sqrt{mn(m\varepsilon_l - 2\varepsilon_l + 2)}} D_i$$

$$\varphi_l = \frac{m\varepsilon_l - \varepsilon_l + 1}{\sqrt{mn(m\varepsilon_l - 2\varepsilon_l + 2)}}$$

为了求出上式中的 ε_l 值,将其整理为

$$a\varepsilon_l^2 + b\varepsilon_l + c = 0$$

得

$$\varepsilon_l = \frac{-b + \sqrt{b^2 - 4ac}}{2a} \tag{5-11}$$

式中

$$a = (m-1)^2$$
$$b = 2\varphi_l^2 mn - \varphi_l^2 m^2 n + 2m - 2$$
$$c = 1 - 2\varphi_l^2 mn$$

用式(5-11)可以计算出不同装药根数,不同排列方式及不同的 $æ_i$ 与 $æ_e$ 比值 m 时的 ε_l 值。装药能装入燃烧室的条件是

$$\varepsilon < \varepsilon_l$$

5.2.4　星孔(轮孔)装药的装药设计

星孔装药又称星形装药,这种装药可以利用不同的星孔几何尺寸获得恒面性、增面性和减面性的燃烧特征。同时由于采用直接将推进剂浇注在燃烧室内,既解决了大尺寸装药的成型和支承问题,又可以使高温燃气不直接与燃烧室壁接触,减小了燃烧室壁的受热,相当于增强了室壁强度。星孔装药的缺点是装药形状复杂,给药模的加工带来困难,内孔星尖处易产生应力集中,同时燃烧结束后有余药等。但这些缺点可以通过装药设计来减轻或者避免,因此星孔装药被广泛应用于火箭和导弹的发动机设计中。目前常见的星孔装药有3种形状,如图5-5所示。

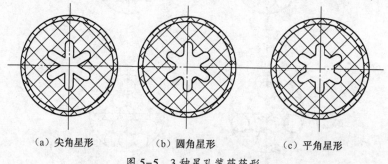

(a) 尖角星形　　　　(b) 圆角星形　　　　(c) 平角星形

图 5-5　3 种星孔装药药形

轮孔药又称"车轮形装药"或"轮辐形装药",它可以看作是星孔装药的延伸。这种装药可以通过改变轮辐厚度得到不同的燃烧面变化规律,从而得到不同的推力方案。图5-6所示为3种不同形状的轮孔装药。这种装药能提供较大的燃烧面积,适用于薄肉厚(肉厚系数 0.2~0.3)、体积装填系数不大的大推力短时间工作助推器及需要较大燃气生成量的点火发动机的装药。它的设计方法与星孔装药基本相同,因此本章主要针对星孔装药的装药设计方法进行阐述。

1. 装药尺寸与设计参量的关系

星孔装药的几何尺寸包括:装药外径 D、长度 L、肉厚 e_1、星角数 n、角分数 ε、特征长度 l、星根半角 $\theta/2$ 及星尖圆弧半径 r 和星根圆弧半径 r_1 等(图5-7)。星孔装药的设计参量主要有燃烧面积 A_b、通气面积 A_p 和余药质量 m_f 等。

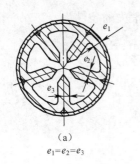

（a）

$e_1 = e_2 = e_3$

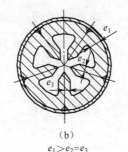

（b）

$e_1 > e_2 = e_3$

（c）

$e_1 > e_2 > e_3$

图 5-6　3 种轮孔装药药型

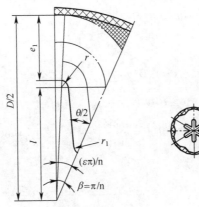

图 5-7　星孔装药尺寸符号

　　一般星孔装药的外侧面及端面都进行包覆,燃烧过程中长度和星角数不变,因此燃烧面积 A_b 的变化规律可以用半个星角的周长 s_i 的变化规律来表示,即 $A_b = 2ns_i \cdot L$。

　　下面以尖角星形为例,并设 $\beta = \pi/n$,(β 为星孔半角),来推导其燃烧面变化规律。

　　由图 5-8 可知,半个星角的起始周边长 s_{i0} 是由两个圆弧段和一个直线段组成,即 $s_{i0} = AB + BC + CD$。在装药燃烧过程中,按照平行层燃烧定律,燃烧面将沿起始表面各点的法线向内部推移。以星边消失瞬间为界限(图中 H 点),可将整个燃烧过程分为两个阶段,即星边消失前和星边消失后,最后是余药的燃烧。

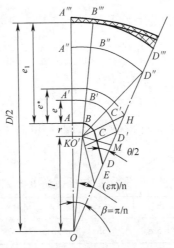

图 5-8　尖角星孔装药燃面变化

星边消失,就是直线段 $\overline{CD}$ 消失。由图5-8可知,星边消失的条件为

$$e^* + r = \overline{O'H} = \frac{\overline{O'M}}{\cos(\theta/2)} = \frac{l\sin(\varepsilon\beta)}{\cos(\theta/2)}$$

即

$$e^* = \frac{l\sin(\varepsilon\beta)}{\cos(\theta/2)} - r \qquad (5-12)$$

式中: e^* 为星边消失瞬间烧去装药的肉厚。

1) 第一阶段(星边消失前)的燃烧面变化规律

该阶段烧去装药肉厚是从 $e = 0$ 到 $e = [l\sin(\varepsilon\beta)/\cos(\theta/2)] - r$。当烧去装药肉厚为 e 时,由图5-8可以看出,半个星角的周边长 s_i 为

$$s_i = \widehat{A'B'} + \widehat{B'C'} + \overline{C'D'}$$

其中

$$\widehat{A'B'} = (l + r + e)(\beta - \varepsilon\beta) = (l + r + e)(1 - \varepsilon)\beta$$

$$\widehat{B'C'} = (e + r)\angle B'O'C' = (e + r)(\varepsilon\beta + \pi/2 - \theta/2)$$

$$\overline{C'D'} = \overline{O'E} - \overline{FE} = \frac{l\sin(\varepsilon\beta)}{\sin(\theta/2)} - (e + r)\cot\frac{\theta}{2}$$

经整理,得

$$s_i = l\left[\frac{\sin(\varepsilon\beta)}{\sin(\theta/2)} + (1 - \varepsilon)\beta + \frac{(r + e)}{l}\left(\frac{\pi}{2} + \beta - \frac{\theta}{2} - \cot\frac{\theta}{2}\right)\right] \qquad (5-13)$$

总的燃烧周边长 $s = 2ns_i$。

将 $e = 0$ 代入式(5-13),并乘以 $2n$,可得总的起始燃烧周边长 s_0

$$s_0 = 2nl\left[\frac{\sin(\varepsilon\beta)}{\sin(\theta/2)} + (1 - \varepsilon)\beta + \frac{r}{l}\left(\frac{\pi}{2} + \beta - \frac{\theta}{2} - \cot\frac{\theta}{2}\right)\right] \qquad (5-14)$$

总的起始燃烧面积为

$$A_{b0} = s_0 \cdot L$$

由式(5-13)可知,第一阶段某瞬时的周边长 s_i 与烧去肉厚 e 呈线性关系,$(r + e)/l$ 项的系数决定燃烧面的变化规律:

$$\begin{cases} \dfrac{\pi}{2} + \beta - \dfrac{\theta}{2} - \cot\dfrac{\theta}{2} > 0 & (增面) \\[2mm] \dfrac{\pi}{2} + \beta - \dfrac{\theta}{2} - \cot\dfrac{\theta}{2} = 0 & (恒面) \\[2mm] \dfrac{\pi}{2} + \beta - \dfrac{\theta}{2} - \cot\dfrac{\theta}{2} < 0 & (减面) \end{cases} \qquad (5-15)$$

给定不同的星角数 n,由以上恒面燃烧条件可获得恒面燃烧的星根半角 $\theta/2$(称为恒面角,记为 $\overline{\theta}/2$),其值列于表5-3。

表5-3　星角数 n 与恒面角 $\overline{\theta}/2$ 的关系

n	4	5	6	7	8	9	10	11	12
$\overline{\theta}/2$	28.21°	31.12°	33.53°	35.55°	37.30°	38.83°	40.20°	41.41°	42.52°

对恒面性装药,有

$$s_i = l\left[\frac{\sin(\varepsilon\beta)}{\sin(\bar{\theta}/2)} + (1-\varepsilon)\beta\right] \tag{5-16}$$

前面推导的是尖角星形第一阶段的燃烧面变化规律。由于这种形状的装药其尖角处易产生较大的应力集中以及拔模时易损坏尖角,故一般要把尖角修圆或平整,形成圆角星形或平角星形,如图5-5(b)和(c)所示,此时在该阶段之初又附加了一个初始增面性阶段。

对于尖角以 r_1 圆化的圆角星形,第一阶段之初的半个星角的燃烧周边长 s_i' 为

$$\begin{aligned}
s_i' &= s_i + (r_1 - e)\left(\frac{\pi}{2} - \frac{\theta}{2} - \cot\frac{\theta}{2}\right) \\
&= \frac{l\sin(\varepsilon\beta)}{\sin(\theta/2)} + l(1-\varepsilon)\beta + (r+r_1)\left(\frac{\pi}{2} + \beta - \frac{\theta}{2} - \cot\frac{\theta}{2}\right) - \beta r_1 + \beta e
\end{aligned} \tag{5-17}$$

则总的燃烧面积为

$$A_b' = 2ns_i' \cdot L$$

由上式可以看出,当烧去肉厚 e 不断增大时,燃烧面也不断增大。也就是不管第一阶段是增面性、恒面性还是减面性燃烧,当尖角被圆化后,在第一阶段之初燃烧面总是呈增面性。

以 $e=0$ 代入式(5-17),并乘以 $2n$,可得星角被 r_1 圆化后总的起始周边长 s_0',即

$$s_0' = 2nl\left[\frac{\sin(\varepsilon\beta)}{\sin(\theta/2)} + (1-\varepsilon)\beta + \frac{r+r_1}{l}\left(\frac{\pi}{2} + \beta - \frac{\theta}{2} - \cot\frac{\theta}{2}\right) - \frac{r_1\beta}{l}\right] \tag{5-18}$$

总的起始燃烧面积为 $A_{b0} = s_0' \cdot L$

2) 第二阶段(星边消失后)的燃烧面变化规律

该阶段烧去装药肉厚是从 $e = [l \cdot \sin(\varepsilon\beta)/\cos(\theta/2)] - r$ 到 $e = e_1 = D/2 - l - r$。

由图5-8可以看出

$$s_i = \widehat{A''B''} + \widehat{B''D''}$$

其中

$$\widehat{A''B''} = (l+r+e)(1-\varepsilon)\beta$$

$$\widehat{B''D''} = (r+e)\angle B''O'D'' = (r+e)\left[\varepsilon\beta + \arcsin\frac{l \cdot \sin(\varepsilon\beta)}{r+e}\right]$$

于是

$$\begin{aligned}
s_i &= (l+r+e)(1-\varepsilon)\beta + (r+e)\left[\varepsilon\beta + \arcsin\frac{l \cdot \sin(\varepsilon\beta)}{r+e}\right] \\
&= l(1-\varepsilon)\beta + (r+e)\left[\beta + \arcsin\frac{l \cdot \sin(\varepsilon\beta)}{r+e}\right]
\end{aligned} \tag{5-19}$$

总的燃烧面积为

$$A_{bi} = 2nLs_i$$

由式(5-19)右边第二项可以看出,当 e 增大时 $\arcsin[l \cdot \sin(\varepsilon\beta)/(r+e)]$ 是减小的,但 $(r+e)$ 是增大的,两项乘积随 e 的增大是增大还是减小,要看这两项谁的变化率大。通过计算可以发现,对于减面性装药($\theta/2 < \bar{\theta}/2$),第一阶段为减面性,第二阶段先继续呈减面性,而后转为增面性;对于恒面性装药($\theta/2 = \bar{\theta}/2$),第一阶段为恒面性,第二阶段为增面性;对于增面性装药两个阶段均为增面性,如图5-9所示。

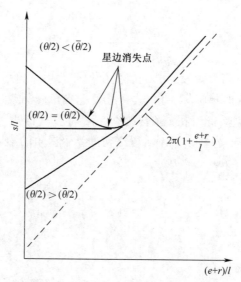

图 5-9　星孔装药星边消失前后燃面变化

图 5-9 表示星角数为 6、7 时星孔装药的相对周边长 s/l 随 $(e+r)/l$ 的变化规律。

图 5-10 中虚线 A 是在不同 ε 的情况下,当 $\theta/2 = 0$ 时星边消失点的连线。$\theta/2 = 0$ 就是相邻两星边相互平行而无交点,此时 $s/l = \infty$。虚线 B 表示不同 ε 条件下最小燃面点的连线。由 A 到 B 之间的虚线表示在一定 ε 条件下,$\theta/2$ 由零到 $\overline{\theta}/2$ 时,星边消失点移动的轨迹。

从图 5-10 中可以看出:

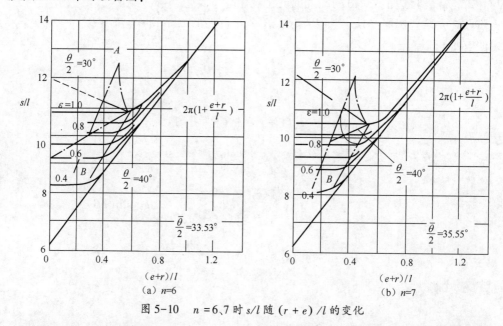

图 5-10　$n = 6$、7 时 s/l 随 $(r+e)/l$ 的变化

(1) 对于同一个星角数 n,当星根半角为恒面角 $\overline{\theta}/2$ 时,ε 越大,则第一阶段的燃烧周边长越长,且等面燃烧的时间越长。

(2) 当 ε 一定时,随着 n 的增大,第一阶段的燃烧周边长略有减小,但无论 ε 或 n 为何值,第二阶段均以相同的规律呈增面燃烧。

(3) 当 $\varepsilon = 0$ 时,即无星角,装药成了内孔燃烧的管状药,在整个燃烧过程中都呈增面性燃烧。

（4）当 $\theta < \bar{\theta}$ 时，第一阶段的周边长是渐减的，$\theta > \bar{\theta}$ 时第一阶段的周边长是渐增的。

为了使火箭发动机在整个工作过程中获得较平稳的推力曲线，通常采用的星孔装药多为减面性的。这种装药周边长的变化规律如图 5-11 所示。前期为减面性（如有 r_1 圆化，则在该期前段还有一小段增面性），后期为增面性。最小周边长发生在星边消失之后。这是因为星边消失时，星根半角 $\theta/2$ 会逐渐增大，但仍未达到 $\bar{\theta}/2$ 值缘故。

下面计算 $\theta/2$ 为何值时 s/l 为最小。星边消失时有

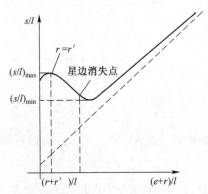

图 5-11　减面性装药周边长变化

$$\frac{e + r}{l} = \frac{\sin(\varepsilon\beta)}{\cos(\theta/2)}$$

将上式代入式（5-19），其中

$$\arcsin \frac{l\sin(\varepsilon\beta)}{r + e} = \arcsin\left(\cos\frac{\theta}{2} \right) = \arcsin\left[\sin\left(\frac{\pi}{2} - \frac{\theta}{2} \right) \right] = \frac{\pi}{2} - \frac{\theta}{2}$$

于是可得

$$s_i = l\left[(1 - \varepsilon)\beta + \frac{\sin(\varepsilon\beta)}{\cos(\theta/2)}\left(\frac{\pi}{2} + \beta - \frac{\theta}{2} \right) \right] \tag{5-20}$$

这样，s_i 已变为自变量 $\theta/2$ 的函数。将式（5-20）对 $\theta/2$ 求导数，并令其等于零，则得

$$\frac{\mathrm{d}s_i}{\mathrm{d}(\theta/2)} = \left(\frac{\pi}{2} + \beta - \frac{\theta}{2} \right) \frac{\sin(\varepsilon\beta)\sin(\theta/2)}{\cos^2(\theta/2)} - \frac{\sin(\varepsilon\beta)}{\cos(\theta/2)} = 0$$

即

$$\left(\frac{\pi}{2} + \beta - \frac{\theta}{2} \right) \frac{\sin(\varepsilon\beta)\sin(\theta/2)}{\cos^2(\theta/2)} = \frac{\sin(\varepsilon\beta)}{\cos(\theta/2)}$$

最后可得

$$\frac{\pi}{2} + \beta - \frac{\theta}{2} - \cot\frac{\theta}{2} = 0 \tag{5-21}$$

将式（5-21）与式（5-15）比较，可见此时 $\theta/2 = \bar{\theta}/2$。将式（5-21）代入式（5-20），得

$$(s_i)_{\min} = l\left[\frac{\sin(\varepsilon\beta)}{\sin(\bar{\theta}/2)} + (1 - \varepsilon)\beta \right] \tag{5-22}$$

式中：$\bar{\theta}/2$ 为恒面性星孔装药的星根半角。

由式（5-16）与式（5-22）可见，减面性装药的最小周边长等于恒面性装药的周边长，此最

小值发生在 $(e' + r)/l = \sin(\varepsilon\beta)/\cos(\bar{\theta}/2)$ 处。此处也为恒面性装药的星边消失点,即 $e' = \left[l\sin(\varepsilon\beta)/\cos(\bar{\theta}/2) \right] - r$。

以 ξ_1 表示最小周边长与前期的最大周边长之比,称为减面比,则

$$\xi_1 = \frac{(s_i)_{\min}}{(s_i)_{\max(前)}} \tag{5-23}$$

以 ξ_2 表示后期最大周边长与最小周边长之比,称为增面比,则

$$\xi_2 = \frac{(s_i)_{\max(后)}}{(s_i)_{\min}} \tag{5-24}$$

令

$$\xi = \frac{(s_i)_{\max(后)}}{(s_i)_{\max(前)}} \tag{5-25}$$

则

$$\xi = \xi_1\xi_2 \tag{5-26}$$

显然,减面性星孔装药燃烧面的变化呈马鞍形。适当地选择星孔参数,可以减小这种波动。

3)余药的燃面变化规律

由图 5-8 可以看出,当燃烧面推进到 $\overset{\frown}{A'''B'''D'''}$ 时(此时烧去的肉厚等于总肉厚 e_1),燃烧面迅速减小,由 $\overset{\frown}{A''B''D''}$ 变为 $B''D''$,此时燃烧可能终止。所对应的装药端面积(图 5-8 中的影线部分)称为余药面积,所剩余的推进剂称为余药。对于目前常用的复合推进剂,由于正常燃烧的临界压强较低,故一般这部分余药也能烧掉一部分。特别是对于组合装药,如内孔圆形加内孔星形装药,这部分余药的燃面与内孔圆形的燃面将继续燃烧。为了准确计算内弹道曲线,必须考虑余药燃烧面的变化规律。

由图 5-12 可知,余药燃烧的肉厚从 $e = e_1$ 开始到 $e = \overline{O'P} - r$ 结束。

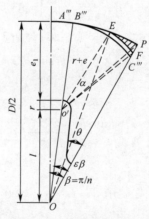

图 5-12 余药燃面变化

由图 5-12 可知

$$\overline{O'P} = \sqrt{l^2 + D^2/4 - lD\cos(\varepsilon\beta)}$$

所以余药燃烧结束时的肉厚 e 为

$$e = \overline{O'P} - r = \sqrt{l^2 + D^2/4 - lD\cos(\varepsilon\beta)} - r \tag{5-27}$$

由图 5-12 可知,半个星角的余药周边长为

$$s_i = \widehat{EF} = (e + r)\angle EO'F = (r + e)(\angle OO'E - \angle OO'F)$$

因为

$$\angle OO'E = \arccos \frac{l^2 + (r + e)^2 - (D/2)^2}{2l(r + e)}$$

$$\angle OO'F = \pi - \angle O'FO - \varepsilon\beta$$

$$\angle O'FO = \arcsin \frac{l\sin(\varepsilon\beta)}{r + e}$$

所以

$$s_i = (r + e)\left[\arccos \frac{l^2 + (r + e)^2 - (D/2)^2}{2l(r + e)} - \pi + \arcsin \frac{l\sin(\varepsilon\beta)}{r + e} + \varepsilon\beta\right] \quad (5-28)$$

则总的燃烧周边长 $s = 2ns_i$,总的余药燃烧面积为 $A_b = 2ns_i \cdot L$。

2. 星孔装药设计方法

由于星孔装药包含的几何参数较多,而且这些参数都可以在较大的范围内变化,在进行星孔装药设计时,通常是预先选定其中的一些参数,再根据一定的要求确定另一些参数。除了与单孔管状药一样,首先选定推进剂种类、通气参量 $æ_0$、燃烧室工作压强 p_0 以及燃烧室壳体材料之外,通常还要预先选定星根半角 $\theta/2$、星尖圆弧半径 r 和星根圆弧半径 r_1。当战术技术要求中给定了最大射程 x_m 和战斗部质量 m_w 时,星孔装药的设计大体可按下列步骤进行:

1) 确定装药外径 D

如果燃烧室外径 D_e 已选定,则装药外径为

$$D = D_e - 2\delta_c - 2\delta_h - 2\delta'$$

式中:δ_c 为燃烧室壳体壁厚,可按强度条件求出;δ_h 为燃烧室内壁隔热层厚度;δ' 为装药包覆层厚度。

如果燃烧室外径 D_e 暂时定不下来,也可以给定几个 D_e 分别进行计算,待分析比较后再确定合适的 D_e。

2) 计算特征长度 l

特征长度 l 为

$$l = \frac{D}{2} - r - e_1 \quad (5-29)$$

当装药外径 D 确定以后,星尖圆弧半径 r 给定,如果再给定了发动机工作时间 t_k,则肉厚 e_1 可初步按下式计算:

$$e_1 = ap^n \cdot t_k$$

或者

$$e_1 = (a + bp) \cdot t_k$$

式中:a,n 为推进剂呈指数燃速定律燃烧时的燃速系数和压强指数;a,b 为推进剂呈线性燃速定律燃烧时的燃速系数;p 为火箭发机工作压强,可取平均压强。

求得 e_1 后,代入式(5-29)可求得 l。特征长度 l 也可按下式计算,由式(5-29)可得

$$1 + \frac{r + e_1}{l} = \frac{D}{2l}$$

故

$$l = \frac{D}{2[1 + (r + e_1)/l]} \tag{5-30}$$

当比值 $(r + e_1)/l$ 给定时,由式(5-30)即可求出 l。如前所述,$(r + e_1)/l$ 太大则燃烧结束时的燃烧面积与起始燃烧面积相差很大,使火箭发动机开始工作与工作结束时燃气压强相差很大,这是通常所不希望的。$(r + e_1)/l$ 太小,则余药面积较大,拖尾现象严重。兼顾以上两点,一般可取 $(r + e_1)/l = 0.8 \sim 1.2$。

3) 计算 s_0、A_{p0}、A_f

给定一组星角数 n 与角分数 ε,分别求出 s_0/l、A_{p0}/l、A_f/l,即可求得对应于各个 n 和 ε 值的 s_0、A_{p0}、A_f。

4) 计算装药长度 L 与装药质量 m_p

星孔装药长度 L 可由式(5-27)求得

$$L = æ_0 L = A_{p0}/s_0 \tag{5-31}$$

装药质量为

$$m_p = \left(\frac{\pi}{4}D^2 - A_{po}\right)L\rho_p \tag{5-32}$$

余药量为

$$m_f = A_f L \rho_p$$

有效装药质量为

$$m_p' = m_p - m_f = \left(\frac{\pi}{4}D^2 - A_{p0} - A_f\right)L \cdot \rho_p \tag{5-33}$$

5) 计算 m_c、m_0、v_{ik}、L_B 等

计算燃烧室壳体质量 m_c、全弹质量 m_0、主动段末端的理想速度 v_{ik}、弹长 L_B 等参数的方法与单孔管状药的相应计算方法类似。

上面介绍的是一般的设计方法,在了解了星孔装药参数间的基本关系后,根据设计任务的不同,可选取不同的参数,采用不同的设计方法。

3. 装药的包覆

为了调节装药的燃烧面变化规律,通常在装药的部分表面包覆一层缓燃物质,这种物质称为包覆层。

1) 包覆层的主要功能与要求

包覆层的主要功能包括:

(1) 控制装药燃烧面的变化规律,使之满足内弹道性能要求。因为燃烧面的变化直接影响发动机的压强和推力的变化,除了正确选择装药几何形状以外,可以通过包覆对部分燃烧面进行控制。例如,单孔管状药两端包覆时是等面燃烧,外侧面包覆时则是增面燃烧。

(2) 可使装药与燃烧室壳体之间牢固的粘结在一起,并可防止装药对燃烧室壁的腐蚀。对浇注的装药来说,包覆层既能很好地与燃烧室壁粘结,又能与推进剂牢固的粘结,以防止推进剂与燃烧室壁贴壁浇铸时因粘结不牢而引起窜火。有些推进剂对燃烧室壁有腐蚀作用,如含有过氯酸铵的复合推进剂。在药柱和燃烧室内壁之间增加包覆层,可以避免推进剂对燃烧室的腐蚀。

(3) 缓冲推进剂与壳体之间的应力。一般包覆材料选用延伸率较高,粘结力强的材料,浇注装药的包覆层可以起到缓冲因装药固化降温时粘结面上产生的热应力及运输过程中冲击、振

动产生的应力,以减少脱粘的可能性。

对包覆层的要求:

本身不易燃烧或烧蚀率较低;粘结性能好,长期储存不易变质和脱粘;隔热性能好;具有较高的延伸率和强度;与燃烧室材料和推进剂的相容性好;制备简单,工艺性能好等。

2)包覆材料的选择

用于双基推进剂的包覆材料有:

(1)乙基纤维素包覆剂。主要成分是乙基纤维素、苯二甲酸二丁酯和少量的二苯胺。其膨胀系数与双基推进剂相近,机械强度较高,化学安定性和低温性能良好,烧蚀率约为 0.3mm/s。包覆方法是采用"热熔粘接法",即将包覆剂加热到软化温度以上,再包覆在装药表面上。

(2)硝基纤维素包覆剂(也称硝基油漆布)。主要成分和双基推进剂基本一致,线膨胀系数也与推进剂基本一致。主要缺点是燃速较高,塑性较差,一般用作端面包覆和要求不高的侧面包覆。包覆方法是采用"溶剂粘结法",即在装药表面上涂上溶剂,再将硝基油漆布粘贴上去;也可采用涂刷法进行药柱的包覆。

(3)胶带缠绕包覆层。以18%的硝基油漆布和82%的丙酮配制的硝基漆作为底层,然后用电工胶布缠绕在装药表面上,但装药包覆后外表粗糙,工艺性较差。

用于复合推进剂的包覆材料有:

(1)丁腈软片。主要成分是丁腈橡胶,加入石棉等填料制成软片,用"粘贴法"进行包覆。

(2)环氧树脂聚硫型包覆剂。主要成分是环氧树脂、聚硫橡胶、无机填料和固化剂、增塑剂、稀释剂等。用来包覆聚硫推进剂。用"喷涂法"进行包覆。

(3)丁羧吡啶包覆剂。主要用来包覆聚丁二烯型推进剂,也采用"喷涂法"包覆。

(4)四氢呋喃聚醚包覆剂。主要成分是环氧丙烷、甘油、四氢呋喃,它们在三氟化硼催化下合成,可用来包覆聚胺酯类推进剂,亦采用"喷涂法"包覆。

装药各部分包覆层厚度应根据需要合理确定,使之既满足设计要求,又不使发动机质量比明显下降。如单室双推力发动机,有些地方装药先烧完,燃烧室内壁先暴露在燃气中,这部分先烧完的装药包覆层应略厚一些。

对某些需要限燃而进行包覆的地方,如装药头部开口处的包覆套,其包覆层厚度根据包覆材料烧蚀率和燃烧时间来确定,即

$$\delta' = r't_b + \Delta\delta$$

式中:δ' 为包覆层厚度;r' 为包覆材料的烧蚀率;t_b 为装药燃烧时间;$\Delta\delta$ 为燃烧终止时应保存的最小厚度。在此最小厚度下,被包覆装药表面的温度不应达到推进剂的分解温度。

3)包覆的工艺方法

造成装药脱粘的原因很多,如包覆材料的粘结性能差,固化温度不够,环境温度的影响,工艺方法等。包覆的工艺方法也很多,用的比较多的有软片粘贴法、涂刷法、刮板法、离心法、喷涂法、缠绕法和浇注法等。

(1)软片粘贴法。将包覆材料预先制成一定厚度的软片,然后根据需要裁成适当形状,利用胶黏剂(如JX-6胶)刷在装药和软片上,然后粘在包覆表面上,这种方法一般用在装药的侧表面和端面包覆。粘结是否与装药和软片表面的清理有关。该方法多用于自由装填装药的包覆。

(2)涂刷法。将包覆剂制成浆糊状,在没有固化以前,人工涂刷到装药的表面,再进行固化。这种方法工序较少,但要求操作人员比较熟练,动作迅速,而且容易受装药表面状况影响。

如果装药表面清理不好,留有尘土或油污时,料浆与装药表面粘合不实,容易造成脱粘。同时,料浆中不可避免地存在气泡和易挥发的溶剂,在固化时,气泡和挥发物有可能集中在装药表面,从而造成空穴性脱粘。

(3) 刮板法。将半流动的料浆倾入燃烧室壳体中,然后用半圆形的刮板来回推刮,使浆料均匀敷在壳体内壁上再进行固化。这种方法比较简单,但厚度不均匀,对于直径小而长度较大的发动机采用贴片法比较困难时,可以采用刮板法。

(4) 离心法。将比较稀的料浆倾入燃烧室内,缓慢转动,人工使料浆覆盖在燃烧室内表面后,装在离心机上以较高的速度旋转,同时加热和排除挥发气体,待包覆层半固化后,再浇铸推进剂。这种方法包覆层厚度比较均匀,内部质量好,与推进剂粘结良好,特别适合于直径小长度较长的发动机。

(5) 喷涂法。将稀的料浆通过高压空气喷头,喷射到发动机壳体内表面上,发动机壳体做旋转运动,喷头做往复运动。一边喷涂一边加温预固化,喷涂完成后进一步固化,固化完毕后再浇铸推进剂。这种方法包覆层厚度均匀,质量高,与推进剂粘结良好,不易脱粘(由工艺引起的脱粘),适用于大型固体火箭发动机,但设备比较复杂。

(6) 浇注法。根据药柱外形尺寸及包覆层厚度要求,制作好包覆模具,将药柱移入模具后,在药柱外表面和模具内壁之间浇注较稀的料浆,待溶剂挥发、包覆层固化后,将包覆后的药柱从模具中取出。这种方法包覆工艺简单,不易脱粘,主要应用于装药的外圆柱面包覆。

总之,包覆的工艺将直接影响装药包覆的质量,应当尽可能地采用先进的技术。同时对工作场地的环境应当有一定的要求,例如要求工房除尘、除湿等。

5.3 燃烧室设计

5.3.1 燃烧室壳体设计

燃烧室是固体火箭发动机的重要部件之一,它由燃烧室壳体(一般为圆筒体)、连接底(又称前封头)和内绝热层构成,有的还有后封头,形成一个半封闭的容器。燃烧室设计必须满足如下基本要求:

(1) 在具有足够刚度和强度的前提下,应尽量减轻质量。这一点对改善火箭的战术技术性能具有重要意义。

(2) 燃烧室与战斗部及喷管的连接可靠性、同轴性好。

(3) 连接部位密封性好。为保证发动机在平时能长期储存和战时作用可靠,燃烧室与战斗部和喷管的连接应具有良好的密封性。

燃烧室设计的主要任务是:合理地选择结构形式和材料;根据所受载荷估算壳体壁厚及连接螺纹长度;进行强度验算确定壳体的强度储备量;进行受热分析和热防护设计。

1. 燃烧室壳体结构的选择

燃烧室壳体的结构主要取决于火箭弹的总体设计。下面从壳体的结构形状和连接方式两方面来介绍。

1) 壳体的结构形状

燃烧室壳体结构一般是圆筒形的,它的前端与连接底(前封头)、后端与喷管(或后封头)相连。按所使用的材料和加工方法,可将壳体分为金属结构和纤维缠绕结构两类。

（1）金属结构。

图 5-13(a)、(b)、(c)所示的燃烧室壳体为外螺纹结构。由于燃烧室内燃气压强使壳体直径向外胀大,发动机工作时可减小螺纹副的间隙。因此,这种结构密封性较好,且外螺纹的加工工艺性较好。但这种结构可使火箭弹的弹径增大,因为与其连接的连接底(或战斗部)和喷管需采用内螺纹,其外径必然大于燃烧室壳体外径,从而增大了弹径。图(b)的结构螺纹外径大于燃烧室外径,螺纹根部不削弱燃烧室壁的强度,有利于减轻燃烧室壳体质量。图(c)的结构有装配定位面,可提高连接的同轴度。

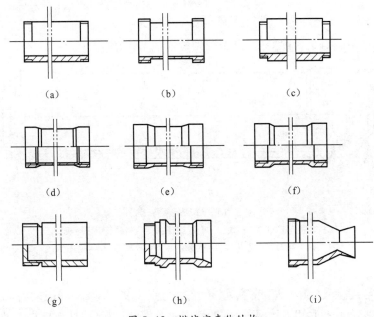

图 5-13　燃烧室壳体结构

图 5-13(d)、(e)、(f)所示为内螺纹结构,是目前火箭弹常用的结构。这种结构必须将有螺纹的部位外径增大,以提高螺纹根部燃烧室壁的强度,增大的外径可用作火箭弹的定心部。图(d)的结构有退刀槽,比图(e)的结构更有利于加工螺纹。但由于退刀槽深度高于螺纹底径,会使强度有所削弱。为了提高连接的同轴度,这 3 种结构设计时均可带有装配定位面。

图 5-13(g)、(h)、(i)所示为一端封闭或半封闭结构,这种结构可省掉一个零件,但形状比较复杂,若内外表面均需加工,则工艺性较差。目前这种结构可采用强力旋压方法进行加工,壳体的外部尺寸和形状由旋轮沿靠模运动来保证,内部尺寸和形状则由芯模保证。

对于直径较大的固体火箭发动机燃烧室壳体,为了制造方便,通常采用薄钢板卷焊而成(图 5-14)。这种工艺材料损失较少,但加工过程较长,对焊接的质量要求较高。当直径不太大时(150~400mm),其前、后封头和连接裙可以由锻件加工成一个整体后与燃烧室壳体焊接,该结构必须用浇铸方法进行装药。

（2）纤维缠绕结构。

图 5-15 所示的结构是一种用经过树脂浸渍过的玻璃纤维在缠绕机的芯模上缠绕而成的玻璃钢燃烧室。玻璃钢壳体材料比强度高,缠绕纤维时用的内衬(内膜)加工比较简单,因此有利于做成复杂形状的燃烧室。若燃烧室内壁需要加隔热层,可将隔热材料先涂在内衬表面,然后再缠绕纤维,工艺比较简单。当纤维缠绕燃烧室局部受到损坏时,其强度急剧降低。因此,不能在玻璃纤维层上用切削方法加工螺纹,通常采用嵌接在壳体内的金属端环作为连接件。端环可

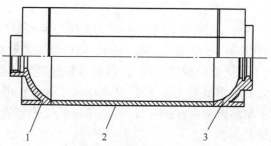

图 5-14 焊接结构的燃烧室

1—连接底;2—壳体;3—后封头。

用铝合金或合金钢材料制造,在端环上可车制螺纹或加工连接螺孔。

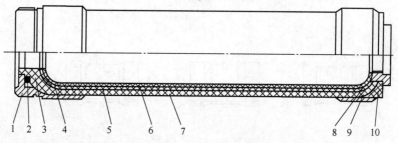

图 5-15 玻璃钢燃烧室

1—金属连接环;2—垫块;3—金属端环;4,8—高硅氧模压封头;
5—玻璃纤维布;6—隔热层;7—玻璃纤维;9—金属环;10—模压件。

2) 连接结构

燃烧室壳体与连接底(前封头)或喷管、连接底与点火具之间都存在连接问题。连接结构可分为可拆卸连接与不可拆卸连接两种:可拆卸连接有螺纹连接、螺柱连接和卡环连接;不可拆卸连接有焊接、铆接、过盈配合和粘接等。

螺纹连接的优点是结构紧凑、连接可靠、制造容易、装配方便,在中小型火箭弹的发动机中,螺纹连接用得最多。为了提高连接的同轴性,需要精度较高的圆柱面和端面作定位面,如图 5-16 所示。为了防止螺纹松动,常在螺纹径向拧入一个或两个互成 90°角的制动螺钉。为了提高连接密封性,常在螺纹附近加有密封圈、密封垫或涂有密封胶。

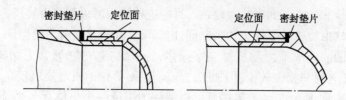

图 5-16 螺纹连接结构图

螺纹的齿形常采用公制细牙三角形螺纹和特种锯齿形螺纹。前者气密性较好,且因其齿高小而多用于外径受限制的小发动机。后者单向承压性能高,齿高大,不易松脱,常用于直径较大的火箭发动机。

卡环连接的优点是结构简单、质量轻和工艺性好,缺点是要开一定深度的环形槽,使壳体的局部壁厚增大。它适用于中小型发动机。

图 5-17(a)所示为采用卡环条的连接结构,可利用专用工具将卡环条从壳体侧面旋入环形槽内,这种结构的拆卸较困难。图 5-17(b)为采用膨胀式卡环的连接结构,这种连接方式比较简单,且装卸方便。卡环连接结构均采用 O 形密封圈来密封。

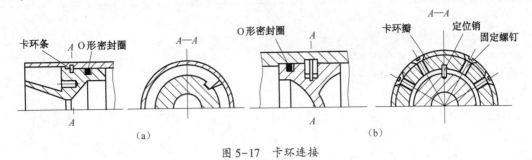

图 5-17 卡环连接

2. 燃烧室壳体材料选择

1) 对燃烧室壳体材料的要求

燃烧室壳体材料对燃烧室的质量、加工方法及经济性有很大影响。因此,合理选择燃烧室壳体材料至关重要,为此对燃烧室壳体材料选择提出如下要求:

(1) 材料的比强度高。比强度是指材料的抗拉强度极限与材料的密度之比。常用材料的比强度如表 5-4 和表 5-5 所列。

燃烧室壳体材料的比强度越高,则在相同受载条件下壳体的质量越轻,可使火箭弹的质量比(推进剂质量 m_p 与火箭弹被动段质量 m_k)提高,从而可提高火箭的最大速度和射程。

(2) 材料的韧性好,确保壳体不会发生脆性破坏。通常用冲击韧性 α_k 和断裂韧性 k_c 来表征材料的韧性。一般地,金属材料强度越高,其对材料的裂纹和缺陷越敏感,即其断裂韧性越低。因此,对金属壳体,尤其是钢壳体,不能单纯追求高强度,还应有足够的断裂韧性。

(3) 材料具有良好的加工工艺性。燃烧室壳体必须经过机械加工、冲压、焊接及热处理等工艺过程,因此,要求材料有良好的延伸率、焊接性及热处理变形小等性能。

(4) 材料来源丰富,经济性好。要求材料价格低廉,来源丰富,立足国内。特别是消耗量大的无控战术火箭,更应注意这一点。例如,尽量少用或不用含镍的钢,而多用含锰、钼、铬的钢材。

以上这些要求,只是考虑问题的一般原则,设计者应根据不同要求,具体问题具体分析。

2) 常用材料种类及其特性

适用于火箭发动机燃烧室壳体的材料目前有两大类,即金属材料和非金属材料。

表征材料特性的主要参数有:强度极限 σ_b、屈服极限 σ_s(或 $\sigma_{0.2}$)、延伸率 δ 或断面收缩率 ψ、冲击韧性 α_k、断裂韧性 k_c、密度 ρ_m、比强度 σ_b/ρ_m 等。现将常用材料特性介绍如下。

(1) 金属材料。常用于燃烧室壳体的金属材料主要包括高碳钢、合金钢和高强度硬铝等,几种金属材料的性能参数如表 5-4 所列。对于口径小、工作时间短的发动机,壳体材料一般选用铝合金;对于中大口径,工作时间长的发动机,主要选用合金钢。

表 5-4 常用金属材料性能表

性能 材料	σ_b/MPa	σ_s/MPa	δ/%	ψ/%	a_k/(MN·m/m²)	ρ_m/(g/cm³)	σ_b/ρ_m/(MN·m/kg)
45	>589	>294	>15	>38	>0.29	7.81	>0.075

性能 材料	σ_b/ MPa	σ_s/ MPa	δ/%	ψ/%	a_k/ (MN·m/m²)	ρ_m/ (g/cm³)	σ_b/ρ_m/ (MN·m/kg)
40Mn2	>834	>687	>12	>45	>0.69	7.80	>0.107
40MnB	>981	>785	>11	>45	>0.69	7.80	>0.126
40Cr	>1079	>785	>9	>45	>6	7.80	>0.138
25CrMnSiA	>1079	>932	>10	>40	>0.49	7.76	>0.139
30CrMnSiA	>1079	>883	>10	>45	>0.49	7.75	>0.139
35CrMnSiA	>1618	>1275	>6	>40	>0.29	7.76	>0.209
32SiMnMoV	1805	1470~1550	12	46	>0.57	7.81	>0.231
28Cr3SiNiMoWVA	1490~1506	1270	14.4~16	61~63.2	0.54	7.81	0.192
40SiMnMoV	1815	1620	>8.0	>35	>0.49	7.81	0.232
TC₄	961	858	13	—	—	—	—
LC₄	530	402	6	—	—	2.85	0.186

（2）复合材料。复合材料是由高强度的增强材料（如玻璃纤维丝或玻璃纤维布）和环氧树脂在一定形状的芯模上缠绕而成的结构材料。更好的复合材料则用有机纤维（如 Kevlar-49）、碳纤维、硼纤维作增强材料。某些复合材料性能列于表 5-5 中。

复合材料的主要优点是：比强度高；缠绕工艺简单，容易实现机械化和自动化，产品经济性好；尺寸不受限制，并可整体成形；结构的抗振性和绝热性较好。缺点是：纤维强度较低，壁厚较大；用高强度纤维则价格较贵；工艺质量不够稳定；长期储存有老化现象等。

表 5-5　几种复合材料的性能

数值　性能 材料	σ_b/MPa		ρ_m/(g/cm³)	σ_b/ρ_m/(MN·m/kg)
玻璃纤维/环氧	环向	2158	1.99	0.951
	螺向	1893		
Kevlar/环氧	环向	2755	1.36	1.772
	螺向	2410		

3. 燃烧室壳体壁厚计算

燃烧室壳体结构和材料选定以后，即可进行强度计算。强度计算包括两方面内容：一是按强度要求确定燃烧室壁的厚度；二是根据燃烧室壁厚做强度校核，计算安全系数。确定壁厚又分为两步，先计算得出满足强度要求的理论最小壁厚值，然后确定零件图纸壁厚。

火箭弹在储存、运输、发射和飞行的各种情况下，以发动机工作时燃烧室壳体受力最大，所处环境最为复杂，燃气压强是主要载荷，若发动机绕纵轴高速旋转，则应考虑离心惯性力的作用；若轴向加速度较大，应考虑轴向惯性力的作用。有的发动机在与其他部件连接的节点上，可能会有附加力和力矩作用在燃烧室壳体上。但是无控中小型火箭弹，燃烧室壳体与战斗部多是共轴前后排列，节点作用于燃烧室壳体的力可简化成单一的轴向惯性力。除火箭增程弹外，一般无控火箭弹的加速度不大,可略去不计。

作用于这一类燃烧室壳体上的力可作如下简化:

(1) 因为内部压强很高,故可忽略外部大气压强的作用。

(2) 忽略切向惯性力、摆动惯性力以及空气动力和力矩的作用。

(3) 忽略燃烧室壳体两端轴向力的差异,认为两端拉力相等,并等于燃气压强和压强作用面积的乘积。

根据以上简化,燃烧室壳体相当于受内压的封闭容器的壳体。一般情况下,燃烧室壳体长度比直径大得多,可忽略两端边缘弯矩的影响,只考虑远离两端处的应力。由于燃气压强是随时间变化的,计算时应选最大压强作为计算条件。

把燃烧室壳体当作厚壁圆筒处理时,则在燃气压强作用下,燃烧室壳体所引起的切向、径向、轴向 3 个应力(由材料力学厚壁圆筒应力计算公式可以得出)为

$$
\begin{cases}
\sigma_t = \dfrac{r_i^2 p_m'}{r_e^2 - r_i^2}\left(1 + \dfrac{r_e^2}{r^2}\right) \\[2mm]
\sigma_r = \dfrac{r_i^2 p_m'}{r_e^2 - r_i^2}\left(1 - \dfrac{r_e^2}{r^2}\right) \\[2mm]
\sigma_z = \dfrac{r_i^2 p_m'}{r_e^2 - r_i^2}
\end{cases}
\tag{5-34}
$$

式中: r_i 为燃烧室壳体内圆半径; r 为燃烧室壳体径向距离; r_e 为燃烧室壳体外圆半径; p_m' 为计算压强,其值为

$$
p_m' = K_p p_{m(+50℃)}
\tag{5-35}
$$

其中: K_p 为由装药及零件的制造公差引起的压强跳动系数,一般取 $K_p = 1.1 \sim 1.2$; $p_{m(+50℃)}$ 为环境温度为+50℃时的最大压强。

由式(5-34)可知,径向应力 σ_r 和切向应力 σ_t 都是径向距离 r 的函数,轴向应力 σ_z 是大于零的常数。 σ_r 总是小于零,属于压应力,在内表面 $r = r_i$ 处数值最大。 σ_t 总是大于零,属于拉应力,也是在内表面 $r = r_i$ 处数值最大,而且 σ_t 的数值总比 σ_r 的数值大。燃烧室壳体应力分布如图 5-18 所示。

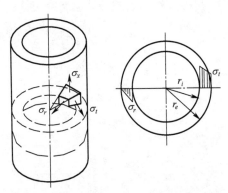

图 5-18　燃烧室壳体应力分布图

在计算强度时,要考虑出现最大应力的部位,将 $r = r_i$ 代入式(5-34),便可得出燃烧室壳体内表面的三个主应力为

$$\begin{cases} \sigma_t = \dfrac{r_e^2 + r_i^2}{r_e^2 - r_i^2} p'_m \\[3mm] \sigma_r = - p'_m \\[3mm] \sigma_z = \dfrac{r_i^2}{r_e^2 - r_i^2} p'_m \end{cases} \tag{5-36}$$

由式(5-36)可以看出,在燃烧室壳体内表面有

$$\sigma_t > \sigma_z > \sigma_r \tag{5-37}$$

对于弹塑性材料,如中高强度钢,可采用最大变形能理论(第四强度理论)来确定燃烧室壳体的壁厚。其相当应力的计算式为

$$\sigma_4 = \frac{1}{\sqrt{2}} \sqrt{(\sigma_t - \sigma_z)^2 + (\sigma_z - \sigma_r)^2 + (\sigma_r - \sigma_t)^2} \tag{5-38}$$

将式(5-36)代入上式,得

$$\sigma_4 = \sqrt{3} p'_m \frac{r_e^2}{r_e^2 - r_i^2} \leqslant [\sigma]$$

$$\frac{r_e}{r_i} \geqslant \sqrt{\frac{[\sigma]}{[\sigma] - \sqrt{3} p'_m}}$$

则燃烧室壳体满足强度要求的最小壁厚为

$$\delta_{min} = r_e - r_i \geqslant r_i \left[\sqrt{\frac{[\sigma]}{[\sigma] - \sqrt{3} p'_m}} - 1 \right] \tag{5-39}$$

或者

$$\delta_{min} = r_e - r_i \geqslant r_e \left[1 - \sqrt{\frac{[\sigma] - \sqrt{3} p'_m}{[\sigma]}} \right] \tag{5-40}$$

若 $r_e \gg \delta_{min}$,则 $(r_e + r_i)/2 \approx r_e$,此时满足强度要求的最小壁厚为

$$\delta_{min} = r_e - r_i \geqslant \frac{\sqrt{3} p'_m r_e}{2[\sigma]} \tag{5-41}$$

当燃烧室壳体壁厚很薄时,可按薄壁圆筒来计算燃烧室壳体的应力。其计算公式为

$$\begin{cases} \sigma_t = \dfrac{r_{av}}{\delta_{min}} p'_m \\[3mm] \sigma_r = - p'_m \\[3mm] \sigma_z = \dfrac{r_{av}}{2\delta_{min}} p'_m \end{cases} \tag{5-42}$$

式中

$$r_{av} = (r_e + r_i)/2 \tag{5-43}$$

由式(5-42)可知,$\sigma_t, \sigma_z \gg \sigma_r$,故可取 $\sigma_r \approx 0$,则可简化为

$$\sqrt{\sigma_t^2 + \sigma_z^2 - \sigma_t \sigma_z} \leqslant [\sigma] \tag{5-44}$$

将式(5-42)代入式(5-44),并考虑到公式 $r_{av} = r_e - \delta_{min}/2$,则燃烧室壳体的最小壁厚为

$$\delta_{min} \geqslant \frac{p'_m r_e}{2[\sigma]/\sqrt{3} + p'_m/2} \approx \frac{2 p'_m r_e}{2.3[\sigma] + p'_m} \tag{5-45}$$

或者

$$\delta_{\min} \geqslant \frac{p'_m r_i}{2[\sigma]/\sqrt{3} - p'_m/2} \approx \frac{2p'_m r_i}{2.3[\sigma] - p'_m} \tag{5-46}$$

以上各式中的许用应力 $[\sigma]$ 可按下式计算

$$[\sigma] = \psi\sigma_s/n_s \tag{5-47}$$

式中：σ_s 为材料的屈服极限；ψ 为修正系数。当燃烧室壳体无焊缝时，取 $\psi = 1$，有一级电弧焊焊缝时，取 $\psi = 0.9\sim0.92$，有自动埋弧焊焊缝时，取 $\psi = 0.9$，有氩弧焊焊缝时，取 $\psi = 0.9\sim0.98$；n_s 为安全系数，$n_s = 1\sim1.15$。

4. 燃烧室壳体强度校核

在完成燃烧室壳体的结构选择和尺寸计算之后，应进行强度校核。为此，引入安全系数，其定义为

$$\eta = \frac{破坏载荷}{最大实际载荷}$$

对于固体火箭发动机燃烧室壳体，载荷以压强表示，则

$$\eta = \frac{p_b}{p_m} \tag{5-48}$$

式中：p_b 为燃烧室壳体的破坏压强；p_m 为燃烧室内的最大实际压强。

不难看出，η 的下限是安全性界限，上限则是强度储备界限，η 既不能低于下限，又不能高于上限。因为燃烧室壳体是一次性使用且大量生产的零件，壳体过厚就会影响火箭弹的使用性能和经济性。所以，强度储备不应过大。在实际设计中，常参考类似的定型产品来选定 η 值。

η 选定后还应经试验最后确定。但是，在设计的最初阶段，也可用计算方法确定，其中 p_m 用 p'_m 值来计算，而 p_b 用下述方法计算。

把燃烧室壳体看作是受均匀内压的薄壁圆筒，从理论上可以推导出破坏压强的计算公式

$$p_b = \sigma_b \frac{2}{(\sqrt{3})^{n+1}} \frac{\delta_{c0}}{r_{av}} \tag{5-49}$$

式中：σ_b 为燃烧室壳体材料强度极限；δ_{c0} 为燃烧室壳体初始壁厚，可用 $\delta_{\min}$ 代替；r_{av} 为燃烧室壳体平均半径；n 为燃烧室壳体材料应变硬化指数。n 用下式计算

$$\frac{\sigma_{0.2}}{\sigma_b} = \left(\frac{0.002e}{n}\right)^n$$

其中：$\sigma_{0.2}$ 为燃烧室壳体材料屈服限；e 为自然系数。

为了简化运算，可利用表 5-6 和图 5-19 中的曲线，由 $\sigma_{0.2}/\sigma_b$ 反查 n。

由试验得出的安全系数一般为 1.5~2.0。强度储备之所以必要（即取 $\eta > 1$），原因很多而且很复杂。例如，理论的正确性和公式的准确程度；材料性能数据的准确性；材料内在缺陷或产品疵病的影响；加工技术的影响；热应力、局部应力集中等。它们都有可能削弱燃烧室壳体的强度。但是在理论计算时并没有考虑它们的影响，因此用强度储备来弥补计算的不足。确定 η 值除考虑技术因素外，还应注意产品的重要性和总价值。例如对关键零件或昂贵的火箭，η 值可以适当取

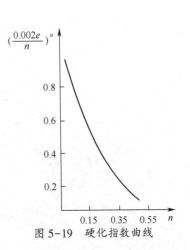

图 5-19　硬化指数曲线

165

大些。

表 5-6　$\sigma_{0.2}/\sigma_b$ 与 n 和 σ_0'/σ_b 的关系

$\sigma_{0.2}/\sigma_b$	0.963	0.895	0.747	0.608	0.486	0.384	0.300	0.233	0.179	0.137	0.104
n	0.025	0.050	0.100	0.150	0.200	0.250	0.300	0.350	0.400	0.450	0.500
σ_0'/σ_b	1.124	1.221	1.391	1.544	1.685	1.816	1.937	1.049	2.152	2.246	2.332

在计算 p_b 时,可用 δ_{min} 代替 δ_{co}。因为加工零件时,实际尺寸并不总是接近极限值,即实际壳体厚度为 δ_{min} 的可能性是很小的,所以,计算得到的 η 值偏小。换句话说,η 的实际值大于计算值,以保证火箭发动机使用安全。

5. 连接强度计算

根据对燃烧室提出的要求,连接螺纹必须保证连接的可靠性、密封性和同轴性。为此,螺纹应有足够的刚度和强度。

中小型无控火箭燃烧室所采用的螺纹以圆柱形三角螺纹最为普遍。这主要是由于三角螺纹加工方便,连接强度和密封性好。锯齿形螺纹承受轴向载荷的能力较强,牙高稍小一些,所以有的产品用锯齿形螺纹。

通常是在确定发动机内外径尺寸之后才设计连接螺纹的。在选好牙型和确定螺距之后,用强度计算公式确定螺纹圈数。在保证燃烧室强度的前提下,牙高又不宜太小,以免发生连接脱落。设计时,可参考表 5-7 选择螺距。

表 5-7　螺纹螺距选择范围

弹径/mm	<100	100~200	>200
螺距/mm	1.5~2	2~3	3~4

设螺纹圈数为 n,螺距为 t,牙底厚度为 b,牙底径为 d_1,燃气作用面直径为 d,螺纹轴向受力为 F,F 作用在中径上,距牙底为 h,则

$$F = \frac{\pi}{4}d^2 p_m'$$

将螺纹展开后,可把螺纹看作是中径上受到载荷 F 作用的悬臂梁,见图 5-20。一圈螺纹承受的载荷为 F/n;牙底承受的弯距为

$$M = (Fh)/n$$

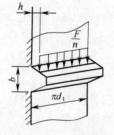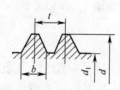

图 5-20　螺纹展开图

牙底断面系数为

$$W = \frac{\pi d_1 b^2}{6}$$

根据三角螺纹的标准有

$$h = 0.325t$$
$$b = 0.875t$$

求出螺纹牙底的弯曲应力 σ_M 和剪切应力 τ，并用第三强度理论 $\sqrt{\sigma_M^2 + 4\tau^2} \leqslant [\sigma]$ 得到

$$n \geqslant 0.7 \frac{dp_m'}{t[\sigma]} \tag{5-50}$$

用式(5-50)算得的 n 较小，设计中除了考虑强度性能上的要求以外，还应考虑各圈负荷的不均匀性，而且螺纹首尾各有 1~2 圈无效，所以实际圈数可按下式确定

$$n' = 1.5n + 4 \tag{5-51}$$

当螺纹副材料不同时，$[\sigma]$ 应选用低者，其他牙型的强度计算，可参考机械零件设计有关资料。

5.3.2　连接底设计

连接底(或称前封头)与燃烧室壳体构成火箭装药的封闭端。它还具有连接战斗部或仪器舱，以及调整全弹质量和成为杀伤破片的作用。连接底可以是一个单独的零件，也可以与燃烧室壳体做成一体或焊在一起。燃烧室壳体与战斗部直接连接时，战斗部底或燃烧室底起连接底的作用。连接底按形状可分为平面型和曲面型两类。中小型火箭弹多数用平面连接底，大型火箭主要用曲面连接底。对连接底的技术要求如下：

(1) 在保证有足够强度的条件下，质量要轻。

(2) 有良好的密封作用和隔热作用，确保安全。

(3) 与战斗部和燃烧室壳体连接的同轴性好。

(4) 结构工艺性好。

连接底设计的主要任务是确定结构及根据强度计算确定连接底的厚度。

1. 平板连接底

平板连接底加工方便，轴向长度短，多用于中小型火箭弹上。但在相同条件下，它的厚度和质量要比曲面连接底大。

作用在连接底上的载荷是端部的燃气压强，此处的燃气不流动或流速很小，燃气压强呈均匀分布。平板连接底受压后，发生变形的情况如图 5-21 所示。平板连接底属于弹性薄平板，根据载荷性质可采用第二强度理论校核其强度。连接底承载后的危险点在平板中央。周边固支的圆平板在中心的切向应力与径向应力可由板的扭转与弯曲理论导出：

$$\sigma_r = \sigma_t = \frac{3}{8} \frac{R^2}{\delta^2}(1 + \mu) p_m' \tag{5-52}$$

式中：R 为连接底受燃气作用的圆面半径；δ 为连接底的计算厚度；p_m' 为燃烧室内的计算压强；μ 为材料的泊松比。

不考虑温度对材料的影响，根据第二强度理论，有

$$\sigma = \sigma_r - \mu(\sigma_t + \sigma_z) \tag{5-53}$$

因为 σ_z 远远小于 σ_r 和 σ_t，故取 $\sigma_z \approx 0$，则有

$$\sigma = \sigma_r - \mu\sigma_t \tag{5-54}$$

将式(5-52)代入式(5.54)，并取 $\mu = 0.3$(对钢材)，则平板中心处的相当应力为

$$\sigma = 0.34 p'_m (R/\delta)^2 \leqslant [\sigma] \tag{5-55}$$

根据平板扭转和弯曲理论还可导出板的边缘处的切向应力和径向应力为

$$\begin{cases} \sigma_t = 3\mu p'_m (R/\delta)^2/4 \\ \sigma_r = 3 p'_m (R/\delta)^2/4 \end{cases}$$

将上式代入式(5-23)可得到板边缘处的相当应力为

$$\sigma = 0.68 p'_m (R/\delta)^2 \leqslant [\sigma] \tag{5-56}$$

比较式(5-55)和式(5-56)可知,受均匀载荷的周边固支圆板边缘的相当应力大于中心的相当应力,这与破坏试验情况相符合,即破坏时都是在边缘切断或撕裂。因此,应以边缘处的应力来确定连接底的厚度。考虑到周边并非完全固支的实际情况,在受内压作用时,燃烧室壳体也有变形,对连接底边缘有缓解作用,故应给以修正。通过试验得出

$$\sigma = \psi p'_m (R/\delta)^2 \leqslant [\sigma] \tag{5-57}$$

式中:ψ 为修正系数,一般取 $\psi = 0.33 \sim 0.5$。考虑到连接底的隔热作用,可取 $\psi = 0.5$。

连接底厚度的计算公式为

$$\delta \geqslant R \sqrt{\psi p'_m/[\sigma]} \tag{5-58}$$

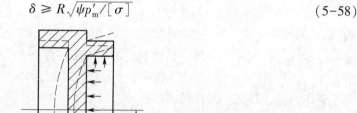

图 5-21 平板连接底变形图

2. 曲面连接底

常用的曲面连接底有椭球形和碟形(三心)两种,如图 5-22 所示。

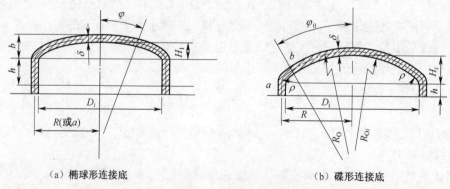

（a）椭球形连接底　　　　　　　（b）碟形连接底

图 5-22 曲面连接底

椭球形连接底一般是由半个椭球和高度为 h 的圆筒段组成,如图 5-22 (a)所示。由于椭球形连接底与燃烧室壳体连接时,在交接处由于曲率半径突变,将出现边缘力,引起壳体内的应力重新分布,并在交接处附近出现最大应力点。对燃烧室和连接底采用焊接方式连接的结构,

168

为避免最大应力点处于焊缝上,并考虑到焊接的方便性,故要在椭球形上附有高度为 h 的圆筒段。但圆筒不能太高,否则冲压成形困难,一般 h 不小于 3 倍连接底壁厚即可。

图 5-22(a)中椭球形连接底的尺寸符号含意如下:

a ——椭球的长轴半径,$a=R$;

b ——椭球的短轴半径;

m ——椭圆比,$m = a/b = R/b$;

φ ——所研究截面与旋转轴的夹角。在赤道处 $\varphi = \pi/2$,在顶点 $\varphi = 0$;

H_1 ——椭球深度,$H_1 \approx b$;

h ——圆筒体的高度;

δ ——椭球形连接底壁厚。

由板壳理论可以得到椭球形连接底壁厚的计算式为

$$\delta = \frac{p'_{m} D_i m}{4[\sigma] - p'_{m} m} \tag{5-59}$$

也可以利用如下经验公式估算椭球形连接底的壁厚

$$\delta = \frac{p'_{m} D_i}{2[\sigma] - p'_{m}} K \tag{5-60}$$

式中 K 为椭球形连接底的形状系数, 其计算公式为

$$K = (m^2 + 2)/6 \tag{5-61}$$

对于椭球形连接底,其椭圆比 m 的选取是个重要问题。通常连接底与燃烧室壳体做成等壁厚的。当取 $m = 2$ 时,此时连接底内的最大应力与燃烧室壳体内的最大应力相等,即等强度,这是典型的椭球形连接底。对于壁厚相等的连接底和燃烧室壳体,若 $m > 2$,则连接底强度大于燃烧室壳体,若 $m < 2$,情况相反。椭圆比 m 的选取还应考虑装药头部设计、工艺性和连接底长径比要求等。

由于椭球形连接底是椭圆曲面,模具制造比较困难,故在实际结构中多用与它等强度、等深度的碟形连接底来代替。

碟形连接底由三部分组成:第一部分是以 R_0 为半径的球面;第二部分是以 ρ 为半径的过渡圆环面;第三部分是以高度为 h 的圆筒段,如图 5-22(b)所示。

显然,在这三部分的交接处,即图中 a 和 b 处,曲率半径有突变,因此在 a 和 b 处将有边缘力产生。理论分析证明,ρ/R 值越小,边缘力越大。

通过分析与推导可以得出与椭球形连接底等强度且深度又相等的碟形连接底的几何尺寸。

椭球连接底与碟形连接底近似等强度的条件为

$$\frac{R}{\rho} = m^2 \tag{5-62}$$

碟形连接底的深度(或高度)H_1 应等于椭球形连接底的短轴半径 b。

通过推导可以求得与椭球连接底等强度的碟形连接底 φ_0、R_0、R 与 椭圆比 m 之间的关系

$$\sin\varphi_0 = \frac{2(m + 1)}{(m + 1)^2 + 1} \tag{5-63}$$

$$\frac{R_0}{R} = \frac{1}{m^2}\left\{ 1 + \frac{1}{2}(m - 1)[(m + 1)^2 + 1] \right\} \tag{5-64}$$

若已知椭球连接底的椭圆比 m ,由式(5-62)~式(5-64)可求得与它等强度、等深度的碟

形连接底的几何尺寸。例如,当 $m = 2$ 时(典型椭球连接底),等强度、等深度的碟形连接底的几何尺寸为:$\rho = R/4$,$R_0 = 1.5R$,$\sin\varphi_0 = 0.6$(或 $\varphi_0 = 36.87°$),它也是典型的碟形连接底。

碟形连接底的壁厚可根据相应的椭圆比利用椭球连接底的壁厚计算式(5-59)和式(5-60)来估算。

5.3.3 燃烧室内壁的隔热与防护

固体推进剂在燃烧室内燃烧时,将产生高温高压气体,为了减小高温高压气体对燃烧室壁的传热,避免燃烧室壳体温度升高后材料强度下降,通常在燃烧室内壁涂覆一层绝热层。

内绝热层是发动机的组成部分,应能承受发动机在推进剂浇铸、固化、储存、运输和工作过程中所引起的各种应力的作用。内绝热层为发动机的消极质量,故不希望它太厚。

内绝热层一般有两种类型,对装药为自由装填式的发动机,由于燃气直接与燃烧室壳体内壁接触,因此要涂耐热绝热层;而对铸装式发动机则是消融绝热层,它是通过绝热层材料的相变(熔化、蒸发和升华)和高温分解吸收燃气传递来的大量热量而起到绝热作用的。

耐热绝热涂料一般由耐热材料、胶黏剂和工艺辅助剂等组成。常用的几种涂料的配方及它们的热物理特性如表5-8和表5-9所列。

表 5-8 绝热涂料

配方 I		配方 II		配方 III	
组分	含量/%	组分	含量/%	组分	含量/%
有机硅树脂	30	有机硅树脂	34	酚醛树脂	35.7
白云母粉	35	云母粉	34	三氧化二铝	60
滑石粉	18	滑石粉	17	乌洛托品	4.3
二氧化钛	12	二氧化钛	11.3		
三氧化二铬	5	三氧化二铬	3.4		
		醋酸铅	0.3		

表 5-9 绝热涂料的热物理特性

绝热涂料	密度 $\rho_n/(g/cm^3)$	导热系数 $\lambda_n/(W/(m \cdot K))$	比热容 $c_n/(J/(kg \cdot K))$
配方 I	1.57	0.121	859
配方 II	1.93	0.084	1050

消融绝热层是以石棉、二氧化硅和炭黑等作填料,以丁腈橡胶(NBR)、丁苯橡胶(SBR)、丁羧橡胶(CTPB)和丁丙橡胶(PBAA)以及酚醛树脂、苯胺树脂和糠酮树脂-丁腈橡胶等作胶黏剂。填充二氧化硅的三元乙丙橡胶(EPDM)是一种新型绝热层,其密度低($0.98 \sim 1.19g/cm^3$),延伸率高($400\% \sim 900\%$),抗腐蚀性和隔热性能好,储存期长,且与推进剂、钢和各种增强纤维复合材料均有良好的相容性。

5.4 喷 管 设 计

喷管是火箭发动机能量转换的重要部件。它把推进剂燃烧产生的高温高压燃气的热能和压强势能转变为高速排出的气体动能,产生反作用力。喷管设计的好坏直接关系到推进剂能量的利用率,也就是发动机比冲效率。同时,喷管不仅影响推力的大小,还决定推力的方向,对拉瓦尔喷管非对称流动的研究得知,喷管设计好坏对气动偏心有很大影响,这对无控火箭尤为重要。因此,设计喷管时,要保证如下基本要求:

(1) 工作可靠。能承受高温高压燃气的烧蚀和冲刷,保证型面的完整性。

(2) 效率高。要尽量减小喷管中的各种损失,如两相流损失、摩擦损失、散热损失和气流扩散损失等。

(3) 推力偏心小。包括气动偏心和几何偏心。

(4) 结构质量轻。为此,喷管要有合适的膨胀比,选用合适的材料和结构。

(5) 工艺性好,成本低。

喷管设计的主要任务是选择喷管的结构形式;设计内型面参数;确定热防护措施。

喷管分类如下:

(1) 单喷管与多喷管。只有一个燃气通道的喷管称为单喷管;多于一个通道的喷管称为多喷管。选择单喷管还是多喷管结构主要是根据火箭的总体设计要求来确定。如利用两端排气的发动机的前喷管必须是多喷管结构。为减小喷管长度,后喷管也可选用多喷管结构,如图 5-23 所示是几种前端喷气的多喷管结构。

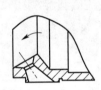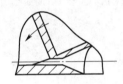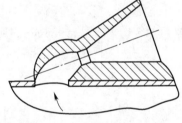

图 5-23   前端喷气多喷管结构

(2) 简单喷管与复合喷管。简单喷管是指由单一材料制成的喷管,如全金属喷管,常用于工作时间较短、燃气温度较低的发动机中。复合喷管是指采用几种材料制成、具有良好热防护层的复合结构喷管,如喷管内衬为耐热材料的喷管。图 5-23 所示的喷管属于复合喷管。

选择简单喷管还是复合喷管要根据发动机工作时间长短和推进剂的性能,通过喷管受热计算后确定。一般工作时间较长,且推进剂为含金属粉的高能推进剂,如改性双基推进剂和复合推进剂,其喷管都要采用复合喷管。

(3) 锥形喷管与特型喷管。喷管扩张段母线为直线形的喷管称为锥形喷管,如图 5-24(a) 所示。由于这种喷管形状简单、工艺性好,在中小型火箭发动机设计中被广泛采用。扩张段母线为曲线形的喷管称为特型喷管或钟型喷管,如图 5-24(b) 所示。为了设计和加工方便,特型喷管的母线一般用双圆弧或抛物线。特型喷管具有效率高、长度短等优点。在相同长度下,它的实际比冲比锥形喷管提高 0.5% ~ 1%。当推力系数相同时,长度可以缩短 10% ~ 25%。但是它的设计和加工工艺比较复杂,一般只有在性能和长度要求较高的发动机中,特别是高空发动机和大型固体火箭发动机设计中采用。

5.4.1 锥形喷管型面设计

喷管型面设计主要是选择和确定喷管纵剖面上母线的形状和尺寸,它们影响喷管的气动偏心、效率、质量、耐烧蚀性和外部尺寸等。喷管型面由收敛段、临界段(喉部)和扩张段组成。

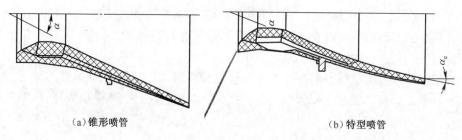

（a）锥形喷管　　　　　　　　　　　　　　（b）特型喷管

图 5-24　锥形喷管与特型喷管

1.收敛段

燃气流经收敛段时,由于气流由亚声速增至声速,边界(母线)对气流的影响扩展至整个流场。收敛段的末端是喉部,也是气流速度变为超声速的起始点,对流场有较大影响,因此,应该重视收敛段的设计与加工。收敛段的设计主要是选取收敛半角 β 的大小。β 小有利于气流在喉部均匀流过,但收敛段长度增大,使喷管结构质量增加。β 过大,则可能使气流在进入喉部时离壁而形成涡流区,不仅降低喷管效率,增加收敛段烧蚀和喉部凝聚相沉积,而且还影响扩张段内流场的轴对称性,增大气动偏心,故收敛半角一般取 $\beta = 30° \sim 50°$。

设计多喷管的收敛段,还应考虑结构布局和加工等问题。

对于中、大型火箭发动机喷管的收敛段,为了改善气流流入喉部的流线,收敛段母线取为圆弧或直线与曲线的混合型,如图 5-25 所示。

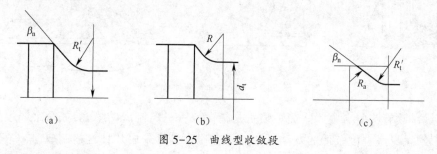

（a）　　　　　　　　　　（b）　　　　　　　　　　（c）

图 5-25　曲线型收敛段

2. 喉部(临界段)

为了确定喉部的形状,首先要确定喉部直径 d_t。

在选定推进剂种类、燃烧室工作压强并完成装药设计以后,可由式(5-65)计算喉部面积:

$$A_t = \frac{\rho_p \varphi(æ_0) A_b a \sqrt{xf_0}}{\varphi \Gamma p_{eq}^{1-n} \times 10^6} \tag{5-65}$$

式中:$\varphi(æ_0)$ 为平均侵蚀比;A_b 为装药燃烧面积(m^2);a 为燃速系数(m/s);n 为压强指数;χ 为热损失系数;f_0 为火药力(N·m/kg);φ 为喷管流量系数;p_{eq} 为燃烧室平衡压强(MPa);Γ 为推进剂比热容比 k(绝热指数)的函数。

喉部直径确定之后,即可确定喉部形状。喷管的喉部系指临界截面附近的一段区域,包括喉部上游收敛段一部分和下游初始扩张段。如图 5-26 所示。

由图 5-26 可知,喷管喉部由两条曲率半径相等或不相等的圆弧段组成,根据工艺有时两圆弧之间有一直线(圆柱段)。大量试验结果表明,如果喉部形状设计不合理,会造成发动机比冲损失 2%~3%。喉部上游曲率半径 R_1 的大小会影响该区域内的声速分布,如图 5-27 所示。靠近壁面的燃气比轴心部先达到声速,形成的喉部燃气声速分布呈凸向曲面,图 5-27 所示为喷

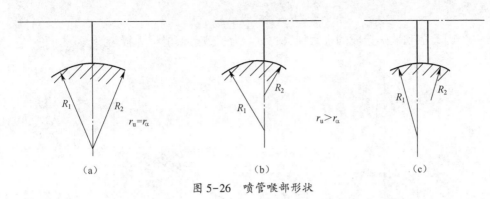

図 5-26 喷管喉部形状

管喉部上游不同曲率半径 R_1 试验所得结果。由图 5-28 可知,曲率半径 R_1 越小,喷管效率越低,即损失越大;当 R_1 等于或大于喉部半径 R_t 时,损失最小,所以设计时一般应取 $R_1 = (1 \sim 2) R_t$。

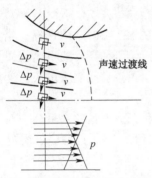

图 5-27 喉部区上游流动图

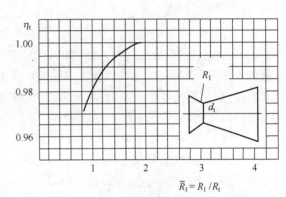

图 5-28 R_1/R_t 比值与效率 η_t 的关系

喉部下游半径 R_2 对喷管壁面烧蚀有明显影响。R_2 大燃气加速缓慢,使初始膨胀区下游烧蚀减轻;R_2 小燃气加速急剧,初始膨胀区下游烧蚀严重。但 R_2 加大会使喷管加长,增加消极质量,因此需根据要求和所选用材料,合理选取 R_2,一般取 $R_2 = (1.04 \sim 2) R_t$。为了简化设计和加工,一些小口径火箭发动机没有 R_2,即 $R_2 = 0$。特别是多喷管结构的小喷管,由于加工需要,一般取 $R_1 = R_2 = 0$。

喷管喉部两圆弧之间设计一直线段(构成圆柱段),可以提高喷喉加工精度,减小烧蚀,保持喉部形状及尺寸稳定,减小几何偏心。但是通过计算和试验发现圆柱段长度对喷管气动偏心有影响。如果不考虑气动偏心,圆柱段长度可取为 $(0.1 \sim 0.3) d_t$。

3. 扩张段

锥形喷管的扩张段设计主要是确定扩张半角 α 及扩张比 ξ_e(喷管出口直径 d_e 与喷喉直径 d_t 之比,即 $\xi_e = d_e/d_t$)两个参数。随着扩张半角 α 的增大,燃气扩散损失增加。从理论上可导出因子(排气速度的扩张损失修正系数)

$$\lambda = (1 + \cos\alpha)/2 \tag{5-66}$$

α 增大,λ 减小,则喷管效率降低。当 $\alpha < 15°$ 时,$\lambda = 0.983$,即燃气扩散损失为 1.7%。要减小扩散损失,就要使 α 减小。此外,α 对摩擦和散热损失也有较大影响。这两项损失与喷管内壁面积大小有关。当扩张比 ξ_e 一定时,扩张半角 α 越大,扩张段越短,表面积就越小,摩擦与散热损失也越小。由试验得出的推力损失量 ΔF 与 2α 的关系曲线如图 5-29 所示,图中

$$\Delta F = \Delta F_f + \Delta F_\alpha$$

式中：ΔF_f 为因摩擦和散热造成的推力损失；ΔF_α 为扩散造成的推力损失。

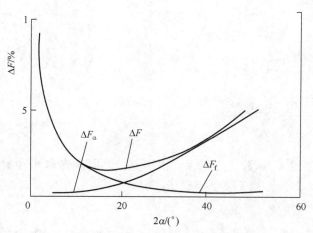

图 5-29　推力损失量 ΔF 与 2α 的关系曲线

由图 5-29 可知，若无其他方面（如结构）的限制，2α 可在 $12° \sim 30°$ 之内选择。当需要选取更大的 α 角时，应防止气流在喷管出口端面产生冲波和涡流。还应指出，减小喷管质量在某种意义上讲，也是提高效率。因为，喷管减轻后，消耗同样的能量可以获得更大的飞行速度。从减小喷管质量考虑，则要求扩张半角 α 大些。

扩张比 ξ_e 对喷管效率有较大影响，对应一定的扩张比，在真空中其效率最高。对于一般的中近程火箭，发动机主要在中、低空飞行，试验表明当 ξ_e 增加到 2 以后，比冲增加缓慢；超过 2.5 时还有可能减小。所以，ξ_e 通常在 $2.0 \sim 2.5$ 之间选取。对于高空飞行的航空火箭弹，其扩张比 ξ_e 可以在 $2.5 \sim 3.0$ 之间选取。

5.4.2　喷管热防护设计

固体火箭发动机喷管内流动工质是高温燃气，选用含铝粉的推进剂时还含有一定量的融熔态颗粒。燃气流过喷管时对壁面急剧加热、冲刷及烧蚀，可能会使喷管内型面遭到破坏。同时，燃气的热量通过壁面向外壁传导，使喷管壁面材料的温度升高。因此喷管热防护设计是非常重要的，其主要任务是在对喷管壁特别是喉部受热分析的基础上，选择喷管各部分内壁型面的热防护材料，确定热防护层厚度。

1. 喷管热防护材料的选择

喷管热防护的目的，一是在工作过程中保持喷管型面的完整性；二是降低喷管壳体的受热量，保证有足够的强度和刚度。因此，要求热防护层既要耐烧蚀，还要有良好的隔热性能。

不同的发动机工作时间可采用不同形式的热防护。当工作时间稍长时，可采用石墨、钼等作喉衬或在喷管内表面局部喷涂等离子钨；工作时间较长时，则必须采用分段分层热防护的复合喷管。

热防护层分为两层：上层为耐烧蚀层，用以抗热冲击、化学和机械作用；下层为绝热层，用以减少向喷管壳体壁的传热。

由于耐烧蚀材料的价格通常随着耐热性能的提高而增加，所以应分段采用不同的材料。喉部及其上下游受热较严重，温升较高，且有高速气流冲刷，容易造成严重烧蚀，必须采用耐热性能好的材料。收敛段上游及扩张段下游受热较轻，可用一般耐烧蚀材料。

1）喉衬材料

喉衬应该采用耐热性能最好的材料,它应该有最小的烧蚀率,且能均匀烧蚀。目前常用的喉衬材料有高熔点金属、发汗材料、石墨材料、碳/碳复合材料和增强塑料等。

（1）高熔点金属。其特点是熔点高,能使表面温度达到很高而不致熔化。常用的有钼和钨,它们的性能如表5-10所列。

钨和钼喉衬的毛坯可以用挤压或锻造方法成型,也可以采用粉末冶金法经模压烧结而成。由于钨和钼的压延性能较差,挤压和锻造时容易碎裂,因而成品率较低。用模压烧结方法制造的喉衬密度低,耐烧蚀性能不如前者,但工艺性好且价廉。

（2）发汗材料。常用的发汗材料有钨渗铜和钨渗银。它们是在粉末冶金法制造的钨的微孔结构中,渗入高熔化热和蒸发热的发汗剂铜或银制成的。发动机工作时,喉衬表面受热,当温度达到发汗剂熔点时,发汗剂开始熔化,并在喉衬表面形成一层液体膜,当温度超过发汗剂的汽化温度时,发汗剂蒸发,带走大量热量,从而降低喉部表面的温度。

表5-10　钼与钨的热物理性质

热物理性质	钼		钨	
	锻造或挤压	模压烧结	锻造后挤压	模压烧结
密度/(g/cm³)	10.2	—	19.0	17.4
熔点/℃	2630	2630	3410	3410
比热容 kJ/(kg·k)	—	—	0.138(0.197)	0.138(0.197)
热导率/[W/(m·K)]	—	—	166(104)	93(57)
线膨胀系数 X10⁶/(1/K)	4.9		4.5	4.1
抗拉强度极限/MPa	824~1373	—	1103(69)	379(69)
拉伸模量/GPa	—		407	276

注：括号中的数据为2200℃下性质,其余各值为常温性质

（3）石墨材料。石墨材料属碳基材料,常用的有多晶石墨、热解石墨等。

多晶石墨烧蚀率低,且烧蚀均匀,其强度随温度升高而明显增加。石墨的烧蚀主要是由石墨表层与燃气的化学反应引起的。当温度超过3650℃时,还会出现表面直接升华而引起的烧蚀。多晶石墨有高强度石墨(KS-8)和耐烧蚀性能更好的高强度高密度石墨等。多晶石墨价廉、密度小,又具有良好的耐热性能,因此在中小型固体火箭发动机中得到广泛应用。

热解石墨是碳氢化合物的气体在高温下裂变而沉积的固态碳。热解石墨除具有多晶石墨的特性外,还有各向异性的特点。其导热、导电、导磁和力学性质都具有方向性。沿沉积基体表面(x , y)方向结晶成六角形晶体,其导热特性可与铜媲美;沿垂直于沉积基体表面(K_z)方向晶体成层状沉积,其绝热特性相当于氧化锆陶瓷,两个方向的热导率可以相差近100倍,如图5-30(a)所示。

目前定向沉积的热解石墨的厚度一般不超过6~7mm,厚度过大,沉积时间长,且导热特性降低。因此,一般都采用多层片状结构的喉衬,如图5-30(b)所示。

（4）碳/碳复合材料。碳/碳复合材料是一种新型的耐高温、耐烧蚀材料。前一个碳表示碳增强材料,后一个碳表示碳基体。它是以碳或石墨纤维做增强材料,然后再沉积碳或石墨作基体材料而构成的。按纤维的编织方向分为二维(2D)、三维(3D)和多维(4D)碳/碳复合材料。

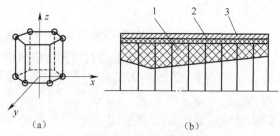

（a） （b）

图 5-30 热解石墨喉衬

1—内石墨喉衬；2—外石墨衬管；3—壳体。

碳/碳复合材料既有很好的耐烧蚀性和绝热性，又有较高的强度和刚度，而且对热冲击及机械冲击敏感度小。所以，它可兼作耐烧蚀层、绝热层和结构件使用，并且也不需要像石墨喷管那样要求有复杂的固定和支承结构。这种材料还有密度小的优点，可使喷管质量减小 35% ~ 60%，因此有很大的吸引力。

碳/碳复合材料的耐烧蚀性和强度随密度增大而提高。低密度（ 1.45×10^3 ~ 1.65×10^3 kg/m^3 ）时，其烧蚀率约为碳布/酚醛、石墨布/酚醛的 1/2 到 1/3，接近多晶石墨；中等密度（ 1.65×10^3 ~ 1.85×10^3 kg/m^3 ）时，其耐烧蚀性能优于多晶石墨；而高密度（ 1.85×10^3 ~ 2.05×10^3 kg/m^3 ）时，其耐烧蚀性能与热解石墨相当。

碳/碳复合材料可用作大型喷管（ $d_t > 25$ cm）的喉衬材料，或作为与热解石墨（或钨）喉衬相衔接的喉部上下游段耐烧蚀层的材料。

碳基材料的热物理性质如表 5-11 所列。

（5）增强塑料。这种材料主要用作大型喷管（ $d_t > 25$ cm）的消融喉衬。因为喷管喉部直径越大，喉衬消熔烧蚀所引起的喉部截面积变化的相对值就越小，对内弹道性能的影响也就越小，所以对于大型发动机，采用喉部允许消熔烧蚀的喷管是有希望的方向之一。这种材料在中小型喷管设计中主要用作耐烧蚀层的材料。

表 5-11 碳基材料的热物理性质

热物理性质		材 料		
		多晶石墨	热解石墨	碳/碳复合材料
密度/（g/cm^3）		1.75	2.2	1.45
升华温度/℃		3650	3650	3650
比热容/［kJ/（kg·K）］		1.047(2.512)	0.921(2.093)	1.298(2.261)
热导率 /（W/（m·K））	顺晶(层)面	121(28)	346(69)	31
	垂直晶(层)面	69(26)	2.1(0.52)	14
线膨胀系数×10^6 /（1/K）	顺晶(层)面	2.7	2.4	0.9(3.1)
	垂直晶(层)面	4.0	35	2.5(5.0)
抗拉强度极限 /MPa	顺晶(层)面	31(48)	69(103)	93(110)
	垂直晶(层)面	21(35)	2.8	4.8(9.0)
拉伸模量 /GPa	顺晶(层)面	5.2(5.5)	27.6(17.2)	15.9(14.5)
	垂直晶(层)面	5.9(8.6)	11.7(6.9)	11.0(12.4)

热物理性质		材　料		
		多晶石墨	热解石墨	碳/碳复合材料
抗压强度极限 /MPa	顺晶(层)面	62.1(75.8)	69	93.1(93.1)
	垂直晶(层)面	69(82.7)	310	44.8(62.1)
压缩模量 /GPa	顺晶(层)面	5.9(7.6)	33.1	17.2(15.2)
	垂直晶(层)面	5.5(6.9)	13.1	10.3(4.5)
烧蚀速率 r_b /(mm/s)		0.059～0.087	0.013～0.015	0.15

注：括号中的数据为2200℃下的性质；其余各值为常温性质；随加工方法的不同，材料的密度、强度和模量也会在较大的范围内变化；烧蚀速度是利用聚氨酯推进剂(3350K)，在喷喉直径为54mm和工作时间为30s的发动机中测得的

2. 耐烧蚀层材料

除喷管喉部需要用喉衬来作热防护外，与高温燃气直接接触的喷管其余表面皆需用耐烧蚀层来作热防护。为保持喷管的型面，要求耐烧蚀层的材料能够耐高温和抗燃气冲刷。为此，耐烧蚀层多采用增强塑料类材料来制造，它们是一种增强的消融材料。可以用作耐烧蚀层的材料有石墨布/酚醛、碳布/酚醛、高硅氧布/酚醛和石棉毡/酚醛等，后两种材料多用作绝热层材料，它们的特性如表5-12所列。

表5-12　耐烧蚀层材料的特性

特性		增强材料				
		碳布	石墨布	高硅氧布(硅布)	石棉毡	玻璃布
密度/(g/cm)		1.43	1.45	1.75	1.73	1.94
比热容/(J/kg·K)		840(1507)	1005(1633)	1005(1256)	796	921
热扩散率×10⁶/(m²/s)		0.278(0.322)	0.325(0.33)	0.206	0.108	0.178
热导率 /(W/m·K)	顺层面	1.44(1.61)	3.96(5.02)	0.61(0.66)	0.35	0.28
	垂直层面	0.83(1.00)	1.19(1.59)	0.52(0.55)	—	—
膨胀系数×10⁶ /(1/℃)	顺层面	6.8	9.5	7.0	13	8.3
	垂直层面	9.5(56)	32	30	45	38
抗拉强度 /MPa	顺层面	124(72.4)	72.4(52.4)	82.7(52.4)	248	414
	垂直层面	5.9(2.1)	5.1(2.3)	5.0(2.7)	—	—
拉伸模量 /GPa	顺层面	18.2(11.0)	10.8(8.5)	18.1(13.7)	20.7	31.7
	垂直层面	12.4(0.35)	3.03(0.55)	3.31(0.41)	—	—
抗压强度 /MPa	顺层面	249(93.1)	89.6(27.4)	111.7(55.8)	137.9	348.9
	垂直层面	434(293)	228(149)	339(147)	—	—
压缩模量 /GPa	顺层面	15.8(11.9)	10.3(5.84)	24.1(13.4)	15.9	25.5
	垂直层面	12.8(5.17)	7.24(2.55)	14.3(5.38)	—	—
烧蚀速率 r_b/(mm/s)		0.325～0.472	0.199～0.270	—	—	—

注：1. 所示数据为室温下特性，括号内数据为400℃下的特性。
　　2. 所示烧蚀率是利用聚氨酯推进剂(3350K)在喉径为54mm和工作时间为30s的发动机上测得的

这些耐烧蚀材料的耐烧蚀性和成本也按上列顺序递减。用石墨布、碳布加强的增强塑料多用作与喉衬相接的上下游段的耐烧蚀层；高硅氧布增强塑料则多用作喷管收敛段上游和扩张段下游的耐烧蚀层；而玻璃布增强塑料则用于扩张段下游。这些增强塑料除石墨布/酚醛外，热导率均很低，所以这些耐烧蚀层可以兼作绝热层。玻璃布/酚醛具有很高的强度，所以有些喷管的下游段采用此种材料制作，它可以兼作耐烧蚀层、绝热层和结构件。

3）绝热层材料

绝热层可以采用上述增强塑料，如玻璃布/酚醛、石棉毡/酚醛等制造；也可以采用石棉、二氧化硅充填的丁腈橡胶来制造。

3. 喷管热防护层厚度计算

由于沿喷管轴线上燃气的压强、温度和流速各处不同，变化较大，故对喷管壁的冲刷、烧蚀也不一样，因此各处热防护层厚度也应不同。

喷管热防护层的厚度 δ 可用式（5-67）计算：

$$\delta = \delta_b + \delta_c + \delta_d \tag{5-67}$$

式中：δ_b 为烧蚀厚度；δ_c 为炭化层厚度；δ_d 为安全裕量厚度。

烧蚀厚度为

$$\delta_b = r_b t \tag{5-68}$$

式中：r_b 为热防护材料的烧蚀速率。

热防护材料的烧蚀速率可由试验测定。在一定条件下得到的一些材料的烧蚀速率如表 5-11 和表 5-12 所列。

炭化层的厚度 δ_c 可用如下经验公式估算：

$$\delta_c = A t^m e^{-B/q} \quad (\text{mm}) \tag{5-69}$$

式中：q 为热流密度（W/m^2）；A，B，m 为经验常数。

对于国外某些石墨布/酚醛，$A = 0.9144$，$B = 7.55 \times 10^5$，$m = 0.68$；高硅氧/酚醛，$A = 0.7874$，$B = 1.027 \times 10^6$，$m = 0.68$。

安全裕量为

$$\delta_d = (0.2 \sim 0.5)\delta \tag{5-70}$$

5.5 装药支撑装置设计

装药支撑装置是对装药进行固定、支撑、挡药和缓冲的重要部件。通常将置于连接底一端的称为前支撑件或支撑件；置于喷管一端的称为后支撑件或挡药板。对于自由装填装药的发动机，必须有装药支撑装置。对于贴壁浇铸的装药，则无需装药支撑装置。

5.5.1 支撑装置设计要求

（1）有足够的强度和刚度。特别是后支撑件，它处于燃气流作用下，受到燃气流的烧蚀及冲刷严重；又承受装药轴向惯性力（尤其对增程火箭发动机）作用，因此必须保证有足够的强度和刚度。在确定挡药板的尺寸时，并无专门的计算方法。一般根据受热时间及载荷大小估算挡药板的厚度和宽度。为了防止挡药板烧化，应尽可能选择耐热性能好的材料。

（2）挡药板上的通气面积应尽量大一些，使之尽可能减少对燃烧室压强的影响。通常通气面积应比喷管喉部临界截面积大 3~5 倍。但是要注意增大通气面积会降低挡药板的强度和刚度,要合理处理好这对矛盾。

（3）尽量减小气动偏心,使挡药板的通气面积均匀对称分布,特别对于旋转火箭弹,要求挡药板质量对称分布,以减小动不平衡度的影响。

（4）挡药板应有足够的支承面,装药的通气孔不应被挡药板遮盖。为此在挡药板上有时需要有凸起和凹槽,保持装药端面的通气面与挡药板之间有 3~10mm 的距离。

（5）挡药可靠。为了防止将要燃尽的装药穿过挡药板的通气孔,要求通气孔小于将要燃尽装药的外径。对于单孔管状药,挡药板最大通气孔尺寸小于装药内外径之和的一半。

（6）前支撑件通常做成弹性件,以减小因装药与金属的线膨胀系数的差异而引起的装药高温的热应力,前支撑件还可作点火具的支承架。

（7）挡药板迎气流面的边缘应做成圆角过渡,因为尖锐的棱角使气流阻力大,且容易被烧蚀,而烧蚀产生的熔融金属流,又会使喷管喉部被冲刷成深槽,产生较大的气动偏心。

（8）工艺性要好,制造和装配应方便,适于成批生产的要求。

装药支撑装置设计主要是确定支撑装置类型,选择支撑装置材料。

5.5.2　支撑装置结构形式

装药支撑装置的结构形式很多,决定支撑装置形状和尺寸的主要因素有:装药的形状和根数;装药的燃烧时间;燃烧室尺寸;通气参量 æ;挡药板的材料及制造方法等。考虑通气参量的因素,是因为通气参量 æ 决定了装药末端燃气流速的大小,æ 越大,流速也越大,燃气对挡药板的烧蚀越严重。

1. 前支撑件

前支撑件可做成刚性和弹性两种结构形式,但较多的是弹性件。前支撑件只承受装药因初温而产生的热膨胀力,气流速度小,烧蚀较轻,受力小, 对结构的强度和刚度要求不高。

图 5-31 所示为刚性前支撑件。采用薄钢板冲压而成,结构简单,质量小,适合批量生产,中间有 3 根用薄钢片制成的支耳,用以固定点火药盒。

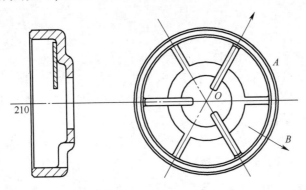

图 5-31　刚性前支撑件

图 5-32 是弹性前支撑件。图中弹性元件 D 分别为弹性垫、螺旋弹簧、弹簧片。弹簧的优点是允许有较大范围的变形量,而且可以在较大范围内选择它的弹性力,但它的结构稍复杂,一般用于长细比较大的发动机。弹簧片的结构简单,加工方便。弹性垫可用毛毡、橡皮、泡沫塑料、海绵橡胶等制成。在发动机工作时,弹性垫可以烧掉,因为此时前支撑件已失去了它的固定作用。

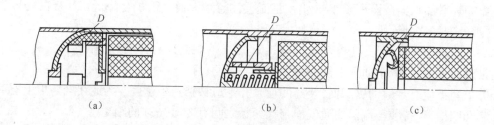

图 5-32　弹性前支撑件

2. 后支撑件

后支撑件(挡药板)因烧蚀较严重,对强度和刚度要求较高,因此一般制成刚性结构,其结构形式取决于装药的装填方式。

图 5-33 为用于单根装药的后支撑件,这种形式的支撑件结构形状简单、刚性大,制造工艺简单。图中的 A 面与装药端面接触,中间的肋将 A 面撑起,这样可防止点火初期装药端面堵塞燃气通道。图 5-33 结构中的两个支爪插入装药端面内,有一定的径向定位作用。这种结构用于装药不太长的结构中。

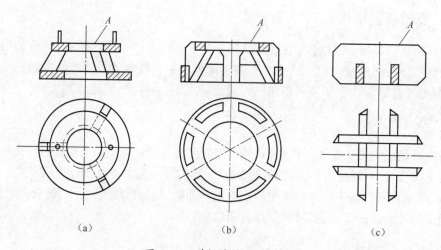

图 5-33　单根装药的后支撑件

图 5-34 为用于多根装药的后支撑件,这种支撑件结构较复杂,但刚度可以小一些。因为多根装药的肉厚较薄,燃烧时间比较短。由于多根装药燃烧面比较大,因此要求后支撑件总的通气面积也大。但是每根装药的端面尺寸又比较小,而单个通气孔又不能太大。为了解决这两方面的矛盾,应进行细致的结构设计。图 5-34(a)为精密铸造后支撑件,为了防止堵塞装药的内孔,在其上开有环形槽。图 5-34(b)由 7 个相同的圆环点焊而成。图 5-34(c)是由 4 个不同直径的圆环,镶嵌在 4 根径向的肋板上焊接而成的。

5.5.3　支撑装置材料选择

目前可供选用的支撑装置制造材料有:散热性能好的低碳钢;耐热性及强度较好的合金钢;适于精密铸造的低碳硅锰铸钢和稀土球墨铸铁以及玻璃钢和工业陶瓷等。

选择支撑装置材料的一般原则如下:

对于装药量较大,燃烧时间又较长的发动机一般选用耐热合金或采取热防护措施。

对于装药量较小,燃烧时间又较短的发动机一般选用中、低碳钢。

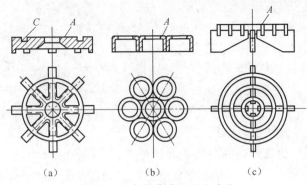

图 5-34　多根装药的后支撑件

用玻璃纤维压制而成的玻璃钢挡药板,由于其质量小,耐烧蚀,易加工,目前已在火箭发动机中广泛应用。

5.6　点火装置设计

固体火箭发动机点火装置的作用是准确可靠地将发动机主装药迅速点燃,它包括发火管、点火药和相应的连接部件三部分。发火管接受火箭发射装置提供的激发能量,点燃自身的扩焰药,或直接点燃点火药。点火药被发火管引燃后,迅速燃烧,提供使主装药完全快速点燃的能量和压强。发火管、点火药的固定和密封依靠相应的连接件来实现。

点火装置设计应满足以下要求:

(1)点火可靠。即点火装置不失效、不瞎火。为此,要求点火装置有足够的强度和刚度,能够承受运输、勤务处理时的加速度、冲击和振动载荷;在高温、低温、潮湿和腐蚀的环境中能保持其点火性能。

(2)点火性能好。要求点火装置点火延迟时间短,点火压强峰值小。

(3)安全性好。点火装置在遇到雷电、静电感应和射频电磁感应时不发火。为此,设计时应保证有足够大的安全发火电流,而且在储存、运输过程中,点火电路应处于短路状态。

(4)维护使用方便。点火装置中最易损坏的是发火管,必须定期检验。为此,要求点火装置便于检测。

(5)体积小、质量小、加工方便、经济性好。

5.6.1　点火装置类型的选择

设计点火装置的任务主要是选择点火装置的类型、发火管类型以及选择点火药型号、确定点火药量。

设计点火装置时,首先要根据发动机的类型、大小、装药形状等来选择点火装置的类型。对于中小型发动机主要采用点火器;对于大型发动机常采用点火发动机。点火发动机也是用点火器点燃。

1. 点火器

点火器是固体火箭发动机常用的点火装置,它可分为如下几种类型。

(1)整体式点火器。发火管与点火药做成一体,放置在点火药盒内,如图 5-35 所示。优点是结构简单,点火滞后小。缺点是发火管损坏时整个点火器损坏,经济性差。为了提高可靠性,常采用双发火管配置。常用于小型发动机设计中。

（2）分装式点火器。发火管与点火药是分装的。如图5-36所示。优点是发火管损坏后需更换时，点火器的其他部件仍能使用，经济性好；点火药、发火管可分别运输和存放，安全性较好。多用于大、中型自由装填式发动机。

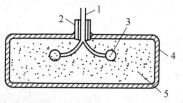

图 5-35　整体式点火器

1—导线；2—绝缘套；3—电发火管；
4—药盒；5—点火药。

2. 点火发动机

目前大型固体火箭发动机多采用点火发动机来点火，这是因为大型固体火箭发动机装药的初始表面积很大，为了可靠地点火，必须提供足够的能量，从而需要较大的点火药量。若采用黑火药或烟火剂式点火器，由于燃烧时间短，不能有效全面地点燃主装药，而且会引起过高的点火压强，甚至还可能发生爆燃。而点火发动机的点火燃气秒流量 $\dot{m}_{ig}$ 和持续时间 t_{big} 可以严格控制，使主发动机的过渡特性好，且有良好的再现性。

根据点火发动机相对于主发动机的位置，点火发动机可分类如下：

（1）前端喷射式点火发动机。前端喷射式点火发动机广泛应用于大型火箭发动机中，固定在主发动机的前封头上，由点火药柱、壳体、喷嘴和点火器等组成。这种点火发动机通常采用亚声速的多孔（或多槽）喷嘴，各喷嘴与主装药的星角相对应，如图5-37所示。

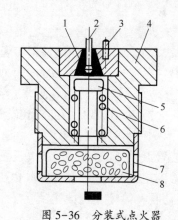

图 5-36　分装式点火器

1—绝缘物；2—正电级；3—负电级；4—本体；
5—电发火管；6—弹簧；7—固定架；8—点火药盒。

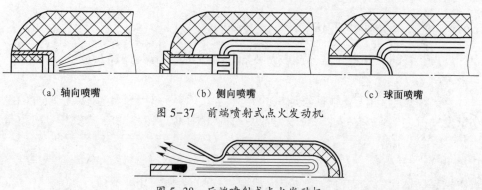

（a）轴向喷嘴　　　　（b）侧向喷嘴　　　　（c）球面喷嘴

图 5-37　前端喷射式点火发动机

图 5-38　后端喷射式点火发动机

（2）后端喷射式点火发动机。这种点火发动机安装在地面发射车支架上，并伸入大型火箭发动机喷管的扩张段内,工作完后留在地面或发射车内。因此,对它的结构质量无须特殊要求。这种点火发动机一般采用超声速单喷管。为了保证燃气流能够通过主发动机喷管喷射到主装药表面,点火。发动机应安装在适当的位置上,如图5-38所示。显然,点火发动机喷管的出口截面位于发动机喷管的喉部,燃气侵入深度最大。

5.6.2 发火管的分类及构造

发火系统主要由发火管组成,发火管一般有以下几类:

(1)机械发火管。这类发火管是用机械能来激发的发火管。如利用撞击而发火的底火和利用针刺发火的火帽。有些肩射火箭武器采用底火来点燃点火药。使用底火的优点是作用可靠、操作方便,但必须配有击发装置。

(2)隔膜发火管。利用通过隔膜的冲击波能量来激发的发火管,其结构如图5-39所示。它由传爆药、受体装药、给体装药及初始装药四部分组成。点火过程是:传爆药引爆给体装药,给体装药所产生的冲击波通过隔膜激发另一边的受体装药,受体装药燃烧并引燃初始装药。这类发火管的优点是:能同时点燃几个发动机,而且时间误差很小,密封性较好。

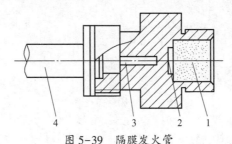

图5-39 隔膜发火管

1—初始装药;2—受体装药;3—给体装药;4—传爆药。

(3)电发火管。利用电能来激发的发火管。这类发火管又可分为3种类型:火花电发火管——其导线两端分离,以电火花引燃,因此电源电压较高(10000~15000V);有缝电发火管——其导线两端孔分离,缝隙间填充具有导电性的易发火的药剂,通电后发火;电桥电发火管——其导线两端焊接铂铱合金丝或铜镍合金丝作电桥,电桥外面用热敏火药包覆,通电后电桥受热点燃热敏火药。

现在大多数火箭发动机选用电桥电发火管。这种发火管也有多种型号。如按电源电压来分,则有低电压发火管(电压低于28V)、高电压发火管(电压高达300~500V);如按发火管总电阻来区分,则有低电阻、中电阻、高电阻发火管,各种电发火管的参数如表5-13所列。

表5-13 电桥电发火管的种类

	总电阻/Ω	电源电压/V	功率/W	电流/A
低电阻发火管	<0.5	1~1.5	2~4.5	2~3
中电阻发火管	0.6~3	0.5~1.0	0.5	0.3~0.8
高电阻发火管	50~150	100	70	0.3~0.8

中电阻发火管所需电源电压较低,电流较小,故其功率很小,但安全性较差,由于偶然的杂散电流即可将它引燃。从安全性等多个方面考虑,以选用低电阻高安全电流和高发火电流的发火管为宜。

图5-40所示为一种低电阻发火管。它自身有扩焰药(可以安放在点火药盒外),其火焰点

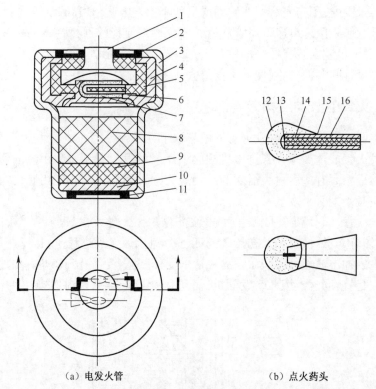

（a）电发火管　　　　　　　　（b）点火药头

图 5-40　低电阻电发火管

1—接触芯杆；2—密封漆；3—发火管壳；4—接触冒壳；5—绝缘填料；6—点火药头；7—引火药；
8、9—扩焰药；10—垫片；11—密封漆；12—引火药；13—电桥丝；14—焊点；15—铜片；16—绝缘纸板。

燃点火药。图 5-41 所示为另一种低电阻发火管，它自身不带扩焰药，因而必须将它放置在点火药盒内。

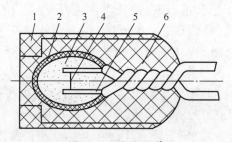

图 5-41　电发火管

1—保护外套；2—密封固定件；3—热敏火药；4—电桥；5—导线；6—密封胶。

5.6.3　点火药类型的选择及点火药量估算

1. 点火药类型的选择

点火药应具有如下特性：

（1）热敏度高，即它的点燃温度低。

（2）在规定的工作环境下易于点燃。点火药本身的临界点火压强低。

（3）能量特性高。要求点火药燃烧温度高，爆热或火药力大。

（4）燃烧产物应有一定量的固体微粒。

184

（5）有适当的燃烧速度。

（6）性能稳定。长期储存不吸潮、不氧化、不变质等。

常用的点火药有黑火药和烟火剂两种。

（1）黑火药。黑火药的主要成分是硝酸钾、木炭和硫，其比例是75：15：10。

黑火药与烟火剂相比，其优点是：热敏度高，容易点燃；生成气体量多；机械感度低，生产、运输、储存和使用较安全；长期储存化学安定性好；价格低廉等。其缺点是：能量较低，容易受潮。它被广泛用作双基或改性双基推进剂的点火药。

（2）烟火剂。烟火剂种类很多，它们主要由氧化剂、燃烧剂和胶黏剂组成。燃烧剂一般采用镁粉、铝粉、硼粉和锆粉。氧化剂常用过氯酸钾、氯酸钾、硝酸钾、聚四氟乙烯等。表 5-14 列出了几种烟火剂的配方。

表 5-14　几种烟火剂的配方

配方	燃烧剂		氧化剂		其　他
1	B	23.7%	KNO_3	70.7%	胶黏剂 5.6%
2	Al	35.0%	$KClO_4$	64.0%	植物油 1.0%
3	Mg	约 60.0%	聚四氟乙烯	约 40.0%	石墨（附加）约 1.0%
4	Mg	约 32.5%	聚四氟乙烯	约 67.5%	添加物（附加）约 2.0%
5	Mg	54.0%	聚四氟乙烯	30.0%	氟化橡胶（Vition）16.0%

烟火剂与黑火药相比，燃烧产物中固体微粒多，热量高，压强低；但不易点燃，化学安定性差，易吸潮，其所含镁、铝易氧化（氧化后活性降低），价格较贵。

用作点火药的烟火剂，可压制成一定形状（如椭圆形、圆柱形）的药粒，或压制成较大尺寸的圆柱药片。前者易因窜动、摩擦而粉碎；后者可以整齐排列，无上述缺点。

烟火剂主要用于点燃需要较高点火温度的复合推进剂和高能改性双基推进剂。

2. 点火药量的估算

点火药选定后，便可以根据已知条件（推进剂和点火药的性质、点火器的类型、发动机的结构和设计参量、工作环境等）确定所需的点火药量。但是由于影响点火性能的因素很多，因此，不可能建立一个包括各种影响因素在内的点火药量的计算式。因此确定点火药量，通常先采用经验公式初步估算点火药量，然后通过发动机静止试验最终确定点火药量。

1）黑火药点火药量估算

常用的适用面较宽的半经验公式为

$$m'_{ig} = \left(m_{ig} - \frac{V_g p_{cig}}{\chi f_0} \right) \frac{A'_t}{A_t} + \frac{V'_g p_{cig}}{\chi f_0} \tag{5-71}$$

式中：m_{ig} 为点火药量（kg）；V_g 为燃烧室初始自由容积（m^3）；p_{cig} 为装药临界点火压强（MPa）；χ 为热损失系数；f_0 为黑火药火药力（N·m/kg）；A_t 为喷管临界截面积（cm^2）。

式中右上角带"'"的为新设计发动机的参数。不带"'"的为选定的一个与新设计发动机相近的标准产品发动机的参数。在选择标准产品时，应注意使它与新设计发动机在主装药品种、初温、点火药品种和点火器放置位置等方面尽可能相似，以便得到更精确的计算结果。几种推进剂的临界点火压强 p_{cig} 如表 5-15 所列。

表 5-15　临界点火压强

压强	161	双铅-2	双石-2	06	双钴-2
p_{cig} /MPa	1.5~3.0	4.0	3.0	1.3	3.0

表 5-15 是低温下得到的数据。黑药颗粒大小,对点火药量影响很小,所以公式中未包含点火药颗粒大小。

在一些特殊情况下,对用上述公式计算得到的黑火药量应作适当调整:若点火器位于喷管一端,则计算得到的药量应适当增加;当点火器位于装药内孔,或喷管密封装置的打开压强比 p_{cig} 大得多时,则应适当减少点火药量。

另外一些用于点燃双基推进剂比较简单的点火药量计算经验公式如下:

$$m_{ig} = 1.2 \times 10^2 A_b \quad (g) \tag{5-72}$$

式中: A_b 为装药初始燃烧面积(m^2)。

$$m_{ig} = 2.1 \times 10^4 V_g \quad (g) \tag{5-73}$$

式中: V_g 为燃烧室初始自由容积(m^3)。

$$m_{ig} = 36 \sqrt{\frac{A_b A_t D_i}{\Delta L}} \quad (g) \tag{5-74}$$

式中: A_b 为装药初始燃烧面积(dm^2); A_t 为喷管临界截面积(dm^2); D_i 为燃烧室内径(dm); L 为装药长度(dm); Δ 为装填密度, $\Delta = m_p/V_c$ (kg/dm^3),其中 m_p 为装药质量(kg), V_c 为燃烧室容积(dm^3)。

2)烟火剂点火药量估算

以下两个经验公式适用于复合推进剂的点火器设计。

$$m_{ig} = \frac{p_{ig} V_g}{(1 - \varepsilon) \chi f_1} \times 10^3 \quad (g) \tag{5-75}$$

式中: p_{ig} 为平均点火压强(Pa); V_g 为燃烧室初始自由容积(m^3); ε 为燃气中固体微粒相对含量; χ 为能量损失系数; f_1 为烟火剂火药力($N \cdot m/kg$)。

对于 B-KNO_3 烟火剂, $f_1 = 35.9 \times 10^4 N \cdot m/kg$,则上式为

$$m_{ig} \approx 0.29 \times 10^{-2} p_{ig} V_g \quad (g) \tag{5-76}$$

$$m'_{ig} \approx m_{ig} \left(\frac{A'_b}{A_b} \right) \quad (g) \tag{5-77}$$

式中右上角带"′"为新设计发动机参数,不带"′"为与新设计发动机相近似的同类发动机的参数。

5.7　导向钮设计

提高火箭弹密集度的有效方法之一是采用螺旋定向器来发射火箭弹。螺旋定向器是带有螺旋导轨或导槽的定向器,在火箭弹上相应地有导向钮。导向钮一般安装在喷管座上。

导向钮的形状多为圆柱形。与弹体的连接方式有焊接、螺接或胶接。火箭弹之所以在定向器内产生旋转运动,是由于火箭弹在推力作用下有向前运动的加速度,同时受到导轨或导槽的约束,给导向钮一个侧向力,迫使火箭弹绕纵轴做旋转运动。由于导向钮受到力的作用,所以设

计导向钮时,对导向钮的强度应给予足够的重视。为了计算导向钮所受的侧向力,需要建立火箭弹的运动方程。火箭弹在定向器内运动所受到的力有推力 F、螺旋导轨通过导向钮给予的侧向力 F_n 和摩擦力 $F_n f$,如图 5-42 所示。

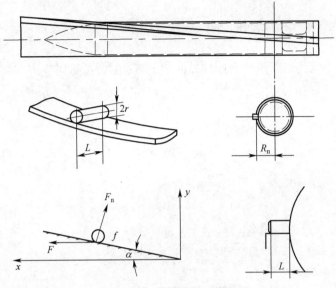

图 5-42　火箭弹导向钮受力图

火箭弹沿定向器轴向运动方程为

$$m \frac{\mathrm{d}^2 x}{\mathrm{d}t^2} = F - (F_n \sin\alpha + F_n f \cos\alpha) \tag{5-78}$$

转动方程为

$$J_x \frac{\mathrm{d}\omega}{\mathrm{d}t} = (F_n \cos\alpha - F_n f \sin\alpha) R_g \tag{5-79}$$

式中：F 为火箭发动机产生的推力；F_n 为火箭弹所受到的侧向力；m 为火箭弹质量；α 为螺旋导轨的缠角；f 为摩擦因数；J_x 为火箭弹极转动惯量；ω 为火箭弹绕几何纵轴的旋转角速度；R_g 为导向钮与螺旋导轨接触长度的中心到弹轴的距离。

由火箭弹旋转运动和直线运动的关系可得

$$\omega = \frac{1}{R_g} \frac{\mathrm{d}x}{\mathrm{d}t} \tan\alpha \tag{5-80}$$

则

$$\frac{\mathrm{d}\omega}{\mathrm{d}t} = \frac{1}{R_g} \frac{\mathrm{d}^2 x}{\mathrm{d}t^2} \tan\alpha \tag{5-81}$$

$$\frac{\mathrm{d}^2 x}{\mathrm{d}t^2} = \frac{F_n(\cos\alpha - f\sin\alpha)}{J_x \tan\alpha} R_g^2 \tag{5-82}$$

$$F_n = \frac{J_x F \tan\alpha}{J_x \tan\alpha(\sin\alpha + f\cos\alpha) + mR_g^2(\cos\alpha - f\sin\alpha)} \tag{5-83}$$

因 α 较小,故 $\cos\alpha - f\sin\alpha \approx 1$。又因 $R_g \approx D_e/2$(图 5-42),则式(5-83)变为

$$F_n = \frac{4J_x F \tan\alpha}{mD_e^2 + 4J_x \tan\alpha(\sin\alpha + f\cos\alpha)} \tag{5-84}$$

根据统计规律，$J_x = (1/6 \sim 1/10) \, mD_e^2$，取 $J_x = mD_e^2/8$，又因 α 很小，$f = 0.1$ 左右，故可略去 $\tan\alpha(\sin\alpha + f\cos\alpha)/2$ 项，代入式(5-84)后得

$$F_n = \frac{4J_x F\tan\alpha}{mD_e^2 [1 + \tan\alpha(\sin\alpha + f\cos\alpha)/2]} \approx \frac{4J_x F\tan\alpha}{mD_e^2} \tag{5-85}$$

由于火箭弹在定向器内运动时间很短，装药烧去不多，故全弹质量减轻不多，J_x 和 m 可用火箭弹的初始值。

求得侧向力 F_n 之后，可以用此力计算导向钮的弯曲应力、剪切应力和接触应力，并进行强度校核。

弯曲应力

$$\sigma = \frac{M}{W} = \frac{\dfrac{L \cdot F_n}{2}}{\dfrac{\pi d^3}{32}} = \frac{16LF_n}{\pi d^3} \, (\text{Pa}) \leqslant [\sigma] \tag{5-86}$$

剪切应力

$$\tau = \frac{F_n}{A_b} = \frac{F_n}{\dfrac{\pi d^2}{4}} = \frac{4F_n}{\pi d^2} \, (\text{Pa}) \leqslant [\tau] \tag{5-87}$$

接触应力 σ' 的计算可采用圆柱与平面的接触应力计算公式

$$\sigma' = 0.591 \sqrt{\frac{F_n E}{dL}} \quad (\text{Pa}) \tag{5-88}$$

式中：d 为导向钮直径（m）；L 为导向钮接触长度（m）；E 为弹性模量，对钢 $E \approx 2 \times 10^5 \text{MPa}$；$[\sigma]$ 为定向钮材料的许用拉应力(Pa)；$[\tau]$ 为定向钮材料的许用剪应力(Pa)。

将 $E = 2 \times 10^{11} \text{Pa}$ 代入式(5-88)，得

$$\sigma' = 2.643 \times 10^5 \sqrt{\frac{F_n}{dL}} \quad (\text{Pa}) \tag{5-89}$$

从几种制式火箭弹定向钮的设计情况看，利用式(5-89)计算得到的接触应力都大于定向钮材料的许用压应力。考虑到火箭弹为一次性使用产品，在不影响发射安全性的情况下，可以允许定向钮产生压缩变形和少量摩损。为了确保火箭弹发射过程中定向器螺旋导槽不被摩损，应使定向钮材料的强度及硬度低于定向器材料的强度和硬度。

5.8 提高火箭弹密集度的措施

密集度指标是火箭弹的重要战术指标之一，它对命中及毁伤概率都有较大影响。为了提高密集度指标，火箭弹设计及研制技术人员进行了大量的理论及试验研究工作，获得了许多行之有效的研究成果，一些研究成果应用到火箭弹研制中以后，使得密集度指标有了较大幅度的提高。本节对一些常用的提高火箭弹密集度技术措施给予简要介绍。

5.8.1 微推偏喷管设计技术

由火箭外弹道理论可知，火箭发动机的推力偏心是影响火箭弹散布的主要误差源之一。如

果通过设计、加工、装配、修正等技术措施,能够有效地减小推力偏心误差,可以使火箭弹密集度指标得到提高。

形成推力偏心的原因是火箭发动机推力矢量 F 不通过全弹质心,从而产生绕质心的推力偏心力矩 M_c ,生成 M_c 的误差源大致可分为 3 类:

(1) 由于火箭弹质量分布关于几何纵轴不对称,导致全弹质心偏离几何纵轴,形成质量偏心,用 $\overline{\Delta}_m$ 表示。

(2) 由于喷管内型面不对称或喷管与燃烧室的安装误差,造成喷管几何纵轴与全弹几何纵轴不重合,形成几何偏心,用 $\overline{\Delta}_g$ 表示。

(3) 由于喷管内燃气流场的不对称,导致推力矢量 F 偏离喷管几何纵轴形成气体动力偏心,用 $\overline{\Delta}_{gd}$ 表示。

在设计中提高关键尺寸及形状误差等级,在生产中提高加工装配精度,可以降低质量偏心 $\overline{\Delta}_m$ 和几何偏心 $\overline{\Delta}_g$ 的值。在总装完成后,对全弹进行动静不平衡度修正,可以进一步降低质量偏心 $\overline{\Delta}_m$ 的值。

理论和试验结果表明,气动偏心 $\overline{\Delta}_{gd}$ 是推进剂特性参数和喷管内型面参数的函数。合理的设计喷管内型面参数,可以使气体动力偏心 $\overline{\Delta}_{gd}$ 的值有效减小,理想状态下,可以使 $\overline{\Delta}_{gd}=0$ 。具有小气动偏心的喷管称为微推偏喷管。

进行微推偏喷管设计必须利用理论与试验相结合的方法。在理论研究方面,可利用小扰动理论、三维特征线法或流场数值模拟方法分析喷管内的燃气流场特性,初步确定使得气动偏心 $\overline{\Delta}_{gd}=0$ 的喷管内型面参数(包括扩张半角、扩张比、喉部过渡圆弧半径等)。根据理论分析结果,设计试验发动机以后,利用六分力试验台测试火箭发动机的推力偏心值,对试验结果进行分析以后,修正理论设计结果,最终获得推力偏心 $\overline{\Delta}_{gd}$ 最小的喷管内型面参数。

静止和飞行试验结果表明,采用微推偏喷管设计技术,可以有效地减小推力偏心值,提高火箭弹的密集度指标。另外,虽然对微推偏喷管内型面的加工精度要求较高,但它对其他性能参数没有任何影响,也不会使喷管生产成本大幅度提高。在多种火箭弹型号研制中的应用结果表明,微推偏喷管设计技术是一种结构简单、成本低廉、效果良好的提高密集度技术措施。表 5-16 所列为某型号火箭弹非微推偏喷管与微推偏喷管的推力偏心距中间偏差和密集度指标对比值。

表 5-16 某火箭弹非微推偏与微推偏喷管试验结果对比表

	原火箭弹	装有微推偏喷管的火箭弹
推心偏心距 $\Delta c/\text{mm}$	0.678	0.2196
距离密集度 B_x/X	1/194	1/308
方向密集度 B_z/X	1/111	1/292
圆概率误差 CEP/X	1/84	1/172

5.8.2 绕几何纵轴旋转技术

火箭外弹道理论分析结果表明,如果在发射及外弹道飞行过程中,使火箭弹绕几何纵轴旋转,可以减小推力偏心、质量偏心以及全弹外形气动偏心引起的散布。因此,为了提高火箭弹密集度指标,在尾翼式火箭弹设计中,一般采用一些导转措施,使其绕几何纵轴低速旋转。通常,在设计中可采用的导转措施有以下几种:

(1)为了在出炮时能够获得一定的炮口转速,在定向管上设计有螺旋导槽,在火箭弹上安装有定向钮,当火箭弹沿定向器轴向运动时,定向钮受螺旋导槽的作用产生绕火箭弹几何纵轴的导转力矩,从而使火箭弹绕纵轴旋转。

(2)在喷管扩张段内安装轴对称的导流片,火箭发动机工作时,喷管中高速流动的燃气流冲击导流片产生的作用力对全弹纵轴线形成导转力矩。

(3)在安装直尾翼或弧型尾翼时,使尾翼片和全弹几何纵轴之间有一夹角,或者在刀状尾翼片上加工一斜切面,在外弹道上飞行时,依靠作用在尾翼片上的空气动力产生绕纵轴的导转力矩。

采用螺旋导槽和定向钮致转的方式,能够使火箭弹在出炮口时达到一定的转速,有利于减小推力偏心、质量偏心等误差在主动段内引起的散布。但由于定向钮和螺旋导槽之间的相互作用,可能会使炮口扰动有所增大。另外,该致转方式不适宜于单兵肩射火箭和简易发射架发射的火箭。

采用导流片致转方式,在主动段内火箭弹一直绕纵轴加速旋转,当发动机工作结束时,火箭弹达到最大转速。其优点是与定向器没有关系,不会引起大的炮口扰动。但不足之处是导流片扰乱了喷管出口处燃气流的均匀性,可能会使推力偏心增大。为了既使火箭弹在出炮口时能够获得一定的转速,又在出炮口后火箭发动机具有较小的推力偏心,可以采用可消熔的导流片。消熔导流片采用耐烧蚀性能差、熔点温度低的材料制造。当火箭弹在发射管内运动时,消熔导流片产生导转力矩的同时,逐渐被高温高速气流烧蚀和熔化,在火箭弹出炮口前,导流片完全消失。导流片致转方式适合于单兵肩射火箭和简易发射架发射的火箭弹。

采用斜置或斜切尾翼致转时,导转力矩随着飞行速度的增大而增大。由于火箭弹出炮口时飞行速度较低,斜置或斜切尾翼产生的导转力矩较小。因此,在主动段内,尤其是在临界段内火箭弹自转角速度较小,对减小推力偏心产生的散布效果较差。但由于在全弹道上斜置或斜切尾翼一直产生导转力矩,尽管火箭弹绕纵轴旋转时会产生减小转速的极阻尼力矩,火箭弹仍能够一直处于旋转状态。因此,斜置或斜切尾翼致转方式能够有效地减小由气动外形偏心产生的散布。为了使得主动段和被动段的散布都能有效地减小,可以采用螺旋导槽致转和斜置尾翼,或导流片和斜置尾翼两种技术措施相结合的方法。

单纯从减小推力偏心、质量偏心和气动偏心引起散布的角度考虑,火箭弹自转角速度越高,这3种随机误差产生的散布越小。但增大转速会使得动不平衡度产生的散布增大。因此,在选择转速范围时,应综合考虑多种有关因素的影响。另外,从火箭弹的飞行稳定性及全弹动态强度的角度考虑,所选择的自转频率还应该避开火箭弹的摆动频率和固有频率。

5.8.3 动静不平衡度修正技术

由于加工制造和装配误差,或者全弹结构中存在非轴对称分布的零部件,每发火箭弹都不可避免地存在动不平衡度(一般用动不平衡角 β_d 衡量)和质量偏心距 Δ_m。对低速旋转的火箭弹,动静不平衡度的存在不但会在弹道上使火箭弹产生散布,而且在发射时会使炮口扰动增大。为了减小动静不平衡度对密集度指标的影响,必须采取一定的技术措施减小动静不平衡度的量值。在设计及生产中可采取的措施有如下3种:

(1)尽可能使火箭弹的零部件绕几何纵轴对称分布。

（2）采用高精度加工、装配手段,减小尺寸、形状及装配误差。

（3）对完成总装后的全弹进行动平衡测试,采用配重的方法减小动静不平衡度量值。

某型号火箭弹不加动静不平衡度修正与分别进行动静不平衡度修正的质量偏心距、动不平衡角中间偏差及立靶散布试验结果如表5-17所列。

表 5-17　某火箭弹的动静不平衡度及立靶散布参数

修正方式	$\overline{\Delta}_m$ /mm	$\overline{\beta}_d \times 10^{-3}$ /rad	B_z/X_m	B_x/X_m
未修正	0.0584	0.340	1/190	1/155
静平衡修正	0.0094	0.289	1/267	1/242
动平衡修正	0.0135	0.102	1/300	1/333

5.8.4　提高炮口速度技术

由火箭弹散布理论可知,当外弹道上推力加速度一定时,提高炮口速度 v_0,可以增大有效定向器长度 s_0,从而可使得由起始扰动、推力偏心和阵风等随机因素产生的主动段末速度矢量偏角散布中间偏差 $\overline{\psi}_k$ 减小。另外,炮口速度 v_0 提高以后,可使火箭弹离轨后的动量及稳定力矩增大。动量增大可以提高火箭弹的抗干扰能力,在随机扰动因素一定的情况下,可以减小火箭弹的散布。气动稳定力矩增大可以减小火箭弹的横向摆动角幅值,从而使得火箭弹散布减小。火箭弹主动段末速度矢量偏角散布中间偏差随炮口速度 v_0 的变化规律如图5-43所示。

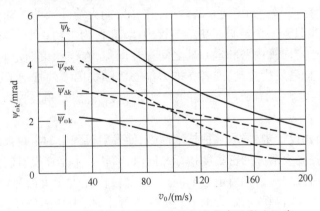

图 5-43　炮口速度对速度矢量偏角散布的影响规律

常用的提高炮口速度的技术途径有以下几种:

（1）采用单室双推力火箭发动机装药设计技术,增大火箭弹在膛内运动时的加速度;

（2）采用大推力助推火箭发动机技术;

（3）采用火炮发射火箭增程弹技术;

（4）加长发射管长度。

5.8.5　尾翼延迟张开技术

对尾翼式火箭弹来说,横风是使火箭弹产生散布的主要因素之一。当有横风 $w_\perp$ 存在时,火箭弹相对于空气的速度为 $\boldsymbol{v}_r = \boldsymbol{v} - \boldsymbol{w}_\perp$,在相对速度 $\boldsymbol{v}_r$ 和火箭弹飞行速度 $\boldsymbol{v}$ 之间将产生一角度

$\alpha_w = \arctan \dfrac{w_\perp}{v}$ 。如果出炮口瞬间弹轴方向与速度矢量 $\boldsymbol{v}$ 一致，α_w 为一附加攻角,此攻角的存在将会使火箭弹产生俯仰力矩 M_z ,M_z 将会使弹轴及推力作用线偏离速度矢量 $\boldsymbol{v}$,从而在垂直于速度矢量 $\boldsymbol{v}$ 的方向上产生一法向力,该法向力使火箭弹偏离理想弹道。由空气动力分析可知,如果尾翼不张开,光弹体产生的俯仰力矩为翻转力矩,当攻角存在时,它会使攻角 α_w 增大,从而使得弹轴向顺风的方向偏转,最终导致火箭弹向顺风的方向偏移。当尾翼张开时,全弹产生的俯仰力矩为稳定力矩,该力矩使攻角 α_w 减小,弹轴向迎风方向偏转,使火箭弹产生迎风偏。

如果在发射过程中,火箭弹出炮口后的一段距离上先使得尾翼不张开,使火箭弹产生顺风偏,当飞行到某一位置时尾翼快速张开到位,使火箭弹产生迎风偏,最终使得迎风偏离的位移抵消初始段产生的顺风偏离的位移,从而使得火箭弹的横向散布减小。

尾翼延迟张开技术主要适用于主动段比较长的火箭弹。由于在尾翼未张开之前,空气动力产生的俯仰力矩为翻转力矩,火箭弹的飞行为非稳定状态。如果在此状态下飞行时间过长,可能会使火箭弹产生较大的攻角,从而导致翻转。因此,在火箭弹设计中,应该通过理论分析和试验研究,合理地确定尾翼延迟张开的时间。

5.8.6 同时离轨技术

火箭弹在发射过程中一般经过闭锁期、约束期、半约期和自由飞行期 4 个阶段。闭锁期是指火箭炮上的闭锁挡弹机构对火箭弹的轴向运动进行约束,火箭弹还没有产生轴向运动的阶段;约束期是指火箭弹已开始沿定向管轴向运动,火箭弹体上的定心部至少有两个仍在定向管内。由于至少两个定心部受到定向管的约束,在约束期火箭弹轴的摆动角速度、摆动角及速度矢量偏角都较小;当只有一个定心部在定向管内运动时,为半约束期。虽然定心部一般都具有一定的宽度,但由于定向管内壁和定心部之间存在间隙,在半约束期定向管只对后定心部的一点进行约束。当定向管发生振动,或者在推力偏心等随机因素的扰动下,火箭弹将围绕后定心部上的约束点产生摆动,从而产生较大的摆动角速度 、摆动角及速度矢量偏角等初始扰动值。

如果在总体及结构设计中,采取某种技术措施,使发射过程中的半约束期消失,将会有效地减小起始扰动,从而提高火箭弹的密集度指标。同时,离轨技术是在发射装置设计中,定向管设计成阶梯管,定向管后段与火箭弹后定心部同口径,前段内径大于火箭弹定心部直径。当将火箭弹装入发射管时,在火箭弹的前定心部上装配一支撑卡环,卡环的外径与定向管前段内径相同。在火箭弹发射时,后定心部沿定向管后段内壁运动,卡环随火箭弹一起沿定向管前段内壁运动,当卡环出炮时,后定心部同时脱离定向管后段,火箭弹完全脱离了定向管的约束,处于自由飞行状态。在飞行过程中,前定心部上的卡环在空气动力的作用下,从弹体上脱落。试验结果表明,采用同时离轨技术措施,消除了半约束期后,可以有效地提高火箭的密集度指标。

第6章 发射安全性设计

弹药在发射时的安全性,是指各零件在膛内运动中都能保证足够的强度,不发生超过允许的变形;炸药、火工品等零件不会引起自燃、爆轰等现象,使弹药在发射时处于安全状态。

弹药在膛内运动时,受各种载荷的作用。由于这些载荷的作用,弹药各零件都会发生不同程度的变形,当此变形超过一定允许程度,就可能影响弹药沿炮膛正确地运行,严重时会使弹药在膛内受阻,或弹药零件发生破裂,或炸药被引爆等而发生膛炸事故。如果发生这些情况,将认为弹药发射时不安全。这是弹药设计中绝对不允许的。

在弹药发射强度计算方面,由于弹药结构形状的不规则性,所受载荷与变形的复杂性,故至今尚没有一种精确的解析方法来计算弹药的强度,一般都要使用简化假设才能做应力应变计算,或者采用数值计算近似解。另外,对弹药及其零件的强度条件也应当做专门考虑,简单地采用机械设计中的强度条件对于只作一次使用的弹药来说,也存在一定的不合理性。总之,在计算弹药强度的同时,必须注意参考各种现用弹药在战斗中所积累的有关经验数据。在初步的计算结果基础上,最终还要经过一系列严格的射击试验进行校核。

6.1 载荷分析

弹药及其零件发射时在膛内所受到的载荷主要有火药气体压力、惯性力、装填物压力、弹带压力(弹带挤入膛线引起的力)、不均衡力(弹药运动中由不均衡因素引起的力)、导转侧力和摩擦力。

上述这些载荷,有的对发射强度起直接影响,有的则主要影响膛内运动的正确性。其中以火药气体压力为基本载荷。在火药气体压力作用下,弹药在膛内产生运动,获得一定的加速度,并由此引起其他载荷。

所有这些载荷在作用过程中,其值都是变化的。变化过程有些是同步的,有些则不同步。为此应找到其最大临界状态时的值,并使设计的弹药在各相应临界状态下都能满足安全性要求。

6.1.1 火药气体压力

火药气体压力是指炮弹发射中,发射药被点燃后,形成大量高压气体。在炮膛内形成的气体压力,称为"膛压"。

1. 膛压曲线

火药气体压力一方面随着发射药的燃烧而变化,另一方面又随着弹药在膛内的运动而变化,图6-1所示为膛压随弹药行程的变化规律。膛压曲线上的最大值 p_m 表示火药气体压力的最大值,设计弹药的强度计算必须考虑这个临界状态。

获得膛压曲线的一种方法是按照装药条件以内弹道基本问题解出;另一种方法是用试验测

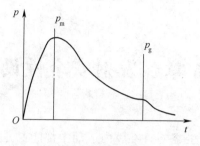

图 6-1　膛压曲线

定。对新火炮系统,只能用前一种方法获得;对现有火炮系统,可用前者也可用后者来求得。

2. 弹底压力

用上述方法获得的膛压曲线上的膛压值,实际上是指弹后容积的平均压力。弹药在膛内运动过程中,任一瞬间弹后容积内的压力分布是不均匀的,其分布情况大致如图 6-2 所示。

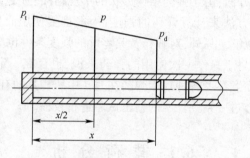

图 6-2　弹后容积内火药气体压力的分布

以炮膛底部压力 p_t 为最大,然后沿弹药运动方向近似按直线关系递减。在弹底处,压力 p_d 最小。弹后空间的平均压力 P 即为膛压曲线上的名义压力值。

根据内弹道学可知:

$$p_t = p_d \left(1 + \frac{m_\omega}{2m} \right) \tag{6-1}$$

式中: m_ω 为发射药质量(kg); m 为弹药质量(kg)。

假设按直线关系递减,则

$$p = \frac{1}{2}(p_t + p_d) \tag{6-2}$$

由式(6-1)、式(6-2),得

$$p_d = \frac{p}{1 + \dfrac{m_\omega}{4m}} \tag{6-3}$$

在临界状态 $p = p_m$,相应最大弹底压力为

$$p_{dmax} = \frac{p_m}{1 + \dfrac{m_\omega}{4m}}$$

对于一般火炮,比值 $\dfrac{m_\omega}{m} \approx 0.2$,故 $p_{dmax} \approx 0.952 p_m$;对高初速火炮,比值 m_ω/m 可达到 1,

194

则 $p_{dmax} \approx 0.8 p_m$,也就是说弹药实际上承受的火药气体压力 p_d ,比膛压曲线的压力名义值 p 要小 $5\% \sim 20\%$ 。

弹底压力可以通过试验方法测定,例如在弹底装一个压力传感器(如压电式传感器,或应变式传感器)。在发射过程中,传感器将弹底上所受到的压力信号传出炮口并记录。信号传输可以用导线法、光学法、遥测法等,其中的导线法最为简单,图6-3为弹底压力测定的示意图。用此法测得 $p_t/p_d \approx 1.1 \sim 1.2$ 。

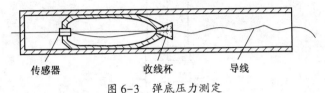

图6-3　弹底压力测定

3. 火药气体的计算压力

计算弹体及零部件强度所采用的压力,称为火药气体的计算压力,以符号 p_j 表示。

计算压力值的确定,实际上就是考虑在各种情况下弹底所承受压力的最大可能值。从实际情况考虑,发射药温度对膛压的影响十分显著,因此在计算压力时主要考虑温度的影响。

一般所指的最大膛压 p_m 是相应于标准条件($t = 15℃$)下的数值,如果发射时药温由于某种原因比标准值上升了 Δt ,则相应的最大膛压也将改变,其变化量 Δp_m 可由经验公式求得:

$$\Delta p_m = \alpha p_m \Delta t \tag{6-4}$$

式中: α 为温度修正系数,取决于发射药性质和最大膛压的范围,其值约为 0.0036。

因此,在非标准条件下,最大弹底压力可用式(6-3)修正为

$$p_{dt} = \frac{(1 + \alpha \Delta t)}{1 + \dfrac{m_\omega}{4m}} p_m \tag{6-5}$$

在确定计算压力 p_j 时,必须考虑最不利情况下的 p_{dt} 值,并使 $p_j \geqslant p_{dt}$ 。目前,我国尚未对计算压力作统一规定。根据我国各地区气温的变化情况,再考虑在炎热条件下,发射药的实际温度会超过气温的最不利条件,所以暂定发射药的温度变化条件为 $-40 \sim +50℃$ 。在极值情况下, $t = 50℃$, $\Delta T = 35℃$ 。对火炮弹药, $m_\omega/m = 0.2$,则 $P_{d(t=50℃)} \approx 1.07 p_m$ 。迫击炮弹一般 m_ω/m 较小,弹底上最大压力不会超过 $1.07 p_m$ 根据 $p_j \geqslant p_{dt}$ 的条件,目前各类火炮都取

$$p_j = 1.1 p_m \tag{6-6}$$

美国取 $p_j = 1.2 p_m$,法国也取 $p_j = 1.2 p_m$,苏联取 $p_j = 1.1 p_m$ 。

另外,弹药靶场验收试验中,对弹体强度试验规定采用强装药射击。强装药即用增加装药量或保持高温的方法,使膛压达到最大膛压的1.1倍。

4. 弹药上的压力分布

对于线膛火炮所配用的旋转稳定式弹药,由于有弹带的密闭作用,火药气体几乎完全作用在弹带后部的弹尾区,如图6-4所示。

在有些情况下,如火炮膛线磨损过大,弹带直径偏小,有部分火药气体通过弹带缝隙泄出,则弹带前部的弹体也受到部分火药气体压力的作用,但此值较小,对弹体强度影响不大。有些线膛火炮发射的弹药,要求弹药不发生旋转或微旋,这类弹药没有弹带,火药气体可以通过炮膛与弹药间的缝隙以及火炮阴线沟槽向前洩出。在这种情况下,弹体的整个圆柱部上均作用有火药气体压力。但由于定心部与炮膛间缝隙较小,气流经过缝隙速度加快,压力下降。因此,作用

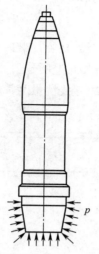

图 6-4 弹药上的压力分布

在弹体圆柱部与定心部上的压力将小于计算压力,其减少程度将取决于弹炮间隙及火炮磨损情况,一般由试验确定。

滑膛炮弹如迫击炮弹、无坐力炮弹、高膛压滑膛炮弹均没有弹带,火药气体在推动炮弹向前运动同时,通过弹炮间隙向外泄出,因此作用在弹体上的火药气体压力可以认为弹尾部为均布载荷,数值为计算压力,圆柱部为线性分布,如图6-5所示。

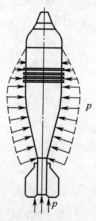

图 6-5 迫击炮弹上的压力分布

有些弹药为了提高射击精度,在弹上装有闭气环。可以认为,闭气环前部不受火药气体压力作用,而后部则全部作为计算压力考虑。

6.1.2 惯性力

弹药在膛内做加速运动时,整个弹药各零件上均作用有直线惯性力。对旋转弹药,还产生径向惯性力与切向惯性力。

1. 轴向惯性力

弹药发射时,火药气体推动弹药向前运动,产生加速度。由牛顿第二定律,得

$$a = \frac{\mathrm{d}v}{\mathrm{d}t} = \frac{p\pi r^2}{m} \tag{6-7}$$

196

式中：p 为计算压力，为方便计算，本章内 p_j 均以 p 表示；r 为弹药半径。

由于加速度存在，弹药各断面上均有直线惯性力，作用在弹药任一断面 $n-n$ 上的惯性力 F_n 为（图 6-6）

$$F_n = m_n a = p\pi r^2 \frac{m_n}{m} \tag{6-8}$$

式中：m_n 为 $n-n$ 面以上部分弹药质量。

由于弹药各断面上的质量是不相等的，故各断面上所受的惯性力也不相等，越靠弹底，m_n 越大，F_n 也越大。

加速度值（过载）是弹药设计（包括引信、火工品设计中）的重要参量。加速度越大，各断面上所受的惯性力也越大。对于一定的火炮弹药系统，其加速度值为定值，一般也可用重力加速度 g 的倍数表示。

目前常用火炮系统的最大加速度值为

小口径高炮　　　　　　　　$a = 40000g$

线膛火炮　　　　　　　　　$a = 10000 \sim 20000g$

迫击炮　　　　　　　　　　$a = 4000 \sim 10000g$

无坐力炮　　　　　　　　　$a = 5000 \sim 10000g$

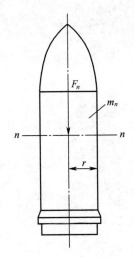

图 6-6　作用 n-n 断面上的惯性力

2. 径向惯性力

径向惯性力是由于弹药旋转运动所产生的径向加速度（向心加速度）而引起的（图 6-7）。断面上任一半径 r_1 处质量 m_1 的径向惯性力为

$$F_r = m_1 r_1 \omega^2 \tag{6-9}$$

式中：ω 为弹药的旋转角速度。

当膛线为等齐膛线时，弹药的旋转角速度与膛内直线运动速度的关系为

$$\omega = \frac{\pi}{\eta r} v \tag{6-10}$$

式中：η 为膛线缠度（以口径倍数表示）。

将 ω 值代入式（6-9），则径向惯性力为

$$F_r = m_1 r_1 \left(\frac{\pi}{\eta r}\right)^2 v^2 \qquad (6-11)$$

由式(6-11)可知,径向惯性力与速度平方正比。随着弹药在膛内向前运动,速度越来越大,径向惯性力也越来越大,直至炮口达最大值。

3. 切向惯性力

切向惯性力是由弹药角加速度 $d\omega/dt$ 引起的(图6-7),断面上任一半径 r_1 处质量为 m_1 的切向惯性力为

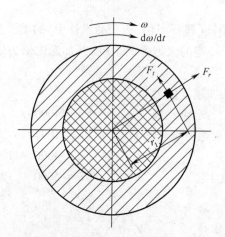

图 6-7　弹药的径向惯性力和切向惯性力

$$F_t = m_1 r_1 \frac{d\omega}{dt} \qquad (6-12)$$

当膛线为等齐时,弹药的角加速度与轴向加速度成正比,即

$$\frac{d\omega}{dt} = \frac{\pi}{\eta r} \frac{dv}{dt} \qquad (6-13)$$

代入式(6-12),并考虑式(6-7)的关系,得

$$F_t = \frac{p\pi^2 r r_1}{\eta} \cdot \frac{m_1}{m} \qquad (6-14)$$

从式(6-14)可知,切向惯性力与膛压成正比。

4. 惯性力

由上述可知,弹药任意断面上的惯性力由下列 3 式决定。

$$F_n = p\pi r^2 \frac{m_n}{m}$$

$$F_r = m_1 r_1 \left(\frac{\pi}{\eta r}\right)^2 v^2$$

$$F_t = \frac{p\pi^2 r r_1}{\eta} \cdot \frac{m_1}{m}$$

惯性力有如下规律:

(1) 惯性力在发射过程中的变化。比较上面 3 式可知,轴向惯性力 F_n 和切向惯性力 F_t 与膛压成正比,在发射过程中,其变化规律与膛压曲线相似。径向惯性力 F_r 与速度的平方成正

比,故其变化规律与速度曲线的变化趋势有关(图 6-8),所以 F_n 及 F_t 的最大值在最大膛压处,而 F_r 的最大值在炮口处。

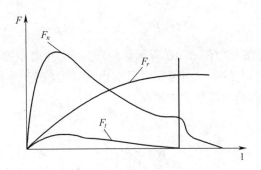

图 6-8　惯性力的变化曲线

(2) 惯性力的大小。轴向惯性力 F_n 与切向惯性力 F_t 相比较,后者较小,在极限条件下,其值也不超过前者 0.1 倍,即 $F_t \approx 0.1F_n$。故在强度计算时,切向惯性力可以略去。至于径向惯性力 F_r,虽然与 F_n 变化不同步,但就其最大值而言,仍然小于轴向惯性力。由图 6-8 可知,当 F_n 达到最大值时,F_r 仍很小,因此计算最大膛压时的弹药发射强度,也可以略去径向惯性力。如果计算炮口区的弹体强度,就应当考虑径向惯性力的影响。

(3) 惯性力对弹体变形的影响。对一般旋转式榴弹而言,轴向惯性力与火药气体压力的综合作用,使整个弹体均产生轴向压缩变形;切向惯性力的作用是使弹药产生轴向扭转变形。但对某些尾翼式炮弹(如迫击炮弹,无坐力炮弹),轴向惯性力与火药气体压力的综合作用,就不一定使整个弹体轴向都产生压缩变形,这是因为在尾翼弹的弹尾部,由于火药气体的直接作用,其任一断面 $n - n$ 以上的轴向力 N_n 应为轴向惯性力与火药气体总压力之差(图 6-9),即

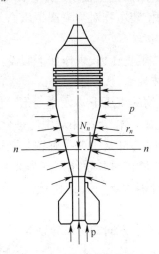

图 6-9　迫击炮弹的轴向力

$$N_n = p\pi r^2 \frac{m_n}{m} - p\pi(r^2 - r_n^2) = p\pi r^2 \left[\frac{m_n}{m} - \left(1 - \frac{r_n^2}{r^2} \right) \right] \tag{6-15}$$

式中:r_n 为断面 $n - n$ 的外半径。

从式(6-15)可知,轴向力并不都是压力,它与断面以上弹药的质量 m_n 及断面半径 r_n 有关。

当 $\frac{m_n}{m} > \left(1 - \frac{r_n^2}{r^2}\right)$ 时,轴向力为压力;当 $\frac{m_n}{m} < \left(1 - \frac{r_n^2}{r^2}\right)$ 时,轴向力为拉力;当 $\frac{m_n}{m} = \left(1 - \frac{r_n^2}{r^2}\right)$ 时,轴向力为零。

尾翼弹轴向力的变形情况如图 6-10 所示。由图可见,在整个弹轴上,绝大部分呈压力状态,而且压力的峰值比拉力大得多。在尾翼区局部出现拉力状态,并有某些断面出现轴向力为零的情况(并非所有尾翼弹都会出现这种情况)。

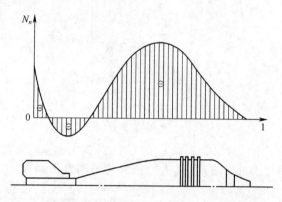

图 6-10 迫击炮弹轴向力的变化曲线

6.1.3 装填物压力

除某些特种弹、实心穿甲弹外,绝大多数弹药都装填炸药。发射时,装填物本身也产生惯性力,其中轴向惯性力使装填物下沉,因而产生轴向压缩径向膨胀的趋势,径向惯性力则直接使装填物产生径向膨胀,这两种作用均使装填物对弹壳产生压力。

1. 轴向惯性力引起的装填物压力

为了计算轴向惯性力引起的装填物压力,现作如下假设:

(1) 装填物为均质理想弹性体。

(2) 弹体壁为刚性,即在装填物的挤压下不发生变形。因为在一般情况下,金属弹体的弹性模量几乎比炸药大 100 倍左右,故上述假说,相对说还是合理的。

(3) 装填物对弹壁的压力为法向方向(忽略了弹壁与装填物间的摩擦影响)。

下面分析靠近断面内壁处的装填物对弹壁作用。为此在该处装填物上取一微元体(图 6-11),并令微元体上的三向主元力分别为 σ_z,σ_r,和 σ_t,而其中径向应力 σ_r,也就是装填物对弹壁的法向压力。

由弹性理论可知,此微元体在 3 个方向的变形分别为

$$\varepsilon_z = \frac{1}{E_c}[\sigma_z - \mu_c(\sigma_r + \sigma_t)]$$

$$\varepsilon_r = \frac{1}{E_c}[\sigma_r - \mu_c(\sigma_z + \sigma_t)]$$

$$\varepsilon_t = \frac{1}{E_c}[\sigma_t - \mu_c(\sigma_z + \sigma_r)]$$

式中:E_c 为装填物的弹性模量;μ_c 为装填物的泊松系数。

200

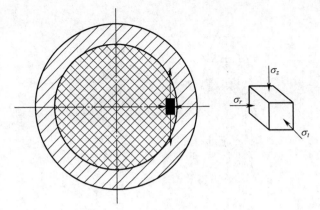

图 6-11　装填物微元体上的应力

由上述第二个假设可知,弹体壁不变形,故装填物的径向和切向也不发生变形,即

$$\varepsilon_r = \varepsilon_t = 0$$

由此可知

$$\sigma_r = \mu_{\mathrm{c}}(\sigma_z + \sigma_t)$$
$$\sigma_t = \mu_{\mathrm{c}}(\sigma_z + \sigma_r)$$

将上述二式联立,并消去 σ_t,得

$$\sigma_r = \frac{\mu_{\mathrm{c}}}{1 - \mu_{\mathrm{c}}} \sigma_z \qquad (6\text{-}16)$$

式中的轴向应力 σ_z 是由于装填物在轴向惯性力 $F_{\omega n}$ 的作用下产生的,由式(6-8)可知

$$F_{\omega n} = m_{\omega n} a = p \pi r^2 \frac{m_{\omega n}}{m}$$

其中:$m_{\omega n}$ 为此断面上部的装填物质量。

由此轴向惯性力在此断面上产生的轴向压应力即为 σ_z,其值为

$$\sigma_z = \frac{F_{\omega n}}{\pi r_{an}^2}$$

式中:r_{an} 为此断面上弹壳的内径。

将 $F_{\omega n}$ 代入上式,得

$$\sigma_z = p \frac{r^2}{r_{an}^2} \cdot \frac{m_{wn}}{m} \qquad (6\text{-}17)$$

再将 σ_z 值代入式(6-16),即可求得由轴向惯性力引起的装填物压力 p_{c},即

$$p_{\mathrm{c}} = \sigma_r = \frac{\mu_{\mathrm{c}}}{1 - \mu_{\mathrm{c}}} p \frac{r^2}{r_{an}^2} \cdot \frac{m_{\omega n}}{m} \qquad (6\text{-}18)$$

装填物的泊松系数 μ_{c} 随装填物的性质及装填条件而变化。对注装炸药 $\mu_{\mathrm{c}} = 0.4$;螺旋装药和压装时 $\mu_{\mathrm{c}} = 0.35$;对于液体及一切不可压缩材料 $\mu_{\mathrm{c}} = 0.5$。

当所取断面位于弹药内腔的锥形部时,由于单元体上的主应力方向改变,使 p_{c} 的精确表达式变得十分繁复。为简化起见,在设计实践中均将装填物看作液体来处理,这样只需考虑断面上方相应装填物柱形体内的质量 $m'_{\omega n}$ 来计算装填物压力,而将其余部分 $m''_{\omega n}$ 附加作用在弹体金属上(图6-12),尾翼式弹药也是如此。

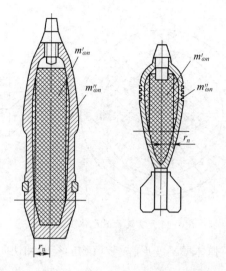

图 6-12　作用在 $n\text{-}n$ 断面上装填物质量

这时 $n-n$ 断面上装填物对弹壁压力为

$$p_c = p\frac{r^2}{r_{an}^2} \cdot \frac{m'_{\omega n}}{m}\tag{6-19}$$

由此可知,装填物压力 p_c 是与膛压 p 成正比的,因而在发射过程中其变化规律也与膛压曲线相似。

2. 径向惯性力引起的装填物压力

径向惯性力即离心惯性力。弹药旋转时,在离心惯性力的作用下,装填物向外膨胀,从而对弹壁有压力。如将装填物按液体处理,截取单位厚度的炸药微元体进行计算,只要研究中心角为 α 的小扇形块对弹壁的压力。设微元体的离心惯性力为 $\mathrm{d}F_r$,(图 6-13),则

$$\mathrm{d}F_r = \mathrm{d}mr_k\omega^2\tag{6-20}$$

式中: $\mathrm{d}m$ 为微元体的质量; r_k 为微元体的半径; ω 为弹药的旋转角速度。

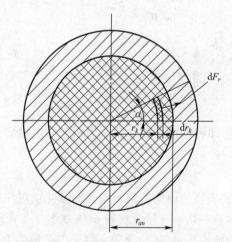

图 6-13　径向惯性力引起的装填物压力

由图可知

$$\mathrm{d}m = \alpha\rho_\omega r_k \mathrm{d}r_k\tag{6-21}$$

式中：ρ_ω 为装填物密度（kg/m^3）。

代入式（6-20），并在小扇形块内积分，就可得小扇形块总的离心惯性力为

$$F_r = \int_0^{r_{an}} \alpha\rho_\omega\omega^2 r_k^2 dr_k = \alpha\omega^2\rho_\omega\frac{r_{an}^3}{3} \tag{6-22}$$

此离心惯性力作用在弹体内壁的扇形柱面上，则由离心惯性力引起的装填物压力 p_r 为

$$p_r = \frac{F_r}{\alpha r_{an}} = \frac{r_{an}^2}{3}\omega^2\rho_\omega$$

考虑式（6-10），则

$$p_r = \frac{\pi^2\rho_\omega}{3}\left(\frac{v}{\eta}\right)^2\left(\frac{r_{an}}{r}\right)^2 \tag{6-23}$$

由式（6-23）可知，p_r 与弹药速度的平方成正比，其变化规律也和速度曲线变化趋势有关。

总的装填物压力应为 p_c 与 p_r 之和。但这两个力并不同步，p_c 在最大膛压时刻达到最大，p_r 则在炮口区达到最大。从绝对值大小讲，p_r 远较 p_c 为小，所以在计算最大膛压时的弹体强度，可以忽略 p_r 的影响。

6.1.4　弹带压力

弹药入膛过程中，弹带嵌入膛线，弹带赋于炮膛一个作用力；反之炮膛壁对弹带也有一个反作用力，均称为弹带压力。此压力使炮膛发生径向膨胀，并使弹带、弹体产生径向压缩，所以此力是炮管、弹药设计中需要考虑的一个重要因素。

1. 弹带压力产生的原因

如前所述，弹带入膛时有强制量 δ 存在（图6-14），所以在嵌入过程中，弹带金属将发生以下变化：

（1）弹带发生弹塑性变形，并挤入炮管膛线内。

（2）弹带被向后部挤压，挤压后的弹带材料顺延在弹带后部，尤其是被炮膛阳线凸起部挤出的弹带材料，发生轴向流动，使弹带变宽。

（3）少量弹带金属将被膛线切削下来，成为铜屑，有的粘在炮膛内部，有的留在膛内。一般情况下，由炮弹发射装药内的除铜剂将其清除掉。

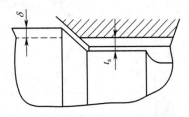

图 6-14　弹带入膛时的情况

由此可见，弹药的入膛过程，是一种强迫挤压的过程，必须有一定的启动压力（挤进压力）弹药才开始运动。一旦弹带嵌入膛线，弹带处将受到很大的径向压力即弹带压力。

弹带压力一般用 p_b 表示，是指炮膛壁赋予弹带的压力，并非直接作用在弹体上，但此力经由弹带材料的传递，包括弹带材料变形的消耗，再作用在弹体材料上。这个压力也称为弹带压力，用 p_{b1} 表示。p_{b1} 对弹体强度有较大的影响。

2. 弹带压力的分布与变化

如果弹带的加工是对称的,装填入膛与嵌入膛线也是均匀的和对称的,那么弹带压力的分布也是对称的均匀的(图6-15(a)),如果弹带加工具有偏差,或弹带嵌入时偏向一方,则弹带压力也相应偏向一边(图6-15(b))。

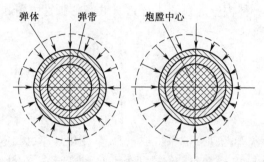

(a)弹带中心与炮膛中心相重合 (b)弹带中心与炮膛中心不重合

图6-15 弹带压力分布情况

这种弹带压力不对称的情况,会造成弹药在膛内的倾斜,严重时,将使定心部或圆柱部产生膛线印痕,使弹药出炮口后射击精度变差。

弹带压力在弹药沿炮膛的运行过程中,其变化情况如图6-16所示。弹带刚嵌入膛线时,弹带压力随之产生,并且迅速上升,至弹带全部嵌入完毕而达到最大值p_{bm},但此时膛压还很低。随着弹药向前运动,膛压急剧上升,使炮膛发生径向膨胀,弹体发生径向压缩,减弱了炮膛壁与弹带的相互作用;另一方面由于弹带在嵌入过程中的被磨损与切削,都会使弹带压力逐渐下降。对于薄壁弹体,其影响更为显著。在最大膛压时,弹带压力将减至最小值,甚至为零,即在此瞬间,弹带与炮膛内壁之间互相没有压力作用。当弹药经过最大膛压点后,火药气体压力开始下降,膛压对弹带压力的影响效应随之减弱,对于厚壁弹体(图6-16曲线a),弹带压力下降开始缓和,下降至一定程度后,弹带压力趋于稳定,直至炮口;对于薄壁弹体,由于火药气体压力的影响效应超过弹带的磨损因素,所以当膛压下降时其弹带压力将有所回升(图6-16中的曲线b和c)。弹药出炮口后,弹带压力全部消失。

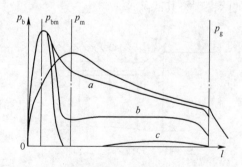

图6-16 弹带压力的变化情况

3. 影响弹带压力的因素

1) 弹带强制量δ的大小

弹带强制量δ是密闭火药气体和保证赋于弹药旋转所必须的,如果强制量δ为零,将会引起火药气体外泄、初速产生跳动进而影响射弹精度;但若强制量δ增加,弹带在嵌入过程中,被

204

挤压的金属增多,因而弹带压力也会增加。如果强制量增加很多,弹带压力将不正比地增加,这是因为这时大部分弹带材料被剪切和推向后部,使弹带压力不会明显上升,但会造成较多的铜屑留在膛内,影响火炮的射击精度。

2)弹带材料性质

弹带材料的力学性能,特别是其韧性或延展性的好坏,将影响弹带压力的大小。一般弹带均采用软质韧性较大的材料制成,使弹带容易产生变形,并减小嵌入时的阻力。当材料产生流动后,内部应力将不再增加,弹带压力也就不会增加。反之,过硬的材料将会使弹带压力增大,从而会削弱弹体强度。

3)弹带的尺寸与形状

弹带尺寸中对弹带压力影响较大的是弹带宽度与前倾角。弹带宽度不宜过大。宽度过大,弹带难于嵌入膛线,而且被挤压和剪切下来的弹带材料过多地堆积在弹带后部,不利于弹药继续运动,造成弹带压力的增加。具有前倾角的弹带,易于嵌入膛线,能减缓弹带压力的增加。弹带上的沟槽能容纳被挤压与剪切下来的金属,也可以使弹带压力减小。

4)弹体的壁厚与弹体材料性质

由图6-16可知,如果弹体壁较薄,弹体材料较软,在弹带嵌入过程中,弹体发生的径向压缩较大,实际上等于减少了弹带强制量 δ ,因而可减小弹带压力。但对于弹带位于弹底附近(如小口径高射榴弹、底凹弹等)的弹药结构,没有多大影响。

5)炮膛的尺寸与材料

炮膛的膨胀变形也会减小弹带压力。而炮膛尺寸与所用材料决定着炮膛的变形程度,但其影响甚微,一般可不考虑。

6)火药气体压力的大小

火药气体压力大小将直接影响弹药和炮膛的变形程度,并间接影响弹带的压力大小。在最大弹带压力 p_{bm} 时,火药气体压力较小,因而对 p_{bm} 的影响不大,但对弹药继续运行过程中的弹带压力,有一定程度的影响。

4. 弹带压力的试验测定

由于影响弹带压力的因素较多,很难直接列出解析表达式。利用试验方法来测定弹带压力将是有效的方法,这种方法是用真实弹体从实际炮膛中挤压出去,并测出炮膛外表面的应变值,从而可计算出弹带压力值。具体试验装置如图6-17所示。

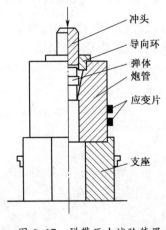

图6-17　弹带压力试验装置

截取一段实际的炮管,其位置必须在坡膛部前后,并保留完整的坡膛部,其长短视压力机的工作行程而定。在炮管外表面适当位置粘贴应变片。炮管下面有一支撑座,以便于取出压过后的弹体。将真实弹体从炮膛中压入。当弹带嵌入膛线后,弹带压力达到最大,炮膛发生变形。当炮膛壁较厚和所用材料较硬时,一般处于弹性变形范围以内。因此,在测出炮管外表面应变值后,就可计算内膛的弹带压力值。

试验的困难之处在于测得炮管外表面的应变值后,如何计算相应的弹带压力值。当弹带嵌入炮管膛线后,在炮膛内壁的局部位置上受到弹带压力 p_b,其作用宽度等于弹带宽度。另外,由于炮管膛线有缠度和摩擦所产生的影响,在此宽度上还作用有轴向力 F。一般情况下,炮管也可看作厚壁圆筒,但受局部载荷,可采用有限元法计算出弹带压力与炮管应变的关系。

试验需要测量的数据为炮管外表面的应变 ε (通过应变片,动态应变仪、示波器等)和轴向压力 F (通过压力机上读数,或用压力计测得)。当弹药开始压入炮管,应变片立即反映出弹带压力的变化,随着弹带向前运动,即嵌入量增加,弹带压力随之增加,应变也随之加大。当弹带通过粘贴应变片位置的横截面时,应变达到最大值。弹带通过此截面继续向前运动,其应变片上反映出的应变值也逐渐减小。所以严格地说,应变片上测出的应变,是弹带嵌入过程中,在炮膛壁某一断面上的应变值。如果需要测出最大弹带压力 P_{bm} 则应将应变片贴在弹带全部嵌入膛线时相应的截面处。

如果需要求出弹带压力的变化情况,可在炮管沿轴线的表面上多贴一些应变片,分别测出多条应变与行程关系曲线,从中可求得弹带压力的变化情况。图 6-18 表示测出的 57mm 高射榴弹的 $\varepsilon_t - l$ 曲线。

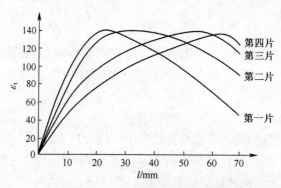

图 6-18　57mm 高射榴 $\varepsilon_t - l$ 曲线

试验中没有考虑实际弹药发射时的火药气体压力,因而测得的弹带压力可能偏大。另外,由压力机将弹带压入炮管比较缓慢,属于静态压力,摩擦力的影响也考虑偏大。为了消除这两个影响因素,可采用动态射击试验。一种方法是将弹药固定在某一固定杆上,用空气炮将炮膛模发射过来,使弹带嵌入膛线,可测出动态的弹带压力;另一种方法是将弹药在真实火炮内发射,并在炮管外表面粘贴一系列应变片,测出动态射击条件下的应变值,再通过有限元法计算其弹带压力。

5. 弹带压力计算

影响弹带压力的因素很多,要写出其解析表达式是困难的。一般而言,是在试验的基础上,推导出满足一定条件的经验关系式,以便估算弹带压力。

为推导关系式,现作如下假设:

(1) 弹体材料与弹带材料均满足线性硬化条件,即应力应变曲线呈双线性关系(图 6-19)。

在弹性阶段,弹性模量 $E = \tan\alpha_1$ 达到屈服应力 σ_s 后,直线斜率为 $\tan\alpha_1$,称为强化模量 E',并存在强化参数 λ,即

$$\lambda = \frac{E - E'}{E} \qquad (6\text{-}24)$$

对于一般弹体钢材,$\lambda = 0.95 \sim 1.0$;弹带铜材,$\lambda = 0.98 \sim 0.99$。

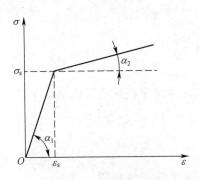

图 6-19　真实应力曲线

（2）在塑性变形中,弹体的金属材料体积不变。

（3）弹体变形中发生的径向压缩量在内外表面相等,此假设的误差不会超过 4%。

将弹体看作半无限长圆筒,以其一端置于刚性壁内,近似表征弹底的影响(图 6-20)。设弹带压力为 p_b,经弹带传到弹体上的力为 p_{b1}。考虑弹带嵌入后能充满膛线的情况(强制量 $\delta > 0$ 的情况),对于弹体利用壳体理论,对于弹带利用大变形塑性理论。

图 6-21 所示为弹带区的尺寸。

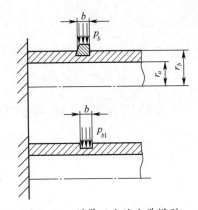

图 6-20　弹带压力的力学模型

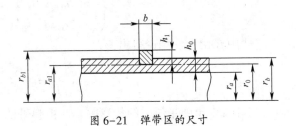

图 6-21　弹带区的尺寸

弹体部分:

r_a——弹带区弹体内半径;

r_b——弹带区弹体外半径;

r_0——弹带区弹体中间半径,

h_0——弹体弹带区壁厚;

E_0——弹体材料弹性模量;

λ_0——弹体材料强化参数;

δ_{s0}——弹体材料屈服极限;

W_0——弹体压缩变形,半径上的位移量。

弹带部分:

r_{b1}——弹带外半径,如有沟槽,可用等效外径(用面积等效法计算);

r_{a1}——弹带内半径;

h_1——弹带厚度;

b——弹带宽度;

E_1——弹带材料弹性模量,

λ_1——弹带材料强化参数;

δ_{s1}——弹带材料屈服限;

δ_1——弹带平均强制量,即弹带外半径减去膛线平均半径。

炮膛膛线部分:

r_l——炮膛阳线半径;

r_g——炮膛阴线半径;

r_c——炮膛平均半径,采用面积等效法求得,

b_l——阳线宽度;

b_g——阴线宽度。

首先,求出弹体所受局部载荷 p_{b1} 与弹体变形 W_0 的关系,即

$$p_{b1} = A_0 + B_0 W_0 \tag{6-25}$$

式中:A_0, B_0 是与弹体尺寸、材料有关的系数,分别为

$$A_0 = 0.94\lambda_0 \frac{r\delta_{s0}}{KE_0}\left(1 + \frac{h_0}{2r_0}\right) \tag{6-26}$$

$$B_0 = \frac{1}{K}(1 - 0.94\lambda_0) \tag{6-27}$$

其中,K 值是由壳体理论推导出来的变形与载荷关系的系数,在弹带不是位于弹底处情况下,K 值为

$$K = \left(1 + \frac{h_0}{2r_0}\right)\frac{r_0^2}{E_0 h_0}\left[1 - e^{-\beta b/2}\cos\left(\frac{1}{2}\beta b\right)\right] \tag{6-28}$$

式中 β 由弹性理论得出,有

$$\beta = \sqrt[4]{\frac{3(1-\mu^2)}{r_0^2 h_0^2}} \tag{6-29}$$

其次,求出弹带压力的传递关系。由弹带的大变形规律可以导出

$$p_b - p_{b1} = A_1 + B_1 W_0 \tag{6-30}$$

式中:A_1, B_1 是与弹带尺寸材料有关的系数,有

$$A_1 = \frac{2\lambda_1 \delta_{s1}}{\sqrt{3}}\ln\left(\frac{r_{b1}}{r_{a1}}\right) \tag{6-31}$$

$$B_1 = \frac{4}{3r_{a1}}E_1(1 - \lambda_1)\left(1 - \frac{r_{a1}^2}{r_{b1}^2}\right) \tag{6-32}$$

最后,再求出弹带压力与弹带变形的关系。对于弹带充满膛线的情况,可得

$$p_b = A_2 - B_2 W_0 \tag{6-33}$$

其中：A_2，B_2 也是与弹带尺寸、材料有关的系数，有

$$A_2 = \frac{2\lambda_1\sigma_{s1}}{\sqrt{3}} + \frac{8}{3}E_1(1-\lambda_1)\frac{\delta}{h_1} \qquad (6-34)$$

$$B_2 = \frac{8}{3}E(1-\lambda_1)\left(\frac{1}{h_1} - \frac{1}{r_{b1}}\right) \qquad (6-35)$$

综合上述公式，由式(6-25)、式(6-30)和式(6-33)联立求解，得

$$\begin{cases} p_{b1} = A_0 + B_0W_0 \\ p_b - p_{b1} = A_1 + B_1W_0 \\ p_b = A_2 - B_2W_0 \end{cases}$$

求得

$$W_0 = \frac{A_2 - A_1 - A_0}{B_0 + B_1 + B_2} \qquad (6-36)$$

6.1.5　不均衡力

旋转弹药在膛内运动时，如果处于理想状况下，弹药与膛壁之间除弹带压力外不再有其他作用力。但实际上，由于下列不均衡因素的影响，弹药与膛壁之间互相还有作用力存在。这些不均衡因素是：弹药质量的不均衡性；旋转轴与弹轴不重合；火药气体合力的偏斜；炮管的弯曲与振动。

由于有不均衡因素，旋转弹药在膛内运动时，弹药的定心部将与炮膛接触，并产生压力，称为不均衡力。对旋转弹药而言，此力主要作用在上定心部与弹带上。对尾翼弹而言，主要作用在定心部与尾翼凸起部。不均衡力对弹药的发射强度影响不大，但对弹药出炮口的初始姿态影响较大，最后将直接影响弹药的射击精度。

下面主要讨论前 3 个因素引起的不均衡力，炮管振动的影响暂不考虑。

1. 由不均衡质量引起的力

由于弹药存在尺寸公差及材料密度公差，弹药的质量分布不可能完全对称，这种质量的不均衡性，发射时就破坏了弹药均衡运动的条件，将与膛壁之间产生作用力。为了更好地分析这些力，下面先介绍有关回转体的静平衡和动平衡的概念。

(1) 当一个质量均衡的回转体置于无摩擦的水平支座上(图 6-22(a))，其支座反力与重力相平衡。无论把回转体转到什么位置，物体都可以在该位置保持静止平衡，因而称为静平衡体。此物体旋转时，各质点离心力的合力为零，支座反力不会增加或减少，物体处于平衡状态，称为动平衡体(图 6-22(b))。如果物体由于质量不均衡，旋转时离心力合力不为零，支座反力除平衡其重力外，还将产生附加反力以平衡其转动形成的力矩，这种物体称为动不平衡体(图 6-22(c))。

一般讲任何动不平衡体都可以分解为一个动平衡体加上两个不均衡质量 m_1、m_2(图 6-22(d))，这两个质量的大小、位置(设 m_1 位于半径 r_1 处，m_2 位于半径 r_2 处)、夹角 α 的大小将用来表示物体动不平衡的程度。一般常用参量 D_1、D_2 来表示，有

$$D_1 = m_1r_1, \quad D_2 = m_2r_2 \qquad (6-37)$$

(2) 弹药的不均衡质量。显然，膛内运动的弹药是一个动不平衡体。由上所述，可以将它分解为一个动平衡体加上两个较小的不均衡的质量 m_1、m_2，并认为这两个质量分别位于上定

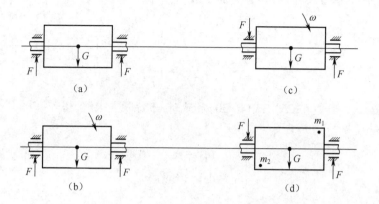

图 6-22　静平衡和动平衡

心部与弹带的外表面处(这样假设并不会引起很大误差,但可使问题简化)。

由上可知,m_1、m_2、α 的具体数值与加工精度、尺寸公差、材料密度等均有关系,一般只能通过试验确定。

当弹药沿炮膛运动时,弹药均衡部分产生的离心力互相抵消,而不均衡质量的影响则通过上定心部和弹带传至炮膛壁上,从而形成炮膛反力。

图 6-23 所示为弹药在膛内运动时所受的力,图中考虑两种极限情况,即 $\alpha = 0°$ 和 $\alpha = 180°$,其他情况显然均住此范围以内。根据力的平衡条件,可列出下列方程式:

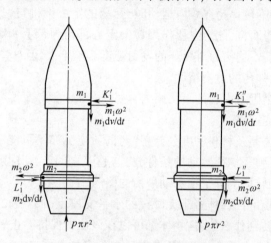

图 6-23　不均衡质量引起的膛壁反力

$\alpha = 180°$ 时,有

$$\begin{cases} K_1' + m_2 r\omega^2 = L_1' + m_1 r\omega^2 \\ (K_1' - m_1 r\omega^2 l_y + m_2 \dfrac{\mathrm{d}v}{\mathrm{d}t}r = m_1 \dfrac{\mathrm{d}v}{\mathrm{d}t}r) \end{cases} \tag{6-38}$$

式中:l_y 为上定心部中心至弹带中心的距离;ω 为弹药的旋转角速度;v 为弹药膛内速度;K_1 为作用在上定心部的质量不均衡力;L_1 为作用在弹带上的质量不均衡力;r ——弹药半径。

由这两个方程式,可以解出

$$\begin{cases} K_1' = r\left[m_1\omega^2 + (m_1 - m_2)\dfrac{1}{l_y}\dfrac{\mathrm{d}v}{\mathrm{d}t} \right] \\ L_1' = r\left[m_2\omega^2 + (m_1 - m_2)\dfrac{1}{l_y}\dfrac{\mathrm{d}v}{\mathrm{d}t} \right] \end{cases} \tag{6-39}$$

$\alpha = 0°$ 时,有

$$\begin{cases} K_1'' + L_1'' = m_1 r\omega^2 + m_2 r\omega^2 \\ (K_1'' - m_1 r\omega^2)l_y = \left(m_1\dfrac{\mathrm{d}v}{\mathrm{d}t} + m_2\dfrac{\mathrm{d}v}{\mathrm{d}t} \right)r \end{cases} \tag{6-40}$$

解得

$$\begin{cases} K_1'' = r\left[(m_1 + m_2) \right]\dfrac{\mathrm{d}v}{\mathrm{d}t}\dfrac{1}{l_y} + m_1\omega^2 \\ L'' = r\left[m_2\omega^2 - (m_1 + m_2)\dfrac{1}{l_y}\dfrac{\mathrm{d}v}{\mathrm{d}t} \right] \end{cases} \tag{6-41}$$

比较式(6-39)和式(6-41),可以看出:
$$K_1'' > K_1', L_1' > L_1''$$

也就是说,当 $\alpha = 180°$ 时,弹带处的不均衡力 L_1' 达到最大值;$\alpha = 0°$ 时,上定心部处的不均衡力 K_1'' 达到最大值。

2. 由旋转轴与弹轴不重合引起的力

回转体的动平衡性要求回转体绕其自身的对称轴旋转。如果绕对称轴以外的任何轴线旋转时,它的动平衡性也会遭到破坏,此时将会成为一个动不平衡体。

弹药装填入膛后,由于弹炮之间的间隙,弹药在膛内总是倾斜一些。此时弹药旋转是以炮膛轴线为旋转轴,于是在旋转轴(炮膛轴线)与弹轴之间将产生一定角度。最严重的情况是,上定心部完全靠在一边(图6-24),这时

$$\delta = \arctan\dfrac{\Delta}{l_y} \approx \dfrac{\Delta}{l_y} \tag{6-42}$$

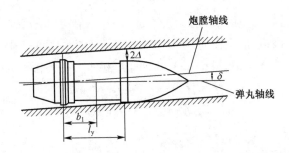

图 6-24 弹药在膛内的偏斜

式中:δ 为膛内最大偏转角;Δ 为弹炮半径上间隙,为火炮阳线半径减去弹药上定心部半径。

δ 值取决于弹药性能、火炮磨损以及炮手操作技术的熟练程度。

下面讨论旋转轴与弹轴不重合时所产生的不均衡力。

先选择直角坐标系 $O\text{-}XYZ$,原点位于弹带中心,X 轴与弹药的旋转轴重合,Y 轴垂直 OX 轴并在旋转轴与弹轴所成的平面内,Z 轴垂直 XOY 平面(图6-25)。

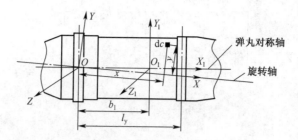

图 6-25　弹药上的旋转坐标系

在弹体上载取一个长条形单元体,它垂直于坐标平面 XOY,其横截面为 $\mathrm{d}x\mathrm{d}y$,质量为 $\mathrm{d}m$,质心坐标为 $(x,y,0)$。此单元体产生的离心力 $\mathrm{d}c$ 为

$$\mathrm{d}c = y\omega^2\mathrm{d}m$$

式中: ω 为弹药的旋转角速度。

积分上式,得出弹药的总离心力

$$c = \int_m \mathrm{d}c = \omega^2 \int_m y\mathrm{d}m = m\omega^2 b_1\sin\delta \tag{6-43}$$

式中: b_1 为弹药质心至弹带中心的距离。

因为 δ 值很小,故可视如 $\sin\delta \approx \delta$,所以

$$c = m\omega^2 b_1\delta \tag{6-44}$$

由于旋转轴不是弹轴,总离心力也不通过弹药质心。故在 XOY 平面内,不均衡力垂直于旋转轴 OX。

条形单元体的离心力对 Z 轴产生的转矩为

$$\mathrm{d}M = x\mathrm{d}c = xy\omega^2\mathrm{d}m$$

对整个弹药质量积分,则得总转矩为

$$M = \int_m xy\omega^2\mathrm{d}m = \omega^2\int_m xy\mathrm{d}m \tag{6-45}$$

式中: $\int_m xy\mathrm{d}m$ 为弹药对 X 轴和 Y 轴的惯性积,用 J_{xy} 表示。

为了求 J_{xy},必须另取一坐标系 $O_1X_1Y_1Z_1$,原点 O_1 取在弹药的质心, O_1X_1 轴与弹轴重合, O_1Y_1 轴位于旋转轴与弹轴组成平面内。可以看出,这两个坐标系的 XOY 平面和 $X_1O_1Y_1$ 平面重合, OX 轴和 O_1X_1 轴的夹角为 δ(图 6-25),这两个坐标系的关系由下列变换式得

$$\begin{cases} x = (b_1 + x_1)\cos\delta - y_1\sin\delta \\ y = (b_1 + x_1)\sin\delta + y_1\cos\delta \\ z = z_1 \end{cases} \tag{6-46}$$

将惯性积 J_{xy} 用此坐标系来表示,即

$$J_{xy} = \int_m (b_1\cos\delta + x_1\cos\delta - y_1\sin\delta)(b_1\sin\delta + x_1\sin\delta + y_1\cos\delta)\mathrm{d}m$$

$$= b_1^2\frac{\sin2\delta}{2}\int_m x_1\mathrm{d}m + \frac{\sin\delta}{2}\int_m x_1\mathrm{d}m + b_1\cos^2\delta\int_m y_1\mathrm{d}m$$

$$+ b_1\frac{\sin2\delta}{2}\int_m x_1\mathrm{d}m + \frac{\sin2\delta}{2}\int_m x_1^2\mathrm{d}m + \cos^2\delta\int_m x_1y_1\mathrm{d}m$$

$$- b_1\sin^2\delta\int_m y_1\mathrm{d}m - \sin^2\delta\int_m x_1 y_1\mathrm{d}m - \frac{\sin2\delta}{2}\int_m y_1^2\mathrm{d}m$$

因为新坐标系的原点即弹药的质心,故

$$\int_m x_1\mathrm{d}m = 0 \qquad\qquad \int_m y_1\mathrm{d}m = 0$$

又因为弹药为对称的回转体, x_1 轴又是弹药对称轴,故

$$\int_m x_1 y_1\mathrm{d}m = 0$$

所以

$$J_{xy} = mb_1^2\frac{\sin2\delta}{2} + \frac{\sin2\delta}{2}\int_m x_1^2\mathrm{d}m - \frac{\sin2\delta}{2}\int_m y_1^2\mathrm{d}m$$

根据弹药赤道转动惯量的公式

$$J_y = \int_m (x_1^2 + y_1^2)\,\mathrm{d}m$$

此外,由无限薄圆片转动惯量的公式可知

$$\int_m y_1^2\mathrm{d}m = \frac{1}{2}J_x$$

由此,得

$$\int_m x_1^2\mathrm{d}m = J_y - \frac{1}{2}J_x$$

代入惯性积公式,得

$$J_{xy} = mb_1^2\frac{\sin2\delta}{2} + \frac{\sin2\delta}{2}\Big(J_y - \frac{1}{2}J_x\Big) - \frac{\sin2\delta}{2}\frac{J_x}{2} = \big[(J_y + mb_1^2) - J_x\big]\frac{\sin2\delta}{2}$$

因 δ 一般很小, $\sin2\delta\approx2\delta$,则

$$J_{xy} = \big[(J_y + mb_1^2) - J_x\big]\delta \tag{6-47}$$

代入式(6-45)式得

$$M = \omega^2 J_{xy} = \big[(J_y + mb_1^2) - J_x\big]\delta\omega^2$$

在最不利用情况下, $\delta = \Delta/l_y$,故

$$M = \big[(J_y + mb_1^2) - J_x\big]\frac{\Delta}{l_y}\omega^2 \tag{6-48}$$

此转矩使弹药紧靠在膛壁上,从而产生不均衡力为

$$K_2 = \frac{M}{l_g} = \big[(J_y + mb_1^2) - J_x\big]\frac{\Delta}{l_g^2}\omega^2 \tag{6-49}$$

式中: K_2 为由旋转轴与弹轴不重合引起的上定心部的不均衡力。

若不考虑总离心力的方向误差,则在弹带上同样也产生不均衡力 L_2 (图6-26)。由图可见:

$$L_2 = c - K_2$$

式中: L_2 为由旋转轴与弹轴不重合引起的弹带的不均衡力。

将式(6-44)代入,并整理,得

$$L_2 = \big[mb_1(l_y - b_1) - (J_x - J_y)\big]\frac{\Delta}{l_y}\omega^2 \tag{6-50}$$

比较式(6-49)和式(6-50)可知,当弹药质心位置正好在弹带中心($b_1 = 0$),则两个力的大

小相等、方向相反。但一般情况下,弹药质心位于弹带前面(即 $b_1 > 0$),则 $K_2 > L_2$。

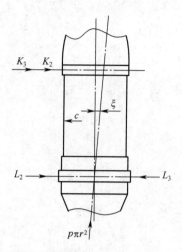

图 6-26 旋转轴与对称轴不重合而引起的不均衡力

3. 由火药气体压力合力的偏斜引起的力

一般认为,火药气体压力合力的作用线与炮膛轴线重合,由于弹药在膛内运动时相对炮膛轴线有偏斜,因而火药气体压力的合力作用线也与弹轴发生偏斜。在此情况下,火药气体对弹药产生转矩作用(图 6-26)。

弹药质心离开火药气体作用线距离为

$$\xi = b_1 \sin\delta \approx b_1 \delta$$

由此产生的转距为

$$M = p\pi r^2 \xi = p\pi r^2 b_1 \delta$$

此转矩在上定心部与弹带处产生的反力分别为 K_3 与 L_3,于是,有

$$K_3 = L_3 = \frac{M}{l_y} = p\pi r^2 b_1 \frac{\Delta}{l_y^2} \tag{6-51}$$

可见, K_3 与 L_3 大小相等,方向相反。

4. 最大可能的不均衡力

上定心部处:在最不利的情况下,各种因素引起的不均衡力在上定心部同时达最大值,且方向一致,这时,有

$$K_{\max} = K_1'' + K_2 + K_3$$

将 K_1''、K_2、K_3 之值分别用式(6-41)、式(6-49)和式(6-51)代入,并注意到

$\mathrm{d}v/\mathrm{d}t = p\pi r^2/m$ 和 $\omega = \dfrac{\pi\nu}{r}$,则得

$$K_{\max} = \left[m_1 r + (J_y - J_x + b_1^2 m)\frac{\Delta}{l_y^2} \right]\left(\frac{\pi}{\eta r}\right)^2 v^2 + p\pi r^2 \left[\frac{m_1 + m_2}{m}\frac{r}{l_y} + \frac{\Delta b_1}{l_y^2} \right] \tag{6-52}$$

弹带处:若满足 $K_{\max}$ 条件, L_1' 和 L_3 与 $K_{\max}$ 反向, L_2 与 $K_{\max}$ 同向,所以最大不均衡力为

$$L_{\max} = L_1' - L_2 + L_3$$

将 L_1'、L_2 和 L_3 之值用式(6-39)、式(6-50)、式(6-51)代入,整理可得

$$L_{\max} = \left\{ m_2 r + \left[J_g - J_x - mb_1(l_y - b_1) \right] \frac{\Delta}{l_y^2} \right\} \left(\frac{\pi}{\eta r} \right)^2 v^2 + p\pi r^2 \left(\frac{m_1 - m_2}{m} \frac{r}{l_y} + \frac{\Delta b_1}{l_y^2} \right)$$

$$(6-53)$$

从上两式可知，$K_{\max}$ 与 $L_{\max}$ 与炮膛内的膛压和速度有关，故在炮口处达到最大值。最大可能不均衡力 K_m 与 L_m 曲线如图 6-27 所示。

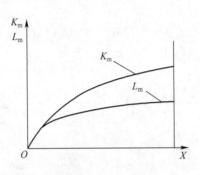

图 6-27　K_m 与 L_m 曲线

6.1.6　导转侧力

炮膛膛线的侧表面称为导转侧。发射时，弹药嵌入膛线，由于膛线有缠度，导转侧表面对弹带凸起部产生压力，此力称为导转侧力（图 6-28）。

在计算导转侧力时，先假设弹带均匀嵌入膛线，而且每根膛线导转侧的压力均相等。将膛线展开，若是等齐膛线则为一直线，若是非等齐膛线则为曲线（图 6-29），假设此曲线为

$$y = f(x)$$

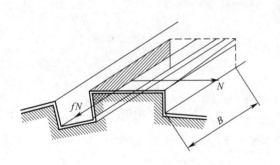

图 6-28　导转侧力

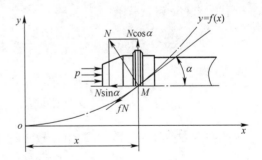

图 6-29　导转侧力分析

弹药膛内运动时，受到的外力有膛压 p、导转侧力 N 及摩擦力 fN，产生直线运动与旋转运动。

旋转运动方程为

$$nr(N\cos\alpha - fN\sin\alpha) = J_x \frac{\mathrm{d}\varphi}{\mathrm{d}t^2} \qquad (6-54)$$

式中：n 为膛线根数；f 为弹带与膛线的摩擦因数；α 为 M 点处的膛线的倾斜角（缠角）；r 为弹

药半径；φ 为角位移。

直线运动方程为

$$p\pi r^2 - n(N\sin\alpha + fN\cos\alpha) = m\frac{\mathrm{d}v}{\mathrm{d}t} \tag{6-55}$$

根据角位移和线位移的关系，有

$$y = r\varphi$$

对时间求导：

$$\frac{\mathrm{d}\varphi}{\mathrm{d}t} = \frac{1}{r}\frac{\mathrm{d}y}{\mathrm{d}t} = \frac{1}{r}\frac{\mathrm{d}f(x)}{\mathrm{d}x}\frac{\mathrm{d}x}{\mathrm{d}t}$$

则弹药的角加速度为

$$\frac{\mathrm{d}^2\varphi}{\mathrm{d}t^2} = \frac{1}{r}\left[\frac{\mathrm{d}^2f(x)}{\mathrm{d}x^2}\left(\frac{\mathrm{d}x}{\mathrm{d}t}\right)^2 + \frac{\mathrm{d}f(x)}{\mathrm{d}t}\frac{\mathrm{d}^2x}{\mathrm{d}t^2}\right]$$

考虑到

$$\frac{\mathrm{d}x}{\mathrm{d}t} = v \;;\; \frac{\mathrm{d}^2x}{\mathrm{d}t^2} = \frac{\mathrm{d}v}{\mathrm{d}t} \;;\; \frac{\mathrm{d}f(x)}{\mathrm{d}x} = \tan\alpha$$

则

$$\frac{\mathrm{d}^2\varphi}{\mathrm{d}t^2} = \frac{1}{r}\left[\frac{\mathrm{d}^2f(x)}{\mathrm{d}x^2}v^2 + \frac{\mathrm{d}v}{\mathrm{d}t}\tan\alpha\right]$$

由式(6-55)，有

$$\frac{\mathrm{d}v}{\mathrm{d}t} = \frac{1}{m}\left[p\pi r^2 - nN(\sin\alpha + f\cos\alpha)\right] \tag{6-56}$$

代入式(6-56)，有

$$\frac{\mathrm{d}^2\varphi}{\mathrm{d}t^2} = \frac{1}{r}\left\{\frac{\mathrm{d}^2f(x)}{\mathrm{d}x^2}v^2 + \left[p\pi r^2 - nN(\sin\alpha + f\cos\alpha)\right]\frac{\tan\alpha}{m}\right\}$$

再代入式(6-54)，有

$$Nrn(\cos\alpha - f\sin\alpha) = \frac{J_x}{r}\left\{\frac{\mathrm{d}^2f(x)}{\mathrm{d}x^2}v^2 + \left[p\pi r^2 - nN(\sin\alpha + f\cos\alpha)\right]\frac{\tan\alpha}{m}\right\}$$

化简，得

$$nN\left[\cos\alpha - f\sin\alpha + \frac{J_x}{r^2}(\sin\alpha + f\cos\alpha)\frac{\tan\alpha}{m}\right] = \frac{J_x}{r^2}\left[\frac{\mathrm{d}^2f(x)}{\mathrm{d}x^2}v^2 + p\pi r^2\frac{\tan\alpha}{m}\right]$$

公式左端方括号内的数，在缠角 α 较小时，趋近于 1，因此可以简化方程为

$$N = \frac{J_x}{nr^2}\left[\frac{\mathrm{d}^2f(x)}{\mathrm{d}x^2}v^2 + p\pi r^2\frac{\tan\alpha}{m}\right] \tag{6-57}$$

对于等齐膛线，$\dfrac{\mathrm{d}^2f(x)}{\mathrm{d}x^2} = 0$，导转侧力为

$$N = p\frac{\pi}{n}\frac{J_x}{m}\tan\alpha \tag{6-58}$$

对于非等齐膛线，则要由 $y=f(x)$ 曲线形式来决定。

6.1.7 摩擦力

弹药在膛内运动时所受的摩擦阻力分为两部分，一部分是弹带嵌入膛线后，在导转侧面上

和外圆柱面都与炮膛紧密接触,从而产生摩擦力,其摩擦阻力 F 为

$$F = fN + fp_\mathrm{b}S_0 \tag{6-59}$$

式中:p_b 为弹带压力;N 为导转侧力;S_0 为弹带与炮膛接触的外圆柱部面积;f 为弹带材料与炮膛材料的摩擦因数。

第二部分是由于不均衡力使弹药上定心部与弹带偏向一方,在某些位置上引起摩擦力。上述两种摩擦力,总的来说比其他 6 种载荷要小得多,因而在弹药设计中可不予考虑。

6.2　弹药发射时的安全性分析

弹药发射时的安全性,主要是指弹体和其他零件在发射时强度满足要求,炸药等装填物不发生危险。分析方法是,计算在各种载荷下所产生的应力与变形,并使其满足一定强度条件,即达到设计要求。

弹药设计中的强度计算与一般机械零件设计的主要区别在于弹药是一次使用的产品,其强度计算没有必要过分保守,这样可以充分发挥弹药的威力;另一方面弹药的安全性又是整个火炮系统中必须绝对可靠的。

6.2.1　发射时弹体的应力与变形

弹体在发射时的应力分析,主要用到材料力学的应力应变分析方法。6.1 节所介绍的各种载荷中,有的对发射强度影响甚微,因此在弹体的应力分析中,只考虑火药气体压力、惯性力、装填物压力和弹带压力,其余可不计及。

1. 主应力与主平面

由材料力学可知,任一点的应力状态可以在该点处取一个小的立方体来分析。一般情况下,立方体上有 3 个正应力和 3 个剪应力。也可以另外取一个立方体,使其表面上只有正应力而没有剪应力,这样的立方体的 3 个平面称为主平面。主平面上的正应力称为主应力,主平面的法线方向即为主方向。

弹体是轴对称体,弹体的外表面上显然没有剪应力,因而外表面上任意点的切平面都是主平面,故对于火炮弹药而言,一般即认为轴向、径向和切向即为其主方向,其三向主应力为轴向应力 σ_z,径向应力 σ_r,和切向应力 σ_t(图 6-30)。

由图 6-30 可见,对于弹体圆柱部,这三向的主应力与实际是相符合的,而对于弹头部与弹尾部则有一定的误差。一般认为弹头部受力较小,应力也比较小,对弹体强度影响不大,应力方向的误差可以不予考虑。由于弹尾部带有尾锥角,所以 3 个主方向也要发生变化,但大部分弹尾部的尾锥角为 6°~9° 范围以内,对主方向改变也影响不大,因此为简化起见,对整个弹体均以轴向应力、径向应力和切向应力为三向主应力。

对于带有卵形弹尾部的迫击炮弹、无座力炮弹等而言,弹头部与圆柱部仍然可以取上述 3 个方向的应力为主应力,但对于弹尾部,由于其曲率较大,受的载荷也比较大,因此要重新考虑。火药气体压力与内部装填物压力都是垂直作用于弹体内外表面的,因而内外表面仍然是主平面,平面法线方向的应力仍是主应力,称为径向应力 σ_{r0}。由于曲率的存在,垂直弹轴的平面不再是主平面了,而与弹壁垂直的锥形断面才是主平面,此锥形截面的法向称为子午方向,在此方向上的应力也是主应力,称为子午应力 σ_{z0}。另外,由于旋转体的对称性,弹药纵剖面也不会有剪应力存在,此平面法线上的应力同时也在锥形截面的切线方向上,此时可称为纬度应力 σ_{t0}。

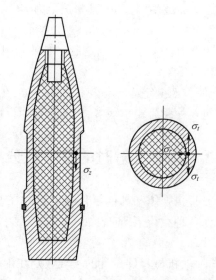

图 6-30　榴弹弹体的主应力

弹尾卵形部上的子午应力与纬度应力相当于球面上的子午方向与纬度方向。由图 6-31 可见，σ_{z0} 与弹轴方向有一个夹角 α，σ_{r0} 与垂直弹轴方向也有一个夹角 α，此 α 角随所取截面位置不同而不同。

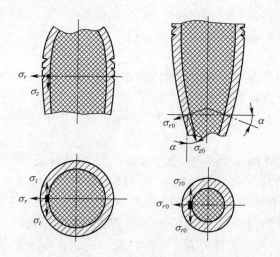

图 6-31　迫击炮弹弹体上的主应力

2. 轴向应力、径向应力、切向应力

1）轴向应力 σ_z

弹体内的轴向应力主要是由轴向惯性力引起的，不同断面上弹体的轴向惯性力不同，因而轴向应力也不相同。以某一断面 n-n 割截弹体，则弹体截面上受的惯性力（图 6-32）为

$$F_n = p\pi r^2 \frac{m_n}{m} \tag{6-60}$$

式中：p 为计算压力，r 为弹药半径；m_n 为断面以上弦体联系质量（包括与弹体连在一起的其他零件）；m 为弹药质量。

218

由此力引起的轴向应力为

$$\sigma_z = \frac{-F_n}{\pi(r_{bn}^2 - r_{an}^2)} = -p\frac{r^2}{r_{bn}^2 - r_{an}^2} \cdot \frac{m_n}{m} \qquad (6-61)$$

式中：r_{bn} 为 $n-n$ 断面上弹体的外半径；r_{an} 为 $n-n$ 断面上弹体的内半径。

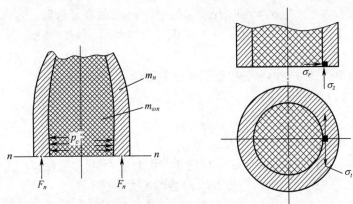

图 6-32　n-n 断面上所受载荷与应力

当 $n-n$ 断面取在尾锥部时，作用在此断面上的质量除断面以上弹体质量外，还有一部分装填物的质量（图6-12），故此时轴向应力为

$$\sigma_z = -p\frac{r^2}{r_{bn}^2 - r_{an}^2} \cdot \frac{m_n + m_{\omega n}''}{m} \qquad (6-62)$$

迫击炮弹、无坐力炮弹的弹尾部外表面上还作用有火药气体压力，则轴向力合力为轴向惯性力与火药气压力的轴向分量综合作用而引起的。

$$N_n = p\pi r^2 \frac{m_n + m_{\omega n}''}{m} - p\pi(r^2 - r_{bn}^2) = p\pi r^2\left[\frac{m_n + m_{\omega n}''}{m} - \left(1 - \frac{r_{bn}^2}{r^2}\right)\right] \qquad (6-63)$$

则此断面上的轴向应力为

$$\sigma_z = -\frac{N_n}{\pi(r_{bn}^2 - r_n^2)} = -p\frac{r^2}{r_{bn}^2 - r_n^2}\left[\frac{m_n + m_{\omega n}''}{m} - \left(1 - \frac{r_{bn}^2}{r^2}\right)\right] \qquad (6-64)$$

由式（6-61）和式（6-62）可见，榴弹的轴向应力恒为压应力，而迫击炮弹弹尾部的轴向应力与（6-64）括弧内的值有关。

当 $\dfrac{m_n + m_{\omega n}''}{m} > \left(1 - \dfrac{r_{bn}^2}{r^2}\right)$ 时，轴向应力为压应力；$\dfrac{m_n + m_{\omega n}''}{m} < \left(1 - \dfrac{r_{bn}^2}{r^2}\right)$ 时，轴向应力为拉应力；$\dfrac{m_n + m_{\omega n}''}{m} = \left(1 - \dfrac{r_{bn}^2}{r^2}\right)$ 时，轴向应力为零。

2）径向应力 σ_r

在整个弹体壁厚上径向应力是不相等的。由厚壁圆筒的应力分布可知，一般内表面的应力较大，因此从强度分析来说主要分析内表面的应力状态。

弹体 $n-n$ 断面的内表面上所受的压力即装填物对弹体的压力，由式（6-19）可知，其径向应力为

$$\sigma_{r1} = -p_c = -p\frac{r^2}{r_{bn}^2}\frac{m_{\omega n}''}{m}$$

219

对于旋转式弹药,由于弹药旋转,内部装填物将有附加压力作用于弹壁上,由式(6-23)可知其附加的径向应力为

$$\sigma_{r2} = -p_r = -\frac{\pi^2 \rho_\omega}{3}\left(\frac{v}{\eta}\right)^2\left(\frac{r_{an}^2}{r}\right)$$

其总的径向应力为 σ_{r1} 和 σ_{r2} 之和,但 σ_{r2} 远小于 σ_{r1} ,故在分析最大膛压时刻的弹体强度时,也可以忽略 σ_{r2} 的影响。

3)切向应力 σ_t

若将弹体受力简化为只受内压的厚壁圆筒,则 σ_t 为

$$\sigma_{t1} = \frac{p_c(r_{bn}^2 + r_{an}^2)}{r_{bn}^2 - r_{an}^2} \tag{6-65}$$

4)由弹体旋转产生的径向应力与切向应力

对旋转弹药而言,由于弹药旋转,在弹体内还将引起应力,可以应用材料力学中旋转圆盘公式进行计算,如图6-33所示。圆盘任一半径 r_x 处的应力为

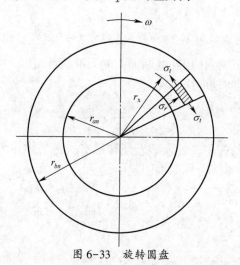

图6-33 旋转圆盘

$$\sigma_{r3} = \frac{(3+\mu)\rho_m \omega^2}{8}\left(r_{an}^2 + r_{bn}^2 - \frac{r_{an}^2 r_{bn}^2}{r_x^2} - r_x^2\right)$$

$$\sigma_{t2} = \frac{\rho_m \omega^2}{8}\left[(3+\mu)\left(r_{an}^2 + r_{bn}^2 + \frac{r_{an}^2 r_{bn}^2}{r_x^2}\right) - (1+3\mu)r_x^2\right] \tag{6-66}$$

因为材料力学中旋转圆盘的应力状态是属于平面应力状态,而弹药旋转时仍存在 σ_z ,应当视为平面应变状态,故只需将式(6-66)中的 μ 用 $\dfrac{\mu}{1-\mu}$ 代入,即可得弹体旋转时的应力

$$\sigma_{r3} = \frac{3-2\mu}{1-\mu}\frac{\rho_m \omega^2}{8}\left(r_{an}^2 + r_{bn}^2 - \frac{r_{an}^2 r_{bn}^2}{r_x^2} - r_x^2\right) \tag{6-67}$$

$$\sigma_{t2} = \frac{3-2\mu}{1-\mu}\frac{\rho_m \omega^2}{8}\left(r_{an}^2 + r_{bn}^2 + \frac{r_{an}^2 r_{bn}^2}{r_x^2} - \frac{1-2\mu}{3-2\mu}r_x^2\right) \tag{6-68}$$

式中: μ 为弹体材料的泊松系数; ρ_m 为弹体材料的密度; ω 为弹药的旋转角速度。

若只计算弹体内表面处的应力,则由式(6-67)、式(6-68)可见,当 $r_x = r_{an}$ 时, $\sigma_{r3} = 0$,其时

220

σ_t 为最大值,内表面处的切向应力为

$$\sigma_{t2} = \frac{3-2\mu}{1-\mu} \frac{\rho_m}{4} \left(\frac{\pi}{\eta r}\right)^2 v^2 \left(r_{bn}^2 + \frac{1-2\mu}{3-2\mu} r_{an}^2\right) \tag{6-69}$$

从式(6-69)可知,由旋转产生的应力与弹药腔内速度的平方成正比,故在炮口区达到最大值。

弹体总的切向应力为

$$\sigma_t = \sigma_{t1} + \sigma_{t2}$$

由于与 σ_{t1} 不同步,σ_{t2} 在最大膛压时刻达到最大值,σ_{t2} 在炮口处达到最大值。一般在计算最大膛压时的发射强度也可以忽略 σ_{t2} 的影响。

例 6-1 求 130mm 榴弹发射时的弹体应力

已知:弹药质量 $m = 33.4\,\mathrm{kg}$;计算压力 $p = 388\mathrm{MPa}$;金属密度 $\rho_m = 7810\,\mathrm{kg/m^3}$;金属泊松比 $\mu = 0.33$;炸药密度 $\rho_\omega = 1740\,\mathrm{kg/m^3}$;膛线缠度 $\eta = 30$;炮口压力 $p_g = 108\mathrm{MPa}$;炮口初速 $v_0 = 930\mathrm{m/s}$。

解 在弹体上任意取 3 个断面:1—1 断面在上定心部下沿,2—2 断面在下定心部下沿,3—3 断面在下弹带槽下沿,如图 6-34 所示。

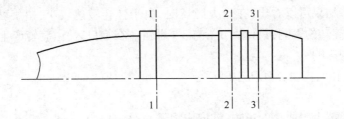

图 6-34 130mm 弹体应力计算

由图纸查出 3 个断面的内外半径,并用特征数计算方法分别计算出这 3 个断面以上弹体联系质量 m_n 和炸药质量 $m_{\omega n}$,数据列于表 6-1 中。

表 6-1 130mm 榴弹的结构数据

断面号	r_{bn} /cm	r_{an} /cm	m_n /kg	$m_{\omega n}$ /kg
1—1 断面	6.5	3.5	13.616	1.444
2—2 断面	6.45	3.5	22.806	2.995
3—3 断面	6.1	3.5	26.792	2.623

计算各断面内表面处的应力如下:

$$\sigma_z = -p \frac{r^2}{r_{bn}^2 - r_{an}^2} \frac{m_n}{m}$$

$$\sigma_{r1} = -p_c = -p \frac{r^2}{r_{an}^2} \cdot \frac{m'_{\omega n}}{m}, \quad \sigma_{r2} = -p_r = -\frac{\pi^2 \rho_\omega}{3} \left(\frac{v}{\eta}\right)^2 \left(\frac{r_{an}}{r}\right)$$

$$\sigma_{t1} = r \frac{p_c(r_{bn}^2 + r_{an}^2)}{r_{bn}^2 - r_{an}^2}, \quad \sigma_{t2} = \frac{3-2\mu}{1-\mu} \frac{\rho_m}{4} \left(\frac{\pi}{\eta r}\right)^2 v^2 \left(r_{bn}^2 + \frac{1-2\mu}{3-2\mu} r_{bn}^2\right)$$

$$\sigma_r = \sigma_{r1} + \sigma_{r2}, \sigma_t = \sigma_{t1} + \sigma_{t2}$$

通过内弹道计算可得出最大膛压时刻,对应的弹药速度约为 300m/s。

计算结果如表 6-2 所列。

表 6-2　130mm 弹体应力

时期	断面号	轴向应力 σ_z /MPa	径向力/MPa			切向应力/MPa		
			σ_{r1}	σ_{r2}	σ_r	σ_{t1}	σ_{t2}	σ_t
最大膛压时刻	1—1 断面	−222	−57.8	−0.16	−58	105	7	112
	2—2 断面	−381	−92	−0.16	−92.2	168.8	6.9	175.7
	3—3 断面	−527	−105	−0.16	−105.2	208	6.2	214.2
炮口	1—1 断面	−62	−16.1	−1.59	−17.7	29.2	67.4	96.2
	2—2 断面	−106	−25.1	−1.59	−27.2	47	66.4	113.4
	3—3 断面	−147	−29.3	−1.59	−30.9	58	59.7	117.7

由例题中计算结果可以看出,在最大膛压时,由于弹药转速较小,由旋转引起的应力比较小,此时可以略去旋转的影响,只计算 σ_{r1} 与 σ_{t1} 即可。在炮口区,由旋转产生的应力比较大,此时不能忽略旋转的影响。

3. 子午应力、径向应力、纬度应力

1) 子午应力

迫击炮弹弹尾部由于曲率的影响,轴向应力不再是主应力,一般取锥形断面上的子午应力 σ_{z0} 来表示一个方向的主应力。锥形断面如图 6-35 所示。

$$h_n = r_{bn} - r_{an}, h_{n0} = r_{bn0} - r_{an0}$$

式中:h_n 为垂直断面上弹体的壁厚;h_{n0} 为锥形断面上弹体的壁厚;r_{bn} 为垂直断面上弹体外半径;r_{an} 为垂直断面上弹体内半径;r_{bn0} 为锥形断面上弹体外半径;r_{an0} 为锥形断面上弹体内半径。

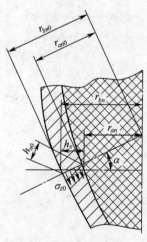

图 6-35　子午应力

若锥形断面倾角为 α ,则

$$h_{n0} = h_n \cos\alpha$$

可以认为垂直断面上作用的轴向应力 σ_z 在弹体断面上是均匀分布的,则同样可以认为子午应力在弹体锥形断面上也是均匀分布的,并且在同一处这两种应力之间存在关系为

$$\sigma_z \cdot S_n = \sigma_{z0} \cdot S_{n0} \cdot \cos\alpha$$

式中: S_n 为垂直断面上弹体的环形面积,有

$$S_n = 2\pi \left(\frac{r_{bn} + r_{an}}{2} \right) (r_{bn} - r_{an})$$

S_{n0} 为锥形断面上弹体的环形面积,有

$$S_{n0} = 2\pi \left(\frac{r_{bn} + r_{an}}{2} \right) (r_{bn0} - r_{an0})$$

代入并化简,可以得出同一处的子午应力与轴向应力的关系为

$$\sigma_{z0} = \sigma_z \frac{1}{\cos^2\alpha} \tag{6-70}$$

再将式(6-64)代入,得

$$\sigma_{z0} = -\frac{p}{\cos^2\alpha} \frac{r^2}{r_{bn}^2 - r_{an}^2} \left[\frac{m_n + m_{\omega n}''}{m} - \left(1 - \frac{r_{bn}^2}{r^2} \right) \right] \tag{6-71}$$

2) 径向应力 σ_{r0}

弹尾部的径向应力 σ_{r0} 仍然垂直于弹壁,但其方向与垂直断面不一致,而与锥形断面一致。很明显,弹体内表面处的径向应力即等于装填物压力,弹体外表面处的径向应力即等于火药气体压力。一般强度计算中都是分析弹体内表面处的应力状态。所以

$$\sigma_{r0} = -p_c = -p \frac{r^2}{r_{an}^2} \cdot \frac{m_{\omega n}^2}{m} \tag{6-72}$$

这里 r_{an} 与 $m_{\omega n}'$ 仍然取垂直断面的内半径与断面以上的装填物有效重量。因为将装填物近似看成液体,故 p_c 的方向也就是 σ_{r0} 的方向。

3) 纬度应力 σ_{t0}

弹尾部的纬度应力的方向与切向应力的方向相同,但其计算不能直接应用厚壁圆筒的公式。

首先截取一个微小的受力单元体,它由两个子午断面和两个锥形断面组成(图6-36),并引用下列符号:

ρ_{t0} ——锥形截面的中间半径;

r_{bm0} ——子午截面的外半径;

r_{am0} ——子午截面的内半径;

ρ_{z0} ——子午截面的中间半径。

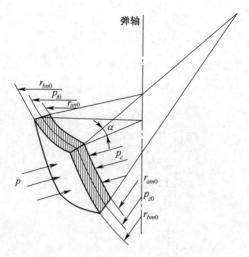

图 6-36　纬度应力

由图可知

$$\rho_{t0} = \frac{1}{2}(r_{bn0} + r_{an0})\tag{6-73}$$

$$\rho_{z0} = \frac{1}{2}(r_{bm0} + r_{am0})\tag{6-74}$$

再引入两个几何特征参量：

$$a = \frac{\rho_{t0}}{\rho_{z0}}\tag{6-75}$$

$$b = \frac{r_{bn0}}{r_{an0}}\tag{6-76}$$

这两个量表示弹尾部卵形部的几何特征，参量 a 表示卵形部的曲率情况，如

圆球　　$\rho_{t0} = \rho_{z0}, a = 1$ ；　　圆筒　　$\rho_{z0} = \infty, a = 0$

一般弹尾卵形部其曲率在圆球与圆筒之间，即 $0 < a < 1$。参量 b 表示弹体壁厚情况，是一个大于 1 的系数。

纬度应力的分析方法是：先将弹尾卵形部当成薄壁容器，用薄壁容器的公式计算纬度应力，然后进行壁厚修正。

同时受内压 p_c 与外压 p 的薄壁容器，其子午应力与纬度应力的关系可由拉普拉斯方程给出，即

$$\frac{\sigma_{t0}}{\rho_{t0}} + \frac{\sigma_{z0}}{\rho_{z0}} = \frac{p_c - p}{h_{n0}}$$

解之可得

$$\sigma_{t0} = \left(\frac{p_c - p}{h_{n0}} - \frac{\sigma_{z0}}{\rho_{z0}}\right)\rho_{t0}\tag{6-77}$$

式(6-77)为薄壁容器中计算纬度应力的公式，此式成立的前提条件是薄壁容器的 σ_{t0} 在壁厚上是相等的。但实际情况弹体并非薄壁容器，σ_{t0} 也不是均匀分布，一般讲内表面的值较大，因此要对式(6-77)进行修正。

式(6-77)可表示为

$$\sigma_{t0} = \frac{p_c}{h_{n0}}\rho_{t0} - \frac{p}{h_{n0}}\rho_{t0} - \frac{\sigma_{z0}}{\rho_{z0}}\rho_{t0} \tag{6-78}$$

公式右端第一项表示内压 p_c 对 σ_{t0} 的贡献,第二项表示外压 p 对 σ_{t0} 的贡献,然后对内压和外压所在项分别进行壁厚修正,则式(6-78)变为

$$\sigma_{t0} = \frac{p_c}{h_{n0}}p_{z0}\eta_B - \frac{p}{h_{n0}}\rho_{z0}\eta_H - \frac{\sigma_{z0}}{\rho_{z0}}\rho_{t0} = (p_c\eta_B - p\eta_H)\frac{\rho_{t0}}{h_{n0}} - a\sigma_{z0} \tag{6-79}$$

式中: η_B 为对内压的壁厚修正系数; η_H 为对外压的壁厚修正系数。

η_B 和 η_H 取决于弹尾卵形部的几何形状和相对壁厚,其确定方法如下:

先分析两种极限的情况:一种是将弹尾部看作圆筒;另一种是看作圆球,用厚壁公式和薄壁公式计算其应力,就可得出壁厚修正系数 η_B 和 η_H。

对圆筒情况($a=0$),如按厚壁公式计算,其内表面的切向应力为

$$\sigma_{t0} = p_c\frac{r_{bn0}^2 + r_{an0}^2}{r_{bn0}^2 - r_{an0}^2} - 2p\frac{r_{bn0}^2}{r_{bn0}^2 - r_{an0}^2}$$

考虑式(6-76),得

$$\sigma_{t0} = p_c\frac{b^2 + 1}{b^2 - 1} - 2p\frac{b^2}{b^2 - 1} \tag{6-80}$$

如按薄壁公式计算,可用式(6-79)、式(6-73)、式(6-76),则

$$\sigma_{t0} = p_c\frac{b+1}{2(b-1)}\eta_B - p\frac{b+1}{2(b-1)}\eta_H \tag{6-81}$$

因为式(6-80)、式(6-81)所求的是同一点的应力状态,利用对应项相等的关系,以得出圆筒对内外压的壁厚修正系数分别为

$$\eta_B = 2\frac{b^2+1}{(b+1)^2} , \quad \eta_H = 2\frac{2b^2}{(b+1)^2}$$

对圆球情况 ($a=1$),如按厚壁球公式计算,其内表面切向应力为

$$\sigma_{t0} = p_c\frac{2r_{an0}^3 + r_{bn0}^3}{2(2r_{an0}^3 - r_{bn0}^3)} - p\frac{3r_{bn0}^3}{2(2r_{an0}^3 - r_{bn0}^3)} = p_c\frac{2+b^3}{2(b^3-1)} - p\frac{3b^3}{2(b^3-1)} \tag{6-82}$$

如按薄壁公式计算,用式(6-79),并考虑圆球情况 $\sigma_{z0} = \sigma_{t0}$,得

$$\sigma_{t0} = p_c\frac{b+1}{4(b-1)}\eta_B - p\frac{b+1}{4(b-1)}\eta_H \tag{6-83}$$

同理,比较式(6-82)和式(6-83),可求出圆球内外压的壁厚系数为

$$\eta_B = \frac{2(b^3+2)}{(1+b)(1+b+b^2)} , \quad \eta_H = 2\frac{3b^3}{(1+b)(1+b+b^2)}$$

上述两种特例的壁厚修正系数如表6-3所列。

表6-3　壁厚修正系数

考虑载荷	圆筒($a=0$)	圆球($a=1$)
内压 p_e	$\eta_B = 2\dfrac{b^2+1}{(b+1)^2}$	$\eta_B = \dfrac{2(b^3+2)}{(1+b)(1+b+b^2)}$
外压	$\eta_H = 2\dfrac{2b^2}{(b+1)^2}$	$\eta_H = \dfrac{3b^3}{(1+b)(1+b+b^2)}$

弹尾卵形部的形状是介于圆筒与圆球之间即 $0 < a < 1$,故可以用下列公式来统一两种特

殊情况：

$$\eta_B = 2\frac{1 + a + b^{2+a}}{(1 + b)(1 + b + ab^2)} \tag{6-84}$$

$$\eta_H = 2\frac{(2 + a)b^{2+a}}{(1 + b)(1 + b + ab^2)} \tag{6-85}$$

显而易见，以上两式对于圆筒和圆球同样适用。

例 6-2 计算 120mm 迫击炮弹弹尾部的子午应力、径向应力和纬度应力

已知：计算压力 $p = 107.8\text{MPa}$；弹药质量 $m = 16.8\text{kg}$

解 先在图纸上任意截取几个断面（本例为 4 个断面），作其垂直断面与锥形断面（图 6-37），并求得原始数据如表 6-4 所列。

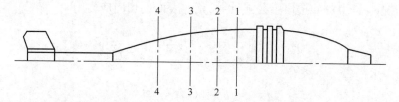

图 6-37 120mm 迫弹应力计算

表 6-4 120mm 迫击炮炮弹计算原始数据

断面号	r_{bn} /cm	r_{an} /cm	r_{bn0} /cm	r_{an0} cm	r_{bm0} /cm	r_{am0} /cm	α
1-1	6.0	5.0	6.0	5.0	—	—	0
2-2	5.65	4.8	5.67	4.82	120	119	4°40′
3-3	5.3	4.4	5.34	4.44	120	199	6°30′
4-4	4.2	3.26	4.27	3.31	120	119	10°10′

利用特征数计算，求出各断面上的质量，如表 6-5 所列。

表 6-5 120mm 迫击炮炮弹各断面上质量

断面号	m_n /kg	$m_{\omega n}$ /kg	$m'_{\omega n}$ /kg	$m''_{\omega n}$ /kg
1-1	6.79	2.141	2.141	0
2-2	7.85	2.567	2.535	0.032
3-3	8.7	2.967	2.569	0.398
4-4	10.15	3.537	1.87	1.667

利用下列公式求各参量和应力值：

$$\rho_{t0} = \frac{1}{2}(r_{bn0} + r_{an0}), \rho_{z0} = \frac{1}{2}(r_{bm0} + r_{am0}), h_{n0} = r_{bn0} - r_{an0}$$

$$a = \rho_{t0}/\rho_{z0}, b = r_{bn0}/r_{an0}$$

$$\eta_B = 2\frac{1 + a + b^{2+a}}{(1 + b)(1 + b + ab^2)}, \eta_H = 2\frac{(2 + a)b^{2+a}}{(1 + b)(1 + b + ab^2)}$$

226

$$\sigma_{z0} = -\frac{p}{\cos^2\alpha}\frac{r^2}{r_{bn}^2 - r_{an}^2}\left[\frac{m_n + m''_{\omega n}}{m} - \left(1 - \frac{r_{bn}^2}{r^2}\right)\right]$$

$$\sigma_{r0} = -p_c = -p\frac{r^2}{r_{an}^2}\cdot\frac{m'_{\omega n}}{m}$$

$$\sigma_{t0} = (p_c\eta_B - p\eta_H)\frac{\rho_{t0}}{h_{n0}} - a\sigma_{z0}$$

计算结果如表 6-6 所列。

表 6-6　计算结果

断面号	ρ_{t0} /cm	ρ_{x0} /cm	h_{n0} /cm	a	b	η_B	η_H	σ_{x0} /MPa	σ_{r0} /MPa	σ_{t0} /MPa
1-1	5.5	—	1.0	0	1.2	1.008	1.19	-143	-19.8	-596
2-2	5.25	119.5	0.85	0.0439	1.176	1.001	1.17	-157	-25.4	-615
3-3	4.89	119.5	0.9	0.0409	1.203	1.003	1.194	-145	-30.7	-526
4-4	3.79	119.5	0.96	0.0317	1.29	1.01	1.27	-110	-40.7	-379

4. 发射时弹体的受力状态和变形

发射时弹药在各种载荷作用下,弹体材料内部产生应力和变形。根据载荷变化的特点,对于一般线膛火炮弹药而言,弹药受力与变形有 3 个危险的临界状态,如图 6-38 中所示的 I、Ⅱ、Ⅲ时刻。对一般滑膛炮弹药,由于不存在弹带压力,所以只有Ⅱ、Ⅲ两个临界状态。为了确保弹药发射时的安全性,必须对每个临界状态进行强度校核。

1) 弹药受力和变形的第一临界状态

这一临界状态相当于弹带嵌入完毕,弹带压力达最大值时(图 6-38 之 I 点处)的情况。这一时期的特点是:火药气体压力及弹体上相应的其他载荷都很小,整个弹体其他区域的应力和变形也很小,唯有弹带区受较大的径向压力,使其达到弹性或弹塑性径向压缩变形。变形情况如图 6-39 所示。

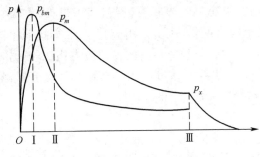

图 6-38　发射时弹体的受力状态

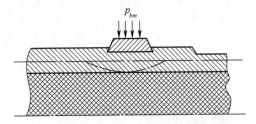

图 6-39　第一临界状态时弹带区的变形情况

2) 弹药受力和变形的第二临界状态

这一临界状态相当于最大膛压时期(图 6-38 之Ⅱ点处)。这一时期的特点是:火药气体压力达到最大,弹药的加速度也达到最大,同时由于加速度而引起的惯性力等均达到最大。这时弹体各部分的变形也为极大。线膛榴弹的变形情况是:弹头部和圆柱部在轴向惯性力作用下产生径向膨胀变形,轴向墩粗变形;弹带区与弹尾部,由于有弹带压力与火药气体压力作用,会发生径向压缩变形;弹底部在弹底火药气体作用下,可能产生向里弯凹,如图 6-40(a)所示。这些变形中,尤其是弹尾部与弹底区变形比较大,有可能达到弹塑性变形。

与此相似,尾翼弹药在第二临界状态的变形也是弹头部发生径向膨胀,弹尾部发生径向压缩变形,在弹尾部与圆柱部交界处,变形较大,可能达到弹塑性变形,如图 6-40(b)所示。

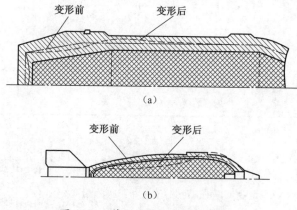

图 6-40 第二临界状态弹体的变形

从弹药发射安全性角度出发,只要能保持弹体金属的完整性、弹体结构的稳定性和弹体在膛内运动的可靠性,以及发射时炸药安全性的条件下,弹体发生一定的塑性变形是可以允许的。

3）弹药受力和变形的第三临界状态

这一临界状态相当于弹药出炮口时刻(图 6-38 之Ⅲ点处)。这一时期的特点是:弹药的旋转角速度达到最大,与角速度有关的载荷达到最大值,但与弹体强度有关的火药气体压力等载荷迅速减小,弹体上变形也相应减小。弹药飞出炮口瞬间,大部分载荷突然卸载,将使弹体材料因弹性恢复而发生振动,这种振动会引起拉伸应力与压缩应力的相互交替作用。因此对于某些抗拉强度大大低于抗压强度的脆性材料,必须考虑由于突然卸载而产生拉伸应力对弹体的影响。

6.2.2 弹药发射时弹体强度计算

弹药发射时弹体强度计算,实质上就是在求得弹体内各处应力的前提下,根据材料的强度理论对弹体进行校核。如前所述,弹药在膛内应当校核第一临界状态(弹带压力最大)和第二临界状态(膛压最大)时的强度。弹体强度校核的标准有两类:一类是用应力表示,即按照不同强度理论计算弹体上各断面的相当应力(综合应力),然后与弹体材料的许用应力相比较;另一类是用变形表示,即按照不同的理论公式或经验公式计算某几个断面上的变形和残余变形,然后与战术技术要求的变形值相比较。实际应用中这两类方法可同时采用。

1. 第一临界状态的强度校核

在此时期,弹体上所受载荷主要是弹带压力,其余载荷均比较小,因此只考虑弹带压力的影响。故在此时期只需校核弹带区域的强度,一般均应用第二类校核方法,即校核其变形或残余变形。

由前所述,弹带区可以简化为半无限长圆筒,承受局部环形载荷(图 6-20)。由式(6-36)可知,外表面的变形为

$$W_0 = \frac{A_2 - A_1 - A_0}{B_0 + B_1 + B_2}$$

弹体、弹带的材料、尺寸等因素的影响均反映在参量 A_1、B_1、A_2、B_2、A_0、B_0 等之中。

弹体的残余变形为总变形减去弹性恢复的变形,即

$$W^* = W_0 - Kp_{b1} \tag{6-86}$$

式中: W^* 为弹体(弹带区)外半径上的残余变形; K 为系数,由式(6-28)确定; p_{b1} 为弹体上所受局部环形载荷,由式(6-25)确定。

其强度条件为

$$2W^* < \left[2W^* \right] \tag{6-87}$$

式中: $\left[2W^* \right]$ 为战术技术条件所允许的残余变形。

2. 第二临界状态的强度校核

在此时期,弹体受到的膛内火药气体压力作用达到最大,加速度也达到最大,因而惯性力、装填物压力等载荷均达到最大值。相比之下,弹带压力下降很多,故可将弹带压力略去(若不略去此压力,对弹体的发射安全更有利)。另外,此时期弹药的旋转角速度尚很小,在应力计算中可以略去由旋转产生的应力。

此时期必须对整个弹体所有部位都进行强度校核,工程上常在整个弹体上找出最危险断面(应力最大断面),并对最危险断面进行强度校核。可以用第一类校核方法(限制应力),也可以用第二类校核方法(限制变形)。

常用的方法如下:

1) 布林克方法

将弹体简化为无限长厚壁圆筒,并将弹体分成若干断面,计算每个断面内表面处的三向主应力,然后用第二强度理论校核弹体内表面的强度。

对于旋转式弹药,如不计及旋转的影响,其三向应力分别为

$$
\begin{cases}
\sigma_z = - p \, \dfrac{r^2}{r_{bn}^2 - r_{an}^2} \, \dfrac{m_n}{m} \\[3mm]
\sigma_r = - p \, \dfrac{r^2}{r_{an}^2} \, \dfrac{m_{\omega n}}{m} \\[3mm]
\sigma_t = \dfrac{p_c (r_{bn}^2 + r_{an}^2)}{r_{bn}^2 - r_{an}^2}
\end{cases}
$$

式中:应力符号正号表示拉伸,负号表示压缩。如果断面位于弹尾部, σ_z 将用式(6-62)代替,而 σ_r 用式(6-19)代替。

根据广义虎克定律,3 个方向上的主应变分别为

$$\varepsilon_z = \frac{1}{E} \left[\sigma_z - \mu (\sigma_r + \sigma_t) \right]$$

$$\varepsilon_r = \frac{1}{E} \left[\sigma_r - \mu (\sigma_t + \sigma_z) \right]$$

$$\varepsilon_t = \frac{1}{E} \left[\sigma_t - \mu (\sigma_z + \sigma_r) \right]$$

式中: E 为弹体金属的弹性模量; μ 为弹体金属的泊松系数。

根据第二强度理论(最大应变理论),若某点处主应变超过一定值,则材料屈服(或破坏),而对应此应变的相当应力为

$$\overline{\sigma}_z = \varepsilon_z E = \sigma_z - \mu(\sigma_r + \sigma_t)$$

$$\overline{\sigma}_r = \varepsilon_r E = \sigma_r - \mu(\sigma_t + \sigma_z)$$

$$\overline{\sigma}_t = \varepsilon_t E = \sigma_t - \mu(\sigma_z + \sigma_r)$$

将应力的表达式代入并取 $\mu = \dfrac{1}{3}$，得

$$\begin{cases} \overline{\sigma}_z = -\dfrac{p}{3m}\dfrac{r^2}{r_{bn}^2 - r_{an}^2}(2m_{\omega n} + 3m_n) \\[3mm] \overline{\sigma}_r = -\dfrac{p}{3m}\dfrac{r^2}{r_{bn}^2 - r_{an}^2}\left(2m_{\omega n}\dfrac{2r_{bn}^2 - r_{an}^2}{r_{an}^2} - m_n\right) \\[3mm] \overline{\sigma}_t = \dfrac{p}{3m}\dfrac{r^2}{r_{bn}^2 - r_{an}^2}\left(2m_{\omega n}\dfrac{2r_{bn}^2 + r_{an}^2}{r_{an}^2} + m_n\right) \end{cases} \qquad (6-88)$$

从以上 3 式可知：

（1）轴向相当应力 $\overline{\sigma}_z$ 恒为负值，故弹体材料在轴向恒为压缩变形。

（2）切向相当应力 $\overline{\sigma}_t$ 恒为正值，故弹体内表面切向恒为拉伸变形。

（3）径向相当应力 $\overline{\sigma}_r$ 可正可负，取决于括号内的数值。

弹体的强度条件为：$\overline{\sigma}_z \le \sigma_{0.2}$；$\overline{\sigma}_t \le \sigma_{0.2}$；$\overline{\sigma}_r \le \sigma_{0.2}$。

一般情况下，$\overline{\sigma}_r$ 远小于 $\overline{\sigma}_z$ 与 $\overline{\sigma}_t$，故只需校核 $\overline{\sigma}_z$ 与 $\overline{\sigma}_t$ 即可。

最危险断面可能发生在弹尾区（因为这些断面上 $m_{\omega n}, m_n$ 较大），也可能发生在弹带槽处（因为这些断面处面积较小）。为了找出最危险断面，可作出相当应力沿弹长分布曲线（图 6-41）。应当指出，布林克方法是基于无限长厚壁圆筒的力学模型，故对于弹体定心部、圆柱部等处的断面校核比较合理，但接近弹底区域不能再简化为无限长圆筒，其误差就大得多。因此，用布林克方法校核强度只需计算到弹尾圆柱部分。显然，在弹底断面处是不符合假设条件的。

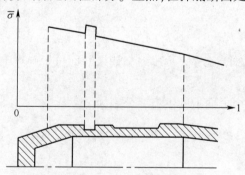

图 6-41　弹体上相当应力分布曲线

布林克方法的优点是计算简单，对弹带区以前的弹体强度基本上与实际符合，因此仍然被广大弹药设计工作者所采用。它的缺点是，简化模型与弹尾部相差较大，因而弹尾部计算误差也较大。另外，也没有考虑弹体材料的塑性变形，用材料的屈服极限来限制应力，要求太苛刻。为了与实际情况更接近，可将强度条件修改为

$$\overline{\sigma} \le k\sigma_{0.2} \qquad (6-89)$$

式中:k 为符合系数,它可由经过考验的类似弹药的数据得出。对于目前弹药的 k 值,一般在 $1.2 \sim 1.4$ 的范围内。

对于尾翼式弹(迫击炮弹、无坐力炮弹等),也可用类似方法进行强度校核。先将弹体分成若干断面,计算每个断面内表面处的三向主应力,再用有关强度理论进行校核。

弹头部三向主应力为

$$\sigma_z = - p \frac{r^2}{r_{bn}^2 - r_{an}^2} \frac{m_n}{m}$$
$$\sigma_r = 0 \tag{6-90}$$
$$\sigma_t = 0$$

圆柱部三向主应力为

$$\begin{cases} \sigma_z = - p \dfrac{r^2}{r_{bn}^2 - r_{an}^2} \dfrac{m_n + m_{\omega n}''}{m} \\[2mm] \sigma_r = - p_c = - p \dfrac{r^2}{r_{an}^2} \dfrac{m_{\omega n}'}{m} \\[2mm] \sigma_t = \dfrac{p_c r_{an}^2 - p r_{bn}^2}{r_{bn}^2 - r_{an}^2} - \dfrac{(p - p_c) r_{bn}^2}{r_{bn}^2 - r_{an}^2} \end{cases} \tag{6-91}$$

弹尾部的情况,若弹尾部曲率半径 $p > 10d$,则可以忽略曲率的影响,其三向主应力为

$$\begin{cases} \sigma_z = - p \dfrac{r^2}{r_{bn}^2 - r_{an}^2} \left[\dfrac{m_n + m'' \omega n}{m} - \left(1 - \dfrac{r_{bn}^2}{r^2} \right) \right] \\[3mm] \sigma_r = - p = - p \dfrac{r^2}{r_{an}^2} \dfrac{m_{\omega n}'}{m} \\[3mm] \sigma_t = \dfrac{p_c r_{an}^2 - p r_{bn}^2}{r_{bn}^2 - r_{an}^2} - \dfrac{(p - p_c) r_{bn}^2}{r_{bn}^2 - r_{an}^2} \end{cases} \tag{6-92}$$

若弹尾部曲率半径 $\rho \leqslant 10d$,则要用子午应力、径向应力和纬度应力表示三向主应力,即

$$\begin{cases} \sigma_{z0} = \sigma_z \dfrac{1}{\cos 2\alpha} \\[2mm] \sigma_{r0} = - p_c \\[2mm] \sigma_{t0} = (p_c \eta_B - p \eta_H) \dfrac{\rho_{t0}}{h_{n0}} - a \sigma_{z0} \end{cases} \tag{6-93}$$

强度条件可以用第二强度理论,也可用第四强度理论来校核。第二强度理论的条件为

$$\overline{\sigma}_z = \sigma_z - \mu (\sigma_r + \sigma_t) \leqslant \sigma_{0.2}$$
$$\overline{\sigma}_t = \sigma_t - \mu (\sigma_z + \sigma_r) \leqslant \sigma_{0.2} \tag{6-94}$$

第四强度理论的条件为

$$\overline{\sigma} = \frac{\sqrt{2}}{2} \sqrt{(\sigma_z - \sigma_r)^2 + (\sigma_r - \sigma_t)^2 + (\sigma_t - \sigma_z)^2} \leqslant \sigma_{0.2} \tag{6-95}$$

同理,为了考虑弹体的塑性变形,应将屈服极限 $\sigma_{0.2}$ 加以修正,即

$$\overline{\sigma} \leqslant k\sigma_{0.2} \tag{6-96}$$

目前迫击炮弹的 k 值约为 $1.5 \sim 1.6$。

2) 弹塑性计算

布林克方法没有考虑弹体的塑性变形。实际上在第二临界时期,弹药受到的膛压为最大,弹体有可能发生塑性变形。因此,在各断面处均需计算其弹塑性变形,尤其在上定心部和下定心部等处,弹炮间隙较小,膨胀变形过大,将会引起较大的膛线印痕,甚至发生阻塞事故。

弹塑性计算,是考虑弹体材料进入塑性变形后弹体外表面所发生的应变和残余变形,并将残余变形限于某一允许范围内。

若材料符合线性硬化规律,则其应力应变曲线如图6-42所示。当材料所受的应力 σ_i 超过屈服限 σ_s 后,其应力为

$$\sigma_i = \varepsilon_s E + (\varepsilon - \varepsilon_s) E' \tag{6-97}$$

式中:E' 为塑性区的强化系数。

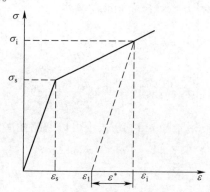

图6-42 线性硬化 $\sigma - \varepsilon$ 曲线

根据已经假设的强化参数 $\lambda = (E - E')/E$,则式(6-97)可简化为

$$\sigma_i = \varepsilon_s E + \varepsilon_i E' - \varepsilon_s E' = \varepsilon_s \lambda E + \varepsilon_i (1 - \lambda) E$$

由此可得

$$\varepsilon_i = \frac{\sigma_i - \varepsilon_s \lambda E}{(1 - \lambda) E} = \frac{\sigma_i - \sigma_s \lambda}{E(1 - \lambda)} = \frac{\sigma_i - \sigma_s \lambda}{E(1 - \lambda)\sigma_i} \cdot \sigma_i = \frac{\sigma_i}{E''} \tag{6-98}$$

式中:E'' 为总应变折算模量。

$$E'' = \frac{\sigma_i (1 - \lambda)}{\sigma_i - \sigma_s \lambda} E = \frac{1 - \lambda}{1 - \dfrac{\sigma_s}{\sigma_i} \lambda} \cdot E \tag{6-99}$$

故弹塑性应力应变关系仍然可以采用弹性区相似形式的关系式,只是将弹性模量 E 换成折算模量 E'' 即可。

按弹塑性变形计算弹体应变一般是计算弹体外表面的应变,在所选择断面的外表面处取一微元体(图6-43),计算此微元体的三向主应力。由于弹带处可以密闭火药气体,故计算中可以将弹体看作只受内压的薄壁圆筒处理。

$$\begin{cases} \sigma_z = -p\,\dfrac{r^2}{r_{bn}^2 - r_{an}^2}\,\dfrac{m_n}{m} \\[2mm] \sigma_r = 0 \\[2mm] \sigma_t = \dfrac{p_c(r_{bn} + r_{an})}{2(r_{bn} - r_{an})} \end{cases} \tag{6-100}$$

其 3 个方向的主应变为

$$\begin{cases} \varepsilon_z = \dfrac{1}{E''}[\,\sigma_z - \mu(\sigma_r + \sigma_t)\,] \\[2mm] \varepsilon_r = \dfrac{1}{E''}[\,\sigma_r - \mu(\sigma_t + \sigma_z)\,] \\[2mm] \varepsilon_t = \dfrac{1}{E''}[\,\sigma_t - \mu(\sigma_z + \sigma_r)\,] \end{cases}$$

E'' 应用式(6-99)计算,式中的 σ_i 可用综合应力表示,即

$$\sigma_i = \dfrac{1}{\sqrt{2}}\sqrt{(\sigma_z - \sigma_r)^2 + (\sigma_r - \sigma_t)^2 + (\sigma_t - \sigma_z)^2}$$

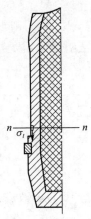

图 6-43　外表面处的微元体

材料进入塑性状态后,$\mu = \dfrac{1}{2}$。

为了与试验结果相比较,尚需计算外表面的残余变形。由图 6-42 可见

$$\varepsilon^* = \varepsilon_i - \varepsilon_1 = \frac{\sigma_i - \sigma_s\lambda}{E(1-\lambda)} - \frac{\sigma_i}{E} = \frac{(\sigma_i - \sigma_s)\lambda}{E(1-\lambda)} = \frac{(\sigma_i - \sigma_s)\lambda}{E(1-\lambda)\sigma_i}\cdot\sigma_i = \frac{\sigma_i}{E^*} \tag{6-101}$$

式中：E^* 为残余应变折算模量,有

$$E^* = \frac{E(1-\lambda)\sigma_i}{(\sigma_i - \sigma_s)\lambda} = \frac{1-\lambda}{\left(1 - \dfrac{\sigma_s}{\sigma_i}\right)\lambda}\cdot E \tag{6-102}$$

此式中 σ_i 仍可用相当应力代入。

弹体外表面的径向变形为

$$W = r\varepsilon_t$$

径向残余变形为

233

$$W^* = r\varepsilon_T^* = r\frac{1}{E^*}\left[\sigma_t - \frac{1}{2}(\sigma_r + \sigma_z)\right] = r\frac{\left(1 - \dfrac{\sigma_s}{\sigma_i}\right)\lambda}{E(1-\lambda)}\left[\sigma_t - \frac{1}{2}(\sigma_z + \sigma_r)\right] \quad (6-103)$$

弹体强度条件为

$$2W^* < [2W^*] \quad (6-104)$$

式中：$[2W^*]$ 为战术技术要求所允许的残余变形。

尾翼弹弹体强度的弹塑性计算方法与上述方法基本相同,只是三向主应力计算应当考虑弹尾部所受外压(火药气体压力)。轴向应力可按式(6-64)计算,径向应力即为膛压,切向应力可按薄壁容器考虑,即

$$\begin{cases} \sigma_z = -p\dfrac{r^2}{r_{bn}^2 - r_{an}^2}\left[\dfrac{m_n + m''_{\omega n}}{m} - \left(1 - \dfrac{r_{bn}^2}{r^2}\right)\right] \\[3mm] \sigma_r = -p \\[3mm] \sigma_t = \dfrac{(p_c - p)(r_{bn} + r_{an})}{2(r_{bn} - r_{an})} \end{cases} \quad (6-105)$$

上述弹体强度计算的方法,无论第一时期或第二时期,也无论是弹性方法或弹塑性方法,其共同的优点是计算比较简单,对不同的设计方案采用同一理论进行计算比较还是适用的,故目前国内许多单位仍应用这一套理论和方法对弹体强度进行分析计算。

但上述方法也存在如下缺点:

(1) 实际结构与简化的力学模型相差较远。上述方法一般都将弹体简化为厚壁圆筒或薄壁圆筒,而实际上弹药的外形还是比较复杂的,这样使所计算的应力有较大误差,尤其在弹尾区域。由于有弹底存在,应力分布与圆筒假设相差甚远,用上述方法计算弹体应力误差较大。

(2) 上述方法只计算个别断面上内表面(或外表面)处的应力状态,对整个弹体上应力分布情况缺乏系统地了解;对强度不足的零件的改进设计缺乏指导作用。

考虑到上述缺点,有必要对弹体强度计算进行改进,比较理想的方法是采用有限元法计算。

6.2.3 弹底强度计算

发射时弹底直接承受火药气体压力和惯性力的作用,使弹底部产生弯曲变形。当变形过大可能引起其上部装填物产生较大的局部应力,甚至使弹底破坏,导致发射事故发生。

目前弹底强度计算主要是从弯曲强度来考虑。

1. 弹底上的受力与变形分析

因为弹底与弹尾部是一个整体,研究弹底部的应力与变形必须联系到弹尾部的受力状态。图 6-44 所示为弹底区的受力情况。由图可见,弹底和弹尾区的外表面受火药气体压力 p(具体计算中要用计算压力),内部承受装填物压力,弹底金属本身还有惯性力 F_d。

根据弹底的受力情况,将弹底看成一块周边受到夹持的圆板,受轴向均布载荷 $\overline{p_z}$ 和径向压缩载荷 p,其中轴向均布载荷为包括 3 个轴向载荷的等效载荷(图 6-45),即

$$\overline{p_z} = p - p_c - \frac{F_d}{\pi r_d^2}$$

式中：p_c 与 F_d 为

$$p_c = p\,\frac{r^2}{r_d^2}\,\frac{m'_\omega}{m},\ F_d = p\pi r^2\,\frac{m_d}{m}$$

其中：r 为弹药半径；r_d 为弹底半径；m'_ω 为弹底面装填物柱体质量；m_d 为弹底部分质量。

则可得到

$$\overline{p}_z = p\left(1 - \frac{r^2}{r_d^2}\cdot\frac{m'_\omega + m_d}{m}\right) \tag{6-106}$$

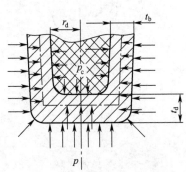

图 6-44　弹底区的受力情况

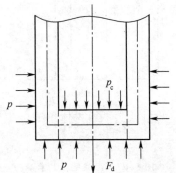

图 6-45　弹底的等效载荷

弹底区的变形情况,可以分别考虑轴向载荷与径向载荷的作用。轴向载荷情况,一般 p 远大于 p_c,故弹底向上弯曲变形,如图 6-46(a)所示。随着弹底向上弯曲,弹尾部侧面将向外膨胀;径向载荷情况,同样是火药气体压力 p 大于 p_c,因而径向也是向内压缩,如图 6-46(b)所示。随着弹尾部侧面向内压缩,弹底将产生向下弯曲的趋势。所以轴向载荷与径向载荷对弹底的作用是互相补偿的,这对提高弹底强度是有利的。

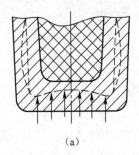

（a）　　　　　　　　　　　　（b）

图 6-46　弹底的变形情况

为了简化弹底强度计算和保证安全,仅从轴向载荷来考虑弹底部的强度。

2. 平底弹底的弯曲强度分析

1）弹底应力的计算

平底弹底的应力分析是将其简化为一周边夹持的圆板,受轴向有效载荷瓦的作用后,发生弯曲,板内各点的应力计算,可利用受均布载荷的圆板弯曲公式计算。

单独考虑弹底圆板的应力状态,将弹底圆板与弹体壁分开,其相互作用可用一个力偶 M_0 和一个剪力 F 来代替(图 6-47)。

由弹性理论可知,受均布载荷的圆板其任一点 N 的应力与变形的关系(图 6-48)为

$$\sigma_r = \frac{Ez}{\mu - 1^2}\left(\frac{\mathrm{d}\varphi}{\mathrm{d}r} + \mu\frac{\varphi}{r}\right)$$

$$\sigma_t = \frac{Ez}{1 - \mu^2}\left(\frac{\varphi}{r} + \mu\frac{\mathrm{d}\varphi}{\mathrm{d}r}\right)$$

(6-107)

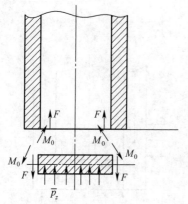

图 6-47　弹底圆板的载荷

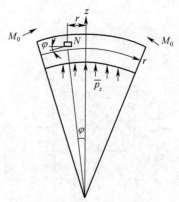

图 6-48　圆板的弯曲变形

式中：σ_r，σ_t 为 N 点的径向应力与切向应力；φ 为 N 点的角变形；z 为 N 点的 z 坐标位置；r 为 N 点的 r 坐标位置。

由图 6-48 可以看出，圆板下表面受压缩变形，其应力为负；上表面受拉伸变形，其应力为正。

故弹底圆板的角变形为

$$\varphi_{\mathrm{d}} = \frac{\overline{p}_z r}{16D}\left(\frac{3+\mu}{1+\mu}r_{\mathrm{d}}^2 - r^2\right) - \frac{M_0 r}{D(1+\mu)}$$

(6-108)

式中：D 为圆板的抗弯刚度，有

$$D = \frac{E t_{\mathrm{d}}}{12(1-\mu^2)}$$

(6-109)

其中：r_{d} 为弹底圆板外半径；t_{d} 为弹底圆板厚度。

式中可见，圆板中心处 $r = 0$，角变形 $\varphi = 0°$，所以仍为对称变形。将式(6-108)代入式(6-107)中，即可求出 σ_r 与 σ_t。但在代入求解以前，应先求出弹底与弹体的相互作用力偶 M_0。

为了求出 M_0，需要分析弹体的变形，将弹尾部看成端部受 M_0 力偶作用的空圆筒(图 6-49)，并分析其角变形。

然后再将弹体壁简化为弹性基础梁，受力偶 M_0 的作用，按弹性理论，离底面距离为 z 任一点的角变形为

$$\varphi_{\mathrm{b}} = \frac{M_0}{D_{\mathrm{b}}\beta}\mathrm{e}^{-\beta z}\cos\beta z$$

(6-110)

式中：D_{b} 为圆筒的抗弯刚度，有

$$D_{\mathrm{b}} = \frac{E t_{\mathrm{b}}^3}{12(1-\mu^2)}$$

(6-111)

其中：t_{b} 为圆筒壁厚；β 为系数，其值为

$$\beta = \sqrt[4]{\frac{3(1-\mu^2)}{t_{\mathrm{b}}^2 r_0^2}}$$

(6-112)

236

其中：r_0 为圆筒中性面初始半径。

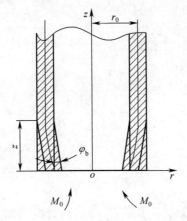

图 6-49　弹尾部的角变形

由于弹体与弹底变形的连续性，在交接处必须满足角变形相等的原则（图 6-50），即

$$(\varphi_d)_{r=rd} = (\varphi_b)_{z=0}$$

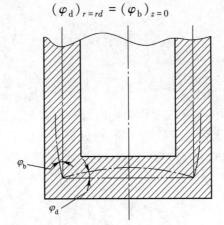

图 6-50　弹尾部的角变形

上式为弹底周边处的角变形。可将 $r = r_b$ 代入式（6-108），得

$$(\varphi_d)_{r=rd} = \frac{\overline{p}_z r_d^3}{16D}\left(\frac{3+\mu}{1+\mu} - 1\right) - \frac{M_0 r_d}{D(1+\mu)}$$

圆筒底端面的角变形，可将 $z = 0$ 代入式（6-110），得

$$(\varphi_b)_{z=0} = \frac{M_0}{D_b \beta}$$

联立两式即可解出 M_0，即

$$M_0 = \frac{\overline{p}_z r_d^2}{8}\left[\frac{1}{1 + \dfrac{(1+\mu)D}{D_b \beta}}\right]$$

令

$$K = \frac{1}{1 + \dfrac{(1+\mu)D}{D_b \beta}}$$

237

考虑到

$$D = \frac{Et_d^3}{12(1 - \mu^2)}, D_b = \frac{Et_b^3}{12(1 - \mu^2)}$$

代入,则得

$$K = \frac{1}{1 + \left(\dfrac{t_d}{t_b}\right)^3 \left(\dfrac{1 + \mu}{\beta r_d}\right)} \tag{6-113}$$

和

$$M_0 = K \frac{\overline{p}_z r_d^2}{8} \tag{6-114}$$

式中:K 为弹底与弹体的联系系数。K 值越大,表示夹紧影响也越大。当 $K = 1$,表明弹底被完全夹紧;当 $K = 0$,表示弹底周边为自由支撑。

将 M_0 代入式(6-108),然后将 φ 对 r 取导,再代入式(6-107),最后可得弹底圆板内任一点 (E, r) 的径向应力与切向应力:

$$\sigma_r = \frac{3z}{4t_d^3} \overline{p}_z r_d^2 \left[(3 + \mu)\left(1 - \frac{r^2}{r_d^2}\right) - 2K \right] \tag{6-115}$$

$$\sigma_t = \frac{3z}{4t_d^3} \overline{p}_z r_d^2 \left[(3 + \mu) - (1 + 3\mu)\frac{r^2}{r_d^2} - 2K \right] \tag{6-116}$$

实际上在弹底强度计算中,并不需要将弹底内所有位置的应力都计算出来,只需考虑其中某些较危险的位置即可。根据弹底变形的性质,可以分析如图 6-51 所示 4 个危险点的位置。需将此 4 个位置的坐标代入式(6-115)和式(6-116)中,即可求出径向应力与切向应力,另外还需考虑其轴向应力。

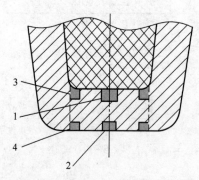

图 6-51 弹底内 4 个危险点位置

若取 $\mu = 0.3$,则 4 个危险点的应力分别如下:

第 1 点:$r = 0, z = t_d/2$

$$\sigma_{r1} = \frac{3\overline{p}_z r_d^2}{t_d^2}\left(\frac{3.3 - 2K}{8}\right)$$

$$\sigma_{t1} = \frac{3\overline{p}_z r_d^2}{t_d^2}\left(\frac{3.3 - 2K}{8}\right)$$

$$\sigma_{z1} = -p_c$$

第 2 点：$r = 0, z = -t_d/2$

$$\sigma_{r2} = -\frac{3\overline{p}_z r_d^2}{t_d^2}\left(\frac{3.3 - 2K}{8}\right)$$

$$\sigma_{t2} = -\frac{3\overline{p}_z r_d^2}{t_d^2}\left(\frac{3.3 - 2K}{8}\right)$$

$$\sigma_{z2} = -p$$

第 3 点：$r = r_d, z = t_d/2$

$$\sigma_{r3} = -\frac{3\overline{p}_z r_d^2}{t_d^2}\left(\frac{K}{4}\right)$$

$$\sigma_{t3} = -\frac{3\overline{p}_z r_d^2}{t_d^2}\left(\frac{K - 0.7}{4}\right)$$

$$\sigma_{z3} = -p_c$$

第 4 点：$r = r_d, z = -t_d/2$

$$\sigma_{r4} = \frac{3\overline{p}_z r_d^2}{t_d^2}\left(\frac{K}{4}\right)$$

$$\sigma_{t4} = \frac{3\overline{p}_z r_d^2}{t_d}\left(\frac{K - 0.7}{4}\right) \tag{6-117}$$

$$\sigma_{z4} = -p$$

弹底的强度可用第四强度理论校核,计算上述 4 个危险点的相当应力为

$$\overline{\sigma}_i = \frac{1}{\sqrt{2}}\sqrt{(\sigma_z - \sigma_r)^2 + (\sigma_r - \sigma_t)^2 + (\sigma_t - \sigma_z)^2}$$

强度条件为

$$\overline{\sigma}_i \leqslant \sigma_{0.2}$$

当不满足此条件时,应当增加弹底厚度,才能保证发射安全。

例 6-3 计算 122mm 榴弹的弹底厚度

已知:弹药质量 $m = 21.8\text{kg}$;装填物有效药柱质量 $m'_\omega = 1.8\text{kg}$;弹底半径 $r_d = 0.03\text{m}$;弹体尾部壁厚 $t_b = 0.02\text{m}$;计算压力 $p = 264.6\text{MPa}$;弹底金属屈服限 $\sigma_{0.2} = 343\text{MPa}$ 。

解 1. 先假设弹底厚度为 $t'_d = 0.02\text{m}$

(1) 装填物压力:

$$p_c = p\frac{r^2}{r_d^2}\frac{m'_\omega}{m} = 264.6 \times 10^6 \frac{0.061^2}{0.03^2}\frac{1.8}{21.8} = 90 \times 10^6 \text{Pa} = 90\text{MPa}$$

(2) 计算联系系数:

$$r_0 = r_d + \frac{1}{2}t_b = 0.03 + \frac{1}{2} \times 0.02 = 0.04\text{m}$$

$$\beta = \sqrt[4]{\frac{3(1 - \mu^2)}{t_b^2 r_0^2}} = \sqrt[4]{\frac{3(1 - 0.3^2)}{0.02^2 \times 0.04^2}} = 45.4(1/\text{m})$$

$$K = \frac{1}{1 + \left(\dfrac{t_d}{t_b}\right)^3 \left(\dfrac{1 + \mu}{\beta r_d}\right)} = \frac{1}{1 + \left(\dfrac{0.02}{0.02}\right)^3 \left(\dfrac{1 + 0.3}{45.4 \times 0.03}\right)} = 0.51$$

（3）计算轴向有效载荷 $\bar{p}_z$：

$$m_d = \pi r_d^2 t_d \rho_m = 3.14 \times 0.03^2 \times 0.02 \times 7810 = 0.442\text{kg}$$

$$\bar{p}_z = p\left(1 - \frac{r^2}{r_d^2}\frac{m'_\omega + m_d}{m}\right) = 264.6 \times 10^6\left(1 - \frac{0.061^2}{0.03^2}\frac{1.8 + 0.442}{21.8}\right) = 152\text{MPa}$$

（4）计算各危险点的应力和相当应力

第 1 点：

$$\sigma_{r1} = \frac{2\bar{p}_z r_d^2}{t_d^2}\left(\frac{3.3 - 2K}{8}\right) = 292\text{MPa}$$

$$\sigma_{t1} = \sigma_{r1} = 292\text{MPa}$$

$$\sigma_{z1} = -p_c - 90\text{MPa}$$

$$\bar{\sigma}_1 = \frac{1}{\sqrt{2}}\sqrt{(\sigma_z - \sigma_r)^2 + (\sigma_r - \sigma_t)^2 + (\sigma_t - \sigma_z)^2} = 382\text{MPa}$$

同理可计算出其他三点的应力，其值分别为

第 2 点：

$$\sigma_{r2} = -292\text{MPa}$$

$$\sigma_{t2} = -292\text{MPa}$$

$$\sigma_{z2} = -p = -264.6\text{MPa}$$

$$\bar{\sigma}_2 = 27.5\text{MPa}$$

第 3 点：

$$\sigma_{r3} = -131.4\text{MPa}$$

$$\sigma_{t3} = 48.3\text{MPa}$$

$$\sigma_{z3} = -90\text{MPa}$$

$$\bar{\sigma}_3 = 163\text{MPa}$$

第 4 点：

$$\sigma_{r4} = -131.4\text{MPa}$$

$$\sigma_{t4} = -48.3\text{MPa}$$

$$\sigma_{z4} = -264.6\text{MPa}$$

$$\bar{\sigma}_4 = 343.4\text{MPa}$$

由于第 1 点与第 4 点综合应力大于 $\sigma_{0.2}$，故应加厚弹底厚度。

2. 再假设 $t''_d = 0.025\text{m}$

（1）再计算联系系数

$$K = \cfrac{1}{1 + \left(\cfrac{t_d}{t_b}\right)^3 \left(\cfrac{1 + \mu}{\beta r_d}\right)} = \cfrac{1}{1 + \left(\cfrac{0.025}{0.02}\right)^3 \left(\cfrac{1 + 0.3}{45.4 \times 0.03}\right)} = 0.349$$

（2）计算轴向有效载荷

$$m_d = \pi r_d^2 t_d \rho_m = 3.14 \times 0.03^2 \times 0.025 \times 7810 = 0.552 \text{kg}$$

$$\overline{p}_z = p\left(1 - \frac{r^2}{r_d^2} \frac{m'_\omega + m_d}{m}\right) = 264.6 \times 10^6 \left(1 - \frac{0.061^2}{0.03^2} \frac{1.8 + 0.552}{21.8}\right) = 146.5 \text{MPa}$$

（3）仍按上述公式计算各危险点的应力和相当应力。

第1点：

$$\sigma_{r1} = 206 \text{MPa}$$
$$\sigma_{t1} = 206 \text{MPa}$$
$$\sigma_{z1} = -90 \text{MPa}$$
$$\overline{\sigma}_1 = 296 \text{MPa}$$

第2点：

$$\sigma_{r2} = -206 \text{MPa}$$
$$\sigma_{t2} = -206 \text{MPa}$$
$$\sigma_{z2} = -264.6 \text{MPa}$$
$$\overline{\sigma}_2 = 58.7 \text{MPa}$$

第3点：

$$\sigma_{r3} = -55.3 \text{MPa}$$
$$\sigma_{t3} = 55.3 \text{MPa}$$
$$\sigma_{z3} = -90 \text{MPa}$$
$$\overline{\sigma}_3 = 131.8 \text{MPa}$$

第4点：

$$\sigma_{r4} = 55.3 \text{MPa}$$
$$\sigma_{t4} = -55.3 \text{MPa}$$
$$\sigma_{z4} = -264.6 \text{MPa}$$
$$\overline{\sigma}_4 = 281.4 \text{MPa}$$

从计算中可以看出，弹底的应力分布是第1点的相当应力最大，即弹底的内表面中心处应力最大；而在第2点，即弹底中心外表面处的应力最小。这是由于仅考虑弯曲应力，在第2点是三向受压，而在第1点是两向受拉一向受压所致。有限元法计算表明，弹底中心外表面与弹底周边内表面处（第2点、第3点）的材料首先开始屈服。可见，这种结果与有限元计算结果是相互矛盾的，所以有必要对上述公式进行修正。

2）弹底应力的修正

在上述应力分析中出现的矛盾是由于仅考虑轴向载荷的作用，而忽略了径向载荷 p 的作用造成的。如果将径向载荷 p 所产生的径向应力与切向应力叠加上去，即可对弹底压力进行修正。

弹底圆板的径向载荷即为圆板周边上承受的径向均布压力 p。这是一个均匀受载问题,其板内任一点的应力为

$$\sigma_r = -p, \sigma_t = -p$$

将此关系叠加到弹底 4 个危险点的应力计算上去,则可得修正后的弹底应力公式如下:

第 1 点:

$$\sigma_{r1} = \frac{3\bar{p}_z r_d^2}{t_d^2}\left(\frac{3.3 - 2K}{8}\right) - p$$

$$\sigma_{t1} = \frac{3\bar{p}_z r_d^2}{t_d^2}\left(\frac{3.3 - 2K}{8}\right) - p$$

$$\sigma_{z1} = -p_c$$

第 2 点:

$$\sigma_{r2} = -\frac{3\bar{p}_z r_d^2}{t_d}\left(\frac{3.3 - 2K}{8}\right)$$

$$\sigma_{t2} = \frac{3\bar{p}_z r_d^2}{t_d^2}\left(\frac{3.3 - 2K}{8}\right)$$

$$\sigma_{z2} = -p$$

第 3 点:

$$\sigma_{r3} = -\frac{3\bar{p}_z r_d^2}{t_d^2}\left(\frac{K}{4}\right) - p$$

$$\sigma_{t3} = -\frac{3\bar{p}_z r_d^2}{t_d^2}\left(\frac{K - 0.7}{4}\right) - p$$

$$\sigma_{z3} = -p_c$$

第 4 点:

$$\sigma_{r4} = \frac{3\bar{p}_z r_d^2}{t_d^2}\left(\frac{K}{4}\right) - p$$

$$\sigma_{t4} = \frac{3\bar{p}_z r_d^2}{t_d}\left(\frac{K - 0.7}{4}\right) - p \qquad (6-118)$$

$$\sigma_{z4} = -p$$

例 6-4 用修正弹底公式计算上例。

解 设弹底厚度 $t_d = 0.2\text{cm}$。

第 1 点:

$$\sigma_{r1} = 292 - 264.6 = 27.4\text{MPa}$$

$$\sigma_{t1} = 27.4\text{MPa}$$

$$\sigma_{z1} = -90\text{MPa}$$

$$\bar{\sigma}_1 = 117.8\text{MPa}$$

第 2 点：

$$\sigma_{r2} = -292 - 264.6 = -556.6\text{MPa}$$

$$\sigma_{t2} = -556.6\text{MPa}$$

$$\sigma_{z2} = -264.6\text{MPa}$$

$$\overline{\sigma}_2 = 292\text{MPa}$$

第 3 点：

$$\sigma_{r3} = -131.4 - 264.6 = -396\text{MPa}$$

$$\sigma_{t3} = 48.3 - 264.6 = -216.3\text{MPa}$$

$$\sigma_{z3} = -90\text{MPa}$$

$$\overline{\sigma}_3 = 266\text{MPa}$$

第 4 点：

$$\sigma_{r4} = 131.4 - 264.6 = -133.2\text{MPa}$$

$$\sigma_{t4} = -48.3 - 264.6 = -312.9\text{MPa}$$

$$\sigma_{z4} = -264.6\text{MPa}$$

$$\overline{\sigma}_4 = 161\text{MPa}$$

从上述计算中,可得出以下几个结论:

(1) 用修正公式计算的各点相当应力值比较小,这对改进弹底设计是有利的。由于目前榴弹的弹底一般都比较厚,而从榴弹的威力来分析,弹底部分所产生的破片又较大,但数量较少,所以弹底厚,不利于提高威力。应在满足发射强度条件下,弹底厚度取最小值。

(2) 用修正公式计算的弹底 2、3 点应力较大,而 1、4 点应力较小。这与原公式刚好相反。这种应力分布与有限元计算的分布趋势基本相同,符合实际情况。

(3) 即使采用修正公式,计算结果并不很精确,这是因为没有考虑弹尾区总的变形。弹尾区的变形对弹底应力产生一定影响,尤其是弹塑性变形的影响更大。故按此方法计算的弹底尺寸,还必须经过射击试验的考核。

(4) 比较理想的方法是,用有限元法进行弹塑性应力分析。

3. 球形弹底的强度分析

有些小口径弹药做成球形弹底(图 6-52),以提高威力。在这种情况下可用厚圆球公式计算弹底应力,并校核弹底内表面中心部位的强度即可。

内表面中心点的三向应力为

$$\sigma_r = \sigma_t = p_c \frac{2r_{\text{ad}}^3 + r_{\text{bd}}^3}{2(r_{\text{ad}}^3 - r_{\text{bd}}^3)} - p \frac{3r_{\text{bd}}^3}{2(r_{\text{ad}}^3 - r_{\text{bd}}^3)} \tag{6-119}$$

$$\sigma_z = -p_c$$

式中:r_{ad},r_{bd} 为球形弹底的内外半径。

计算公式中的 p_c,一般也是将装填物看作液体,

$$p_c = \rho_\omega g h \tag{6-120}$$

式中:ρ_ω 为装填物的密度;h 为从弹底中心到装填物表面的高度。

若球形弹底的壁厚较薄,如某些枪榴弹,带预制破片的小口径高射榴弹等,其壁厚比曲率半

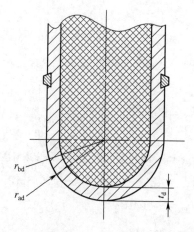

图 6-52　球形弹底

径小得多,则应力可按薄壁容器的公式进行计算。

仍然计算弹底内表面中心点的三向应力(图 6-53):

$$\sigma_r = \sigma_t = \frac{(p_c - p)r_0}{2t_d}$$

$$\sigma_z = -p_c$$

$(6-121)$

式中: r_0 为球形弹底中间半径; t_d 为弹底壁厚。

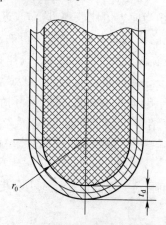

图 6-53　薄壳球形弹底

4. 弹底的抗剪强度

发射时由于火药气体的作用,在弹底周边上还作用有剪力,因此还需要校核其剪切强度。由图 6-44 可知,弹底周边所受的剪力为

$$Q = \overline{p}_z \pi r_d^2$$

而抗剪面积为

$$S = 2\pi r_d t_d$$

式中: t_d 为弹底厚度,对于变厚度弹底应取周边处厚度 t_1。

剪应力为

$$\tau = \frac{Q}{S} = \frac{\overline{p}_z r_d}{2t_d}$$

$(6-122)$

244

则弹底的抗剪强度为

$$\tau \leqslant [\tau]$$

式中：$[\tau]$ 为弹底材料的允许剪应力，对金属材料，通常取 $[\tau] = \frac{1}{2}\sigma_{0.2}$。

对于带底螺的弹底(图6-54)，考虑到螺纹部分使强度减弱，所以用螺纹高度的1/2作为有效承受载荷的面积，即

$$S = 2\pi r_d\left(t_f + \frac{1}{2}t_p\right) \tag{6-123}$$

式中：t_f 为底缘高度；t_p 为螺纹部分高度；r_d 为螺纹中径。

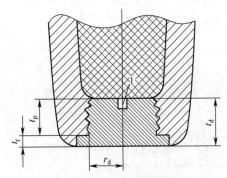

图 6-54　带底螺的弹底

5. 底凹强度计算

底凹榴弹的底凹部分通常较薄，使弹药质心前移，弹底成为一块隔板，弹带也位于弹底部，以增加强度(图6-55)。

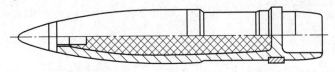

图 6-55　底凹式榴弹

校核这种弹体在发射时的强度，不但要校核第二临界状态(最大膛压时刻)强度，而且还要校核第三临界状态的强度。由于弹带在弹底处，弹带压力作用在弹底周围，使弹底处于三向受压状态，故对材料强度影响较小，可以不校核强度。

底凹部的第二临界状态应力计算与普通榴弹相似，所以弹底部应力可由平底公式(6-118)计算。由于尾裙部分在膛内也是处于三向受压状态，故其强度也可不校核。

底凹部第三临界状态的受力与普通榴弹有所不同：弹药出炮口后，其外表面压力消失，但底凹内部仍作用有较高的压力(可以认为是炮口压力 p_g)。底凹部的受力模型可简化为图6-56所示的一端固定、一端自由的变壁厚圆筒，它受内压以作用，圆筒将向外膨胀变形，并由此产生弯曲应力。在进行强度校核时，应校核自由端边缘处的弯曲强度，以及底凹根部的弯曲强度和剪切强度。

1) 自由端边缘强度计算

设底凹结构如图6-57所示。

选取 xy 坐标，在自由端边缘处取出一宽度为单位弧长、高度为 dx 的壳体，研究计算其变形。由板壳理论可知，对于变壁厚圆筒其对称变形的方程式为

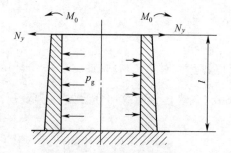

图 6-56 底凹部受力模型

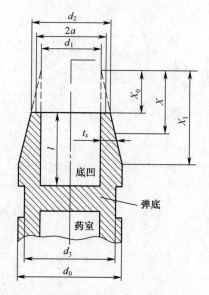

图 6-57 底凹部尺寸

$$\frac{d^2}{dx^2}\left(D\frac{d^2\omega}{dx^2}\right) + \frac{Et_x\omega}{a^2} = p_g \tag{6-124}$$

式中：ω 为径向位移；p_g 为炮口压力；t_x 为壁厚；E 为弹性模量；a 为中间半径；D 为圆筒的抗弯刚度。

在角度很小情况下，有

$$t_x = x\tan\alpha \approx \alpha \cdot x$$

圆筒的抗弯刚度由式(6-111)可知：

$$D = \frac{Et_x^3}{12(1 - \mu^2)}$$

将 t_x 代入则

$$D = \frac{E\alpha^3 x^3}{12(1 - \mu^2)} \tag{6-125}$$

代入式(6-124)，则得

$$\frac{d^2}{dx^2}\left(x^3\frac{d^2\omega}{dx^2}\right) + \frac{12(1 - \mu^2)x\omega}{\alpha^2 a^2} = -\frac{12(1 - \mu^2)}{E\alpha^3}p_g \tag{6-126}$$

此方程为四阶线性非齐次微分方程，存在有特解

$$\omega = -\frac{a^2}{E\alpha x}p_g \qquad (6-127)$$

此特解表示在内压 p_g 作用下,底凹部自由边缘的径向膨胀量。则自由端所受的弯矩为

$$M_x = -D\frac{\mathrm{d}^2\omega}{\mathrm{d}x^2} = \frac{a^2\alpha^2}{6(1-\mu^2)}p_g \qquad (6-128)$$

则弯曲应力为

$$\sigma = \frac{M_x}{W} = \frac{M_x}{(J/z_{max})} \qquad (6-129)$$

式中:M_x 为单位长度的弯矩;W 为抗弯截面系数;J 为对中性轴的惯性矩;z_{max} 为从中性轴到外层的距离。

由于单元体宽度为单位弧度,厚度为 t(图6-58),故

$$J = \frac{1}{12}t^3, z_{max} = \frac{t}{2} \qquad (6-130)$$

式中:t 为圆筒自由端的厚度。

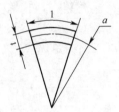

图6-58 单元体

将式(6-130)和式(6-128)代入式(6-129),最后可求出沿尾裙部自由边缘处的弯曲应力

$$\sigma = \frac{a^2\alpha^2}{(1-\mu^2)t^2}p_g \qquad (6-131)$$

此外,方程式(6-126)还存在着另一个解,即为齐次方程的解。

$$\frac{\mathrm{d}^2}{\mathrm{d}x^2}\left(x^3\frac{\mathrm{d}^2\omega}{\mathrm{d}x^2}\right) + \frac{12(1-\mu^2)x\omega}{\alpha^2a^2} = 0 \qquad (6-132)$$

此方程求解比较复杂,需用特殊函数处理,但在 $x = x_0$ 处(自由端边缘处),可以求出切向力 N_y,即

$$N_y = -\frac{Et_x\omega}{a}$$

将 ω 表达式(6-127)代入,则

$$N_y = ap_g$$

故尾裙部自由边缘处的切向应力为

$$\sigma_t = \frac{N_y}{t}\frac{a}{t}p_g \qquad (6-133)$$

底凹部自由端的强度计算,可以通过校核弹底内表面的综合应力来达到,并用第四强度理论进行校核。此处的三向应力如下:

$$\sigma_r = -p_g$$

$$\sigma_t = \frac{a}{t}p_g$$

$$\sigma_z = \frac{a^2\alpha^2}{(1-\mu^2)t^2}p_g \tag{6-134}$$

由于自由端没有剪应力,故上述三向应力即为主应力,按第四强度理论计算综合应力

$$\overline{\sigma} = \frac{1}{\sqrt{2}}\sqrt{(\sigma_z - \sigma_r)^2 + (\sigma_r - \sigma_t)^2 + (\sigma_t - \sigma_z)^2}$$

强度条件为

$$\overline{\sigma} \leqslant \sigma_{0.2}$$

2) 底凹根部强度计算

根据图 6-56 所示底凹部的受力模型,可以认为弹底是固定在刚性支承面上的薄圆筒。又根据板壳理论可知,作用在壁厚为 t_1 的圆筒根部的单位长度的力矩为

$$M_0 = \frac{at_1p_g}{\sqrt{12(1-\mu^2)}}\left(1 - \frac{1}{\beta l}\right) \tag{6-135}$$

式中: a 为底凹根部的中性半径; t_1 为底凹根部的壁厚; l 为底凹部深度; β 为与刚度有关的系数,由式(6-112)确定,即

$$\beta = \sqrt[4]{\frac{3(1-\mu^2)}{a^2t_1^2}}$$

用与式(6-131)相同的处理方法,即利用断面抵抗矩计算弯曲应力,可得

$$\sigma = \frac{6p_g a}{t_1\sqrt{12(1-\mu^2)}}\left(1 - \frac{1}{\beta l}\right) \tag{6-136}$$

根据板壳理论,在底凹根部还产生剪力为

$$N_1 = \frac{p_g a t_1}{\sqrt{12(1-\mu^2)}}\left(2\beta - \frac{1}{l}\right) \tag{6-137}$$

则对单位弧长的单元体上,剪应力为

$$\tau = \frac{p_g a}{\sqrt{12(1-\mu^2)}}\left(2\beta - \frac{1}{l}\right) \tag{6-138}$$

其强度条件为

$$\sigma \leqslant \sigma_{0.2}, \quad \tau \leqslant [\tau]$$

6.2.4 弹药其他零件的强度计算

弹药的零件数随弹种的不同而异,一般榴弹的零件比较少,而特种弹、破甲弹等零件较多。这些零件大致有头螺、隔板、爆管、尾管和尾翼等,其强度计算方法也不尽相同,下面分别予以介绍。

1. 头螺的强度计算

头螺的强度计算是计算它与弹体相接触并承受压力的断面,例如图 6-59 所示的 $n-n$ 断面。

248

此断面上所受的惯性力为

$$F_n = m_t a = p\pi r^2 \frac{m_t}{m}$$

式中：m_t 为头螺及其联系部分质量。

该断面上的压应力为

$$\sigma = \frac{F}{\pi(r_c^2 - r_t^2)} = p\frac{r^2}{r_c^2 - r_t^2}\frac{m_t}{m} \qquad (6-139)$$

式中：r_c 为头螺螺纹部分的平均半径；r_t 为断面处头螺内壁的半径。

则其强度条件为

$$\sigma \leqslant \sigma_{0.2}$$

螺纹的长度一般由经验确定。螺纹连接处涂以密封材料。为了防止螺纹的松动，一般可在螺纹上加固定销钉。

2. 隔板强度的计算

某些杀伤榴弹（子母弹）或特种弹，为了将弹内元件推出弹外，通常装有隔板。在对隔板做强度计算时，可将它看作受均布载荷的简支圆板（图 6-60）来考虑。

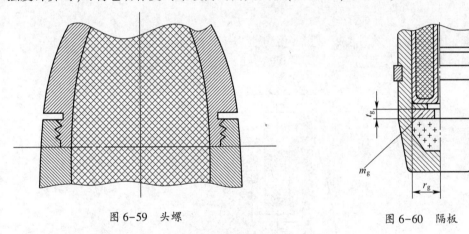

图 6-59 头螺   图 6-60 隔板

设 m_c 为隔板上所支撑物的质量；m_g 为隔板本身的质量；t_g 为隔板的厚度；r_g 为隔板的支撑半径。

发射时，作用在隔板上的惯性力为

$$F = (m_c + m_g)a = p\pi r^2 \frac{m_c + m_g}{m}$$

故隔板上所受的有效均布载荷 $\overline{p}_f$ 为

$$\overline{p}_f = \frac{F}{\pi r_g^2} = p\frac{r^2}{r_g^2}\frac{m_c + m_g}{m}$$

校核隔板强度应校核其弯曲强度与剪切强度。校核弯曲强度只需校核圆板的中心处，因为自由支撑板中心处应力最大。利用式（6-117）中对应中心处的公式，并使 $K = 0$（自由支撑情况），则

$$\sigma_r = \sigma_t = \frac{3\overline{p}_t r_g^2}{t_g^2}\left(\frac{3.3}{8}\right) = \frac{1.24\overline{p}_t r_g^2}{t_g^2} \qquad (6-140)$$

校核剪切强度,可以利用式(6-122)计算剪应力为

$$\tau = \frac{\overline{p}_f r_g}{2 t_g}$$

其强度条件为

$$\sigma_t \leqslant \sigma_{0.2}, \quad \tau \leqslant [\tau]$$

3. 爆管强度计算

目前,弹药中使用的爆管有两种:一种是短爆管,在大口径榴弹中使用较多,主要用于加强引信中传爆药的能量,以达到完全引爆炸药的目的;另一种是长爆管,在特种弹中使用较多,这种爆管有时作传爆管用,有时作点火管用。

1) 短爆管的抗拉强度

短爆管的强度计算主要是校核其抗拉强度。由图6-61可知,作用于 $n-n$ 断面上的惯性力由 $n-n$ 断面以下的爆管质量及传爆药质量决定,其惯性力与轴向应力为

$$F_n = p \pi r^2 \frac{m_{bn} + m_{\omega b}}{m}$$

$$\sigma_n = \frac{F_n}{\pi(r_{bn}^2 - r_{an}^2)} = p \frac{r^2}{r_{bn}^2 - r_{an}^2} \frac{m_{bn} + m_{\omega b}}{m}$$

(6-141)

式中: $m_{\omega b}$ 为螺管内传爆药的质量; m_{bn} 为 $n-n$ 断面以下传爆管壳体质量; r_{bn}, r_{an} 为此断面处爆管的外半径和内半径。

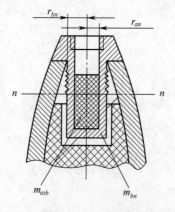

图 6-61 短爆管

爆管上的轴向拉应力随所取断面不同而不同,一般在螺纹连接部分最大,所以强度条件为

$$(\sigma_n)_{max} \leqslant \sigma_{0.2}$$

2) 长爆管的弯曲强度

长爆管的强度计算除要计算其抗拉强度外,还要计算其弯曲强度。爆管安装在弹体上。如果安装时轴线偏心,则发射时随弹药旋转而产生一个离心力。此离心力相对于爆管与弹体的螺纹连接处(支点)产生弯矩。爆管越长、转速越高,产生的弯矩也越大。因此,有必要校核其弯曲强度。

为了计算长爆管的弯曲强度,选取坐标系时应使 OX 轴与弹轴重合,坐标原点位于爆管螺纹连接部分的中心平面上(图6-62),并采用以下符号:

a ——爆管在螺纹连接处的偏心值;

b —爆管在底端处的偏心值；

r_b, r_a —爆管的外半径和内半径；

ρ_m, ρ_n —爆管金属和传爆药的密度；

l —坐标原点至爆管底面处的长度；

ω —弹药旋转角速度。

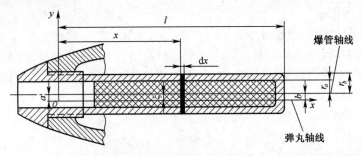

图 6-62　长爆管

在距原点为 x 的断面上截取微元体(包括管壳与传爆药的一个薄圆片)，微元体质量为

$$\mathrm{d}m = \pi\left[\,(r_b^2 - r_a^2)\rho_m - r_a^2\rho_m\,\right]\mathrm{d}x$$

此微元体的偏心矩为

$$\xi = a + \frac{b-a}{l}x$$

其离心力为

$$\mathrm{d}F_c = \omega^2\xi\mathrm{d}m$$

对坐标原点的弯距为

$$\mathrm{d}M = x\mathrm{d}F_c = \omega^2\xi x\mathrm{d}m$$

将 $\mathrm{d}m$ 与 ξ 代入

$$\mathrm{d}M = \pi\omega^2\left[\,(r_b^2 - r_a^2)\rho_m - r_a^2\rho_m\,\right]\left(a + \frac{b-a}{l}x\right)x\mathrm{d}x$$

进行积分

$$M = \pi\omega^2\left[\,(r_b^2 - r_a^2)\rho_m - r_a^2\rho_m\,\right]\int_0^1\left(a + \frac{b-a}{l}x\right)x\mathrm{d}x$$

$$= \pi\omega^2\left[\,(r_b^2 - r_a^2)\rho_m - r_a^2\rho_m\,\right](a + 2b)\frac{l^2}{6}$$

由此弯矩在爆管中引起的最大弯曲应力为

$$\sigma = \frac{M}{W}$$

式中：W 为爆管的抗弯截面系数；对于圆管状，有

$$W = \frac{\pi}{4}\frac{r_b^4 - r_a^4}{r_b}$$

最后可得弯曲应力为

$$\sigma = \frac{2r_b\omega^2\left[\,(r_b^2 - r_a^2)\rho_m - r_a^2\rho_\omega\,\right](a + 2b)l^2}{3(r_b^4 - r_a^4)} \tag{6-142}$$

其强度条件为

$$\sigma \le \sigma_{0.2}$$

弹药在炮口处具有最大旋转角速度,所以必须校核第三临界状态时的强度。如果强度条件不符合要求,应设法减小爆管在制造和安装上的误差(限制 a 和 b)。有时,也可将爆管底部延伸,并固定在弹底上,但应考虑爆管受热时轴向伸长变形。

爆管的弯曲力矩也可能作用在弹体上,使该处产生应力。对于钢性铸铁弹体,或口部很薄的弹体,应校核此处的强度。

对长爆管的设计,在近期设计中还发现存在一个危险长度。即在此长度下,爆管自身的旋转固有频率与弹药在弹道上某一瞬时的转速发生共振,有可能使弹药失稳,尤其对装填物比重较小,爆管与装填物之间有一定间隙的情况,爆管发生激烈振动,将会使弹药发生摆动。因此,在设计爆管时,应避免采用引起共振的长度。

4. 尾管强度计算

尾管(也有称尾杆)是尾翼式弹(如迫击炮弹、无坐力炮弹等)的稳定装置,其强度计算包括点火时期和最大膛压时的强度,另外还要求其连接部分不产生变形,保证飞行稳定性。

1) 点火时期尾管的强度校核

点火时期就是尾管内基本装药的火药气体冲出传火孔瞬间,此时尾管内压力达到最大值,但尾管外面的发射药尚未点燃,因此没有外压的作用。

(1) 将尾管看成密封圆筒的强度公式。基本药管内的点火药被点燃后,开始是在密封容器内燃烧的,当压力达到某一定值(一般为 $80 \sim 120\text{MPa}$),才冲出传火孔,此时的压力即为点火压力。达到点火压力时,可以将尾管看成密封圆筒进行强度校核(图 6-63)。

规定符号如下:

d_1—尾管外径; d_2—尾管内径; p_0—点火压力。

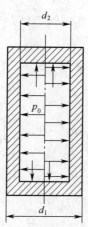

图 6-63　简化的密闭筒之尾管

对于受内压的密封圆筒,其筒壁内表面上的三向主应力如下:

$$\sigma_z = \frac{p_0 \pi d_2^2}{\pi(d_1^2 - d_2^2)} = p_0 \frac{d_2^2}{d_1^2 - d_2^2}$$

$$\sigma_r = -p_0$$

$$\sigma_t = p_0 \frac{d_1^2 + d_2^2}{d_1^2 - d_2^2}$$

用第二强度理论(最大变形理论)计算相当应力,只需计算最大的切向相当应力为

$$\overline{\sigma}_t = \sigma_t - \mu(\sigma_r + \sigma_z)$$

将 $\mu = \dfrac{1}{3}$ 代入,得

$$\overline{\sigma}_t = \frac{p_0(4d_1^2 + d_2^2)}{3(d_1^2 - d_2^2)} \tag{6-143}$$

则其强度条件为

$$m'\overline{\sigma}_t \leqslant \sigma_{0.2}$$

式中: m' 为考虑传火孔使尾管强度减弱的修正系数。对迫击炮炮弹而言, $m' = 1.03$。

(2) 考虑传火孔应力集中的影响。由于尾管上开有许多传火孔,这些孔对尾管强度有所削弱,故应考虑传火孔应力集中的影响。作用在尾管上的应力以切向应力为最大,其变形方式主要是膨胀变形。对于传火孔,其应力集中在传火孔的上下两点,如图 6-64 所示的 A、B 两点。由材料力学可以求出这两点的最大切向应力:

$$\sigma_t = \frac{p_0}{d_1^2 - d_2^2} \left[d_1^2(1 + k) + 2d_2^2 \right] \tag{6-144}$$

系数 k 为应力集中系数:

$$k = \frac{2\beta^2(\beta^2 + 2)}{(\beta^2 - 1)^2}, \quad \beta = \frac{S_k}{d_k} \tag{6-145}$$

式中: d_k 为传火孔直径; S_k 为传火孔之间的距离(一般指垂直距离)。

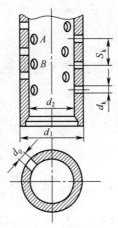

图 6-64　尾管

应力集中系数 k 取决于 β 的大小,即取决于传火孔的尺寸与分布情况。传火孔越大,分布越密,应力集中系数也就越大。因此,传火孔不宜过密,直径也不宜过大。k 值的变化情况如图 6-65所示。

可以明显看出,在应力集中点处,有

$$\sigma_z = 0$$

$$\sigma_r = -p_0$$

则由第四强度理论得知,其相当应力为

$$\overline{\sigma} = \sqrt{\sigma_t^2 + \sigma_r^2 - \sigma_r \sigma_t}$$

其强度条件为

$$m'\overline{\sigma} \leqslant \sigma_{b}$$

式中：m' 为应力修正系数，$m' = 0.3 \sim 0.65$。

这里不用屈服限作为强度条件，是考虑在应力集中处，只要不发生破坏，即使有一定的塑性变形也是允许的。

2）最大膛压时期尾管的强度校核

如果尾管较长，且膛压也较大，则除校核点火时期的强度外，还需校核最大膛压时期的尾管强度。在一般情况下，是校核图 6-66 所示的 1—1、2—2、3—3 断面上的强度。如前所述，此时没有内、外压力差，即尾管内外压力一致，仅有轴向应力。

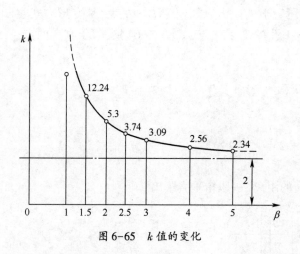

图 6-65　k 值的变化

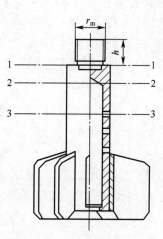

图 6-66　尾管的危险断面

1—1 断面的强度：单独分析 1—1 断面以下部分的受力情况，就可容易求出 1—1 断面上的轴向力 N，即

$$N = p\pi r^2 \frac{m_1}{m} - p\pi \left(\frac{d_1}{2}\right)^2 = p\pi r^2 \left(\frac{m_1}{m} - \frac{d_1^2}{4r^2}\right)$$

则轴向应力为

$$\sigma_{z1} = p \frac{r^2}{r_m^2}\left(\frac{m_1}{m} - \frac{d_1^2}{4r^2}\right) \tag{6-146}$$

式中：m_1 为 1—1 断面以下稳定装置的质量；d_1，d_2 为尾管的外、内径；r_m 为 1—1 断面处的连接半径。

其强度条件为

$$\sigma_{z1} \leqslant \sigma_{0.2}$$

2—2 断面的强度：分析 2—2 断面以下部分的受力，可以得出 2—2 断面上的轴向力：

$$N = p\pi r^2 \frac{m_2}{m} - p\pi \left(\frac{d_1^2}{4} - \frac{d_2^2}{4}\right) = p\pi r^2 \left(\frac{m_2}{m} - \frac{d_1^2 - d_2^2}{4r^2}\right)$$

则轴向应力为

$$\sigma_{z2} = p \frac{4r^2}{d_1^2 - d_2^2}\left(\frac{m_2}{m} - \frac{d_1^2 - d_2^2}{4r^2}\right) = p\left(\frac{4r^2}{d_1^2 - d_2^2}\frac{m_2}{m} - 1\right) \tag{6-147}$$

254

式中：m_2 为 2—2 断面以下稳定装置的质量。

其强度条件为

$$\sigma_{z2} \leqslant \sigma_{0.2}$$

3—3 断面的强度：若不考虑应力集中，则轴向应力与式（6-147）相似

$$\sigma_{z3} = p\left(\frac{4r^2}{d_1^2 - d_2^2} \frac{m_3}{m} - 1 \right) \tag{6-148}$$

式中：m_3 为 3—3 断面以下稳定装置的质量。

在单向拉伸情况下，如考虑传火孔附近的应力集中，则以孔水平两侧的位置为最危险点。

$$\sigma'_{z3} = 3\sigma_{z3}$$

其强度条件为

$$\sigma'_{z3} \leqslant \sigma_b$$

3）尾管的连接强度

由图 6-66 可知，尾管螺纹所承受的剪力是 1—1 断面上的轴向力，而抗剪面积可以取螺纹高度的 $1/2$，即

$$S = 2\pi r_m \cdot \frac{h}{2} = \pi r_m h$$

则剪应力为

$$\tau = \frac{N}{S} = p\frac{r^2}{r_m h}\left(\frac{m_1}{m} - \frac{d_1^2}{4r^2} \right)$$

强度条件为

$$\tau \leqslant [\tau]$$

一般地，钢性铸铁取 $[\tau] = 24.5\text{MPa}$，钢或球墨铸铁取 $[\tau] = \frac{1}{2}\sigma_{0.2}$。

5. 尾翼的连接强度计算

尾翼与弹体的连接，一般有两种形式：一种是焊接（如迫击炮弹、无坐力炮弹）；另一种是用销钉连接（各种张开式尾翼）。尾翼的连接强度，只需校核在最大膛压时期尾翼片的惯性力能否破坏其连接状态即可。

焊接尾翼：若一组尾翼（两片）的质量为 m_i，则其惯性力为

$$F = p\pi r^2 \frac{m_i}{m}$$

若焊点或焊缝的面积为 S，则焊接部位的剪应力为

$$\tau = \frac{F}{S} = p\frac{\pi r^2}{S}\frac{m_i}{m} \tag{6-149}$$

强度条件为

$$\tau \leqslant [\tau]$$

电焊焊缝处的容许剪应力为 $70\sim75\text{MPa}$。

销钉连接尾翼：若一片尾翼重量为 m_i，则其发射时的惯性力为

$$F = p\pi r^2 \frac{m_i}{m}$$

如果销钉的直径为 d_0，则作用在销钉上的剪应力为

$$\tau = \frac{F}{\pi \dfrac{d_0^2}{4}} = p\,\frac{4r^2}{d_0^2}\,\frac{m_i}{m} \tag{6-150}$$

其强度条件为

$$\tau \leqslant [\tau]$$

6.2.5　装填物安全性计算

弹药的装填物主要是指炸药,因此必须保证发射时炸药的安定性。根据爆炸理论,炸药之所以引起爆炸,是由于外界给予了一定的起爆冲量(或起始冲量)。起爆能量可以为机械能、热能、电能以及这些能的综合形式。起爆不同的炸药,需要的初始冲量也不同。需要起始冲量小的炸药,其敏感度大,反之则敏感度小。另外,同一种炸药,由于其理化性能特点,对不同形态的起爆能量的灵敏度也是不同的。如有的炸药对机械能较敏感,有的则对热能较敏感等。还有,同一种炸药,对于同一形态的起爆能量,也随着能量的传递方式和条件不同,其感度也有明显的差异。

发射时,在炸药中作用有惯性力和相应的压应力,并使炸药内部产生一定的变形,或者发生颗粒间的相对移动和摩擦,从而导致热现象。如果炸药应力过大,就有可能引起炸药早炸。为了确保发射时的安全,必须限制发射时炸药内的最大应力值。

轴向惯性力在炸药任一断面上引起的压应力,已由式(6-17)给出,即

$$\sigma_{\omega n} = p\,\frac{r^2}{r_{an}^2}\,\frac{m_{\omega n}}{m}$$

式中:$m_{\omega n}$ 为位于 n-n 断面以上炸药质量;r_{an} 为 n-n 断面处弹药内腔半径。

在弹底断面上,炸药受压应力达到最大,即

$$\sigma_{\omega \max} = p\,\frac{r^2}{r_d^2}\,\frac{m_\omega}{m}$$

式中:r_d 为弹底内腔半径;m_ω 为炸药柱质量。

当内腔底部有锥度时,m'_ω 应以相应的圆柱形药柱质量代替,见图 6-12。

炸药发射时安全性条件为

$$\sigma_{\omega \max} \leqslant [\sigma_m]$$

各种炸药的允许应力 $[\sigma_m]$ 值如表 6-7 所列。

表 6-7　部分炸药的力学性能和许用应力

炸药名称	$\rho/(\mathrm{kg/m^3})$	E_c/GPa	μ_c	σ_c/MPa	$[\sigma_\infty]/\mathrm{MPa}$
黑药					14.7
苦味酸					49
阿马托					98
梯恩梯(压装)	1500	1.078	0.35	176.4	98
梯恩梯(注装)	1580	1.15	0.4	196	107.8
特屈儿	1450	1.2	0.35	83.3	83.3
梯/黑-50/50	1620			142	73.5
梯/黑-1/2					103
A-IX-2	1650			245	147
A-IX-1				294	127.4

对炸药安全性分析时应注意以下几点：

（1）不能把$[\sigma_m]$当作某种炸药的一种固定不变的特征值。因为$[\sigma_m]$取决于炸药的装填方式，装填质量，并和弹药的加速情况有关。在计算弹药炸药安全性时，除了参考表中数据外，还要参考相似弹药的数据，最后还应通过试验来验证。

（2）炸药底部最大应力（也称炸药底层应力）的计算，是基于弹底面积上相应的药柱质量全部作用在底层断面上，而忽略了炸药与弹体之间的相互作用，以及炸药颗粒之间的相互作用。实际上这两者的相互作用是很复杂的，简单地把装填物处理成流体将使应力计算出现误差。从炸药介质来看，它既不同于金属固体，也不同于液体，其弹性模量$E_c = 1.078\text{GP}$，仅为金属的1/200，结构比较松，属于黏弹性介质。

（3）如果所设计的弹药内腔底部是曲面，则给炸药底层应力计算带来较大的困难。对此，目前尚没有精确的解析式。较好的办法是，采用有限元法计算炸药内部应力。

（4）实际上，炸药的安全性不仅与作用在炸药上的压力有关，而且与压力的作用持续时间有关。图6-67表示B炸药的起爆概率，说明在不同的载荷和作用时间下，各种炸药具有不同的起爆概率。

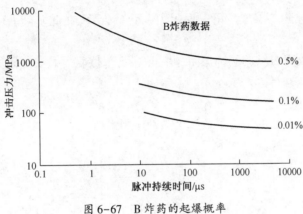

图6-67　B炸药的起爆概率

第7章 飞行稳定性设计

为了保证弹药良好的飞行性能,弹药必须具有最佳的空气动力外形、确实可靠的飞行稳定性,还应具有尽可能小的散布。弹药的弹道性能在内弹道学、飞行力学、外弹道学等课程中已有详细介绍,本章重点讨论各类弹药的飞行稳定性设计问题。

7.1 空气动力系数计算

7.1.1 旋转稳定弹药的空气动力系数

本节仅介绍旋转弹药在零攻角下正面阻力系数的计算,在此基础上可确定出弹药的弹形系数。

弹药全部正面阻力可分解为头部波阻、尾部波阻、摩擦阻力及底部阻力四部分。各部分的阻力系数可按下述公式来计算。

1. 头部波阻系数 C_{x1}

由弹头部激波阻力引起的阻力系数称为头部波阻系数。

1)锥形头部

$$C_{x1} = \left[0.0016 + \frac{0.002}{Ma^2} \right] \beta_0^{1.7} \tag{7-1}$$

式中:M_a 为弹药飞行马赫数,β_0 为锥形头部的半顶角(以度计算)。

此公式在 $5° \leqslant \beta_0 \leqslant 25°$,$1.5 \leqslant M_a \leqslant 5$ 最为适用。

2)圆弧形头部。

$$C_{x1} = \left[0.0016 + \frac{0.002}{Ma^2} \right] \beta_0^{1.7} \left[1 - \frac{(196\lambda_H^2 - 16)}{14(M_a + 18)\lambda_H^2} \right] \tag{7-2}$$

式中:λ_H 为圆弧形头部的相对长度(口径);β_0 为圆弧形头部的半顶角(以度计算)。

此公式的适用范围是 $1.5 \leqslant M_a \leqslant 3.5$ $10° \leqslant \beta_0 \leqslant 45°$

2. 尾锥波阻系数 C_{x2}

$$C_{x2} = \left[0.0016 + \frac{0.002}{Ma^2} \right] \alpha_k^{1.7} \sqrt{1 - \left(\frac{S_D}{S} \right)} \tag{7-3}$$

式中:α 为尾锥角(以度计算);S_D 为弹底部横截面积;S 为弹药最大横截面积。

3. 摩擦阻力系数 C_{x3}

由于气流黏性引起的摩擦阻力系数。

当雷诺数为 $Re < 10^6$ 时,有

$$C_{x3} = \frac{1}{\sqrt{1 + 0.12Ma^2}} \frac{0.072}{Re^{0.2}} \frac{S_\sigma}{S} \tag{7-4}$$

当雷诺数为 $2 \times 10^6 < Re < 10^{10}$ 时,有

$$C_{x3} = \frac{1}{\sqrt{1 + 0.12Ma^2}} \frac{0.032}{Re^{0.145}} \frac{S_\sigma}{S} \tag{7-5}$$

式中:Re 为雷诺数,$Re = v_0 l / \nu$,$\nu = \mu / \rho$——空气的动黏性系数;S_σ 为弹药侧面积。

摩擦阻力还与弹药的表面粗糙度有关。表面粗糙的弹药,其摩擦阻力可增加 2~3 倍。一般常用涂漆的办法来改善弹药表面粗糙度(同时可防锈),可使射程增加 0.5%~2.5%。

4. 底部阻力系数 C_{x4}

由底部负压引起的底部阻力系数称为底部阻力系数。

$$C_{x4} = \left\{ \frac{1.43}{Ma^2} - \frac{0.772}{Ma^2} \left[1 - 0.11Ma^2 \right]^{3.5} \right\} \frac{S_D}{S} \tag{7-6}$$

5. 弹药总阻力系数 C_{x0}

将以上各部阻力系数相加,可求得弹药的总阻力系数,即

$$C_{x0} = C_{x1} + C_{x2} + C_{x3} + C_{x4} \tag{7-7}$$

6. 弹形系数 i

当弹药的总阻力系数求出后,根据弹形系数的定义,可以写出

$$i = C_{x0} / C_{x0}^* \tag{7-8}$$

式中:C_{x0}^* 为相对于某标准弹的阻力系数(阻力定律)。

目前我国主要采用 1943 年阻力定律作为标准。1943 年阻力定律 C_{x43}^* 的值如表 7-1 所列。

$$i_{43} = C_{x0} / C_{x43}^* \tag{7-9}$$

表 7-1   1943 年阻力定律 C_{x43}^*

Ma	0	1	2	3	4	5	6	7	8	9
0.7	0.157	0.157	0.157	0.157	0.157	0.157	0.158	0.158	0.159	0.159
0.8	0.159	0.160	0.161	0.162	0.164	0.166	0.168	0.170	0.174	0.178
0.9	0.184	0.192	0.204	0.219	0.234	0.252	0.270	0.287	0.302	0.314
1.0	0.325	0.334	0.343	0.351	0.357	0.362	0.366	0.370	0.373	0.376
1.1	0.378	0.379	0.381	0.382	0.382	0.383	0.384	0.384	0.385	0.385
1.2	0.384	0.384	0.384	0.383	0.383	0.382	0.382	0.381	0.381	0.380
1.3	0.379	0.379	0.378	0.377	0.376	0.375	0.374	0.373	0.372	0.371
1.4	0.370	0.370	0.369	0.368	0.367	0.365	0.365	0.365	0.364	0.363
1.5	0.362	0.361	0.359	0.358	0.357	0.356	0.355	0.354	0.353	0.353
1.6	0.352	0.350	0.349	0.348	0.347	0.346	0.345	0.344	0.343	0.343
1.7	0.342	0.341	0.340	0.339	0.338	0.337	0.336	0.335	0.334	0.333
1.8	0.333	0.332	0.331	0.330	0.329	0.328	0.327	0.326	0.325	0.324
1.9	0.322	0.322	0.322	0.321	0.320	0.320	0.319	0.318	0.318	0.317
2.0	0.317	0.317	0.315	0.314	0.314	0.313	0.313	0.312	0.311	0.310
2.1	0.310	0.308	0.303	0.298	0.293	0.288	0.284	0.280	0.276	0.273
2.2	0.270	0.269	0.268	0.266	0.264	0.263	0.262	0.261	0.261	0.260
2.3	0.270	0.269	0.268	0.266	0.264	0.263	0.262	0.261	0.261	0.260
2.4	0.260	0.260	0.260	0.260	0.260	0.260	0.260	0.260	0.260	0.260

例 7-1 用空气动力学方法计算 122mm 榴弹的弹形系数

口径	$d = 122\text{mm}$
初速	$v_0 = 781\text{m/s}$
弹头部相对长度	$\lambda_H = 2.6505$
弹药全长	$l = 564\text{m}$
尾锥角	$\alpha_k = 9°$
弹底面积与最大横段面积之比	$\dfrac{S_D}{S} = 0.7754$
侧面积与最大横截面积之比	$\dfrac{S_\sigma}{S} = 11.0676$

解 求 Ma, Re, β_0

$$Ma = \frac{v_0}{a} = \frac{781}{340} = 2.2971$$

$$Re = \frac{v_0 l}{v} = \frac{781 \times 0.564}{1.49 \times 10^{-5}} = 2.956 \times 10^6$$

由弹头部母线几何关系,有

$$\tan\frac{\beta_0}{2} = \frac{0.5}{\lambda_H}$$

$$\beta_0 = 2\arctan^{-1}(0.5/\lambda_H) = 21.36°$$

代入公式中,计算可得

$$C_{x1} = 0.1147, \ C_{x2} = 0.0393, \ C_{x3} = 0.0319, \ C_{x4} = 0.1181$$

弹药的总阻力系数为

$$C_{x0} = C_{x1} + C_{x2} + C_{x3} + C_{x4}$$
$$= 0.1147 + 0.0393 + 0.0319 + 0.1181 = 0.304$$

弹形系数为

$$i_{43} = \frac{C_{x0}}{C_{x43}^*} = \frac{0.304}{0.273} = 1.114$$

7.1.2 迫击炮弹空气动力系数的计算

迫击炮弹是一种最普通的尾翼弹药。苏联炮兵科学院曾将不同结构尺寸的迫击炮弹进行了大量风洞试验,并将所得数据用表格或经验公式的形式表示出来,从而为确定迫击炮弹的空气动力系数提供了一个重要方法,常称为 AHИИ 法。

1. 概述

影响空气动力系数的迫击炮弹尺寸参量有圆柱部长度 l_z、弹尾部长度 l_w、弹头部长度 l_{i0}、稳定杆长 a、尾翼片宽度 b、尾翼片直径 D 及尾翼数目 n。AHИИ 法的表格部分仅载有其他尺寸均已固定的情况下,对应于不同圆柱部尺寸 l_z 和弹尾部尺寸 l_w 的空气动力系数,而其他尺寸则通过经验公式表示。

AHИИ 法的风洞试验条件如下:

气流速度	$v = 60\text{m/s}$

气流与迫击炮弹轴线所成偏角 $\qquad$ $\delta = 10°$

标准模型弹的尺寸：

弹头部长度	$l'_{t0} = 0.5d$
扁柱部长度	$l_z = (0.1 \sim 3)d$
弹尾部长度	$l_w = (1.0 \sim 3.0)d$
稳定杆长度	$a' = 0.75d$
尾翼片宽度	$b' = 0.5d$
尾翼片厚度	$t' = 1.5\text{mm}$
尾翼片直径	$D' = 1d$
尾翼片数目	$n' = 12$ 片

2. АНИИ 法的表格部分

表格的编制方法是以模型弹其他所有尺寸（弹头部及稳定装置）为固定参量，仅仅改变弹尾部尺寸 l_w（由 $1 \sim 3$ 倍口径）和圆柱部尺寸 l_z（由 $0.1 \sim 3$ 倍口径），然后将实验获得的结果 C_{x0}、C_{y0} 和 x_{p0} 的值列入表中，见书末附表。表格中所包含的 l_w 与 l_z 值，能够包括目前所用各种迫击炮弹的尺寸，这样根据具体设计的迫击炮弹的 l_w 与 l_z 值即可查出相应的 C_{x0}、C_{y0} 和 x_{p0} 值。

3. АНИИ 法的经验公式部分

当其他因素（如弹头部、稳定装置）改变时，则应根据表格内数据并通过经验公式进行修正。这些经验公式的获得，也是从风洞试验中得到的。各经验公式如下（公式中的单位均用口径倍数表示）：

1）弹头部长度的影响

弹头部长度 l_{t0} 的改变（相对于试验标准长度 l'_{t0} 而言），对空气动力系数 x_p 的影响为

$$\Delta x_{pt} = 0.39(l_{t0} - l'_{t0})$$
$$\Delta C_{xt} = 0, \quad \Delta C_{yt} = 0 \tag{7-10}$$

从式（7-10）可以看出，弹头部的增加会使阻力中心的位置（阻力中心至弹顶之距）后移。当然这并不一定意味着弹头部的增长会引起由质心至阻力中心距离的增加。相反，在一般情况下，由于弹头部的增长，整个迫击炮弹质心后移的程度将超过其阻力中心后移的程度，反而缩短了两者之间的距离 h。

弹头部的改变对正面阻力与升力的大小与方向均不产生影响。

2）尾翼数目的影响

当尾翼数目 n 有改变时，对空气动力系数的影响由下列经验公式表示：

$$\Delta C_{xn} = 0.0055(n - n')$$
$$\Delta C_{yn} = 0.0011(n - n')$$
$$\Delta x_{pb} = 0 \tag{7-11}$$

由式（7-11）可见，尾翼数目的变化对空气阻力中心位置不发生影响，而且对正面阻力的影响也较小，但对升力影响较大。

3）尾翼片宽度的影响

尾翼片宽度 b 改变时，对空气动力系数的影响为

$$\Delta C_{xb} = 0.32(b - b')$$

$$\Delta C_{yb} = 0.158(b - b')$$

$$\Delta x_{pb} = 0.428(b - b') \tag{7-12}$$

由公式可见,若加大尾翼片的宽度,则正面阻力的增量将比升力的增量大 1 倍左右。

4)尾翼直径的影响

尾翼直径 D 的变化对空气动力系数的影响为

$$\Delta C_{xd} = 0.05\rho_1(D - 1)$$

$$\Delta C_{yd} = 0.1\rho_2(D - 1)$$

$$\Delta x_{pd} = 0.7(D - 1) \tag{7-13}$$

式中:ρ_1,ρ_2 为取决于尾翼片数目 n 的系数。当 $n=4$ 时,$\rho_1 = 1.50$,$\rho_2 = 3.25$;当 $n=8$ 时,$\rho_1 = 2.02$,$\rho_2 = 5.00$;当 $n=12$ 时,$\rho_1 = 3$。

由上述公式可知,尾翼直径对空气阻力中心位置的影响较大,而对升力的影响又比正面阻力大。

5)稳定杆长度的影响

稳定杆长度 a 的变化,对阻心位置的影响较为显著,而对空气阻力不产生影响:

$$\Delta C_{xa} = 0$$

$$\Delta C_{ya} = 0$$

$$\Delta x_{pa} = 0.62(a - a') \tag{7-14}$$

4. 用 АНИИ 法计算空气动力系数的步骤

首先根据迫击炮弹圆柱部长度 l_z 与弹尾部长度 l_w,由书末附表的表格查出风洞试验弹形的空气动力系数 C_{x0}、C_{y0} 和 x_{p0},然后根据迫击炮弹的其他部分尺寸,利用相应经验公式进行修正,即

$$C_x = C_{x0} + \Delta C_{xn} + \Delta C_{xb} + \Delta C_{xd}$$

$$C_y = C_{y0} + \Delta C_{yn} + \Delta C_{yb} + \Delta C_{yd}$$

$$x_p = x_{p0} + \Delta x_{pt} + \Delta x_{pb} + \Delta x_{pd} + \Delta x_{pa} \tag{7-15}$$

АНИИ 法中所采用的空气动力系数 C_x,C_y 是按下式特殊方式定义的,即

$$C_x = \frac{R_x}{\rho v^2 S}$$

$$C_y = \frac{R_y}{\rho v^2 S} \tag{7-16}$$

式中:R 为空气动力;ρ 为空气密度;v 为弹丸速度;S 为弹丸迎风面积。

与一般外弹道学中空气动力的标准定义相比,两者相差两倍。即将 АНИИ 法中获得的正面阻力系数 C_x 与升力系数 C_y 乘以 2,可用于一般空气动力的标准定义的有关计算中。

7.2 旋转弹药的飞行稳定性

弹药的飞行稳定性,是指弹药飞行时,其弹轴不过于偏离弹道切线的性能。弹药飞行稳定性越好,不但有利于提高射程,而且射击精度较高。

7.2.1 概述

旋转弹药飞行稳定性包括急螺稳定性、追随稳定性及动态稳定性三部分。

(1) 急螺稳定性:发射时,在膛内由于各种不均衡因素的作用,使弹药获得一个力矩冲量。当弹药出炮口后,弹轴与弹道切线不重合,空气阻力的作用线不通过弹药的质心,从而形成一个迫使弹药翻转的力矩。在翻转力矩的作用下,弹药产生翻转的趋势。为了实现飞行稳定,弹药应绕自身轴线进行高速旋转来克服该力矩的不利作用。旋转弹药的这种性质,称为急螺稳定效应。翻转力矩的大小取决于弹药的飞行速度和弹轴对弹道切线的偏角,并在弹道的起始段具有最大值。

(2) 追随稳定性:当弹药在弹道曲线段飞行时,弹道切线的方向时刻都在改变。这要求弹药的动力平衡轴做相应的改变,以保持二者在任何时刻都没有很大的偏差。弹药的动力平衡轴能够随着弹道切线做相应的变化,这种跟随弹道切线以同样角速度向下转动的特性称为追随稳定性。在弹道顶点处,空气动力矩小而弹道曲率较大,故其追随稳定性最差。

(3) 动态稳定性:弹药在整个飞行过程中,应该同时满足上述两个要求:在弹道的起始段,弹药具备必要的急螺稳定性;而在弹道的曲线段,弹药具有必要的追随稳定性。除此以外,还要求弹药在全弹道上的章动运动是逐渐衰减的。弹药的这种性质称为动态稳定性。

7.2.2 急螺稳定性

1. 急螺稳定性的特征数

弹药在直线段的飞行稳定性是通过其急螺稳定性来衡量的。根据外弹道学,弹药的急螺稳定性可表示为

$$\sigma = \sqrt{1 - \frac{\beta}{\alpha^2}} \qquad (7-17)$$

式中:σ 为稳定系数;α 为进动角速度;β 为翻转力矩参量。

按弹药飞行的具体情况,可能出现以下 3 种情况:

(1) 当 σ 为虚数,即 $\beta > \alpha^2$ 时,弹药的章动角(弹轴与弹道切线的偏角)将随时间呈指数函数(双曲正弦函数)而迅速增加,说明弹药不具备急螺稳定性。

(2) 当 $\sigma = 0$,即 $\beta = \alpha^2$ 时,弹药在初始力矩冲量作用下,其章动角随时间呈直线递增,表明弹药也不具备急螺稳定性。

(3) 当 σ 为实数,即 $\beta < \alpha^2$,则章动角随时间在有限幅度内做周期性的振动,即

$$\delta = \frac{1}{\alpha\sigma}\frac{\mathrm{d}\delta_0}{\mathrm{d}t}\sin\alpha\sigma t \qquad (7-18)$$

式中:$\dfrac{\mathrm{d}\delta_0}{\mathrm{d}t}$ 为弹药在初始力矩冲量作用下的章动角速度。

根据上述分析可知,若使弹药具备急螺稳定性,必须使 σ 值为大于零的实数,并且 σ 值越大,急螺稳定性也越大。当 σ 趋于极限值 1 时(相当 $\alpha \to \infty$),由式(7-18)可见,弹药在有限的外界冲量作用下,弹轴不会发生章动,而且不会偏离其初始平衡位置。

对于旋转弹药,α 及 β 的具体值如下:

$$\alpha = \frac{J_x}{2J_y}\omega_\gamma, \quad \beta = \frac{M_z}{J_y\delta} = k_z v^2$$

式中：J_x 为弹药极转动惯量；J_y 为弹药的赤道转动惯量；ω_γ 为弹药的角速度（1/s），一般认为 $\omega_\gamma = \omega_{\gamma_0} = \dfrac{2\pi}{\eta d}v_0$；$M_z$ 为由空气阻力产生的翻转力矩。

当章动角较小时，翻转力矩又可写为

$$M_z = \frac{hd^2}{g} 1000 \frac{\rho_0}{\rho_{0n}} H(y) v^2 k_{mz}(M) \delta$$

式中：h 为弹药质心到空气阻力中心的距离；ρ_0/ρ_{0n} 为射击条件下与标准条件下的密度之比；$H(y)$ 为取决于弹道高度的函数，当 $y=0$ 时 $H(y)=1$；$k_{mz}(M)$ 为翻转力矩的速度函数。

将 α,β 值代入，则有

$$\sigma = \sqrt{1 - \frac{hd^4 \eta^2}{\pi^2 g J_x}\left(\frac{J_y}{J_x}\right)\left(\frac{v}{v_0}\right)^2 1000 H(y) k_{mz}(M)} \tag{7-19}$$

为了进一步简化，将

$$J_x = m\mu\left(\frac{d}{2}\right)^2 = \frac{C_m \mu}{4} d^5$$

式中：μ 为弹药的惯性系数；C_m 为弹药的相对质量，$C_m = \dfrac{m}{d^3}$。

代入，可得

$$\sigma = \sqrt{1 - \frac{4}{\pi^2} \frac{\eta^2}{\mu C_m g} \frac{h}{d} \frac{J_y}{J_x}\left(\frac{v}{v_0}\right)^2 1000 H(y) k_{mz}(M)} \tag{7-20}$$

计算弹药的急螺稳定性时，应当控制炮口处的急螺稳定系数，因为这点的 $H(y)=1$，$v/v_0 = 1$，故 σ 值最小。

$$\sigma_0 = \sqrt{1 - \frac{4000}{\pi^2} \frac{\eta^2}{\mu C_m g} \frac{h}{d} \frac{J_y}{J_x} k_{mz}(M)} \tag{7-21}$$

式中的 h/d（图7-1）为

$$\frac{h}{d} = \frac{h_0}{d} + 0.57 \frac{l_{t0}}{d} - 0.16 \tag{7-22}$$

式中：d 为弹径。

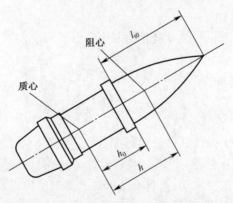

图 7-1 弹药质心到阻心的距离

式中：h_0 为弹药质心到弹头部界面的距离；l_{t0} 为弹头部的长度。

函数 $k_{mz}(M)$ 的值取决于弹药的全长 l 和初速 v_0，即

$$k_{mz}(M) = \sqrt{\frac{1}{4.5d} k'_{mz}(M)} \qquad (7-23)$$

式中：$k'_{mz}(M)$ 按表 7-2 求得。

表 7-2 $k'_{mz}(M)$ 函数的数值

v_0 /(m/s)	$k'_{mz}(M)$ /(N/m³)	v_0 /(m/s)	$k'_{mz}(M)$ /(N/m³)	v_0 /(m/s)	$k'_{mz}(M)$ /(N/m³)
200	95×10⁻⁴	480	101×10⁻⁴	720	93×10⁻⁴
260	95×10⁻⁴	500	101×10⁻⁴	740	93×10⁻⁴
280	96×10⁻⁴	520	100×10⁻⁴	760	92×10⁻⁴
300	98×10⁻⁴	540	99×10⁻⁴	780	91×10⁻⁴
320	100×10⁻⁴	560	98×10⁻⁴	800	91×10⁻⁴
340	104×10⁻⁴	580	98×10⁻⁴	850	90×10⁻⁴
360	105×10⁻⁴	600	97×10⁻⁴	900	89×10⁻⁴
380	105×10⁻⁴	620	96×10⁻⁴	950	88×10⁻⁴
400	105×10⁻⁴	640	96×10⁻⁴	1000	88×10⁻⁴
420	104×10⁻⁴	660	95×10⁻⁴	1050	88×10⁻⁴
440	103×10⁻⁴	680	95×10⁻⁴	1100	87×10⁻⁴
460	102×10⁻⁴	700	94×10⁻⁴	1150	86×10⁻⁴

2. 急螺稳定性的计算

理论上，只要使急螺稳定系数 $\sigma > 0$，即可使弹药保持稳定。这个"稳定"含义是：弹药飞行时，其章动角 δ 应维持在有限的范围内变化。也就是说，弹药不会翻跟斗。实际上，按射击精度的要求，仅仅不翻跟斗还不够，还必须进一步限制弹药的最大章动角 δ_m 不超过某允许值。

由式（7-18）可知，弹药章动角的最大值为

$$\delta_m = \frac{1}{\alpha\sigma} \frac{d\delta}{dt}$$

令保证一定射击精度所允许的章动角为 $[\delta]$，根据 $\delta_m \le [\delta]$ 的条件，即

$$\frac{1}{\alpha\sigma} \frac{d\delta}{dt} \le [\delta]$$

则可以定出弹药必要的急螺稳定系数为

$$(\sigma) = \frac{1}{\alpha[\delta]} \frac{d\delta_0}{dt} \qquad (7-24)$$

由此可知弹药要维持其飞行稳定，其急螺稳定性条件为

$$\sigma_0 > (\sigma) \qquad (7-25)$$

(σ) 的具体值一般通过试验确定。对于现代火炮弹药系统的榴弹，$(\sigma) = 0.3 \sim 0.6$。当弹药质量均衡、导引部结构完善、炮身振动小时，作用在弹药上的初始力矩冲量也较小，这时 $(\sigma) = 0.3$ 即可；反之，弹药质量不均衡较严重、火炮磨损较大时，弹药一出炮口就可能有较大的章动角速度，此时至少应取 $(\sigma) = 0.6$。

另外,(σ) 的取值还要考虑到弹道曲线段上的追随稳定性。如果 (σ) 值取值过高,则将使追随稳定性变坏。对于高射炮一类弹药,因它主要在直线段上射击,故 (σ) 可适当高一些。

根据式(7-21),弹药的急螺稳定性可以写为

$$\sigma_0 = \sqrt{1 - \frac{4000}{\pi^2} \frac{\eta^2}{\mu C_m g} \frac{h}{d} \frac{J_y}{J_x} k_{mz}(M)} \geqslant \sigma_0$$

通过上式求解出缠度条件为

$$\eta \leqslant \frac{\pi}{2} \sqrt{1 - \sigma_0^2} \sqrt{\frac{J_x}{J_y} \cdot \frac{\mu C_m g}{1000 \frac{h}{d} k_{mz}(M)}} \tag{7-26}$$

令 $\sqrt{1 - \sigma_0^2} = K$,并将 σ_0 取作 $(\sigma) = 0.3 \sim 0.6$,则 $K = 0.95 \sim 0.8$。系数 K 具有表征火炮弹药系统完善程度的意义。通常,所设计弹药的急螺稳定性条件为

$$\eta \leqslant \frac{\pi}{2} K \sqrt{\frac{J_x}{J_y} \cdot \frac{\mu C_m g}{1000 \frac{h}{d} k_{mz}(M)}} \tag{7-27}$$

如令式(7-27)的右端以 $[\eta]$ 表示,则式(7-26)的意义为:实际使用的火炮膛线缠度应小于等于设计弹药结构所要求的缠度 $[\eta]$。

急螺稳定性条件还有一种表示方法,是用陀螺稳定因子 S 表示,即

$$S = \frac{\alpha^2}{\beta} = \frac{1}{4k_z} \left(\frac{J_x}{J_y}\right)^2 \left(\frac{\omega_r}{v}\right)^2 = \frac{\pi^2 g J_x^2}{1000 J_y \eta^2 h d^4 k_{mz}(M)} \tag{7-28}$$

急螺稳定性条件为 $S>1$,通常要求 S 保持在 $1.3 \sim 1.5$ 范围内。

例 7-2 计算 122mm 榴弹的急螺稳定性

已知:弹药的相对质量　　　　　　　　　　$C_m = 11 \times 10^3 \text{kg/m}^3$

　　　弹药相对长度　　　　　　　　　　$l/d = 5$

　　　弹头部相对长度　　　　　　　　　$l_{t0}/d = 2$

　　　弹药质心至弹头部界面的相对距离　$h_0/d = 0.42$

　　　惯性系数　　　　　　　　　　　　$\mu = 0.5$

　　　转动惯量比　　　　　　　　　　　$J_y/J_x = 11$

　　　弹药初速　　　　　　　　　　　　$v_0 = 515 \text{m/s}$

　　　火炮缠度　　　　　　　　　　　　$\eta = 20$

解

1. 用缠度条件计算

(1) 取 $\sigma_0 = 0.6$,$K = \sqrt{1 - \sigma_0^2} = 0.8$

(2) 计算 h/d:

$$\frac{h}{d} = \frac{h_0}{d} + 0.57 \frac{l_{t0}}{d} - 0.16 = 1.4, h = 1.4d = 0.1708 \text{m}$$

(3) 由表 7-2 查出 $v_0 = 515 \text{m/s}$ 时,$k'_{mz}(M) = 0.01$

(4) 计算 $k_{mz}(M)$:

$$k_{mz}(M) = \sqrt{\frac{5}{4.5} k'_{mz}(M)} = 0.0105$$

（5）计算 $[\eta]$：

$$[\eta] = \frac{\pi}{2}K\sqrt{\frac{J_x}{J_y} \cdot \frac{\mu C_{\mathrm{m}}g}{1000\frac{h}{d}k_{mz}(M)}}$$

$$= 212.8d$$

（6）因为 $\eta = 20$，$\eta < [\eta]$，故判明所设计弹药具有急螺稳定性。

2.用陀螺稳定因子计算

（1）求 J_x、J_y、h：

$$J_x = \frac{1}{4}C_{\mathrm{m}}\mu d^5 = \frac{1}{4} \cdot 11 \times 10^3 \times 0.5 \times 0.1225 = 0.037\mathrm{kg} \cdot \mathrm{m}^2$$

$$J_y = 11 \cdot J_x = 0.409\mathrm{kg} \cdot \mathrm{m}^2$$

$$h = 1.4d = 0.1708\mathrm{m}$$

（2）计算 S：

$$S = \frac{\pi^2 g J_x^2}{1000 J_y \eta^2 h d^4 k_{mz}(M)} = 2.04$$

（3）因为 $S>1$，故弹药具有急螺稳定性。

7.2.3 追随稳定性

1. 追随稳定性的特征数

弹药在曲线段飞行时，弹轴的进动运动较之于直线段上的进动运动具有某些质的差别。此时，弹轴不再是绕弹道切线做圆锥运动，而是绕某一动力平衡轴做圆锥运动。动力平衡轴偏离弹道切线的夹角，称为动力平衡角，以 δ_{p} 表示。一般将 δ_{p} 作为弹药追随稳定性的特征数。δ_{p} 越小，弹药的飞行稳定性也越好。

动力平衡角的表达式可写为

$$\delta_{\mathrm{p}} = \frac{2\alpha}{\beta} \cdot \frac{g\cos\theta}{v} \tag{7-29}$$

式中：θ 为弹道切线与水平轴的夹角。

将 α、β 值代入并整理，得

$$\delta_{\mathrm{p}} = \frac{\pi g^2}{2} \cdot \frac{\mu C_{\mathrm{m}}v_0 d}{1000\eta\frac{h}{d}H(y)v^3 k_{mz}(M)}\cos\theta \tag{7-30}$$

从式（7-30）可见，δ_{p} 在弹道上是变化的。在弹道顶点附近，因 v，$H(y)$，$k_{mz}(M)$ 值均达到最小值，而 $\cos\theta$ 值最大，故相应的 δ_{p} 也最大，也即该处的追随稳定性最差，所以应把此处的 δ_{p} 控制在符合要求的范围以内。

将弹道顶点的参量代入式（7-30）中，得到顶点的飞行动力平衡角为

$$\delta_{\mathrm{ps}} = \frac{\pi g^2}{2}\frac{\mu C_{\mathrm{m}}v_0 d}{1000\eta\frac{h}{d}H(\bar{Y})v_{\mathrm{s}}^3 k_{ms}(M)} \tag{7-31}$$

式中：v_{s} 为弹道顶点的速度；$\bar{Y}$ 为弹道顶点的高度；δ_{ps} 为弹道顶点的动力平衡角。

2. 追随稳定性的计算

为了保证所设计弹药具有要求的追随稳定性,必须使弹药在最不利条件下,也就是顶点的动力平衡角小于一个允许值$[\delta_p]$,即

$$\delta_{ps} \leqslant [\delta_p] \tag{7-32}$$

因为v_s在大射角θ_0下具有比较小的值,而$H(\bar{Y})$则在大初速v_0下具有比较小的值。故当其他条件相同时,大的射角和初速将引起最大的动力平衡角δ_{ps}。在计算弹药追随稳定时,应当在这个最不利条件下,采用全装药和最大射角发射来进行。

动力平衡角的允许值$[\delta_p]$是根据追随稳定性良好的制式弹药的弹道特征数,利用问题逆解法求得的。表7-3列出了某些榴弹的$[\delta_p]$值,可供设计时参考。

表 7-3 一些榴弹的 δ_{ps} 值

弹药名称	射角/(°)	初速/(m/s)	δ_{ps}
100mm 加农炮杀伤爆破榴弹	45	885	1°32′
122mm 榴弹炮杀伤爆破榴弹	45	515	11°53′20″
122mm 加农炮杀伤爆破榴弹	65	800	9°14′
152mm 榴弹炮杀伤爆破榴弹	65	508	9°11′
152mm 加榴炮杀伤爆破榴弹	60	655	5°56′
152mm 加农炮杀伤爆破榴弹	60	880	12°51′
203mm 榴弹炮爆破榴弹	60	557	11°23′

7.2.4 弹药飞行稳定性的综合解法

如前所述,弹药在整个弹道上必须分别满足急螺稳定性与追随稳定性要求,即

$$\sqrt{1 - \frac{4000}{\pi^2} \frac{\eta^2}{\mu C_m g} \frac{h}{d} \frac{J_y}{J_x} k_{mz}(M)} \geqslant [\sigma_0]$$

和

$$\frac{\pi g^2}{2} \frac{\mu C_m v_0 d}{1000 \eta \dfrac{h}{d} H(\bar{Y}) v_s^3 / k_{ms}(M)} \leqslant [\delta_{ps}]$$

在有些场合,欲使所设计的弹药同时满足上述两个要求是很困难的,甚至是相互矛盾的,即当改善了其中一个特征数,会使另一特征数变坏。例如,减少弹药重心和空气阻心间的距离h值,可以提高σ值,但却加大了δ_{ps}值,对于其他参量也有类似情况。因此,必须综合全面地解决弹药飞行稳定性问题。现将有关方法介绍如下:

根据两个条件,考虑到$\mu C_m = 4J_x/d^5$,可以写出:

$$\left(\frac{1}{J_x}\frac{h}{d}\right) \leqslant \left[\frac{\pi^2 g(1 - \sigma_0^2)}{1000 d^5 \eta^2 k_{mz}(M)}\right]\left(\frac{J_x}{J_y}\right) \tag{7-33}$$

和

$$\left(\frac{1}{J_x}\frac{h}{d}\right) \geqslant \left[\frac{2\pi g^2 v_0}{1000 d^4 \eta H(\bar{Y}) v_s^3 k_{mz}(M) \delta_{ps}}\right] \tag{7-34}$$

式中σ_0与δ_{ps}即表示允许值。如果令

$$\frac{\pi^2 g(1 - \sigma_0^2)}{1000 d^5 \eta^2 k_{mz}(M)} = a$$

$$\frac{2\pi g^2 v_0}{1000 d^4 \eta H(\bar{Y}) v_s^3 k_{mz}(M) \delta_{ps}} = b$$

则可知 a、b 与所设计弹药的结构无关。当射击条件一定时,a、b 为固定不变量,则有

$$\begin{cases} \dfrac{1}{J_x} \cdot \dfrac{h}{d} \leqslant a \dfrac{J_x}{J_y} \\ \dfrac{1}{J_x} \cdot \dfrac{h}{d} \geqslant b \end{cases} \tag{7-35}$$

联立二式,可以解出

$$\begin{cases} \dfrac{J_x}{J_y} \geqslant \dfrac{b}{a} \\ \dfrac{h}{d} \geqslant b J_x \end{cases}, \quad \begin{cases} \dfrac{J_y}{J_x} \leqslant \dfrac{a}{b} \\ \dfrac{h}{d} \geqslant \dfrac{b^2}{a} J_y \end{cases} \tag{7-36}$$

由此可见,为了全面满足弹药的飞行稳定性要求,最有效的措施是减小 J_y 值,同时增加 h 值(如加大弹头部长度或增添风帽等措施),使之满足上述条件式。

7.2.5 动态稳定性

在急螺稳定性分析中,只考虑了翻转力矩的作用,只将炮口章动角限制在某一允许值的范围以下。在考虑弹药全弹道上的动态稳定性时,必须考虑在全部力矩(包括翻转力矩、马格努斯力矩、赤道阻尼力矩等)的综合作用下,弹药的章动运动是否衰减的问题。

根据弹药摆动方程的特征,为使弹药满足动态稳定,必须满足下述条件,即

$$\frac{1}{S} < 1 - S_d^2 \tag{7-37}$$

式中:S 为陀螺稳定因子,由式(7-28)计算;S_d 为动态稳定因子。

由此可见,弹药飞行中满足急螺稳定 $1/S < 1$ 是弹药稳定性的必要条件,而满足动态稳定 $1/S < 1 - S_d^2$ 则是弹药稳定的充要条件。

以 S_d 为横坐标,$1/S$ 为纵坐标,并以 $1/S < 1 - S_d^2$ 表示稳定的临界情况,则可绘成稳定区域图(图 7-2)。图中的抛物线以内表示满足动态稳定区;抛物线以外及直线以下表示满足急螺稳定区;而直线以上,则表示不满足稳定性的区域。

动态稳定因子也可以表示为

$$S_d^* = S_d + 1 \tag{7-38}$$

则由式(7-37),可得

$$S_d^* - 1 < \sqrt{1 - \frac{1}{S}}$$

$$(S_d^* - 1)^2 < 1 - \frac{1}{S} \tag{7-39}$$

$$S_d^*(2 - S_d^*) > \frac{1}{S}$$

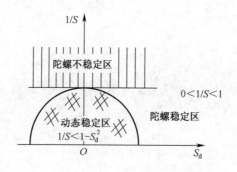

图 7-2　动态稳定图

此式即为动态稳定条件式,其中 S_d^* 为

$$S_d^* = \frac{2\left(C_y' + \dfrac{md^2}{J_x}m_y'\right)}{C_y' - \dfrac{md^2}{J_y}m_{zz}'} \tag{7-40}$$

由式(7-39)可见,当以 $S_d^*(2 - S_a^*) = 1/S$ 表示临界状态,用 $1/S$ 表示纵坐标,S_d^* 表示横坐标,可作出另一个稳定区域图(图7-3)。

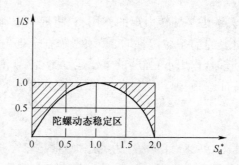

图 7-3　动态稳定区域图

由图7-3可看出,曲线以内为急螺稳定与动态稳定均满足的区域,阴影部分为急螺稳定面动态不稳区,再外面则表示两者均不稳区。故在弹药设计中,应尽量使设计弹药的特征值落在曲线以内。

7.3　尾翼弹药的飞行稳定性

尾翼弹药的飞行稳定性不同于旋转弹药,它主要借助尾翼所产生的升力,使弹药的阻力中心移至弹药的质心之后。这样,空气动力对弹药产生的力矩,是一个迫使弹药的攻角不断减小的稳定力矩。当弹药一旦出现由攻角产生的扰动时,稳定力矩将阻止攻角进一步增大,并迫使弹药绕弹道切线做往返摆动,这是尾翼弹飞行稳定性的必要条件。此外,为了使弹药在整个弹道上稳定飞行,还要求尾翼弹药的摆动迅速衰减,在曲线段具有追随稳定性。对于微旋尾翼弹,还要求弹药具有动态稳定性。

270

7.3.1 尾翼弹飞行稳定性分析

1. 不旋转尾翼弹的飞行稳定性

1）稳定储备量

稳定储备量是指弹药的阻力中心与质心位置的相对距离,即

$$B = \left(\frac{x_p}{l} - \frac{x_s}{l} \right) \times 100\% = (C_p - C_s) \times 100\% \tag{7-41}$$

式中:x_p,C_p 为弹药阻力中心至弹顶的绝对距离和相对距离(C_p 为弹药压力中心系数);x_s,C_s 为弹药质心至弹顶的绝对距离和相对距离;l 为弹药的全长。

为了求得阻力中心至弹顶的距离 x_p 或 C_p,通常应首先求出弹体及尾翼的法向力及其作用点的位置,然后用作用力的合成原理再求出全弹的法向力和阻力中心的位置。当攻角不大时,可近似将升力代替法向力来处理(图 7-4)。

若采用下列符号:

Y_k,x_{pk}——由弹体引起的升力及其作用点距弹顶的距离;

Y_ω,$x_{p\omega}$——由尾翼引起的升力及其作用点距离弹顶的距离;

Y,x_p——全弹的升力及其作用点距弹顶的距离。

根据空气动力学的公式:

$$Y_k = \frac{1}{2}\rho v^2 S C_{yk}$$

$$Y_\omega = \frac{1}{2}\rho v^2 S C_{y\omega}$$

$$Y = Y_k + Y_\omega = \frac{1}{2}\rho v^2 S(C_{yk} + C_{y\omega}) \tag{7-42}$$

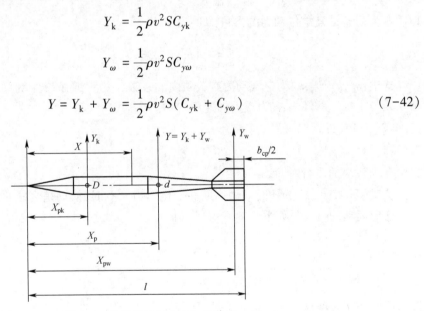

图 7-4 尾翼弹的压力中心计算图

根据力的合成原理,可得

$$x_p = \frac{Y_k x_{pk} + Y_\omega x_{p\omega}}{Y} \tag{7-43}$$

令相对距离

$$C_p = \frac{x_p}{l}; C_{pk} = \frac{x_{pk}}{l}; C_{p\omega} = \frac{x_{p\omega}}{l}$$

它们又分别称为弹药的压力中心系数、弹体压力中心系数和尾翼压力中心系数,从而有

$$C_p = \frac{C_{pk} \cdot C_{yk} + C_{p\omega} \cdot C_{y\omega}}{C_{yk} + C_{y\omega}} \tag{7-44}$$

代入式(7-41),即可得到弹药的稳定储量 B。如前所述,为使空气动力对弹药质心的力矩为稳定力矩,必须使

$$B>0$$

这是所有尾翼弹药飞行稳定性的必要条件。良好的尾翼稳定弹药,其稳定储备量必须至少在 15%~28% 范围内。

2) 弹药摆动运动分析

不旋转尾翼弹药在飞行中如有章动产生,则稳定力矩将使弹药极力朝着攻角减小的方向运动。但由于惯性,弹药最终在阻力面内绕自身质心做往返摆动。由此可见,稳定力矩能够防止弹药翻倒,但不能消除摆动。伴随弹药摆动中的赤道阻尼力矩才能阻尼摆动,逐渐使弹药的摆动振幅衰减。

不考虑弹道曲率的影响,根据弹药的摆动运动方程可得下列近似解:

$$\delta = \frac{\delta_0}{v_0\sqrt{k_z}}\mathrm{e}^{-bs}sin\sqrt{k_z}\,s \tag{7-45}$$

式中: δ 为弹药的摆动攻角; $\delta_0 = \left(\dfrac{\mathrm{d}\delta}{\mathrm{d}t}\right)_0$,为弹药出炮口时的初始摆动角速度; v_0 为弹药初速; b 取决于弹药运动及空气动力的参量,即

$$b = \frac{1}{2}\left(b_y + k_{zz} - b_x - \frac{g\sin\theta}{v^2}\right) \tag{7-46}$$

式中: b_y, k_{zz}, b_x, k_z 为空气动力有关项内的系数; s 为弹道弧长; v 为弹药的飞行速度; θ 为弹道切线与水平线的倾角; g 为重力加速度。

式(7-45)可近似写为

$$\delta = \delta_{m0}\mathrm{e}^{-bvt}sinv\sqrt{k_z t} \tag{7-47}$$

式中: t 为弹药的飞行时间。

从式(7-47)可见, δ 随时间做周期性变化。当 $b>0$ 时,摆动是衰减的。

摆动运动的特征量如下:

(1) 最大振幅:

$$\delta_{m0} = \frac{\delta_0}{v_0\sqrt{k_z}} \tag{7-48}$$

(2) 摆动周期:

$$T = \frac{2\pi}{v\sqrt{k_z}}$$

将 k_z 的关系式代入,又有

$$T = \frac{2\pi}{v}\sqrt{\frac{2J_y}{\rho SLm'_z}} \tag{7-49}$$

(3) 摆动波长:

摆动波长即弹药摆动一次所飞行的距离,有

$$\lambda = Tv = 2\pi\sqrt{\frac{2J_y}{\rho Slm'_z}} \tag{7-50}$$

由稳定力矩的公式可知：

$$M_z = \frac{1}{2}\rho v^2 Sl\delta m'_z$$

由 AHИИ 法中可以得出

$$M_z = \rho v^2 Sh(C_x + C'_y)\delta$$

式中：h 为弹药质心到阻力中心的距离。

则式(7-50)又可改写为

$$\lambda = 2\pi\sqrt{\frac{J_y}{(C_x + C'_y)\rho Sh}} \tag{7-51}$$

此式中 C_x 与 C'_y 可以直接从 AHИИ 法查表得出。

(4) 对数衰减率 ε：

振幅的对数衰减率 ε 表示相隔半周期振幅之比的自然对数(图7-5)。

$$\varepsilon = ln\left|\frac{\delta_2}{\delta_1}\right| = bv\frac{T}{2} = b\frac{\pi}{\sqrt{k_z}}$$

将式(7-46)及 k_z 的关系式引入后，有

$$\varepsilon = \pi\left(\frac{\rho Sdlm'_{zz}}{2J_y} + \frac{\rho SC'_y}{2m} - \frac{\rho SC_x}{2m} - \frac{g\sin\theta}{v^2}\right)\sqrt{\frac{2J_y}{\rho Slm'_z}} \tag{7-52}$$

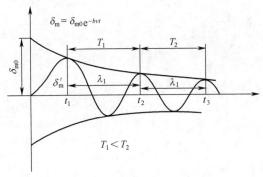

图 7-5　尾翼弹的衰减摆动

为使弹药稳定，必须使特征波长 λ 及对数衰减率控制在一定的范围内。

3) 追随稳定性

尾翼弹药进入曲线段后，由于重力作用，弹道切线不断向下转动。由于惯性作用，使弹轴在铅直面内产生滞后攻角 δ_p，从而伴随产生相应的稳定力矩 M_z，在此力矩作用下弹轴将追随弹道切线的向下转动而转动。弹轴对弹道切线的滞后攻角称为动力平衡角，尾翼弹药的追随稳定性即通过此动力平衡角来描述。当动力平衡角小，相应的追随稳定性也就好。

由外弹道理论，尾翼弹药的动力平衡角可近似写为

$$\delta_p = \frac{2J_y g\cos\theta}{m'_z\rho Slv^3}\left(\frac{2g\sin\theta}{v} + \frac{C_x\rho Sv}{2m} + \frac{m'_{zz}\rho Sdlv}{2J_y}\right) \tag{7-53}$$

从式(7-53)可见，倾角 θ 及速度 v 对动力平衡角 δ_p 的影响很大。尤其在大射角($\theta_0 = 80°$)

与小初速条件下,需要着重考虑尾翼弹药的追随稳定性。

2. 旋转尾翼弹的动态飞行稳定性

尾翼弹常采用低速旋转的方法来减少某些不对称性干扰因素引起的散布。如因外形不对称而造成的气动偏心、内部结构不对称而造成的质量偏心以及火箭增程弹推力产生的偏心等。目前许多尾翼稳定的聚能破甲弹、杆式穿甲弹以及某些迫击炮弹都采用低速旋转。当旋转尾翼弹存在某些不对称性的干扰(如气动偏心、动不平衡等)时,随着弹体的旋转,这些不对称的干扰因素将表现为周期性的干扰作用。当周期干扰频率与弹药的摆动频率相等时,即产生共振。这时,攻角将急剧增加,使弹药的飞行稳定性受到破坏。此外,由于攻角的存在,旋转尾翼弹还会产生马格努斯力矩,马格努斯力矩也为另一种不稳定因素。马格努斯力矩对飞行稳定性影响,仍然可采用类同于旋转弹药的动态稳定性条件来判断。因此,这里着重分析旋转尾翼弹的共振不稳定性。

前面在分析非旋转尾翼弹的稳定性时,已经阐明弹药以弹道切线为平衡位置绕自身质心做衰减性摆动运动,这是理想情况。如果尾翼弹药存在气动偏心或质量偏心等不均衡因素,此时弹药摆动的平衡位置不再是弹道切线,而是偏于速度矢量一定角度 δ_M 处,δ_M 又称静平衡攻角。当弹药还有旋转运动,气动偏心或动不平衡质量将随弹体一道旋转,形成对弹药的周期性干扰作用。在这种情况下,弹药的摆动运动可视为均衡摆动与周期干扰摆动二者的叠加。由于第一项摆动很快衰减并消失,故旋转尾翼弹药的稳定性应着重控制后一项摆动运动。

由外弹道理论可知,周期干扰摆动攻角的幅值 A_p 与静平衡攻角 δ_M 之比 μ 为

$$\mu = \frac{k_z}{\sqrt{(b^2 - \chi^2 + k_z)^2 + (2b\chi)^2}} \tag{7-54}$$

式中 χ 为弹药旋转角速度 ω_r 与线速度 v 之比,即

$$\chi = \frac{\omega_r}{v} \tag{7-55}$$

系数 b 及 k_z 决定子弹药空气动力的有关参量和系数。

当一定条件下,b 及 k_z 均为常数,故振幅比 μ 将随 χ 而变,求其极值可得:

当 $\chi = \sqrt{k_z + b^2}$ 时,有

$$\mu_{max} = \frac{k_z}{2b\sqrt{k_z + b^2}} \tag{7-56}$$

此式又称为共振条件。因为通常 $b^2 \ll k_z$,故此共振条件又可简化如下:

当 $\chi = \sqrt{k_z}$ 时,有

$$\mu_{max} = \frac{\sqrt{k_z}}{2b} \tag{7-57}$$

将式(7-57)代入式(7-55),可求出尾翼弹的共振角速度为

$$\omega_{\gamma 0} = \chi v = \sqrt{k_z} v = v\sqrt{\frac{m_z' \rho S l}{2J_y}} \tag{7-58}$$

共振转速为

$$n_{\gamma 0} = \frac{\omega_{\gamma 0}}{2\pi} = \frac{v}{2\pi}\sqrt{k_z} \tag{7-59}$$

由式(7-55)和式(7-58)可知,弹药实际转速 n_γ 与共振转速 n_{γ_0} 之比为

$$\eta = \frac{n_\gamma}{n_{\gamma_0}} = \frac{\chi}{\sqrt{k_z}} \tag{7-60}$$

注意到式(7-60),η 值相当于弹药转动频率 f_ω 与弹药摆动频率 f_λ 之比。因此,为方便起见,又称 η 为旋转尾翼弹的频率比,即

$$\eta = \frac{f_\omega}{f_\lambda} \tag{7-61}$$

将 η 值代入式(7-54),可得到振幅比 μ 与频率比 η 之关系为

$$\mu = \frac{k_z}{\sqrt{[b^2 + k_z(1 - \eta^2)]^2 + 4b^2\eta^2 k_z}} \tag{7-62}$$

将式(7-62)作成曲线,如图7-6所示。从图中可以清楚看出:当频率比 $\eta = 1$,即弹药的转速达到共振转速,或者弹药每摆动一次,弹药刚好自转一周,所具有的振幅比 μ_m 也达到最大值。即使尾翼弹不翻转,也会使其正面阻力突然增大,密集度恶化,甚至出现近弹。随着 η 值离开共振点一定范围,振幅比值迅速变小。

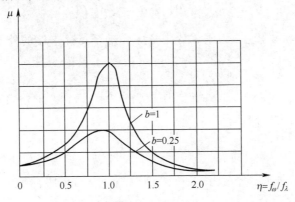

图7-6　振幅 μ 与频率比 η 的关系

当尾翼弹由不旋转而逐步加速到平衡转速时,必然有与共振转速接近相等的阶段。如果此阶段时间很短,由于共振而引起攻角的增大较小,对尾翼弹的密集度和射程不会产生大的影响。如果停留于共振转速时间较长(产生转速闭锁现象),则可能因共振导致攻角增大到有害的程度,使密集度变坏,甚至产生近弹。平衡转速 n_L 与共振转速 n_{γ_0} 比值越大,则经过共振阶段的时间越短,其影响就越小。根据经验,从避免共振不稳定现象出发,应至少使尾翼弹的实际平衡转速 n_L 与计算共振转速 n_{γ_0} 的比 η 式(7-60)达到下列要求:

$$\eta \geqslant 1.4 \sim 4 \tag{7-63}$$

η 值也不宜过大,否则会造成动不平衡力矩过大,对密集度带来不利影响。

下面简要分析尾翼弹的平衡转速计算问题。赋于尾翼弹旋转的方法除了采用微旋弹带外,目前大多采用斜置尾翼或斜切翼面方法。所谓斜置尾翼(图7-7(a))是将尾翼片平面与弹轴成一倾斜角 β;而斜切翼面(图7-7(b))是将尾翼片平面的一侧削去一部分,使削面与弹轴成一倾角 β。这类方法借助于作用在尾翼斜面上的空气动力导转力矩,使弹药获得不断增大的转速。与此同时,由于极阻尼力矩 M_{xz} 的作用,最终使弹药转速处于某平衡值。

为了使问题简化,仍将尾翼视为直置的,而气流以一定偏斜角 β 吹在翼片上,产生的导转力矩作用在弹药上,如图7-7所示。

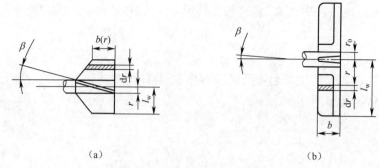

（a）   （b）

图 7-7　斜置、斜切尾翼的尺寸

翼片上任一微面 $\mathrm{d}s_\omega$ 上的升力导转力矩为

$$\mathrm{d}M_z = \frac{1}{2}\rho v^2 \mathrm{d}s C'_y \beta r = \frac{1}{2}\rho v^2 C'_y \beta b r \mathrm{d}r \tag{7-64}$$

式中：b 为微面宽度；r 为微面距弹药轴线的半径坐标。

对整个翼面积分，可求出气流对弹药的导转力矩：

$$M_z = \frac{1}{2}\rho v^2 C'_y \beta \int_{r_0}^{r_\omega} b r \mathrm{d}r = \frac{1}{2}\rho v^2 C'_y \beta S_\omega r_{cp} \tag{7-65}$$

式中：r_0 为尾翼片的根部半径；l_ω 为尾翼片张开后弹轴至翼片末端的外半径；r_{cp} 为翼片的面心半径坐标，一般取 $r_{cp} = \frac{1}{2}(l_\omega - r_0)$。

另外，作用在此旋转尾翼片微面上的极阻尼力矩 $\mathrm{d}M_{xz}$，可视为气流以相对偏角 δ 吹在静止翼片上的负升力所致（图 7-7），即

$$\mathrm{d}M_{xz} = \frac{1}{2}\rho v^2 \mathrm{d}s_\omega C'_y \delta_0 r \tag{7-66}$$

由于微面 $\mathrm{d}s_\omega$ 的切向速度分量为 $\omega_r \cdot r$，与来流速度 v 合成后，偏角 δ 可近似写为

$$\delta \approx \tan\delta = \frac{\omega_\gamma r}{v} \tag{7-67}$$

将式（7-67）代入式（7-66），并进行积分，则

$$M_{xz} = \frac{1}{2}\rho v^2 C'_y \omega_\gamma \int_{r_0}^{l_\omega} b r^2 \mathrm{d}r = \frac{1}{2}\rho v^2 C'_y \frac{\omega_\gamma}{v} S_\omega r_j^2 \tag{7-68}$$

式中：r_j 为翼片面相对于极轴的二次矩半径。

当 $M_z = M_{xz}$ 时，得到的转速即为平衡转速。

$$\omega_{rL} = \frac{v\beta r_{cp}}{r_j^2}(\mathrm{rad/s})$$

$$n_L = \frac{\omega_{rL}}{2\pi} = \frac{v\beta r_{cp}}{2\pi r_j^2}(\mathrm{r/s}) \tag{7-69}$$

斜置尾翼和斜切尾翼的平衡转速也常用下列近似公式计算：

$$\omega_{rL} = 1.5K\frac{v}{l_\omega}\beta(\mathrm{rad/s})$$

$$n_L = \frac{1.5Kv\beta}{2\pi l_\omega}(\mathrm{r/s}) \tag{7-70}$$

式中:β 为尾翼斜置角或斜切角;K 为翼型系数,它可按下列公式进行计算:

对于斜置尾翼,有

$$K = \frac{1 - \left(\dfrac{r_0}{l_\omega}\right)^2}{1 - \left(\dfrac{r_0}{l_\omega}\right)^3} \tag{7-71}$$

对于斜切尾翼,有

$$K = \frac{1}{2} \frac{1 - \left(\dfrac{r_0}{l_\omega}\right)^2}{1 - \left(\dfrac{r_0}{l_\omega}\right)^3} \tag{7-72}$$

7.3.2　迫击炮弹的飞行稳定性计算

一般迫击炮弹的特点是:飞行速度较低(大部在亚声速范围),弹道曲射,弹药在全弹道上飞行。因此,迫击炮弹的飞行稳定性除了保持充分的稳定储备量及追随稳定性外,弹药在飞行中还应有适当的摆动波长,且摆动振幅要迅速衰减,这样才能使迫击炮弹获得良好的密集度。

下面着重介绍苏联炮兵科学技术研究院制定的摆动频率法,它是以摆动波长 λ 作为评定迫击炮弹飞行稳定性的基本特征量。

1. 飞行稳定性条件

前已述明,摆动波长 λ 为弹药每摆动一次所飞过的距离。当 λ 值过大,表明弹药攻角长久偏离其平衡位置,因而弹药飞行稳定性差;但 λ 值过小,表明弹药摆动过频,结果引起阻力增大,射程减小。所以,必须使弹药的 λ 值保持在合适的范围内,此范围可根据飞行性能良好的现有迫击炮弹的经验值确定。

由式(7-51)式可知,摆动波长为

$$\lambda = 2\pi \sqrt{\frac{J_y}{(C_x + C'_y)\rho s h}}$$

对于已定的弹药结构,其结构特征量与弹药直径 d 呈一定的比例,即

$$\begin{aligned} J_y &= jd^5 \\ S &= kd^2 \\ h &= id \end{aligned} \tag{7-73}$$

式中:i, j, k 均为比例常数。

再代入 λ 的公式内,得

$$\lambda = 2\pi d \sqrt{\frac{j}{(C_x + C'_y)\rho k i}} \tag{7-74}$$

令式中常数项以 n 表示,即

$$n = 2\pi \sqrt{\frac{j}{(C_x + C'_y)\rho k i}} \tag{7-75}$$

则

$$\lambda = nd$$

n 取决于弹药形状和结构及空气动力系数。对于具有几何相似与气动力相似的弹药系统，当材料相同，n 具有相同数值，而与弹药的绝对尺寸无关。

联立下述方程求解：

$$\begin{cases} \lambda = nd \\ J_y = jd^5 \end{cases}$$

解之可得

$$\left(\frac{J_y}{j}\right)^{0.2} = \frac{\lambda}{n}$$

或

$$\ln J_y = 5\ln\lambda + C \tag{7-76}$$

式中：C 为取决于相似系统的常数。

式(7-76)所示 J_y-λ 关系，也可用曲线形式表示。可将现有迫击炮弹，根据它们的形状和结构，首先确定出系数 C 的值，然后分别作曲线。如图 7-8 所示，一个相似系统对应一条曲线，不同的相似系统获得一个曲线簇，它又称为迫击炮弹的稳定性曲线图。稳定性曲线图表明这样一个事实：对于所有飞行稳定良好的迫击炮弹，λ 值只能在一定的范围内。一般将此范围作为新设计迫击炮弹飞行稳定性的条件。也就是说，新设计的迫击炮弹只有当其 λ 值落在此范围内，才能认为具有飞行稳定性。

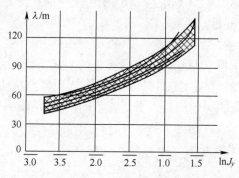

图 7-8　迫击炮弹稳定曲线

2. 迫击炮弹飞行稳定性设计

迫击炮弹的飞行稳定性设计是通过上述现有迫击炮弹的稳定性曲线图完成的。

对于新设计的迫击炮弹，当其形状、结构经初步拟定后，首先计算迫击炮弹的各气动力系数，然后再计算其摆动波长 λ。根据迫击炮弹的赤道转动惯量 J_y 和参量 λ 值，并借助图 7-8 来初步确定所设计的炮弹是否符合飞行稳定性的要求。

如果 λ 值落在稳定性曲线簇区域内，表明所设计的迫击炮弹具有飞行稳定性。

如果 λ 落在稳定性区域以上，表示所设计迫击炮弹的飞行稳定性差，因而密集度也不好。

为了改善其飞行稳定性能，必须改进迫击炮弹原来的结构和形状。改变结构的原则是：不削弱迫击炮弹的威力，不引起射程很大下降，所以一般主要是通过对稳定装置的修改，来达到稳定性的要求。首先加长稳定杆的长度，因为稳定杆长度的增加，仅仅引起空气阻力中心后移，不会导致阻力的增大，这是十分有利的。在稳定杆增长后，仍然没有达到稳定性要求时，再增加尾翼片的数目。但尾翼片数目的增多，将使升力大大加大。当然正面阻力也有所增加，但仅仅是前者的1/2。如果还没有达到稳定性要求，只好再增加尾翼片的宽度。不过，翼片宽度的增加，

278

会导致正面阻力大大增大,而正面阻力有降低射程的效应。所以,靠加大正面阻力来增加迫击炮弹的飞行稳定性是十分不利的,只有在万不得已的情况下才采用。

如果所设计的迫击炮弹 λ 值落在稳定性曲线簇的下方时,表明该弹具有过渡的稳定性。也就是说,迫击炮弹在弹道上摆动过频,结果引起阻力增大,射程下降。为了改变这种情况,应重新修改稳定装置的结构。这时,首先改善那些可能导改增大正面阻力的结构部分,即先减小尾翼片的宽度。如果允许的话,再减少尾翼片的数目。减小稳定杆的长度是无意义的。因为它几乎不影响正面阻力的增减,因而也不会引起射程的增减。

其他类型尾翼弹(如杆式尾翼穿甲弹、尾翼破甲弹、杆形筒式弹等)的飞行稳定性主要按(7-41)校核其稳定储备量 B,此处不一一赘述。

第8章 战斗部威力设计

弹药有许多重要战术技术性能,如充分可靠的发射安全性、良好的空气动力外形、全弹道上的飞行稳定性、在目标处的威力等,上述这些战技性能都是为了使弹药最终能在目标处完成对目标的毁伤。由此可见,战斗部威力是弹药所有性能中最重要的特性,也是衡量弹药完善程度一个最首要的指标。

由于战斗部威力设计中涉及的问题很多,如各类目标的功能和易损伤性、战斗部的作用与毁伤原理等。这些影响因素复杂,在很大程度上给弹药的威力设计带来了困难。长期以来,战斗部的威力设计几乎完全通过大量实弹射击方式来解决,同时还多依赖于弹药设计者个人的经验积累。这不仅使弹药设计和研制周期加长,加重了人力和财力的负担,往往也难以获得最佳的弹药结构方案。因此,将有关研究成果,主要是终点效应学中的理论与试验研究成果,及时引入弹药设计实践之中,使战斗部的威力设计摆脱纯经验的方式,逐渐建立在完善的系统理论分析的基础上,是弹药设计工作者的重要职责。

本章讲述弹药威力指标的制定原则、主要弹种的威力指标计算以及战斗部威力设计的要点。

8.1 弹药威力指标

8.1.1 基本概念

威力是指一定射击条件下弹药对一定目标的毁伤能力。

对目标的毁伤即是在弹药一定的毁伤手段作用下,目标的生命力受到某种程度的毁伤。

为了确定弹药的威力指标,下面引出与弹药和目标特性有关的几个基本概念。

1. 弹药的毁伤手段(或毁伤方式、毁伤机制)

弹药为了毁伤目标,常通过一定的机械、热、化学或核等效应来完成,这些效应可由一定的物理参量进行定量描述。

对于常规弹药,主要毁伤方式为机械效应。例如,爆炸冲击波的超压、高速破片或金属射流的动能、应力波冲量等,以下简称这些参量(超压、动能、冲量等)为杀伤参量或杀伤因素。

在所述毁伤手段中又有两种形式:一种是连续的弥散形式,即杀伤参量在环境的连续介质中构成一定范围的作用场,处于场中任何位置上的目标,均将受到作用。冲击波超压属于这种方式。另一种是离散的集中形式,即杀伤参量集中在一定的杀伤元件上,当杀伤元件击中目标才能发生效应。金属射流及动能穿甲弹属于这种形式。存在某些中间类型(如破片场),它可根据不同情况,按前一种或后一种形式来考虑。

弹药毁伤手段的度量常从两个方面去描述:一是它的强度,即杀伤参量值,例如冲击波的超压值、破片的动能或比动能、金属射流的速度等;另一个是它的广延性,即杀伤手段作用的范围或距离。杀伤手段的强度与广延性二者间是相互关联的。在一般情况下随着范围或距离的增大,强度(杀伤参量值)逐渐衰减。

2. 弹药的结构参量

弹药的毁伤手段是通过弹药的一定结构形式,包括弹药内装填的炸药及其他能源物质,一定形状或尺寸的弹体结构,或成型装药及金属药型罩,以及其他产生或形成杀伤元素的零件予以实现的。也就是说,只有基于弹药的一定结构才能在弹道终点处产生一定的毁伤手段。对弹药结构的定量描述为结构参量,它包括炸药及有关部件的形状、尺寸、质量及其他特征数据等。

3. 目标的生命力(生存力)

目标的生命力,是指在弹药一定强度的毁伤手段作用下目标仍能保持其正常战斗动能的能力。弹药毁伤目标的最终目的,在于使目标丧失战斗功能。这里所指的生命力是针对目标的战斗功能而言的,不是泛指目标全部功能的总和。相同目标,由于在战斗中的地位和任务不同,生命力的内容也不相同。例如,对于进攻中的人员,其战斗功能不仅为操作武器的能力,还包含能迅速转移阵地的能力。当人下肢受伤而失去行动能力时,则可以认为严重丧失战斗功能;反之,对于防御人员主要要求操作武器的能力,上述情况,则不能认为他已丧失战斗功能(除非已妨碍他操作武器)。换句话说,必须根据战斗功能来确定生命力所代表的内容。

至于生命力的强弱,主要取决于目标各功能组成部分的固有强度。每个部分在形状、大小上不同,不仅对整个目标战斗功能的贡献不同,其固有强度也不相同。次要部分的损伤,虽然在一定程度上对目标功能有所影响,但并不妨碍其战斗力的发挥;而要害部位的损伤则可导致整个目标伤亡。因此,在分析目标的生命力时,主要考虑目标的要害部位及其固有强度。

4. 目标的易损性分析

目标的固有强度取决于目标的结构。即当目标已定,目标的固有强度也被确定。但是,强度是相对于抵抗一定的外界作用因素而言的。一个目标可为多种杀伤因素致毁,但目标的固有强度可呈现不同的抵抗能力。例如,建筑结构抗破片杀伤能力较大,而抗空气冲击波毁伤的能力则较小。

目标的易损性即目标生命力对不同毁伤手段的反应敏感程度。在一定的毁伤手段作用下,为了判断目标的生存、伤亡以及伤亡的严重程度,必须通过易损性分析来达到。易损性分析的实质就是在给定的条件下将目标与弹药联系起来,找出毁伤与杀伤因素之间的定量或者定性的依存关系。这是终点效应学的重大课题,也是弹药威力设计的依据。由于目标的复杂性,要从理论上进行精确的定量描述,不仅是困难的,有时甚至是不可能的。目前,易损性分析,尤其是较准确的分析,在很大程度上仍然要依靠数值模拟或基于实弹试验。

5. 杀伤(毁伤)准则

根据上面的分析,要杀伤一个目标,该目标的强度与弹药的杀伤参量二者应满足一定的依从关系。杀伤准则,正是给定目标在给定杀伤参量作用下的上述函数关系。

杀伤准则也是在目标易损性分析基础上(包括经验的、试验的和理论的)获得的具体数量形式。例如,长期以来一直沿用的破片对人员目标 $8 \sim 10 \mathrm{kgf \cdot m}$ 或 78J 的动能杀伤标准,便是一个较老的杀伤准则,它可写成下列形式的数学表达式:

$$p_{hk} = \begin{cases} 1(E \geqslant 78\mathrm{J}) \\ 0(E < 78\mathrm{J}) \end{cases}$$

式中:p_{hk} 为目标被杀伤的条件概率,它与杀伤参量(破片动能)呈阶跃函数关系(图 8-1(a))。

实践证明,对于一个复杂目标,它对杀伤因素的反应,常常伴随大量随机因素的影响。采用单一因素的阶跃函数进行描述,不仅过于粗略,有时甚至导致明显差错。更为完善的形式应考虑到多种因素的影响,杀伤目标的条件概率 p_{hk} 常为这些参量的连续递增函数。例如,1956 年 F. Allen 和 J.Sperazza 提出了一个新的对人员目标的杀伤准则,该准则可描述不同战斗任务的人员目标被一定质量、速度的随机破片击中后在一定时间内丧失战斗力的概率(图 8-1(b))。

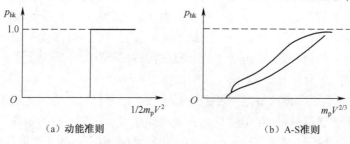

（a）动能准则　　　　　　　　（b）A-S准则

图 8-1　破片对人员的杀伤准则

6. 射击条件或弹目遭遇条件

射击条件是指弹药在弹道终点的作用瞬间,弹药相对于目标的运动速度、方位和距离等。由于在弹药作用场内其杀伤参量是分布的,并且在多种情况下直接受牵连速度的影响。因此,对不同位置处的目标或目标的不同部位,其作用强度是不同的。也就是说,弹药对目标的作用除取决于弹药及目标本身外,还与射击条件有关。

8.1.2　弹药威力指标的确定

由上面的讨论可知,弹药对目标的作用取决于杀伤手段、目标特性和射击条件。从而,弹药的威力也应是就一定的作用方式、针对一定的目标而言。例如榴弹,谈其威力,应当指明是借助于空气冲击波手段的爆破威力,或是借助高速破片手段的杀伤威力。爆破威力高的榴弹其杀伤威力不一定高,反之亦然。至于射击条件,它是主要影响弹药威力发挥程度的因素。

为了能定量评定弹药威力的大小,必须提出一个可以度量的指标,这就是威力指标。威力指标与弹药的射击效率紧密相联。应当指出,射击效率通常包含两个方面的因素:即弹药是否击中目标以及击中目标后是否能毁伤目标。威力指标主要从后一因素来考虑。由于弹药作用方式不同,对付的目标情况也不一致,故威力指标的拟定并无固定程式可循,主要从以下几个方面考虑:

(1) 对于以离散型杀伤元对付单个目标的弹药,可用单发弹药对目标生命力的毁伤程度或毁伤概率衡量。例如,穿甲弹或破甲的威力指标可采用穿甲厚度或侵彻深度。弹药的穿甲能力大,意味着能毁伤生命力更强的目标,故威力也高,可能条件下还应考虑击穿后效的问题。

(2) 对于以杀伤作用场对付集群目标的弹药,可采用与毁伤目标数的数学期望相关的量来衡量。例如地面杀伤榴弹,通过破片场杀伤地面密集人员目标,常用"杀伤面积"来衡量。杀伤面积越大,被杀伤人员数的数学期望值越高。

(3) 对于以杀伤作用场对付单个目标的弹药,可采用足以毁伤目标的距离和范围来衡量。例如爆破榴弹对地面目标的破坏可近似用某种威力半径来表征,在此半径上仍然具有使目标毁伤的一定强度的冲击波超压值。

威力指标是评定、设计弹药威力的度量依据。威力指标不仅应直观,便于试验检验,更重要的,它应充分、全面概括并反映弹药对目标的毁伤效率。需要注意的是,弹药的各杀伤参量互相依存,一个参量值的增加往往导致另一参量值的降低,分指标的提出必须经过周密论证,否则不合理的分指标不仅会造成各个指标间的互相矛盾,它所对应的弹药威力也未必为最佳值。

至于射击条件,如前所述,它影响弹药威力的发挥。可能存在一个最有利的射击条件,它对应弹药最佳威力效果,但是应当根据弹药的实际使用情况确定出最有利的射击条件。

8.1.3 弹药的威力设计

弹药威力设计的任务在于拟定弹药的合理结构,使之达到威力指标的要求,或具有最高的威力指标。前已阐明,弹药结构决定弹药的杀伤参量,弹药的杀伤参量又决定对一定目标的毁伤,它们中间存在固有的依存关系。虽然终点效应学为这种关系提供了理论依据,但获得这种关系的准确定量分析形式十分困难。

计算与试验是弹药设计过程中两个必不可少的环节。在设计中,首先依据经验初步定出对弹药威力最为关键的结构形式和尺寸等。在此基础上进行威力指标的计算,在计算中逐步摸索出各结构参量对威力指标的影响特性。根据计算结果多次修改结构。此后对弹药进行局部性威力试验,应特别注意试验结果与计算结果间的差别,并利用这种差别作为修正计算的反馈信息,重新进行计算和方案修改。如此反复,不断提高,直至获得较为满意的结果。但是,设计弹药的威力,最终只有通过全面的靶场试验和长期的使用实践才能获得准确的评定。

8.2 爆破威力的计算与设计

8.2.1 概述

通常所说的榴弹,是指弹药内装有高能炸药,以其爆破作用或破片的杀伤作用来毁伤目标的弹药。以爆破作用为主的称为爆破榴弹,以破片杀伤作用为主的称为杀伤榴弹。榴弹属于压制性弹药,所对付目标很多,如各种野战工事、障碍物,人员、车辆、飞机及其他技术兵器及设备等。根据其作用主次的不同,适于对付的主要目标也有差别。就威力设计而言,我们将榴弹的爆破威力与破片杀伤威力进行分别讨论。本节仅讨论爆破威力的计算与设计。

爆破作用的实质为炸药爆炸后高温、高压、高速爆轰产物膨胀功的作用,它有两种含义:一种是爆轰产物的直接作用,即弹药直接接触目标爆炸,或在目标内部狭小封闭的空间内爆炸。爆轰产物的巨大冲量直接作用在目标上,使目标毁伤。另一种含义是指弹药在介质(如空气、水等)中爆炸,爆轰产物的能量传给周围介质,使介质产生冲击波,冲击波向四周传播。当目标被撞击,在冲击波的一定超压和动压或冲量作用下而被毁伤,这种作用也称爆炸(冲击)波作用。十分明显,冲击波的作用距离比爆轰产物直接作用的距离要大。

8.2.2 空气中爆炸计算

1. 爆炸冲击波的超压与比冲量

炸药在空气中爆炸后,爆轰波由炸点向外传播某一瞬时的典型波形如图 8-2(a)所示。冲击波阵面的压力 p_ϕ 相对于波前的大气压力 p_a 具有一突跃。二者之差 $\Delta p_m = p_\phi - p_a$ 称为冲击波超压峰值。随着冲击波的传播,超压迅速衰减,波长拉大。

图 8-2(b)为冲击波传过某确定位置时所作用的超压—时间曲线 $\Delta p(t)$。由图可见,冲击波阵面在时刻 t_0 到达此点,经历 t_+ 时间间隔,超压下降至零。t_+ 称正压时间。此阶段的压力冲量为

$$i_+ = \int_{t_0}^{t_0+t_+} \Delta p(t)\,dt$$

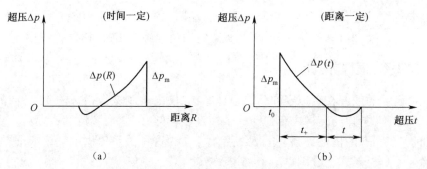

图 8-2　爆炸冲击波的 $\Delta p(R)$ 及 $\Delta p(t)$ 曲线

在中等距离上还存在负压阶段。当距离较大时，负压阶段不明显。对不同目标起毁伤作用的主要因素是超压峰值 Δp_m、正压时间 t_+ 及正压段压力冲量 i_+ 这 3 个特征量。

2. 超压峰值计算

超压峰值 Δp_m 主要取决于炸药种类、质量及传播距离，通常在相似理论基础上通过实验获得工程计算的经验公式。

1）空中爆炸

假设 TNT 球形或相似形状装药在无限空气介质中爆炸，所形成球面冲击波受到其他界面的影响，则距爆炸中心任一距离 R 处的超压峰值 Δp_m 为

$$\Delta_{p\,m} = 0.0981 \times \left(\frac{14.0717}{\overline{R}} + \frac{5.5397}{\overline{R}^2} - \frac{0.3572}{\overline{R}^3} + \frac{0.00625}{\overline{R}^4} \right) \quad (\text{MPa}) \quad (0.05 \leqslant \overline{R} \leqslant 0.3)$$

$$\Delta_{p\,m} = 0.0981 \times \left(\frac{6.1938}{\overline{R}} + \frac{0.3262}{\overline{R}^2} - \frac{2.1324}{\overline{R}^3} \right) \quad (\text{MPa}) \quad (0.3 \leqslant \overline{R} \leqslant 1) \qquad (8-1)$$

$$\Delta_{p\,m} = 0.0981 \times \left(\frac{0.662}{\overline{R}} + \frac{4.05}{\overline{R}^2} - \frac{3.288}{\overline{R}^3} \right) \quad (\text{MPa}) \quad (1 \leqslant \overline{R} \leqslant 10)$$

式中 $\overline{R}$ 为相对距离，有

$$\overline{R} = R / \sqrt[3]{m_\omega} \quad (\text{m/kg}^{1/3}) \qquad (8-2)$$

式中：R 为距炸点的距离（m）；m_ω 为 TNT 炸药质量（kg）。

式（8-2）只适用于 TNT 炸药，对于其他种类的炸药，只需将炸药质量换算成 TNT 当量代入即可：

$$m_\omega = m_{\omega s} Q_s / Q_T \qquad (8-3)$$

式中：m_ω 为该炸药的 TNT 当量；$m_{\omega s}$ 为该炸药的质量；Q_s 为该炸药的爆热（J/kg）；Q_T 为 TNT 的爆热（J/kg），约 4187kJ/kg。

各种炸药的爆热值如表 8-1 所列。

表 8-1　几种常用炸药的爆热

炸　药	装药密度/(kg/m³)	爆热/(kJ/kg)
TNT(梯恩梯)	1.53×10³ (有外壳)	4576
RDX(黑索金)	1.69×10³ (无壳)	5594
	1.50×10³	5401
TNT/RDX 50/50 (梯−黑 50/50)	1.68×10³ (注装)	4773

炸　　药	装药密度/(kg/m³)	爆热/(kJ/kg)
B炸药(黑-梯60/40)	1.73×10³	5045
梯-黑-铅 560/24/16	1.7610×10³	4886
特屈儿	1.60×10³(有外壳)	4857
PETN(泰安)	(1.73~1.74)×10³(有外壳)	6226
	1.65×10³	5694
阿马托　　80/20 阿马托　　40/20	1.30×10³(无壳) 1.55×10³	4145 4187

对于无限空气介质中的爆炸条件,通常认为,装药的爆炸高度 H 应符合下列关系:

$$H/\sqrt[3]{m_\omega} \geqslant 0.35 \quad (\text{m/kg}^{1/3})$$

对于高空爆炸,由于高空的大气压力比标准值低,应采用下列公式进行超压峰值的计算:

$$\Delta p_m = 0.0981 \times (20.06/\overline{R} + 1.94/\overline{R}^2 - 0.04/\overline{R}^3) \quad (\text{MPa}) \quad (0.05 \leqslant \overline{R} \leqslant 0.50)$$

$$\Delta \rho_m = 0.0981 \times (0.67/\overline{R} + 3.01/\overline{R}^2 - 4.31/\overline{R}^3) \quad (\text{MPa}) \quad (0.5 \leqslant \overline{R} \leqslant 70.9)$$

$$(8-4)$$

2）地面爆炸

地面爆炸时,由于地面的反射作用将使冲击波增强。这时可在式(8-2)基础上进行适当修正,即以

$$m'_\omega = \hat{K}m_\omega \tag{8-5}$$

式(8-5)的意义表示以 m'_ω 代替原式中的 m_ω。修正系数 K 取决于反射强弱的程度。

对于混凝土、岩石一类的刚性地面,取 $K=2$,有下列超压峰值公式:

$$\Delta p_m = 0.0981 \times \left(\frac{17.7292}{\overline{R}} + \frac{8.7992}{\overline{R}^2} - \frac{0.7144}{\overline{R}^3} + \frac{0.0157}{\overline{R}^4}\right) \quad (\text{MPa}) \quad (0.05 \leqslant \overline{R} \leqslant 0.3)$$

$$\Delta p_m = 0.0981 \times \left(\frac{7.8037}{\overline{R}} + \frac{0.5178}{\overline{R}^2} - \frac{4.2648}{\overline{R}^3}\right) \quad (\text{MPa}) \quad (0.3 \leqslant \overline{R} \leqslant 1)$$

$$(8-6)$$

$$\Delta p_m = 0.0981 \times \left(\frac{0.8341}{\overline{R}} + \frac{6.43}{\overline{R}^2} - \frac{6.576}{\overline{R}^3}\right) \quad (\text{MPa}) \quad (1 \leqslant \overline{R} \leqslant 10)$$

对于一般土壤,取 $K=1.8$,得

$$\Delta p_m = 0.0981 \times \left(\frac{17.1174}{\overline{R}} + \frac{8.1972}{\overline{R}^2} - \frac{0.643}{\overline{R}^3} + \frac{0.0137}{\overline{R}^4}\right) \quad (\text{MPa}) \quad (0.05 \leqslant \overline{R} \leqslant 0.3)$$

$$\Delta p_m = 0.0981 \times \left(\frac{7.5344}{\overline{R}} + \frac{0.4827}{\overline{R}^2} - \frac{3.838}{\overline{R}^3}\right) \quad (\text{MPa}) \quad (0.3 \leqslant \overline{R} \leqslant 1)$$

$$(8-7)$$

$$\Delta p_m = 0.0981 \times \left(\frac{0.805}{\overline{R}} + \frac{5.99}{\overline{R}^2} - \frac{5.918}{\overline{R}^3}\right) \quad (\text{MPa}) \quad (1 \leqslant \overline{R} \leqslant 10)$$

3）坑道内爆炸

在坑道、堑壕、矿井、地道内爆炸时,空气冲击波仅沿坑道两个方向传播,可用下列公式:

$$\Delta p_{\mathrm{m}} = 0.0981 \times \left[1.46 \left(\frac{m_\omega}{SR} \right)^{1/3} + 9.2 \left(\frac{m_\omega}{SR} \right)^{2/3} + 44 \left(\frac{m_\omega}{SR} \right) \right] \quad (\mathrm{MPa}) \qquad (8\text{-}8)$$

式中: S 为坑道截面积 (m^2) ; R 为距离 (m)。

如果坑道一端堵死, 也可将 $2m_\omega$ 替换 m_ω 代入, 式 (8-8) 则变为

$$\Delta p_{\mathrm{m}} = 0.0981 \times \left[1.84 \left(\frac{m_\omega}{SR} \right)^{1/3} + 14.6 \left(\frac{m_\omega}{SR} \right)^{2/3} + 88 \left(\frac{m_\omega}{SR} \right) \right] \quad (\mathrm{MPa}) \qquad (8\text{-}9)$$

3. 正压作用时间 t_+ 的计算

t_+ 是空气爆轰波另一个特征参数, 是影响目标破坏作用大小的重要参数之一, 它也可根据爆炸相似律建立的经验公式进行计算。

TNT 装药空中爆炸时, 可采用以下公式:

$$\frac{t_+}{\sqrt[3]{m_\omega}} = 10^{-3} (0.107 + 0.444\bar{R} + 0.264\bar{R}^2 - 0.129\bar{R}^3 + 0.0335\bar{R}^4) \quad (\mathrm{s/kg}^{1/3})$$

$$(0.05 \leqslant \bar{R} \leqslant 3) \qquad (8\text{-}10)$$

也可采用下列简便公式:

$$\frac{t_+}{\sqrt[3]{m_\omega}} = 1.5 \times 10^{-3} \bar{R}^{1/2} \quad (\mathrm{s/kg}^{1/3}) \qquad (8\text{-}11)$$

对于其他炸药, 仍然采取如同式 (8-3) 的处理方法; 对于地面爆炸, 则采取如同式 (8-5) 的修正方式, 即以 $(1.8 \sim 2) m_\omega$ 代替原计算式中的 m_ω。

4. 比冲量 i_+ 的计算

Josef Henrych 提出了 TNT 球形装药的经验公式:

$$\frac{i_+}{\sqrt[3]{m_\omega}} = 9.81 \times \left(663 - \frac{1115}{\bar{R}} + \frac{629}{\bar{R}^2} - \frac{100.4}{\bar{R}^3} \right) \quad (\mathrm{Pa \cdot s/kg}^{1/3}) \quad (0.4 \leqslant \bar{R} \leqslant 0.75)$$

$$\frac{i_+}{\sqrt[3]{m_\omega}} = 9.81 \times \left(-32.2 + \frac{211}{\bar{R}} - \frac{216}{\bar{R}^2} - \frac{80.1}{\bar{R}^3} \right) \quad (\mathrm{Pa \cdot s/kg}^{1/3}) \quad (0.75 \leqslant \bar{R} \leqslant 3)$$

$$(8\text{-}12)$$

Садовский 提出了另外一种计算公式:

$$i_+ = 9.81 \times (15 m_\omega / R^2) \quad (\mathrm{Pa \cdot s}) \quad (\bar{R} < 0.25)$$

$$i_+ = 9.81 \times (34 \sim 36) \sqrt[3]{m_\omega^2} \quad (\mathrm{Pa \cdot s}) \quad (\bar{R} > 0.5) \qquad (8\text{-}13)$$

5. 弹药冲击波威力半径 R_{CH}

榴弹爆轰波主要用来对付如人员、一般车辆、技术装备、轻型结构、飞机等软目标或半软目标。这类目标通常在冲击波超压 $\Delta p_{\mathrm{m}} = 0.1 \mathrm{MPa}$ 时发生较重的损伤, 其战斗功能基本失效。为了描述榴弹的爆炸威力, 这里提出一个"冲击波威力半径", 即弹药爆炸冲击波超压峰值 $\Delta p_{\mathrm{m}} = 0.1 \mathrm{MPa}$ 所对应的距炸点的平均半径 R_{CH}, 并以此作为衡量榴弹空气中爆炸的威力指标。

为此, 根据式 (8-1), 以 $\Delta p_{\mathrm{m}} = 0.1 \mathrm{MPa}$ 代入其内, 可以解出相对距离 $\bar{R}$ 值为 2.63。故弹药的冲击波威力半径为

$$R_{\mathrm{CH}} = 2.63 \sqrt[3]{m_\omega} \quad (\mathrm{m}) \qquad (8\text{-}14)$$

式中:m_ω 为弹药装药的 TNT 爆炸当量。对于不同的炸药及爆炸条件,m_ω 值可按式(8-3)、式(8-5)的方式处理。计算时 m_ω 的单位取 kg。

北京理工大学的冯顺山等提出了小药量爆炸冲击波压力冲量对飞机目标的临界毁伤距离的计算式:

$$\begin{cases} R_s = \dfrac{Am_\omega^{2/3}}{2.5 \times 10^{-8}\sigma_b + 16} \quad (m) \quad (1.96 \times 10^4 \leqslant \sigma_b h_m \leqslant 206 \times 10^4) \\ R_s = \dfrac{15m_\omega}{1.53 \times 10^{-7}\sigma_b + 247} \quad (m) \quad (206 \times 10^4 \leqslant \sigma_b h_m \leqslant 441 \times 10^4) \end{cases} \tag{8-15}$$

式中:A 为系数,可取 34~36;σ_b 为飞机结构的铝板强度(Pa),对于 2A12 硬铝,可取 461MPa;h_m 为飞机结构蒙皮的等效厚度(m),对于不同飞机类型一般可取为 3~55mm;m_ω 为装药的 TNT 爆炸当量(kg)。

8.2.3 土壤中爆炸计算

对于地下结构,如掩蔽的火力点、观察所、指挥所、武器的掩体等,空气冲击波的作用效果很小,常通过弹药的侵彻作用,在距地面一定深度处爆炸,来毁伤这类目标。

随着爆炸深度的不同,在土中爆炸的情况也不相同。当深度较浅,产生抛掷型爆破。即弹药上部土壤被掀掉,形成漏斗形弹坑,简称漏斗坑。漏斗坑本身即为对目标的破坏结果。随着深度的增加,漏斗形状由浅坦逐渐变为细深。若深度进一步增加时,则发生松动型爆炸,即土壤仅产生松动突起而不形成显露的漏斗坑。当深度超过一定临界值时,仅出现盲炸。

为了发挥弹药的最大破坏威力,必须形成抛掷型爆破,并通过漏斗坑达到对目标的破坏效果。所以,采用漏斗体积作为直接衡量弹药土中爆炸威力的定量指标。

在计算漏斗坑体积时,近似将它简化为一个如图(8-3)所示锥形坑,其高度为 h,半径为 r,并以比值 $r/h = n$ 表示其形状特征。n 又称为形状作用指数。漏斗坑体积可近似写为

$$V = \frac{\pi}{3}r^2 h = n^2 h^3 \tag{8-16}$$

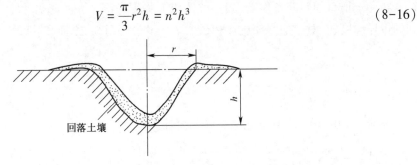

图 8-3 典型漏斗形弹坑尺寸

大量试验研究表明,在不考虑重力和结合键力的影响下,抛掷漏斗坑形状 n 与装药质量 m_ω 及爆炸深度 h 可用式(8-17)近似表示:

$$m_\omega = K_0 h^3 f(n) \tag{8-17}$$

式中:K_0 为取决于土壤性质的抛掷系数,它表示爆破并抛出标准形漏斗坑($n=1$)时单位体积土石的用药量(kg/m³);$f(n)$ 为与形状作用指数 n 有关的函数。

这里列出 Г.И. ПОКРОВСКИЙ 提出的下列适用范围较广的 $f(n)$ 的公式:

$$f(n) = \left[\frac{(1+n^2)}{2} \right]^2$$

将它代入式(8-17),得

$$m_\omega = K_0 h^3 \left[\frac{(1+n^2)}{2} \right]^2 \tag{8-18}$$

表8-2列出了2号岩石炸药对我国一些土石爆破的 K_0 值。当应用于其他炸药时,应乘以换算系数 α,亦可按 TNT 爆炸当量近似处理。

表8-2　各类土石介质的抛掷系数 K_0

土石介质	$K_0/(kg/m^3)$	土石介质	$K_0/(kg/m^3)$
黏　　土	1.0~1.1	石灰岩,流纹岩	1.4~1.5
黄　　土	1.1~1.2	石英砂岩	1.5~1.7
坚实黏土	1.1~1.2	辉长岩	1.6~1.7
泥　　岩	1.2~1.3	变质石乐岩	1.6~1.8
风化石炭岩	1.2~1.3	花 岗 岩	1.7~1.8
坚硬砂岩	1.3~1.4	辉绿岩	1.8~1.9
石英斑岩	1.3~1.4		

由式(8-18)解出 n^2 值,代入式(8-16),即可得到在给定装药及爆炸深度条件下的漏斗坑体积:

$$V = \left(2\sqrt{\frac{m_\omega}{K_0 h^3}} - 1 \right) h^3 \tag{8-19}$$

在一定质量的装药条件下,漏斗坑体积 V 为爆炸深度 h 的函数。上式说明存在有某个最有利的爆炸深度,它对应的漏斗坑体积最大。为此,对式(8-19)两端微分,得

$$dV = \left(3\sqrt{\frac{m_\omega}{K_0 h^3}} h^{\frac{1}{2}} - 3h^2 \right) dh$$

根据 $\dfrac{dV}{dh} = 0$ 的条件,解出此最有利的爆炸深度为

$$h_{yl} = \sqrt[3]{\frac{m_\omega}{K_0}} \quad (m) \tag{8-20}$$

根据表8-2所给数据,大部分典型目标介质的 K_0 值约在 1.1~1.7 的范围内变化。将此代入式(8-20),又可获得

$$h_{yl} = (0.84 \sim 0.97) \sqrt[3]{m_\omega} \quad (m) \tag{8-21}$$

若以式(8-20)的 h_{yl} 值代入式(8-19)中,即可得到相应最有利爆炸深度下的漏斗坑体积:

$$V = \frac{m_\omega}{K_0} \quad (m^3) \tag{8-22}$$

8.2.4 水中爆炸计算

由于水介质的特殊性,炸药水下爆炸特性与空气中爆炸相比要复杂得多。装药在均匀、静止的深水中爆炸时,高压爆轰产物急剧向外膨胀,在水中形成初始冲击波。同时在爆轰产物与水的界面处反射—稀疏波,以相反的方向向爆轰产物中心运动。由于水的密度大、可压缩性小,水中爆炸冲击波初始压力比空气大得多,空气中爆炸冲击波初始压力在 60~130MPa,而水中爆炸冲击波初始压力在 10GPa 以上,接近于炸药爆轰区。随着水中爆炸冲击波的传播,其波阵面压力和速度迅速下降,波形不断拉宽。由于水的声速极高(18℃海水声速约 1494m/s),当波阵面压力下降约为 250MPa 时,虽然波阵面压力仍有相当大的数值,但波阵面的传播速度已下降至接近声速。在形成初始冲击波的同时,爆轰产物迅速向外膨胀,并以气泡的形式推动周围的水沿径向向外运动。气泡的压力随膨胀不断下降,当其膨胀到压力等于静水压后,在惯性的作用下继续向外膨胀直至达到最大体积,此时气泡内部的压力约为静水压的 1/5~1/10。而后,由于外界压力的作用使气泡收缩,同样由于惯性的作用,在气泡内压力达到静水压时仍继续收缩,直到最小体积时又开始膨胀,如此反复膨胀、收缩,形成气泡脉动。在气泡脉动过程中,同时产生稀疏波和压力波。

水下爆炸产生的冲击波和气泡脉动如图 8-4 所示。

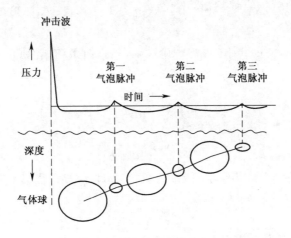

图 8-4　水下爆炸产生的冲击波和气泡脉动

水下爆炸的表征参数主要是冲击波压力。对于 TNT 球形裸装炸药,应用最广的就是 P. 库尔和 Zamyshlyayev 所总结的针对 TNT 球形裸装炸药公式,即

$$p_m = \begin{cases} k_1\left(\dfrac{\sqrt[3]{W}}{R}\right)^{a_1} & \left(6 \leqslant \dfrac{R}{R_0} \leqslant 12\right) \\[3mm] k_2\left(\dfrac{\sqrt[3]{W}}{R}\right)^{a_2} & \left(12 \leqslant \dfrac{R}{R_0} \leqslant 240\right) \end{cases} \qquad (8-23)$$

$$P_t = \begin{cases} P_m e^{-\frac{t}{\theta}}(t < \theta) \\[3mm] 0.368 P_m \dfrac{\theta}{t}\left[1 - \left(\dfrac{t}{t_p}\right)^{1.5}\right](\theta \leqslant t \leqslant t_p) \end{cases} \qquad (8-24)$$

$$\theta = k_3 \times \sqrt[3]{W} \left(\frac{\sqrt[3]{W}}{R} \right)^{a_3} \qquad (8-25)$$

式中：P_m 为冲击波峰值压力（Pa）；W 为 TNT 的质量（kg）；R 为爆距（m）；R_0 为药包半径（m）；a_1，k_1，a_2，k_2 为常数，对 TNT 而言，$a_1 = 1.15$；$k_1 = 44.1 \times 10^6$；$a_2 = 1.13$；$k_2 = 52.4 \times 10^6$；θ 为时间衰减常数；$a_3 = -0.23$，$k_3 = 0.368$；t_p 为正压作用时间。

式（8-26）为水下爆炸冲击波能的计算公式：

$$E = K_1 4\pi r R^2 / \rho c \int_0^{6.7\theta} p(t)^2 \mathrm{d}t \qquad (8-26)$$

气泡脉动经验公式最常用就是关于气泡最大半径、气泡脉动周期以及气泡能的计算。气泡最大半径是指气泡第一次膨胀到体积最大时的气泡半径。气泡脉动周期是指气泡第一次膨胀到最大体积随后收缩到最小体积的时间大小。

P. 库尔在其《水下爆炸》一书提到关于气泡脉动周期和最大半径的经验公式。

$$r_{\max} = (3E/4\pi P)^{1/3} \qquad (8-27)$$

$$t = 1.14 \rho_{\mathrm{TNT}}^{1/2} \frac{E^{1/3}}{p^{5/6}} \qquad (8-28)$$

式中：E 为冲击波辐射后爆炸生成物的剩余能量，约占总能量的 41%，即 $E = 41\% WQ$，W 为炸药质量（kg）；Q 为炸药爆热，TNT 取 4.19×10^6 J/kg；ρ 为 TNT 密度，取 1630 kg/m³；P 为爆炸深度处流体静压（Pa）。

H. H. 松佐夫在其《水下和空中爆炸理论基础》一书给出的气泡脉动周期和最大半径的经验公式为

$$r_{\max} = K_\mathrm{T} \left(\frac{W}{10+h} \right)^{1/3} \qquad (8-29)$$

$$T_{\max} = K_\mathrm{R} \frac{W^{1/3}}{(10+h)^{5/6}} \qquad (8-30)$$

式中：K_T，K_R 由试验确定，TNT 炸药为 $K_\mathrm{T} = 3.5$，$K_\mathrm{R} = 2.11$；h 为炸药距水面距离（m）；W 为装药量（kg）。

$$E_\mathrm{b} = K_2 T^3 m \qquad (8-31)$$

式中：K_2 为常数；T 为气泡脉动周期（s）；m 为 TNT 质量（kg）。

8.2.5　爆破榴弹的威力设计

不论是空气冲击波破坏半径、土壤抛掷漏斗坑体积或水下爆炸冲击波及气泡脉动的最大半径和脉动周期，都直接取决于弹药内的爆炸装药的质量和能量（或 TNT 当量）。炸药类型及质量为弹药的结构参量，但由于它直接与威力指标相联系，所以它本身也可视为衡量弹药爆炸威力大小的指标。为了加大弹药的爆破威力，应尽可能增大弹药的装药当量。在具体的结构设计中，可采用下列措施：

在总体方案上应正确选择弹药的质量，即在满足其他战术技术条件下（如射程、飞行稳定性等），应尽可能选择最大的弹药质量。

在一定弹药质量前提下，为了增加装药质量，必须在保持发射强度的前提下减薄弹体壁厚。可利用有限元法，通过多次计算与修改调整，将弹体设计成等强度壁厚。也可采用高强度优质弹体材料。

8.3　杀伤威力的计算与设计

8.3.1　概述

榴弹爆炸后,弹壳碎成大量高速破片,向四周飞散,形成一个破片作用场,使处于场中的目标受到毁伤。地面杀伤榴弹主要用于对付集群人员目标;高射榴弹则用来对付飞机、导弹等单个目标。本节主要论述地面杀伤榴弹的威力指标及计算。

目前,对地面杀伤榴弹的威力有几种不同的评定方法,其中最有代表性的有两个,即扇形靶杀伤面积和球形靶杀伤面积。

1. 扇形靶杀伤面积

按下列方式定义杀伤面积 S,即

$$S = S_0 + S_1 \qquad\qquad (8\text{-}32)$$

式中:S_0 为密集杀伤面积;S_1 为疏散杀伤面积。

对应密集杀伤面积的圆半径 R_0 称为密集杀伤半径。R_0 的含义(图 8-5):在此半径圆周上的人员目标,平均为一块杀伤破片所击中。相应的射击条件是:弹药直立地面,头部朝上爆炸,人员目标正对弹药呈立姿,投影面积(或受弹面积)为 1.5m×0.5m。相应的杀伤准则是:能击穿 25mm 厚松木板的破片为杀伤破片(两块嵌入板内的未穿破片亦可折算为一块杀伤破片);一片以上杀伤破片击中目标即为杀伤。

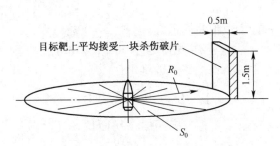

图 8-5　扇形靶的密集杀伤面积和半径

疏散杀伤面积 S_1 为

$$S_1 = \int_{R_0}^{R_m} 2\gamma\pi R\mathrm{d}R$$

式中:R 为半径变量;γ 为在上述条件下,该半径圆周上每个人员目标接受的平均杀伤破片数;R_m 为取决于扇形靶试验布置的最大半径(对于口径不小于 76mm 的榴弹为 60m;小于 76mm 口径的榴弹为 24m)。

上述杀伤面积主要通过扇形靶数据稍经处理而求得,免去了许多中间环节(如有关破片的形成、飞散、飞行中的衰减等)的计算与测试。这些中间环节的存在不可避免地会引入相应的误差。这个指标存在以下缺点:

(1) 对射击条件(或弹目遭遇条件)作了硬性规定,但又与实战条件脱离较远,不够典型。

(2) 杀伤准则比较粗糙。

(3) 密集杀伤面积或半径尚有比较直观的含义,疏散杀伤面积的含义则不明显。杀伤面积不能直接预报在规定射击条件下被杀伤的目标平均数。从而,不便于部队直接使用。

此外,通过长期实践,发现扇形靶杀伤面积在某些情况下常常不能对弹药的威力作出全面的评价,甚至出现明显的有偏差的检验结果。

2. 球形靶杀伤面积

设弹药在布有目标的地面上一定高度处爆炸(图8-6),破片向四周飞散,其中部分破片打击地面上的目标并使其伤亡。在地面任一处(x,y)取微面$dxdy$。设目标在此微面内被破片击中并杀伤的概率为$P(x,y)$,则$dS=P(x,y)dxdy$,可视为微面$dxdy$内的杀伤面积。定义全弹药的杀伤面积为

$$S = \int_{-\infty}^{\infty} \int_{-\infty}^{\infty} P(x,y) dxdy \qquad (8-33)$$

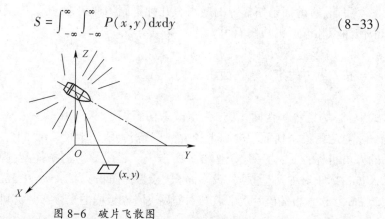

图8-6 破片飞散图

从上可见,杀伤面积是一个等效面积(或加权面积),它具有下列含义:如令目标在地面以一定方式布设,且目标密度σ为常数,以($个/m^2$)表示。微面$dxdy$内的目标个数将为$dn = \sigma dxdy$,而其中被杀伤的目标个数预期值将为

$$dn_k = P(x,y)dn = \sigma P(x,y)dsdy$$

由此,地面上全部目标中被杀伤的预期数将为

$$n_k = \int_{-\infty}^{\infty} \int_{-\infty}^{\infty} \sigma P(x,y) dxdy = \sigma S \qquad (8-34)$$

即被杀伤目标数目的数学期望n_k直接与弹药的杀伤面积S呈比例。当弹药杀伤面积已知,将它乘以目标密度,即可求出目标被杀伤数目的预期值。

为了求出此杀伤面积,除了必须给出有关目标的信息外,还应知道弹药的破片初速、破片的质量分布和飞散时的密度分布,以及破片速度的衰减规律。然后利用这些信息按一定模型进行计算。目前,采用球形靶来测定破片在飞散时的密度分布数据,并利用破碎性试验测定破片的质量分布,在此基础上处理出杀伤面积,习惯上统称它为球形靶法。采用此法定义的杀伤面积有下列特点:

(1)从理论上看,出发点合理,能较充分地说明弹药威力,能衡量不同射击条件下的效果,并可由此获得最佳射击条件,能计算弹药对不同类型目标的杀伤威力及其变化规律,便于综合评定弹药的用途。

(2)直接与射击效率相关,便于部队使用。

(3)不便于直接试验检验,许多中间环节依赖于计算。

威力指标是一项战术技术指标。精确的理论模型可导致较准确的计算结果,但计算结果必须通过试验来验证,设计产品是否满足既定战术技术指标也只能通过实弹测试做出最终评定。也就是说,靶场试验测得的数据是决定性的。正因为如此,必须要求测试方案合理,测量数据准

确,数据处理简单。从这个意义上看,球形靶试验还存在一定缺陷。它直接测得的数据,不是接近于最后结果(目标函数)的终端数据,而是某些初始数据或中间数据。它们还需通过较多的中间计算与处理,才能转换成"杀伤面积"值。要想直接测定杀伤面积,必须按照规定的射击条件布置弹药和模拟靶,并在多次试验后取得的杀伤目标平均数,才近似接近预值,习惯称为"盒形靶试验"或"人形靶试验"即是按此原理拟定的检验弹药杀伤面积的试验。这种鉴定试验过于麻烦,耗费极大的人力和物力。

8.3.2　杀伤面积的计算

上面已经定义了杀伤面积,下面介绍它的计算方法。计算的关键在于确定式(8-33)中取决于目标相对位置的杀伤概率 $P(x,y)$。为此,首先来推导 $P(x,y)$ 公式。

1. $P(x,y)$ 公式的推导

根据不同的假设,可获得 $P(x,y)$ 的不同形式。这里介绍应用最广泛的 $P(x,y)$ 公式形式。

(1) 弹药爆炸后,设有 N_0 块破片。破片大小和飞散都是随机的,故击中任意点 (x,y) 处目标的破片数与各破片的杀伤能力也是随机的。

(2) 目标可能仅为一块破片击中,也可能为 2 块、3 块或者 N_0 块击中。现设单块破片击中目标的概率为 R,则目标为 f 块破片击中的概率服从二项式分布,即

$$p_i = C_{N_0}^i p_h^i (1 - p_h)^{N_0 - i}$$

当 p_h 很小及 N_0 很大时,可导致

$$p_i \approx \frac{(N_0 p_h)}{i!} \mathrm{e}^{-N_0 p_h} = \frac{\overline{m}}{i!} \mathrm{e}^{-\overline{m}}$$

这就是普哇松分布,其 $N_0 p_h = \overline{m}$ 称为破片命中数目的数学期望。

(3) 在击中的 i 块破片中,由于破片大小不同,杀伤能力也不相同。令单块破片对目标的平均杀伤率以其条件概率 $\overline{p}_{hk}$ 表示,并假设各破片杀伤目标为独立事件,则击中 i 块破片条件下目标被杀伤的概率为

$$g_i = 1 - (1 - \overline{p}_{hk})^i$$

(4) i 块破片击中并杀伤目标的概率为 $p_i g_i$。

(5) 目标为破片所杀伤的全概率为

$$P(x,y) = \sum_{i=1}^{N_0} p_i g_i = \sum_{i=1}^{N_0} \frac{\overline{m}}{i} \mathrm{e}^{-\overline{m}} [1 - (1 - \overline{p}_{hk})^i]$$

注意 $\overline{m}$ 为固定值,上式为

$$P(x,y) = \mathrm{e}^{-\overline{m}} \left\{ \sum_{i=1}^{N_0} \frac{\overline{m}^i}{i} - \sum_{i=1}^{N_0} \frac{[\overline{m}(1 - \overline{p}_{hk})]^i}{i!} \right\}$$

(6) 当 N_0 很大时,有

$$\sum_{i=1}^{N_0} \frac{\overline{m}^i}{i!} \approx \mathrm{e}^{\overline{m}} - 1$$

$$\sum_{i=1}^{N_0} \frac{\overline{m}^i}{i!} \frac{[\overline{m}(1 - \overline{p}_{hk})]^i}{i!} = \mathrm{e}^{\overline{m}(1 - \overline{p}_{hk})} - 1$$

代入上式,得

$$P(x,y) = \mathrm{e}^{-\overline{m}} [\mathrm{e}^{\overline{m}} - 1 - \mathrm{e}^{-\overline{m}(1 - \overline{p}_{hk})} + 1]$$

化简后,得

$$P(x,y) = 1 - e^{-m\bar{p}_{hk}} = 1 - e^{\overline{N}_s} \tag{8-35}$$

式中:$\overline{m}$ 为破片命中数目的数学期望;$\bar{p}_{hk}$ 为每个破片在击中目标前提下的平均杀伤概率;$\overline{N}_s$ 为在 (x,y) 处目标上杀伤破片数目的数学期望。

(7) 击中目标的杀伤破片预期数又可写为

$$\overline{N}_s = a_s(x,y) S_n$$

式中:$a_s(x,y)$ 为杀伤破片的球面分布密度;S_n 为目标的受弹面积,在更准确时也可考虑成目标的要害部位的投影面积,它取决于目标的布置方式。

(8) 公式的最终形式为

$$P(x,y) = 1 - e^{-a_s(x,y)S_n} \tag{8-36}$$

为了求得 $P(x,y)$,关键在于求出杀伤破片的分布密度。这涉及破片生成规律,包括破片初速、质量大小和飞散方向的分布,还涉及破片飞行规律及杀伤准则。

2. 破片规律与基本关系式

弹药爆炸时,破片以一定速度 v_p 向四周飞散。各个方向上的飞散密度与破片的大小有一定的分布规律,它取决于弹药结构。在飞行中,破片速度逐渐衰减,仍具有杀伤能力的破片数目随着飞行距离的增加而减少。我们的目的在于求出不同方位与距离处目标上的杀伤破片平均数目。

1) 破片数目随质量的分布规律

目前应用最普遍的仍为 Mott 公式,如下:

(1) 破片总数 N_0:

$$N_0 = \frac{m_s}{2\mu} \tag{8-37}$$

式中:m_s 为弹壳质量(kg);2μ 为破片平均质量(kg),它取决于弹壳壁厚、内径、炸药相对质量。可用下式计算:

$$\mu^{0.5} = K t_0^{5/16} d_i^{1/8} (1 + t_0/d_i) \tag{8-38}$$

式中:t_0 为弹壳壁厚(m);d_i 为弹壳内直径(m);K 取决于炸药的系数($\mathrm{kg^{1/2}/m^{7/6}}$),表 8-3 列出了一些炸药的试验值,可参考。

表 8-3 炸药系数 K 及 A 的试验值

炸药种类及装填方法		试验条件			炸药系数	
		t_0/mm	d_i/mm	m_w/m_s	$K/(\mathrm{kg^{1/2} \cdot m^{-7/6}})$	$A/(\mathrm{kg^{1/2} \cdot m^{-3/2}})$
铸装	B 炸药	6.4516	50.7746	0.377	2.71	8.91
	TNT	6.4262	50.8000	0.355	3.81	12.6
	H-6	6.4516	50.7746	0.395	3.38	11.2
	HBX-1	6.4770	50.7746	0.384	3.12	10.2
	HBX-2	6.4770	50.7746	0.403	3.95	12.9
	太恩/TNT(50/50)	6.4516	50.7746	0.366	3.03	9.92
	PTX-1	6.4516	50.7746	0.367	2.71	8.90
	PTX-2	6.4516	50.7746	0.363	2.78	9.14

炸药种类及装填方法		试验条件			炸药系数	
		t_0/mm	d_i/mm	m_w/m_s	$K/(\text{kg}^{1/2}\cdot\text{m}^{-7/6})$	$A/(\text{kg}^{1/2}\cdot\text{m}^{-3/2})$
压装	BTNEN/wax(90/10)	6.3754	51.0286	0.379	2.18	7.18
	BTNEN/wax(90/10)	6.3754	51.1048	0.367	2.59	8.59
	A-3 炸药	6.4008	51.1048	0.367	2.69	8.83
	太恩/TNT(50/50)	6.4008	51.0794	0.363	3.24	9.92
	RDX/wax(95/5)	6.4262	51.0540	0.37	2.59	8.52
	RDX/wax(85/15)	6.4754	51.1556	0.35	2.89	9.61
	TNT	6.4262	51.1048	0.348	4.94	16.4

对于薄壁弹还可用式(8-39)计算

$$\mu^{0.5} = A\frac{t_0(d_i + t_0)^{3/2}}{d_i}\sqrt{1 + \frac{1}{2}\frac{m_\omega}{m_s}} \tag{8-39}$$

式中：m_ω/m_s 为炸药与弹壳的质量比；A 为取决于炸药能量的系数（$\text{kg}^{1/2}/\text{m}^{3/2}$）。

（2）质量大于 m_p 的破片的累计数目 $N(m_p)$，即

$$N(m_p) = N_0\exp[-(m_p/\mu)^{0.5}] \tag{8-40}$$

（3）破片单块质量 m_{p1} 至 m_{p2} 间的累计块数：

$$N(m_{p1} - m_{p2}) = N_0[e^{-(m_{p1}/\mu)^{0.5}} - e^{-(m_{p2}/\mu)^{0.5}}] \tag{8-41}$$

2）破片数目随飞散方向的分布规律（图 8-7）

由于弹药的轴对称性，通常用函数 $f(\varphi)$ 来表征破片的空间分布。$f(\varphi)$ 的定义如下：

$$f(\varphi) = \frac{dN_\varphi}{N_0 d\varphi} \tag{8-42}$$

式中：φ 为弹轴与飞散方向的夹角，称为飞散方位角；N_φ 为由方位角 φ 旋成的圆锥范围内破片数目；dN_φ 为圆锥范围变化 $d\varphi$ 的破片数的变化。

$f(\varphi)$ 又称为破片飞散密度分布函数，实践证明可近似用正态分布函数表征。

$$f(\varphi) = \frac{1}{\sqrt{2\pi}\sigma}e^{-(\varphi-\overline{\varphi})^2/2\sigma^2} \tag{8-43}$$

对于一般自然破片榴弹，φ 的数学期望 $\overline{\varphi}$ 通常为 $\pi/2$ 左右；φ 的均方差 σ 约在 $\pi/6 \sim 2\pi/9$ 之间。这里介绍一种近似计算 $\overline{\varphi}$ 与 σ 的经验方法。

画出弹药爆炸时的膨胀壳体图（图 8-8）。这需在原弹体图上将弹药轴线下移一段距离 $\Delta = Kd/2$ 即可。d 为弹药原来直径；K 取决于弹体材料。对于低碳钢可取 $0.6 \sim 1.1$，中碳钢取 0.84。假设侧面直接与装药接触的弹体部分为有效壳体，计算此有效部分的纵剖面积 S（图示的阴影部分）。确定 a、b 二点，使图中所示的截面积 S_a、S_b 分别为 S 的 5%。

从膨胀壳体质心 O 点连接 a、b 二点，并令

$$\angle aOx = \varphi_1, \quad \angle bOx = \varphi_2$$

则

$$\overline{\varphi} = (\varphi_1 + \varphi_2)/2$$
$$\sigma = (\varphi_2 - \varphi_1)/3.3 \tag{8-44}$$

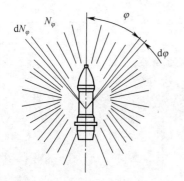

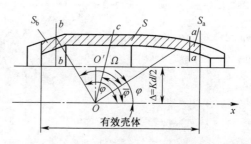

O' — 弹丸原质心
O — 膨胀弹丸的质心
$\varphi = (\varphi_1 + \varphi_2)/2$

图 8-7　破片的飞散方向与分布　　　　图 8-8　弹药的膨胀壳体图

根据正态分布特性可见,在 $\Omega = \varphi_2 - \varphi_1$ 的飞散范围内将包含 90% 的破片数目。有了飞散密度分布函数 $f(\varphi)$,任一飞散范围内的破片数目即可按下列公式求出(图 8-8):

$$\mathrm{d}N_\varphi = N_0 f(\varphi)\mathrm{d}\varphi \tag{8-45}$$

$$N_\varphi = \int_0^\varphi N_0 f(\varphi)\,\mathrm{d}\varphi \tag{8-46}$$

$$N_{ab} = \int_a^b N_0 f(\varphi)\,\mathrm{d}\varphi \tag{8-47}$$

式中: N_{ab} 为在 $\varphi_a \sim \varphi_b$ 飞散范围内的破片数目。具体数值可借助正态分布函数获得。

破片飞散后的球面密度 a 与飞散方位 φ 及距离 R 有关,即

$$a(\varphi, R) = \frac{\mathrm{d}N_\varphi}{\mathrm{d}S_\varphi} \tag{8-48}$$

式中: $\mathrm{d}S_\varphi$ 为球带微面面积, $\mathrm{d}S_\varphi = 2\pi R^2 \sin\varphi\,\mathrm{d}\varphi$。

将式(8-45)的 $\mathrm{d}N_\varphi$ 值代入,并将与 φ 有关的项归并为一个函数,即

$$\rho(\varphi) = \frac{f(\varphi)}{2\pi \sin\varphi} \tag{8-49}$$

最后得

$$a(\varphi, R) = \frac{N_0}{R^2}\rho(\varphi) \tag{8-50}$$

3)破片速度规律

包括破片初速及破片飞行中的存速。

(1)破片初速:

$$v\mathrm{p} = \sqrt{2E}\left(\frac{m_\omega/m_\mathrm{s}}{1 + 0.5m_\omega/m_\mathrm{s}}\right)^{1/2} \quad (\mathrm{m/s}) \tag{8-51}$$

式中: m_ω/m_s 为炸药与弹壳的质量比; $\sqrt{2E}$ 为取决于炸药性能的 Gurney 常数。表 8-4 列出了各种炸药的有关数据。

(2)破片在飞行中的存速:

$$v = v_\mathrm{p}\exp\left(-\frac{C_\mathrm{D}\bar{S}\rho R}{2m_\mathrm{p}}\right) \quad (\mathrm{m/s}) \tag{8-52}$$

式中: C_D 为破片阻力系数,取决于破片形状及速度,在近似情况下按表 8-5 取值; R 为飞行距离(m); ρ 为空气密度(kg/m³); m_p 为破片质量(kg); $\bar{S}$ 为破片平均迎风面积,它与破片质量与形

296

状有关,一般又可表为

$$\bar{S} = Km_p^{2/3} \quad (\text{m}^2) \tag{8-53}$$

其中:K 为破片形状系数 $\text{m}^2/(\text{kg})^{2/3}$(参见表 8-5)。

表 8-4 各种炸药的 Gurney 常数

炸药名称	$\sqrt{2E}/(\text{m/s})$	炸药名称	$\sqrt{2E}/(\text{m/s})$
C-3 混合炸药	2682	HBX(RDX+TNT+Al)	2469
B 混合炸药	2682	TNT	2316
托尔佩克斯-2(黑索金+TNT+Al)	2682	特里托钠儿(TNT+Al)	2316
H-6 混合炸药	2560	比克拉托(苦味酸+TNT)	2316
彭托立特(太恩+TNT)	2560	巴拉托(硝酸钡+TNT)	2073
米诺-2(硝酸铵+TNT)	2530		

将式(8-53)引入式(8-52),并令

$$\frac{C_D \rho}{2} = \xi \quad (\text{kg/m}^3)$$

$$\frac{1}{\xi K} = H \quad (\text{m/kg}^{1/3})$$

系数 H 习惯称为符合系数,它主要取决于破片形状,对破片的存速能力影响很大,则

$$v = v_p \exp\left(-\frac{R}{Hm_p^{1/3}}\right) \tag{8-54}$$

表 8-5 各类钢质破片的阻力特征经验值

破片形状	球形	方形	柱形	菱形	长条形	不规则
C_v	0.97	1.56	1.16	1.29	1.3	1.5
$\xi/(\text{kg/m}^3)$	0.528	0.936	0.696	0.774	0.78	0.9
$K/(\text{m}^2/\text{kg}^{2/3})$	3.07×10^{-3}	3.09×10^{-3}	3.35×10^{-3}	$(3.2\sim3.6)\times10^{-3}$	$(3.3\sim3.8)\times10^{-3}$	$(4.5\sim5)\times10^{-3}$
$H/(\text{m/kg}^{1/3})$	560	346	429	$404\sim359$	$389\sim337$	$247\sim222$

4)杀伤准则

一块破片应具备何种能力才能杀伤目标?这一直是个比较复杂的问题。杀伤准则通常以 $p_{hk} = f(e_p)$ 的形式描述。e_p 为破片的杀伤参量(如动能、比动量等);p_{hk} 为该破片击中目标后对目标的杀伤概率。这里介绍对人员目标几个有代表性的杀伤准则。

(1)杀伤动能 E_s 准则。当破片动能超过一定值时,则可完全百分之百杀伤目标,否则完全不能杀伤目标。

$$p_{hk} = \begin{cases} 1 & (e_p \geq E_s) \\ 0 & (e_p \geq E_s) \end{cases} \tag{8-55}$$

式中:p_{hk} 为破片杀伤目标的条件概率(在命中目标的前提下);E_s 为杀伤动能,对于人员目标常取 $78\sim98\text{J}$。

这是一个从 19 世纪末沿用下来的杀伤准则,目前许多国家仍继续采用。

(2)比动能准则。某些国家(如法国)目前采用了比动能 $e_s(m_p v^2/\bar{S})$ 准则:

$$p_{hk} = \begin{cases} 1 & (e_p \geqslant e_s) \\ 0 & (e_p < e_s) \end{cases} \tag{8-56}$$

式中：e_s 为杀伤比动能，对于人员目标可取 $(1.27\sim1.47)\times10^6\text{J/m}^2$。

（3）比动量 i_p 准则。1954 年，贝森提出不同比动量 $i_p(m_p v/\overline{S})$ 的破片击中人员目标后，目标分别在 5s、30s、5min 及更长时间内的伤亡概率规律 $p_{hk}=f(i_p)$，并用图线表示（图 8-9）。

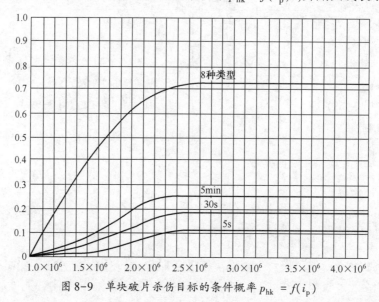

图 8-9　单块破片杀伤目标的条件概率 $p_{hk}=f(i_p)$

（4）A-S 杀伤准则。1956 年，美国 F.Allen 和 Sperrazza 根据人员目标的战术任务（突击、防御、预备队和供应）及对丧失战斗力的时间要求，组成 4 种典型情况，并归纳出下列形式的杀伤准则：

$$p_{hk} = 1 - e^{-a(9.17\times10^4 m_p v^{1.5}-b)^n} \tag{8-57}$$

式中：m_p 为破片质量（kg）；v 为破片击靶速度（m/s）；a,b,n 为取决于不同情况的常数值。

5）关于有效破片与杀伤破片

在讨论准则时，不能不涉及有效破片与杀伤破片的概念。为了计算杀伤面积，这里对有效破片及杀伤破片提出以下定义：

有效破片：弹药爆炸后产生的对目标的杀伤概率 $p_{hk}>0$ 的初始破片。所以，破片初速高的弹药，有效破片相应的质量较小。此外，有效破片质量还取决于杀伤准则。例如，当破片初速 $v_p=1000\text{m/s}$，根据 78J 动能准则，其有效破片质量约为 0.16g；但根据 A-s 准则仅为 0.01g。根据比动能准则，相应的质量更小。

杀伤破片：由于破片飞行过程中，速度不断衰减。在一定距离上，仍具有杀伤能力，即 $p_{hk}>0$ 的破片定义为杀伤破片。可见，弹药爆炸后，质量极小的有效破片在不大的距离内不再是杀伤破片。

6）杀伤破片飞失规律

在全部有效破片中，随着飞行距离的增大，杀伤破片的数量越来越少，这就是杀伤破片的飞失规律。

（1）杀伤破片的数目 N_s。设在一定距离上破片的存速为 v，相应的杀伤破片最小质量应为 v 的函数，以 $m_{ps}(v)$ 表。由此，$m_{ps}(v)$ 以上的全部破片数目 N_s 为

$$N_s = N(m_{ps}) = Ne^{-(m_{ps}/\mu)^{0.5}} \tag{8-58}$$

（2）杀伤破片平均数（预期值）$\overline{N}_s$。在 N_s 块杀伤破片中，其杀伤能力彼此不同。某些破片的杀伤概率 p_{hk} 等于 1 或近于 1，另一些破片的杀伤概率却很低或近于零。所以，杀伤破片的数目 N_s 与其平均数（或预期数）$\overline{N}_s$ 是有区别的。当采用动能准则时，由于认为每块杀伤破片具有充分的杀伤能力（$p_{hk}=1$）故杀伤破片平均数 $\overline{N}_s$ 可写为

$$\overline{N}_s = N_s \tag{8-59}$$

当采用 A–S 杀伤准则时，应将 N_s 块破片按质量分为若干组（如 n 组），然后再按其条件杀伤概率用加权平均的方法求得，即

$$\overline{N}_s = \sum_{i=1}^{n} N_i p_{hk}^i \tag{8-60}$$

式中：N_i 为第 i 组内破片数目，即

$$N_i = N_0 \left[e^{-(m_{pi}/\mu)^{0.5}} e^{-(m_{p(i+1)}/\mu)^{0.5}} \right]$$

式中：$m_{pi}, m_{p(i+1)}$ 为该组内的破片单块质量界限。p_{hk}^i 为该组内破片的平均条件杀伤概率，有

$$p_{hk}^i = 1 - e^{-a(9.17 \times 10^4 \overline{m}_{pi} v_i^{1.5} - b)^n}$$

其中：$\overline{m}_{pi}$ 为该组内的破片平均质量，可近似取为 $(m_{pi}+m_{p(i+1)})/2$。

（3）杀伤破片平均球面密度 $a_s(R, \varphi)$。对于任意距离 R 及飞散方位 φ 上的杀伤破片平均球面密度 $a_s(R, \varphi)$，可以根据式（8–48）求出，即

$$a_s(R, \varphi) = \frac{\overline{N}_s}{R} \rho(\varphi) \tag{8-61}$$

3. 弹药终点速度对破片场的影响

实际上，由于弹药爆炸时本身具有一定的运动速度 v_c。这个速度将附加在每个破片上，不仅使每块破片的速度值由原来的 v_p 变至 v'_p，而且也使破片飞散方向由原来的 φ 变为 φ'，破片的空间分布随之改变。v'_p 及 φ' 可用平行四边形定律求出（图 8–10）

$$\begin{cases} v'_p = v_p^2 + v_c^2 + 2v_p v_c \cos\varphi \\ \tan\varphi' = \dfrac{\sin\varphi}{\cos\varphi + v_c/v_p} \end{cases} \tag{8-62}$$

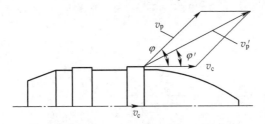

图 8–10　弹药终点速度对破片运动的影响

弹药速度 v_c 对破片作用场的总影响是：使靠近前部（弹头部）的大部分破片速度值增大，而后部（弹尾部）相当一部分弹药速度减小；使全部破片的飞散方向前倾（方向角减小）。

在近似的情况下，可认为考虑弹药终点速度条件下的破片飞散密度仍服从正态分布，但飞散角的数学期望由 $\overline{\varphi}$ 变至 $\overline{\varphi}'$，均方差由 σ 变至 σ'，具体值可按下列方式确定：

$$\begin{cases} \overline{\varphi}' = \arctan\left(\dfrac{\sin\overline{\varphi}}{\cos\overline{\varphi} + \dfrac{v_c}{v_p}}\right) \\ \sigma' = (\varphi_1' + \varphi_2')/3.3 \end{cases} \tag{8-63}$$

式中：φ_1'，φ_2' 可由静态飞散角 φ_1，φ_2 按式(8-63)转换而得。在动态条件下的破片飞散密度分布函数为

$$f_D(\varphi) = \frac{1}{\sqrt{2\pi}\,\sigma'} e^{-(\varphi - \overline{\varphi})^2/2\sigma'^2} \tag{8-64}$$

4. 杀伤面积计算步骤

设弹药在高度 h 处爆炸，相应的速度为 v_c，落角为 θ_c（图 8-11）。建立坐标系 $Oxyz$。令 zOx 平面与射击平面重合，并将弹药的爆炸中心 A 取在 Oz 轴上，xOy 为地面，在其上按一定等分划成单元小格。小格的面积为 ΔS；小格的中心点 M 的坐标为 (x, y)，它距弹药中心的距离 $\overline{AM}$ 为 R，相应的破片飞散方位角 $\angle NAM$ 为 φ。

（1）计算 R：

$$R = \sqrt{h^2 + (x^2 + y^2)} \tag{8-65}$$

（2）根据 $\triangle AMN$ 及 $\triangle OMN$ 间的下列几何关系求得 φ（图 8-11）。

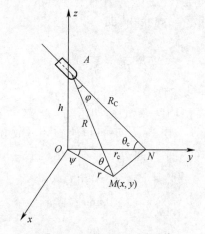

图 8-11 杀伤面积的计算

$$\overline{MN}^2 = R_c^2 + R^2 - 2RR_c\cos\varphi = r_c^2 + r^2 - 2rr_c\cos\varphi$$

解出

$$\cos\varphi = \frac{(R_c^2 - r_c^2) + (R^2 - r^2) + 2rr_c\cos\psi}{2RR_c}$$

考虑到

$$R_c^2 = r_c^2 = R^2 - r^2 = h^2$$
$$r\cos\psi = x$$
$$\frac{h}{r_c} = \sin\theta_c, \frac{r_c}{R_c} = \cos\theta_a$$

得

300

$$\begin{cases} \cos\varphi = \dfrac{1}{R}(h\sin\theta_c + x\cos\theta_c) \\ \varphi = \arccos\left[\dfrac{1}{h^2 + x^2 + y^2}(h\sin\theta_c + x\cos\theta_c)\right] \end{cases} \tag{8-66}$$

（3）地面与飞散方向的夹角。

$$\sin\theta = h/R$$

（4）按式（8-38）及式（8-37）分别计算 μ 值及总破片数 N_0。

（5）将破片按质量等级分为几个组，并标出各等级内的破片平均质量 $\overline{m}_{pi}$，考虑到对人员目标的实际情况，小于 0.1g 的破片质量可以不计入。按式（8-40）标出每个等级内的破片数目 N_i。

（6）按式（8-44）、式（8-43）的方法先确定破片的静态空间分布规律。当考虑弹药速度影响时，则引入关系式（8-64），确定破片的动态空间分布规律 $f_D(\varphi)$，并按式（8-49）计算函数 $\rho(\varphi)$；

（7）按式（8-51）计算破片初速 v_p（略去了弹药速度的影响效应）。

（8）按式（8-54）计算不同质量破片在距离 R 处的存速 v_i。

（9）根据所遵循的杀伤准则，计算各质量组破片的杀伤概率 p_{hk}^i。

（10）按式（8-60）计算在半径为 R 球面上的杀伤片预期值 $\overline{N}_s$。

（11）按式（8-61）计算杀伤破片球面密度 $a_s(R,\varphi)$。

（12）根据目标的暴露面积 S_t 及布设方式，确定每个目标在破片飞散方向的投影面积 S_n。例如对地面上的卧姿与立姿目标分别为

$$\begin{cases} S_n = S_t\sin\theta \\ S_n = S_t\cos\theta \end{cases} \tag{8-67}$$

（13）按式（8-36）计算破片对目标的杀伤概率：

$$P(x,y) = 1 - e^{-a_s(x,y)s_n}$$

（14）计算单元小格内的杀伤面积：

$$\Delta S = P(x,y)\Delta x \Delta y$$

（15）基于每个微面的计算基础上，将所有小格的杀伤面积求和，得弹药的全部杀伤面积：

$$S = \Sigma\Delta S$$

上面介绍的仅是计算杀伤面积的基本原理与方法。实际计算时，可按上述原理编成程序在计算机上进行。必须指出，这种预示性的工程计算仅给出概略的值，其目的在于获得一个初步合理的弹药结构。在试验基础上再进行计算时，即可将已有的试验规律，包括破片大小、空间分布及破片的形状系数，代替原计算模型，以获得更为准确的结果。

8.3.3　杀伤榴弹的威力设计

杀伤榴弹的威力通过杀伤面积来衡量。对于一定目标和射击条件，弹药的杀伤面积取决于破片初速、块数、破片质量分布，而这些破片参量又取决于弹药结构。但是，正如前面多次指出，影响榴弹杀伤作用的因素很多，很难在弹药结构与杀伤面积之间建立一个简单有效的分析公式，从而根据战术技术要求直接解出最佳的弹药结构方案。因此，当前设计杀伤榴弹的主要方法，仍然是在分析与综合现有经验数据的基础上，初步定出弹药结构，然后通过反复计算和进行

必要的静止试验,以便修改结构并逐步完善。这一节将着重分析影响杀伤面积的诸因素,并介绍一些实际数据,作为设计中的借鉴。

1. 破片参数对杀伤面积的影响

破片总数、破片质量分布、初速和形状对杀场面积均有影响。一般来说,当破片数目多,有效破片的数目及杀伤破片平均密度增加,杀伤面积随之增加。破片形状近于球形或立方体,有利于保持速度,在远距离上仍具有杀伤能力,也使杀伤面积增大。显然,破片初速增加,杀伤面积增大。此外,破片空间分布的变化对杀伤面积也有一定影响。为了具体说明各个因素的影响,本节给出了 152mm 榴弹在一定射击条件下由于各个参量的变化引起的杀伤面积改变的具体例子。

1) 破片数目的影响

其他条件不变,包括平均破片质量 2μ 也不变,仅仅考虑由于弹体质量增加而导致破片总数增加。由此引起的杀伤面积的变化如图 8-12 所示。由图可看出,杀伤面积的相对值与破片相对数目是线性增长的关系。

2) 破片初速的影响

其他条件不变,增加破片的初速,可以得到如图 8-13 所示的 $\bar{v}_p(v_p/v_{p0})$ 与 $\bar{S}$ 的关系。由图可以看出,在初始阶段的增长对杀伤面积 $\bar{S}$ 有较明显的影响,但在较高速度范围的影响程度逐渐缓和。

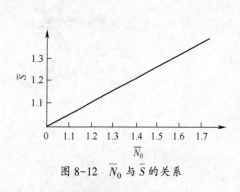

图 8-12 $\bar{N}_0$ 与 $\bar{S}$ 的关系

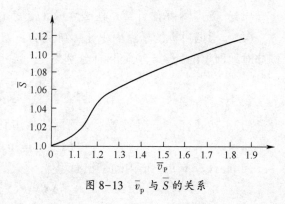

图 8-13 $\bar{v}_p$ 与 $\bar{S}$ 的关系

3) 破片形状的影响

破片形状主要影响飞行时的阻力。为方便起见,用系数 H 来描述破片形状。当 H 值大,相应的破片形状好,阻力小,存速能力大,破片的杀伤作用距离远,如图 8-14 所示。

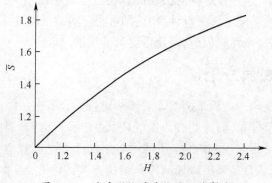

图 8-14 破片形状对杀伤面积的影响

302

上面仅给出了各个参量单独影响的结果。在弹药设计中,结构是一个整体,各个参量的变化是相互制约的。为了获得综合效果,关键在于改善弹壳的破碎性,即减少过重的破片,使有效破片的数目增多。经验证明,改善弹体材料、正确选定弹体壁厚及尺寸,并配合相适应的炸药,可以取得较大的杀伤威力。

2. 弹体金属材料对破片性能的影响

弹体金属材料主要是通过其力学性能,尤其是材料的塑性、断面收缩率和冲击韧性,对破片状态产生影响。根据经验可知,随着材料塑性的增大,弹体的破碎性变差,破片数目减小,质量分布不均,破片平均质量偏大,但破片速度却有所增大。反之,随着冲击韧性或断面收缩率的减小,材料脆性增大,破片形成较规则,破片弹道性能较好,但因破裂时没有很大的膨胀变形过程,故炸药传给破片的能量较小。

由于材料的力学性能在很大程度上还取决于材料中的化学成分和热处理情况,因此材料中的化学成分和热处理情况直接影响弹药的破片状态。例如,钢中含碳量的增加,将导致钢的强度增加和塑性降低,从而可改善破片的破碎性(图 8-15)。因此,杀伤榴弹的弹体材料常采用优质高碳钢;与此相反,在刚性铸铁中增加碳、硅含量,将使脆性进一步增加,使弹体破片过于粉碎。

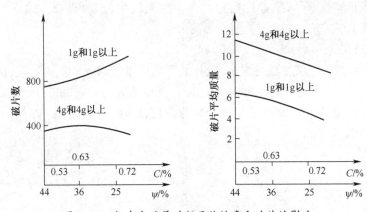

图 8-15　钢中含碳量对断面收缩率和破片的影响

为了进一步提高杀伤榴弹的威力,各国均采用高破片率新钢种。高破片率钢材不仅具有较高的强度,同时还具有一定的冲击韧性和适中的断面收缩率。这主要通过控制钢材内的碳、硅、锰元素的含量来达到。这种钢材爆炸后,$1 \sim 4g$ 的破片数目比原 D60 钢大幅度增加,过小($<0.2g$)和过大($>20g$)的破片数目减少;破片总数的增加,从而使弹体材料的金属利用率得到提高。此外,破片的形状均匀,形状系数大大改善,弹药的杀伤面积明显提高。

3. 炸药性能和质量对破片的影响

弹体的破碎性质,主要决定于炸药对弹体壁的冲量。比冲量越大,破片越碎,数目越多,飞散速度也越大。影响比冲量的主要因素是炸药的爆轰速度 D 和炸药对弹体的质量比 m_ω / m_s。一般说来,炸药威力大,爆速和比冲量也大。同样,炸药质量多,比冲量也随之增加。图 8-16 列出了炸药爆速和质量比对破片破碎性的影响曲线。

4. 传爆系对破片的影响

传爆系主要指引信的雷管、扩爆药或传爆药,其作用在于保证炸药起爆安全。

传爆系主要通过其起爆位置和爆轰波的传播方向来影响破片状态。当起爆位置在炸药柱的中心时,爆轰波沿径向传播,这种情况称为辐向爆轰。当起爆位置在炸药柱之一端,则称为轴

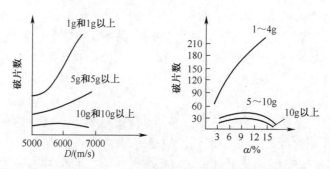

图 8-16　炸药爆速和质量比对破片破碎性的影响曲线

向爆轰。一般说来,辐向爆轰可使炸药外层达到更完全的分解,而且对弹壁金属作用的比冲量比轴向爆轰时大,结果增加了弹体的破碎程度,并提高了破片的飞散速度。通常将杆状起爆药柱插入炸药中心来获得辐向爆轰。

另外,起爆药柱的威力对破片也有很大影响。威力大,可保证炸药起爆完全,同时也提高了整个爆炸系统的能量,使破片变小,数目增大,速度提高。

为了进一步提高起爆性能,有时还采用聚能原理的空心凹陷传爆药。起爆管壳体形成的金属聚流能以比炸药爆轰波更大的速度贯穿炸药。经验证明,这种起爆方式能增大破片的破碎性,提高飞散速度 10% 左右,并减小了破片的飞散角。

5. 口径和弹壳的几何形状

随着弹药口径的增大,破片数目增多,破片的平均质量也增大。试验证明,由于弹药口径增大而增多的破片数量中,其中 70%~80% 属于 4g 以上的碎片,1~3g 的破片仅占 20%~30%。因此,破片平均质量趋大,反而使单位质量内的破片数目相应减少,如图 8-17 所示。

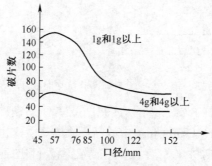

图 8-17　弹药口径对破片的影响

弹壳的几何形状与结构主要影响破片的质量分布和飞散角。一般说来,弹壁薄,破片较小,弹壁厚,破片较大;弹壁各处厚薄不均匀,破片大小也不均。此外,弹壳内外表面的突变过渡处(如阶梯)能促使弹体在该处破裂。根据这个原理,为了获得较为理想均一的破片,可在弹壳外表面分别刻出相应的纵向和横向沟槽,又称为预控破片。

6. 杀伤弹威力设计要点

综上所述,提高杀伤弹药威力的关键在于加多杀伤破片的数目,改善破片形状,其次为增大破片初速。注意到在弹药质量已定的条件下,杀伤破片数目取决于单块破片的质量,而破片质量的最佳值取决于所要杀伤的目标。

因此,当所设计的弹药针对明确的固定目标,例如仅用于对付人员或对付空中目标的专用杀伤榴弹,宜采用预制破片或预控破片的弹药结构。在目前条件下(初速在 1400m/s 左右),对于人员目标,大约可取为 1g 左右的球形或箭形预制破片。对于空中目标,也可采用数克左右的重金属球形或其他规则形破片。由于破片数目多,破片被充分利用,从而获得很高的杀伤面积。有人称这种结构为"小、多、快":即为获得最大的杀伤面积,破片质量趋小(基于外形的改善),数目趋多,速度趋高。

但是,对于一般压制性的榴弹,因其对付的目标比较广泛,从人员、技术装备至各种轻型车辆等,同时兼具爆破作用,故在设计上不宜采用单一预制破片的结构形式,而应取整体弹体结构。破片呈自然分布,质量有小有大。但总的说来,地面榴弹应以 1~4g 破片为主,高射榴弹则可适当加大。

8.4 破甲威力的计算与分析

破甲弹利用炸药的聚能效应所产生的高速金属射流来侵彻装甲目标,其威力可以采用一定射击条件下的破甲深度来衡量。

8.4.1 金属射流基本规律

在讨论破甲弹的威力计算以前,先简单回顾一下金属射流的形成,射流的运动规律以及侵彻与作用过程等。

1. 金属射流的形成过程

当装药起爆,爆轰波以速度分量 μ 扫过罩面,使药型罩变形,并向中心轴线压垮闭合,形成射流。其过程图如图 8-18 所示。

$\tau_0(A)$ 时,爆轰波扫至罩 A 点处,此时被扫部分已被压垮;

$\tau_0(B)$ 时,爆轰波扫至罩 B 点,罩微元 $\overline{AB}$ 即在这段时间发生变形;

$\tau_0(A)$ 时,罩 A 点以压合速度 $\overline{v_0(A)}$ 运动至轴线的 $x_0(A)$ 处,开始闭合,并在此处被挤成一分为二:其中罩内壁部分成为金属射流,以 $v_j(A)$ 向前运动,罩外层部分则成为杆体,以 $v_s(A)$ 相对朝后运动;

$t_0(B)$ 时,罩点 B 也达轴线 $x_0(B)$ 处。图示的 $\overline{BA_j}$ 即为罩微元 $\overline{AB}$ 形成的射流微元; $\overline{BA_s}$ 则为 $\overline{AB}$ 形成的杆体微元。根据弹药作用原理,通常采用以下计算公式:

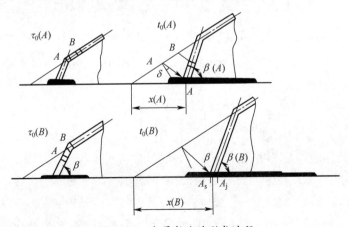

图 8-18 金属射流的形成过程

305

1) 压合(压垮)速度

基于瞬时爆轰的有效装药概念,假设产物做一维膨胀推动金属罩微元(图8-19),则

$$v_0 = \frac{D}{2} \sqrt{\frac{1}{2} \frac{\Delta \omega_i}{\Delta m_i} \left[1 - \left(\frac{L_i}{L_i + n_i}\right)^2\right]} \tag{8-68}$$

式中:v_0 为金属罩微元的压合速度(m/s);D 为装药的爆速(m/s);Δm_i 为罩微元的质量(kg);$\Delta \omega_i$ 为作用在该罩微元上的有效装药量(kg);L_i 为有效装药的高度(m);n_i 为罩微元压垮至轴的距离(近似按法向方向)(m)。

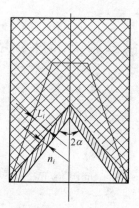

图8-19　有效装药对金属罩微元的作用

2) v_0 的方向角(或变形角)δ

在上面的 v_0 公式中由于基于瞬时爆轰概念,近似假设了压垮方向为罩面的方向。实际上,爆轰波以一定速度传播,使 v_0 与原罩面法线呈一定角度 δ。按 Taglor 公式,可写为

$$\delta = \arcsin \frac{v_0}{2u} \tag{8-69}$$

式中:u 为爆轰波沿罩面的扫掠速度。它取决于炸药的爆速 D,同时还与装药结构的起爆方式有关。

3) 压合角(或压垮角)β_0

变形罩面顶部(轴线处)的倾角(图8-18)称为压合角(或压垮角)β_0。该处罩金属正处于闭合状态,即将挤压成金属射流和杆体。设该闭合点金属所对应的初始坐标为 $A(r,\xi)$,其压合角 β_0 的普遍公式为

$$\tan\beta_0 = \frac{r' - \dfrac{v_0'}{v_0}r + v_0\cos(\alpha + \delta)\tau_0' + r\tan(\alpha + \delta)(\alpha + \delta)'}{1 + \dfrac{v_0'}{v_0}r\tan(\alpha + \delta) - v_0\sin(\alpha + \delta)\tau_0' + (\alpha + \delta)'} \tag{8-70}$$

式中:$r(\xi)$ 为闭合点金属所对应的原罩点的径向坐标;$v_0(\xi)$ 为原罩点的压合速度;$\alpha(\xi)$ 为原罩点处的倾角;$\delta(\xi)$ 为压合速度的方向角;$\tau_0(\xi)$ 为爆轰波达到原罩点的时间。

上述全部参量均为原罩点轴向位置的函数,上标表示一阶导数。

当装药结构已定,药型罩形状一定,相应的 $r(\xi)$,$v_0(\xi)$,$\tau_0(\xi)$ 也确定。

而由 $\tan\alpha = r'(\xi)$ 及式(8-69)、式(8-70)可以获得 $\alpha(\xi)$ 及 $\delta(\xi)$;相应的一阶导数也可随之得出。例如,对于最普遍的带隔板的锥形罩(图8-20),有

$$\begin{cases} r(\xi) = \xi\tan\alpha, r' = \tan\alpha = 常数 \\[2mm] \tau'_0 = \dfrac{\left[(h_0 + \xi) - (r_g - \xi\tan\alpha)\tan\alpha\right]}{D\sqrt{(h_0 + \xi)^2 + (r_g - \xi\tan\alpha)^2}} = \dfrac{\cos\theta}{D\cos\alpha} \\[4mm] \delta = \arcsin\dfrac{v_0\cos\theta}{2D} \\[3mm] \alpha' = 0 \\[2mm] \delta = \dfrac{1}{\cos\delta}\left[\dfrac{v'_0}{2D}\cos\theta + \dfrac{v_0}{2D}\dfrac{\sin^2\theta}{\sqrt{(h_0 + \xi)^2 + (r_g - \xi\tan\alpha)\cos\alpha}}\right] \end{cases} \tag{8-71}$$

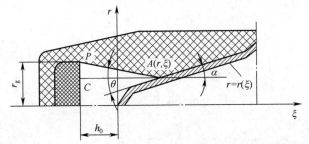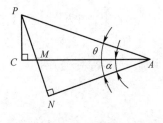

图 8-20　带隔板的聚能装药

对于典型的一维轴向爆轰锥形罩,有

$$\begin{cases} \theta = \alpha = 常数 \\[2mm] r(\xi) = \xi\tan\alpha, r' = \tan\alpha = 常数 \\[2mm] \tau'_0 = \dfrac{1}{D} \\[3mm] \delta = \arcsin\dfrac{v_0\cos\alpha}{2D} \\[3mm] \alpha' = 0 \\[2mm] \delta = \tan\delta\dfrac{v'_0}{v_0} \end{cases} \tag{8-72}$$

若不考虑 v_0 的变化,即 $v_0 =$ 常数, $v'_0 = 0$ 条件式(8-71)可进一步简化,代至式(8-70),可获得下列简单结果:

$$\beta_0 = \alpha + 2\delta \tag{8-73}$$

4) 射流速度 v_j 与杵体速度 v_s

原罩点 $A(r, \xi)$ 处的微元在闭合后所成的射流及杵体速度相应为

$$\begin{cases} v_j(\xi) = \dfrac{v_0(\xi)}{\sin\dfrac{\beta_0}{2}}\cos\left(\alpha + \delta - \dfrac{\beta_0}{2}\right) \\[5mm] v_s(\xi) = \dfrac{v_0(\xi)}{\cos\dfrac{\beta_0}{2}}\sin\left(\alpha + \delta - \dfrac{\beta_0}{2}\right) \end{cases} \tag{8-74}$$

2. 射流微元的初始参量

当罩微元在中心轴处闭合并被挤成射流微元后,射流微元将沿轴线方向自由运动。每个射

流微元形成的时刻、位置均不相同;此外,由于速度分布不均,还存在速度梯度,并在以后的运动中导致射流的相对伸长。为了计算整个金属射流,必须首先确定出射流微元的这些初始参量。为此,先建立如下坐标系,并采用下列定义:

t——时间坐标,从起爆开始时刻算起。

x——空间坐标,以罩顶点位置为 O 点。

ξ——任一罩点(或质点)的初始位置,又称为物质坐标。

$x_0(\xi),t_0(\xi)$——罩点 ξ 聚合于轴线并成为射流的初始位置和相应的时刻。它们又称为罩点 ξ 的聚合坐标。

$x(\xi_1,t)$——罩点 ξ 形成射流以后,在任一时刻($t>t_0(\xi)$)的运动位置。很明显 $x(\xi,t_0(\xi))=x_0(\xi)$。

1) 罩点的聚合坐标 $x_0(\xi),t_0(\xi)$

设置罩上任一点 A 的初始轴向距离为 0,在 ξ 时刻开始受爆轰波作用并压垮,以压合速度 $\overline{v_0}(\xi)$ 聚于轴点 A' 处,对应的轴向位置为 $x_0(\xi)$(图 8-21)。根据图示可知:

$$\begin{cases} x_0(\xi) = \overline{OP} + \overline{PA'} = \xi + r(\xi)\tan(\alpha + \delta) \\ t_0(\xi) = \tau_0(\xi) + \dfrac{\overline{AA'}}{v_0} = \dfrac{r(\xi)}{\cos(\alpha + \delta)v_0} + \tau_0(\xi) \end{cases} \tag{8-75}$$

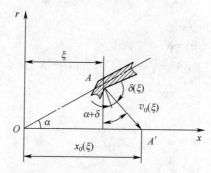

图 8-21　罩点 ξ 的聚合位置

2) 射流微元的初始长度 $\mathrm{d}l_0(\xi)$

在罩上取邻近二点 A、B,相应的罩微元 $\overline{AB}$ 初始母线长为 $\mathrm{d}s$(图 8-22)。如图所示,由于 A 点提前聚合于 A',并以速度 $v_j(\xi)$ 向前运动,待 B 点聚合于 B' 时,已领先一段距离,至 A'' 处。即 $\overline{A''B'}$ 为射流微元的初始长度 $\mathrm{d}l_0(\xi)$。

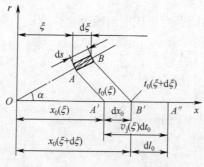

图 8-22　射流微元的初始长度

308

相邻点的聚合时间差(微分)为

$$\mathrm{d}t_0(\xi) = t_0(\xi + \mathrm{d}\xi) - t_0(\xi) = t'_0(\xi)\mathrm{d}\xi \tag{8-76}$$

同理,聚合位置的微分为

$$\mathrm{d}x_0(\xi) = x'_0(\xi)\mathrm{d}\xi$$

最后可得射流微元的初始长度为

$$\mathrm{d}l_0(\xi) = v_j(\xi)\mathrm{d}t_0(\xi) - \mathrm{d}x_0(\xi) = (v_j t'_0 - x'_0)\mathrm{d}\xi \tag{8-77}$$

利用微分原理,式(8-77)也可写为

$$\mathrm{d}l_0(\xi) = l'_0(\xi)\mathrm{d}\xi$$

可见

$$l'_0(\xi) = (v_j t'_0 + x'_0) \tag{8-78}$$

式中的 τ'_0 及 $x'_0(\xi)$ 可根据式(8-75)获得,其计算式分别为

$$t'_0(\xi) = \tau'_0(\xi) + \frac{r'}{\cos(\alpha + \delta)v_0} - \frac{rv'_0}{\cos(\alpha + \delta)v_0^2} + \frac{r\tan\cos(\alpha + \delta)}{v_0\cos(\alpha + \delta)}(\alpha + \delta)' \tag{8-79}$$

式中出现的导数 τ'_0 及 $(\alpha+\delta)'$ 可根据具体的装药结构由式(8-71)或式(8-72)进行计算。

3) 射流微元的初始速度梯度 $\gamma(\xi)$

射流做一维运动,通常其头部速度高,尾部低,故速度梯度为

$$\gamma_0 = \frac{v_j(\xi) - v_j(\xi + \mathrm{d}\xi)}{\mathrm{d}l_0} = -\frac{\mathrm{d}v_j}{\mathrm{d}l_0} \tag{8-80}$$

引入式(8-77)的结果,得

$$\gamma_0(\xi) = \frac{v'_j}{v_j t'_0 - x_0} \tag{8-81}$$

式中: v'_j 可按式(8-74)求导而得,即

$$v'_j(\xi) = \frac{v'_0}{\sin(\beta_0/2)}\cos(\alpha + \delta - \beta_0/2) - \frac{v_0\cot(\beta_0/2)}{\sin(\beta_0/2)}\cos(\alpha + \delta - \beta_0/2)$$

$$+ \frac{v_0}{\sin(\beta_0/2)}\sin(\alpha + \delta - \beta_0/2)(\alpha + \delta - \beta_0/2)' \tag{8-82}$$

式中的 α'、δ' 的计算式前面已给出;关于 $(\beta_0)'$ 的计算可以按式(8-70)进行。当计算出的 γ_0 值为正,表示射流头部速度高,在运动过程中,射流微元将伸长,反之则缩短。

根据速度梯度的定义,利用它来表示射流微元长度,即

$$\mathrm{d}l_0(\xi) = -v'_j\mathrm{d}\xi\gamma_0(\xi) \tag{8-83}$$

4) 初始金属射流

当最后一个罩微元在轴线处闭合时,则全部金属射流形成完毕。基于各射流微元的计算,即可得到整个初始射流的参量及其分布。这里应指出,由于射流存在有内聚力,射流速度梯度势必对各射流微元的运动产生相互影响。但为了简化起见,通常采用"惯性"假设,即射流在自由运动中射流质点互无影响,各以自己的速度 $v_j(\xi)$ 做惯性运动。

下面利用图算法解出初始金属射流。

在 (x,t) 坐标平面内按式(8-75)作出曲线 $x_0 = \varphi(t_0)$,它的参变量 ξ 的形式为

$$\begin{cases} x_0(\xi) = \xi + r(\xi)\tan(\alpha + \delta) \\ t_0(\xi) = \tau_0(\xi) + \dfrac{r(\xi)}{v_0\cos(\alpha + \delta)} \end{cases}$$

当药型罩形状及装药结构确定后,式中各量均为罩点位置 ξ 的已知函数,故可绘出整个曲线。

曲线上任一点 $P_0(x_0,t_0)$ 对应某个罩点 $A(\xi)$,它表征该质点 ξ 在 t_0 时刻于 x_0 位置上闭合成射流。此后质点 ξ 从该位置出发,以速度 $v_j(\xi)$ 做直线惯性运动。为此,过 P_0 点作一条斜率为 $\dfrac{\Delta x}{\Delta t}=v_j(\xi)$ 的直线。称此直线为射流速度线,它表征质点 ξ 的射流运动迹线。当然,过 P_0 点还可作一条相应的杵体速度线,表征质点 ξ 的杵体运动迹线。

按此方法,即可获得如图 8-23 所示的速度线簇。

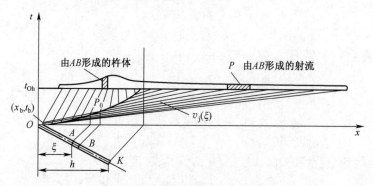

图 8-23　金属射流的速度线簇图

由图 8-23 可以看出,对于任一射流微元的两条相邻非平行的速度线,存在一个交点 (x_b,t_b),称此点为射流微元的虚拟原点。射流微元的二端似乎浓缩在此虚拟点上。由此点出发,射流微元的二端逐渐伸长,至 t_0 时刻,长度达 $\mathrm{d}l_0$,虚拟点坐标可根据两个速度线方程:

$$(x_0 + \mathrm{d}x_0) - x_b = (v_j + \mathrm{d}v_j)(t_0 + \mathrm{d}t_0 - t_b)$$
$$x_0 - x_b = v_j(t_0 - t_b)$$

联立解得。略去高阶微量,得

$$t_b = \frac{v_j \mathrm{d}t_b \mathrm{d}x_0}{\mathrm{d}v_j} + t_0$$

注意到

$$\mathrm{d}t_0 = t'_0 \mathrm{d}\xi,\ \mathrm{d}x_0 = x'_0 \mathrm{d}\xi,\ \mathrm{d}v_j = v'_j \mathrm{d}\xi$$

故

$$\begin{cases} t_b = \dfrac{v_j t'_0 - x'_0}{v_j} + t_0 \\[2mm] x_b = v_j(t_0 - t_b) + x_b \end{cases} \tag{8-84}$$

引入式(8-75),得

$$\begin{cases} t_b(\xi) = t_0(\xi) - \dfrac{1}{\gamma_0(\xi)} \\[2mm] x_b(\xi) = x_0(\xi) - \dfrac{v_j(\xi)}{\gamma_0(\xi)} \end{cases} \tag{8-85}$$

将上式的 γ_0 代入式(8-83),即可得到射流微元初始长度与 t_0 的关系,即

$$\mathrm{d}l_0(\xi) = -v'_j(t_0 - t_b)\mathrm{d}(\xi) \tag{8-86}$$

曲线的终点 K 对应最末一个罩点 $\xi = h$ 的闭合,其相应的时刻为 $t_{oh} = t_0(h)$。作水平线 $t=$

t_{oh},切割全部速度线,即可获得初始金属射流的长度。根据水平线与速度线的交点(如图8-23所示的 P 点)还可定出射流任一位置上所对应的质点 ξ 及速度。

3. 金属射流的自由运动

金属射流由全部形成到碰击目标以前,做自由运动。在分析射流的自由运动时,如前所述,不考虑内聚力的影响,采用"惯性"假设。

1)运动位置 $x(\xi,t)$

根据上述假设可以获得射流中任一质点 ξ 在时刻 t 时的运动位置 $x(\xi,t)$ 为

$$x(\xi,t) = x_0(\xi) + v_{\mathrm{j}}[t_0 - t(\xi)] \tag{8-87}$$

2)射流微元的长度 $\mathrm{d}l(\xi,t)$

射流微元在运动过程中,由于有速度梯度,其长度将随时间 t 而变。鉴于射流通常头部速度高,故定义

$$\mathrm{d}l(\xi,t) = x(\xi,t) - x(\xi + \mathrm{d}\xi,t) = -\frac{\partial x}{\partial \xi}\mathrm{d}\xi$$

注意到式(8-87),则有

$$\frac{\partial x}{\partial \xi} = x'_0 + v'_{\mathrm{j}}(t - t_0) - v_{\mathrm{j}}t'_0$$

代入前式,得

$$\mathrm{d}l(\xi,t) = [v_{\mathrm{j}}t'_0 - x'_0 - v'_{\mathrm{j}}(t - t_0)]\mathrm{d}\xi \tag{8-88}$$

式中: t'_0, x'_0 可按式(8-79)来计算。当引入关系式(8-81)及式(8-85),任一时间 t 的射流微元长度又可写为

$$\mathrm{d}l(\xi,t) = -v'_{\mathrm{j}}(t - t_{\mathrm{b}})\mathrm{d}\xi \tag{8-89}$$

当 $t=t_0$ 时,上式即为式(8-86)。

3)射流微元的速度梯度 $\gamma(\xi,t)$

根据式(8-80),速度梯度是在固定时刻速度在单位长度上的变率,即

$$\gamma(\xi,t) = \frac{-\mathrm{d}v_{\mathrm{j}}}{\mathrm{d}l(\xi,t)} = -v'_{\mathrm{j}}(\xi)\frac{\mathrm{d}\xi}{\mathrm{d}l}$$

引入式(8-89),得

$$\gamma(\xi,t) = \frac{1}{t - t_{\mathrm{b}}(\xi)} \tag{8-90}$$

利用式(8-85),又可得到 γ 与 γ_0 的关系,有

$$\frac{1}{\gamma(\xi,t)} = \frac{1}{\gamma_0(\xi)} + [t - t_0(\xi)] \tag{8-91}$$

根据速度定义式并引用以上关系,可得到射流微元的运动长度为

$$\mathrm{d}l(\xi,t) = -(v'_{\mathrm{j}}/\gamma)\mathrm{d}\xi = -v'_{\mathrm{j}}\left[\frac{1}{\gamma_0} + (t - t_0)\right]\mathrm{d}\xi \tag{8-92}$$

4)自由运动的射流相图(图8-24)

4. 射流的侵彻规律

1)定常侵彻模型

最简单的情况为定常侵彻过程,即全部射流不存在速度梯度,各质点的速度相同,射流在运动中无伸长。根据伯努利方程,可以获得下列定常破甲结果:

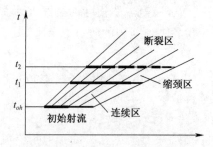

图 8-24　自由运动射流相图

$$
\begin{cases}
u = \dfrac{v_{\mathrm{j}}}{1 + \sqrt{\dfrac{\rho_{\mathrm{b}}}{\rho_{\mathrm{j}}}}} \\[4mm]
t = \dfrac{l}{v_{\mathrm{j}} - u} \\[4mm]
L_{\mathrm{m}} = ut = l \sqrt{\dfrac{\rho_{\mathrm{j}}}{\rho_{\mathrm{b}}}}
\end{cases}
\tag{8-93}
$$

式中：u 为侵彻速度；t 为总侵彻时间；L_{m} 为总侵彻深度；ρ_{b}，ρ_{j} 为靶板及射流材料的密度；l 为射流的全长（定值）。

2）准定常侵彻模型

准定常侵彻模型。其要点为：虽然整个射流的运动是不定常的，不能直接采用伯努利公式，但就一段射流微元 $\mathrm{d}l(\xi)$ 而言，可以认为它的运动是定常的，即

$$
\begin{cases}
u = \dfrac{v_{\mathrm{j}}(\xi)}{1 + \sqrt{\dfrac{\rho_{\mathrm{b}}}{\rho_{\mathrm{j}}}}} \\[4mm]
\mathrm{d}l = \dfrac{\mathrm{d}l(\xi,t)}{v_{\mathrm{j}}(\xi) - u(\xi)} \\[4mm]
\mathrm{d}L = u(\xi)\mathrm{d}t
\end{cases}
\tag{8-94}
$$

式中符号与前相同，仅注意射流微元的各参量均为质点 ξ 的函数，基于上述论点，准定常模型的总破甲深度为

$$
L_{\mathrm{m}} = \int_{t_{\mathrm{p0}}}^{t_{\mathrm{ph}}} u(\xi)\mathrm{d}t
\tag{8-95}
$$

式中：t_{p0} 为第一个微元（$\xi=0$）达到靶板的时间；t_{ph} 为最后一个侵彻微元（$\xi=h$）到达破孔底部的时间。

3）破甲深度的理论计算

先将式（8-94）第一项代入第二项、第三项，得

$$
\begin{cases}
\mathrm{d}t = \dfrac{\mathrm{d}l(\xi,t)}{(1-\beta)v_{\mathrm{j}}} \\[4mm]
\mathrm{d}L = \beta v_{\mathrm{j}}\mathrm{d}t \\[4mm]
\beta = \dfrac{1}{1 + \sqrt{\dfrac{\rho_{\mathrm{b}}}{\rho_{\mathrm{j}}}}}
\end{cases}
\tag{8-96}
$$

由于第一式不能完全将 t 分离出来,故在一般情况下,上述方程不易直接用积分求出,必须用数值方法或图解法进行计算。下面仅讨论几种简化情况下的结果。

(1) 定常情况。此时有 v_j = 常数,v'_j = 0,dl 仅为 ξ 的函数,而与时间无关,即 dl = d$l_0(\xi)$。将上两式联立,得

$$\mathrm{d}L = \frac{\beta}{1-\beta}\mathrm{d}l \tag{8-97}$$

它的积分结果即为式(8-93)。为了求得定常射流的全长,引入式(8-78),得

$$\mathrm{d}L = \frac{\beta}{1-\beta}(v_j t'_0 - x'_0)\mathrm{d}\xi \tag{8-98}$$

令 $v_j t'_0 - x'_0 = f(\xi)$,对于确定的装药结构,$f(\xi)$ 具有确定的形式。积分式(8-98),可得总侵彻深度为

$$L_\mathrm{m} = \sqrt{\frac{\rho_j}{\rho_b}}\left[F(h) - F(0)\right] \tag{8-99}$$

式中:$F(\xi)$ 为被积函数 $f(\xi)$ 的原函数。

(2) 等速度梯度射流。即射流速度呈线性分布,或各射流微元在任意时刻的速度梯度彼此相等;换句话说,梯度 γ 仅为时间 t 的函数,而与质点 ξ 无关。根据式(8-90),得

$$\gamma(\xi,t) = \frac{1}{t - t_\mathrm{b}(\xi)} = \gamma(t) \tag{8-100}$$

由此可知,等梯度射流必须满足 $t_\mathrm{b}(\xi)$ = 常数,并推知,等梯度射流的全部速度线具有共同的虚拟原点 $(x_\mathrm{b}, t_\mathrm{b})$(图8-25)。由式(8-92),有

$$\mathrm{d}l = -v'_j \mathrm{d}\xi / \gamma = -(t - t_\mathrm{b})v'_j \mathrm{d}\xi \tag{8-101}$$

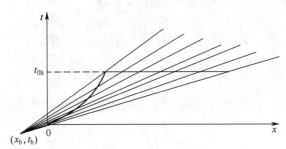

图8-25　等速度梯度射流

将式(8-101)代入式(8-96),得

$$\frac{\mathrm{d}t}{(t - t_\mathrm{b})} = \frac{v'_j}{(\beta - 1)v_j}\mathrm{d}\xi = \frac{\mathrm{d}v_j}{(\beta - 1)v_j} \tag{8-102}$$

将式(8-102)两端分别在 t_{p0} 至 t_p 及 v_{j0} 至 v_j 范围内积分,整理,得

$$t - t_\mathrm{b} = (t_{p0} - t_\mathrm{b})\left(\frac{v_j}{v_{j0}}\right)^{\frac{1}{1-\beta}} \tag{8-103}$$

式中:v_{j0} 为射流头部速度。

利用运动学条件,即

$$\begin{cases} t - t_{\mathrm{b}} = \dfrac{H + L - x_{\mathrm{b}}}{v_{\mathrm{j}}} \\ t_{\mathrm{p0}} - t_{\mathrm{b}} = \dfrac{H - x_{\mathrm{b}}}{v_{\mathrm{j0}}} \end{cases} \tag{8-104}$$

式中:H 为靶距,即罩顶至靶表面的距离。

将式(8-104)代入式(8-103),整理得

$$L = (H - x_{\mathrm{b}}) \left[\left(\frac{v_{\mathrm{j0}}}{v_{\mathrm{j}}} \right)^{\sqrt{\rho_{\mathrm{j}}/\rho_{\mathrm{b}}}} - 1 \right] \tag{8-105}$$

最大破甲深度为

$$L_{\mathrm{m}} = (H - x_{\mathrm{b}}) \left[\left(\frac{v_{\mathrm{j0}}}{v_{\mathrm{jh}}} \right)^{\sqrt{\rho_{\mathrm{j}}/\rho_{\mathrm{b}}}} - 1 \right] \tag{8-106}$$

式中:v_{jh} 为射流尾部速度。

(3) 断裂射流的侵彻深度。如前所述,射流在运动过程中不断伸长,当相对伸长超过一定限度时,射流便发生断裂。在计算断裂射流的侵彻时,常采用以下假设:

① 断裂的射流小段以某一总体平均速度运动,以后不再伸长。

② 射流小段做断续侵彻时仍可采用定常模型,即不考虑重新开坑和分散等效应的影响。

假设在射流侵彻过程中的时刻 t_{D},射流在某质点 ξ_{D} 处开始断裂;此后即以 $\xi > \xi_{\mathrm{D}}$ 的射流部分进行断续侵彻。由式(8-92)可知,射流微元任一时刻的长度为

$$\mathrm{d}l = - v_{\mathrm{j}}' \left[\frac{1}{\gamma_0} + (t - t_0) \right] \mathrm{d}\xi \tag{8-107}$$

根据式(8-94)及式(8-95)可知,射流断裂的时间为

$$\gamma_0 (t_{\mathrm{D}} - t_0) = e_{\mathrm{D}} \tag{8-108}$$

求出 $(t_{\mathrm{D}} - t_0)$ 值代入式(18-107),得到断裂后的射流微段长度

$$\mathrm{d}l = - \frac{v_{\mathrm{j}}'}{\gamma_0} (1 + e_{\mathrm{D}}) \mathrm{d}\xi \tag{8-109}$$

根据此射流微段满足正常侵彻的假设条件,应用式(8-93),并引入式(8-81),可得该射流微段侵彻深度为

$$\mathrm{d}l = \sqrt{\frac{\rho_{\mathrm{j}}}{\rho_{\mathrm{b}}}} \mathrm{d}l = \sqrt{\frac{\rho_{\mathrm{j}}}{\rho_{\mathrm{b}}}} (1 + e_{\mathrm{D}}) \frac{- v_{\mathrm{j}}'}{\gamma_0} \mathrm{d}\xi = (1 + e_{\mathrm{D}}) \sqrt{\frac{\rho_{\mathrm{j}}}{\rho_{\mathrm{b}}}} f(\xi) \mathrm{d}\xi \tag{8-110}$$

将式(8-110)积分,得

$$\int_{L_{\mathrm{D}}}^{L_{\mathrm{h}}} \mathrm{d}L = (1 + e_{\mathrm{D}}) \sqrt{\frac{\rho_{\mathrm{j}}}{\rho_{\mathrm{b}}}} \int_{\xi_{\mathrm{D}}}^{h} f(\xi) \mathrm{d}\xi \tag{8-111}$$

最后得到断裂射流的侵彻深度为

$$\Delta L = (L_{\mathrm{m}} - L_{\mathrm{D}}) = (1 + e_{\mathrm{D}}) \sqrt{\frac{\rho_{\mathrm{j}}}{\rho_{\mathrm{b}}}} \left[F(h) - F(\xi_{\mathrm{D}}) \right] \tag{8-112}$$

8.4.2　破甲弹的威力设计

破甲弹对付的主要目标为坦克,除了要求弹药具有足够的侵彻能力外,还要求射流在贯穿钢甲后具有相应的后效作用,以破坏坦克内部机构,杀伤乘员,使坦克最终失去战斗力。此外,

还要求弹药的射流破甲作用稳定,并对各种随机因素的敏感性低。这些性能要求与弹药结构(包括装药结构、药型罩、弹体),射击条件(包括炸高、弹药的旋转运动)及目标材料有关。在进行弹药威力设计时,必须进行综合考虑。

1. 装药结构设计

装药结构包括炸药种类、药柱形状尺寸及隔板的配置等。

1)炸药的选择

聚能效应与炸药的密度及爆速密切相关。为了提高破甲威力,应尽可能选择密度和爆速较大的炸药,以提高罩的变形速度和射流速度。

带隔板的装药结构一般采用主、副药柱的形式。主药柱的密度可尽量高一些;副药柱的密度则不宜过大,应与引信的起爆能量相匹配,易于起爆。这样副、主药柱可迅速达到稳定爆轰,从而保证破甲威力的稳定性。

目前在破甲弹中大量使用以黑索金为主体的混合炸药。如高能炸药8321,当密度为 $1.70×10^3 \text{kg/m}^3$ 时,爆速可达8300m/s。以奥克托金(HMX)为主体的混合炸药,其密度和爆速可达更高的值,如2701炸药,密度达 $1.8×10^3 \text{kg/m}^3$ 时,爆速为8600m/s。

2)装药的形状及尺寸设计

装药的典型形状如图8-26所示。其主要特征尺寸有药柱直径 D_0,药柱高度 H_ω,罩顶药厚 h_0。对收敛性装药还有圆柱部高度 h_z 及锥部收敛角 θ。

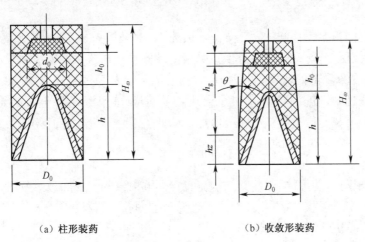

(a)柱形装药　　　　　　　(b)收敛形装药

图8-26　装药的形状和尺寸

药柱直径与破甲深度密切相关。随着药柱直径的增加,破甲深度和孔径呈线性递增。但药柱直径受着弹径的限制。因此,对于小口径发射装置,为保证必要的破甲威力,可采用超口径的弹药结构。

随着药柱长度的增加,破甲深度增加,但药柱长度超过药柱直径一定倍数后,破甲深度增加已不明显。根据"有效装药"的原则,对于无隔板的装药结构,可取 $H_\omega = 2h$(h 为药型罩高度),对于有隔板的装药结构,可取 $H_\omega < 1.5D_0$。

对于滴状弹型或超口径破甲弹,为与弹药外形相适应,可取收敛形装药结构,这对减轻弹重和提高初速是有利的。当然,应当控制收敛角,不致使有效装药过分减小。通常 θ 可取为10~12度。装药圆柱部高度 h_z 主要为了保证药型罩口部处的有效装药。当 h_z 过小,罩口部将因压垮速度过小(不会形成正常射流)而影响破甲威力。 h_z 值通常应至少大于25mm。

3）隔板设计

隔板就是在装药中放入非爆炸的惰性物或低爆速物,分别称为惰性隔板和活性隔板。放置隔板的目的在于改变炸药中传播的爆轰波形状,控制爆轰方向和爆轰波到达药型罩的时间,以提高爆炸载荷,从而增加射流速度,获得较高的破甲威力。试验证明,有隔板的装药结构与无隔板的装药结构比较,射流头部速度能提高25%左右,破甲深度可以提高15%~30%。不过,采用隔板也带来一定的缺点,如破甲性能不稳定、破甲深度跳动大以及装药工艺复杂等。

隔板材料直接影响其隔爆能力和爆轰波波形。对于惰性隔板,通常选用声速低、隔爆能力好、密度小,并具有一定强度的材料,如塑料、石墨、厚纸板等。酚醛树脂具有一定的隔爆性能,强度也较好,且加工简便,故得到了较广泛的应用。低爆速药的活性隔板有 TNT+Ba(NO$_3$)$_2$25/75,TNT+PVAC95/5 等,这类隔板可增加爆轰波的稳定性,也有利于提高破甲射流的稳定性。

隔板的厚度 h_g 应与材料的隔爆性能相匹配,通常按经验选取。隔板过厚,影响射流头部速度的提高;隔板过薄,则达不到预期效果。现有的中口径破甲弹的塑性隔板厚度多为13~15mm。

隔板直径 d_g 影响爆轰波的绕射。隔板直径越大,使作用在罩上的压力冲量越大,压垮速度 v_0 及射流速度 v_j 随之提高,有利于破甲。但隔板直径与其厚度有关。当隔板厚度越大时,则其直径也应适当增加。不过,隔板直径增大将导致射流稳定性变差。实践表明,隔板直径以不低于装药直径的 1/2 为宜。还需注意,当药型罩锥角大于 40° 时,无需采用隔板,否则会使破甲性能不稳定。

采用隔板后,隔板至罩顶间的距离 h_0(罩顶药厚)对破甲效果影响很大。为了使传来的爆轰波从罩顶起顺次压垮罩壁面,应注意保持隔板上端圆周处与罩顶的连线和罩母线所成夹角小于 90°,否则可能在罩顶部处产生反向射流。为此,隔板至罩顶的距离 h_0 应大于 $d_g\tan\alpha/2$。一般说来,罩顶药厚过小、过大都不利。过小导致能量不足,破甲深度浅且射流稳定性差,过大则会降低隔板作用,使装药质量与弹重明显增加。因此,在不影响威力的情况下,应尽量减小罩顶药厚。根据经验,一般可取 $h_0 \geqslant 0.2D$。

2. 药型罩设计

药型罩是形成射流的母体,因此其结构将直接影响射流的形成和破甲效果。在设计药型罩时,主要应确定药型罩形状、罩锥角、壁厚,并选择合适的药型罩材料。

1）药型罩的形状

目前常用的药型罩有锥形、喇叭形、半球形 3 种(图 8-27)。由破甲理论可知,罩母线越长,形成的初始射流长度越长,破甲深度越大。在口径相同情况下,喇叭形罩母线最长,锥形罩次之,半球罩最短。就射流速度而言,以喇叭形罩最高,其头部速度可达 9000m/s 以上;锥形罩次之,可达 7000m/s 以上,而半球罩通常只有 4000m/s 左右。

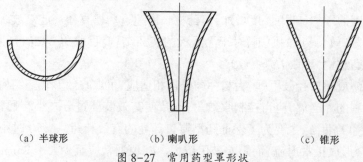

（a）半球形　　　　　（b）喇叭形　　　　　（c）锥形

图 8-27　常用药型罩形状

从理论分析来看,喇叭形罩的性能较好,但由于喇叭形罩的稳定性和工艺性都较差,故其应用并不普遍。锥形罩从威力上看可以满足使用要求,工艺也比较简单,故无论是单兵用破甲弹或炮兵用破甲弹均广泛采用锥形罩。半球形罩的破甲深度较小,但因射流粗,穿孔大,后效作用好,通常多用在大口径弹药中。

2) 药型罩锥角 2α

锥角较小,射流头部速度高且速度梯度大,有利于提高破甲深度;但当锥角过小(小于30°),射流的稳定性变差。锥角增大,射流质量增加,破甲深度降低,但稳定性好,且破孔直径增大,弹药的后效作用大;但当锥角大于70°后,金属流形成过程发生变化,破甲深度迅速下降。当药型罩锥角超过90°时,药型罩在变形过程中产生翻转现象,出现反向射流,药型罩的主体形成翻转弹药,其破甲深度很小,但孔径很大。这种结构用于对付薄装甲,效果很好。

一般破甲弹药型罩锥角通常在35°~60°范围内选取。对于中小口径弹药,以选择35°~44°为宜;对于中、大口径战斗部,以选取44°~60°为宜。采用隔板时锥角宜大些;不采用隔板时锥角宜小些。

药型罩口部的直径应尽量大一些,以利于提高破甲深度。目前药型罩口部外径基本上都与药柱直径相一致。装药与弹体壁之间只要留有保证装配的适当缝隙即可。

3) 药型罩材料的选择

为了使药型罩形成正常的射流,在运动过程中不易拉断,而且破甲时具有较高的侵彻能力,要求药型罩材料塑性好,密度高,在形成射流过程中不汽化。经验证明,紫铜可较好地满足这些要求,其破甲效果好,已成为目前药型罩广泛使用的材料。生铁虽然在通常情况下呈现脆性,但在高速、高压条件下却具有良好的可塑性,其破甲效果也较好,但由于它的工艺性极差,目前尚未获得实际应用。此外,铅易汽化,铝的密度太小,均不适宜作为药型罩的材料。钽合金和钨合金等高密度金属经过锻压等工艺处理后,也具有较好的塑性,且其密度较高,目前也是药型罩应用研究的热点。

4) 药型罩的壁厚 δ

药型罩壁厚过大,使压合速度降低,甚至不能形成正常射流;反之,当壁厚过小,不仅射流质量小,影响破甲效果,甚至也不可能形成正常射流。因此,存在一个最佳壁厚 δ,此值随药型罩材料、锥角、直径等多种因素而变化。总的说来,随罩材料密度的减小,罩锥角的加大,罩口部直径的增加以及外壳的加厚,最佳壁厚呈现增大的趋势。

目前在炮兵弹药中,通常按 $\delta = (0.02 \sim 0.03)d_k$($d_k$ 为罩口部内直径)选取。中口径破甲弹铜质药型罩壁厚一般为 2mm 左右。

为了改善射流性能,提高破甲效果,实践中也常采用顶部薄而口部厚的变壁厚药型罩,并以壁厚变化率 $\Delta = \Delta\delta/\Delta l$(单位母线长度上的壁厚变化)表示其特征(图 8-28),这种罩形成的射流头部速度大,尾部速度低,具有较大的速度梯度,有利于射流的充分拉长,但与此同时,射流稳定性也随之降低。因此,对于大锥角罩,变壁厚罩的作用比较明显。目前,大多取 Δ 值为 0.6%~1.4%。例如,中口径破甲弹的药型罩,其顶部厚可取为 1.2mm 左右,底部可取为 2mm 左右。在设计时,壁厚变化率 Δ 可参考下列经验值选取:小锥角罩($2\alpha < 50°$),$\Delta \leqslant 1.0\%$;大锥角罩($2\alpha > 60°$),$\Delta \approx 1.1\% \sim 1.2\%$。

3. 动炸高 H_T 的确定

动炸高是指弹药药型罩口部至弹药顶端(相当于目标表面)的距离。炸高增加,有利于射流充分拉长,提高破甲深度;炸高过大,射流不稳定性增加,射流易断裂,反而使破甲深度降低。

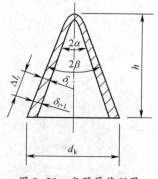

图 8-28　变壁厚药型罩

由上述可知,存在着一个有利炸高。有利炸高是一个区间,在设计中,炸高通常取为有利炸高的下限(较低值),这样既能保证破甲深度,又可减轻弹重。

有利炸高值取决于多种因素。一般说来,随罩锥角的增加,罩材料延展性的提高,以及炸药爆速的增大,隔板直径的加大,有利炸高值也趋大。此外,还应考虑弹头部在一定撞击速度下的变形及起爆系统的影响。目前,常根据弹药着速和药型罩锥角按经验进行选取。按现有破甲弹,有

罩锥角 $2\alpha < 50°$ 时,$H_T = (2.0 \sim 2.5)D_0$

罩锥角 $2\alpha > 50°$ 时,$H_T = (2.5 \sim 3.0)D_0$

式中:D_0 为药柱直径。当弹药着速较大,或转速较小,H_T 可取偏高值;反之,取偏低值。

在初步设计时,也可按下列经验公式进行估算,即

$$H_T = 2D_0 + v_c t \qquad (8-113)$$

式中:D_0 为装药直径;v_c 为弹药着速;t 为从弹药碰击目标到炸药爆轰完毕的时间。

4. 抗旋性设计

旋转稳定的弹药具有较高的转速,这对射流的运动形式及侵彻性能产生明显的不利影响。在离心力的作用下,射流发生径向飞散,并严重扭曲,使破孔变得浅而粗,表面粗糙,很不规则。旋转的不利影响随着装药直径的增大、药型罩锥角的减小以及炸高的加大而更加突出。以中口径破甲弹为例,当弹药转速较高(一般旋转弹药的转速),在小锥角($2\alpha < 30°$)情况下,其破甲威力几乎可下降 60%;在大锥角($2\alpha \geqslant 60°$)时,也可下降 30% 左右。当弹药低速旋转($n \approx 50\text{r/s}$),小锥角时约下降 20%;大锥角时约下降 5% 左右。

为了克服旋转对破甲的不利影响,在弹药结构设计中可采用如下一些措施:

1) 错位式抗旋药型罩

错位式抗旋药型罩的作用是使形成的射流获得与弹药转向相反的旋转运动,以抵消弹药作用在金属流上的旋转矢量。错位式抗旋药型罩的结构如图 8-29 所示。它由若干个相同的扇形瓣组成,每个扇形瓣的圆心都不在弹药轴线上,而是偏离一个距离,位于一个半径不大的圆周上。当爆轰压力作用在药型罩壁面上时,各个扇形瓣上的微元压合至此圆周上,并因偏心作用而引起旋转。设计时,应注意使形成金属流的固有旋转与弹药赋予的旋转相互抵消。美制152mm 多用途破甲弹即采用了这种错位抗旋药型罩。

2) 相对滚动的匣式装药结构

这种破甲弹的聚能装药、药型罩及引信作为一个整体装配在匣壳内。此匣壳通过滚动轴承适当安装在弹体内。发射后,较重的弹体获得高旋转,并具有必要的急螺稳定性。匣壳内的装

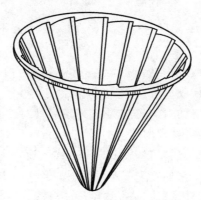

图 8-29　错位式抗旋药型罩

药部分仅通过滚动轴承的摩擦而具有较低转速(约 20~30r/s),从而减弱了旋转因素的不利影响。法制 105mm G 型破甲弹即采用这种结构(图 8-30)。

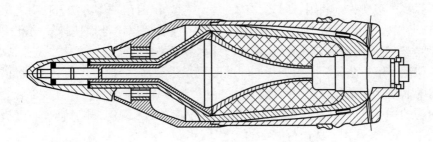

图 8-30　法制 105mm G 型破甲弹

3) 旋压成形药型罩(图 8-31)

旋压药型罩在成形过程中,晶粒随旋压方向产生一定程度的扭曲。药型罩压合时将产生沿扭面方向的压合分速度,使药型罩微元所形成的射流不在对称轴上聚合,而是在以对称轴为中心的一个小的圆周上聚合,从而使射流获得一定的旋转速度。当射流旋转方向与弹药旋转方向相反时,即可抵消部分旋转运动的不利影响,起到相应的抗旋作用。

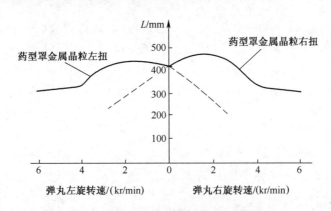

图 8-31　旋压罩在不同转度下的破甲深度曲线

曲线的最高点表明,在此转速下,由于旋压罩的补偿作用,使射流的净旋转趋于消失,而获得最大的破甲深度。旋压成形工艺简单,是解决旋转运动对破甲性能影响的一种有效的方法。

8.5 穿甲威力的计算与分析

穿甲效应主要研究穿甲弹或破片对装甲、混凝土及土石介质的侵彻与贯穿,其对付的目标可以是装甲和非装甲车辆、飞机、舰船、机场跑道和深层工事等。

弹体侵彻问题是非常复杂的动力学问题,国内外学者针对这一问题开展了大量的研究工作并取得了丰硕的成果。目前,国内外侵彻问题的研究,大致有下述几种研究手段:

(1)试验研究。就是在大量试验的基础上导出一些经验公式,用来预测最终侵彻深度和分析某些参数对侵彻效果的影响。这种方法直观可靠,是研究侵彻问题不可缺少的研究方法,是其他方法的基础,目前国内外现有的侵彻深度经验公式几乎都是建立在试验基础上。这种方法研究周期较长,耗资较大。另外,由于所依据的试验资料不同,所采用的研究方法不同,研究问题的侧重点不同,经验公式的应用范围和应用条件也不同。例如,混凝土侵彻经验公式计算结果相互之间差别较大,让使用者无所适从。

(2)计算机模拟研究。利用有限元、有限差分、离散元、有限块等方法直接对考察的问题进行模拟计算,已成为普遍采用的方法。但因材料动态性质把握不准而使计算的准确性大大降低,另外这种方法占用机时较多,而且从大量的计算数据中整理出一些规律也是非常麻烦的。

(3)近似法和解析法研究。根据侵彻问题的特点进行简化,抓住主要特征,将描述侵彻问题力学过程的非线性偏微分方程组简化为一、二维代数方程或常微分方程直接求解。这种近似方法集中问题的一个方面,其缺点是这种方法大都将弹体视为刚体,几乎所有的分析都采纳一些附加的经验结论,或采用一些尚待测定的参量。

8.5.1 穿甲概述

1. 撞击速度及分类

穿甲作用是以一定速度飞行的弹丸或破片在目标上产生穿孔,并在穿孔后破坏孔周围的局部材料。根据目标材料特性,不同撞击速度需要通过不同技术来分析。

(1)速度非常低时($<250\mathrm{m/s}$),弹丸侵彻通常与目标整体结构动力学相关,整个响应时间约为$1\mathrm{ms}$。

(2)当撞击速度提高时($500\sim2000\mathrm{m/s}$),目标材料(有时为弹丸)的局部反应过程则成为问题的关键因素,局部区域一般距撞击中心点$2\sim3$倍弹径。

(3)若进一步增加速度($2000\sim3000\mathrm{m/s}$),由于撞击初始时产生高压,可将材料作为流体来建模。一般地,当速度大于$12000\mathrm{m/s}$时,能量交换的速率太高,部分撞击材料会汽化。

2. 靶板厚度与破坏模式

靶板以其厚度分为以下4种类型:

(1)薄靶:弹体在侵彻过程中,靶板中的应力和应变沿厚度方向没有梯度分布。

(2)中厚靶:弹体在侵彻全程中,一直受到靶板背面边界的影响。

(3)厚靶:弹体在侵入靶板相当远的距离后,才考虑靶板背面边界的影响。

(4)半无限靶:弹体在侵入过程中,不考虑靶板背面边界的影响。

根据弹丸的结构形状、靶板材料和厚度的不同,目标的各种失效模式如图8-32所示。

(1)脆性断裂。包括贯穿薄板和中厚板产生的断裂,它是由初始压缩应力波超过靶板最大抗压强度引起的破坏,一般在低强度、低密度材料中出现。径向断裂仅限于脆性靶,如陶瓷。

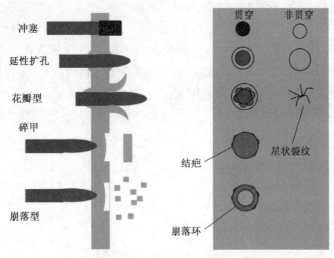

图 8-32　靶板毁伤模式

（2）延性穿孔。锥形或卵形弹头在侵彻延性靶时，沿穿孔的轴向和径向产生强烈的塑性变形，大量的塑性变形使材料沿弹丸轴线方向运动，被挤向孔的出口和入口处，并随着弹丸的通过将孔口扩大。延性破坏是厚靶中常见的一种，贯穿是由弹丸挤压通过靠靶材径向膨胀完成的。

（3）花瓣型破坏。外形变化很大的弹丸侵彻延性靶板时，可能引起边缘的径向破裂。此种破坏发生在弹轴附近，呈星形。在薄靶板中，星形裂纹向整个靶厚扩展。随着弹丸的向前推进，裂纹之间的角料折转成花瓣，称为花瓣型破坏。而在厚靶板中，裂纹只能扩展到材料的部分厚度，并与其他破坏型式综合形成破片。

（4）冲塞。柱形弹及普通钝头弹撞击刚性薄板及中厚板时，一般冲出一个近似圆柱的塞块。在适当的条件下，尖头弹也能冲出这样的塞块。这种破坏形式的特点是，当弹丸挤压靶板时，弹和靶相接触的环形截面上产生很大的剪应力和剪应变，并同时产生热量。在短暂的撞击过程中，这些热量来不及散逸出去，因而大大提高了环形区域的温度，降低了材料的抗剪强度，以致出现冲塞式破坏。

（5）崩落和痂片。在高速碰撞条件下，靶板背面可产生崩落碎片。这种破坏是由转应力波的相互作用引起的。靶板受到弹丸强烈冲击后，靶内将产生应力波，当此压缩应力波传到靶板背表面时将发生反射，并形成一道自背表面与反射应力波传播方向相反的拉伸波。入射压缩波和反射拉伸波在靶内相互干涉的结果，将在距靶板背表面某一截面上出现拉伸应力超过靶板抗拉强度的情况，于是发生崩落破坏。痂片的产生与崩落的原因相同，但破裂表面的大小取决于靶板材料的非均匀性和各向异性。

（6）破片。在速度较低时，上述延性穿孔、径向破裂及冲塞过程可能以单一的形式出现。而在速度较高时，这些破坏将伴随着崩落和痂片，或者伴有二次延性和脆性破坏过程而产生的破片，所以这些破坏可统称为破片型穿孔。

3. 弹道极限速度

能够完全贯穿装甲的弹丸，由于命中目标时的速度很高，作用力极大，可在目标内强行开辟一条通道。弹丸的这种贯穿能力，通常以弹道极限来表示。弹道极限是指弹丸以规定着角贯穿给定类型和厚度的装甲板所需的着速。通常认为弹道极限是下面两种撞击速度的平均值：一是弹体侵入靶板的最高速度；二是完全贯穿靶板的最低速度。具有已知质量和特性的弹道极限，实际上也代表了在规定条件下弹丸贯穿装甲所需的动能。

4. 撞击相图

对于给定材料和尺寸形状的弹体,撞击指定材料和厚度的靶板所得到的撞击后弹体的状态,必然由撞击速度 v_0 和撞击角 θ 所决定。在不同撞击速度和撞击角下,弹体撞击后的状态图称撞击相图。此图可用来设计和选择弹体以射击特定的装甲。图 8-33 是卵形小钢弹射击 6.35mm 厚铝合金板得到的撞击相图。

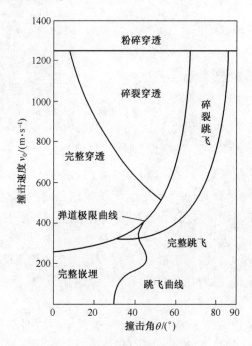

图 8-33　设计弹体用撞击相图

8.5.2　对金属介质的侵彻

金属基本上是大口径射弹攻击的绝大多数目标的介质。尽管小口径弹药多主要用于攻击软目标,但其也常被用于侵彻金属目标。以下列出常用的几种侵彻计算工程模型:

1. De. Marrë 经验公式

迄今为止,De. Marrë 公式仍广泛用于穿甲弹的设计和靶场试验工作中,该公式是基于相似与模化理论在试验的基础上建立起来的,提出的假设条件如下:

(1) 弹丸是刚性体,在冲击装甲时不变形;

(2) 弹丸在装甲内的行程为直线运动,同时不考虑其旋转运动;

(3) 弹丸的动能全部用于侵彻装甲;

(4) 装甲为一般厚度,性能均匀,固定结实可靠。

若弹丸垂直命中装甲,在侵入过程中其能量方程可写为

$$\frac{1}{2}m_{\mathrm{s}}v_{\lim}^2 = \int_0^T \pi D\tau x\mathrm{d}x \tag{8-114}$$

式中:m_{s},D 分别为弹丸质量和弹径;$v_{\lim}$ 为弹道极限速度;τ 为靶板材料抗剪切应力;T 为靶板厚度。

积分,得

$$v_{\lim} = \sqrt{\pi\tau} \sqrt{\frac{D}{m_s}} T \tag{8-115}$$

若写成更一般的形式,有

$$v_{\lim} = A \frac{D^{\alpha}}{m_s^{\beta}} T^{\gamma}$$

根据 De. Marrë 试验, $\alpha = 0.75$、$\beta = 0.5$、$\gamma = 0.7$,由此得到 De. Marrë 公式为

$$v_{\lim} = A \frac{D^{0.75}}{m_s^{0.5}} T^{0.7} \tag{8-116}$$

系数 A 是考虑装甲的机械性能和弹丸结构影响的修正系数。通过试验得知:$A = 2000 \sim 2600$,一般取 $A = 2400$。

De. Marrë 公式中各参量的单位是特定的,应用是必须注意。其中 m_s 以 kg 计,$v_{\lim}$ 以 m/s 计,D 和 T 以 dm 计。

当弹丸对装甲非垂直命中时,如弹轴与装甲表面法线方向成 θ_c 角,则 De. Marrë 公式可作如下修正:

$$v_{\lim} = A \frac{D^{0.75}}{m_s^{0.5} \cos\theta_c} T^{0.7} \tag{8-117}$$

实际上,$v_{\lim}$ 和 θ_c 之间存在着较复杂的关系,根据苏联海军炮兵科学院的试验研究结果,将弹道极限与着角之间的关系用下式表示:

对非均质装甲

$$v_{\lim}(\theta) = \frac{v_{\lim}(0)}{\cos(\theta_c - \lambda)} = N_1 v_{\lim}(0)$$

对均质装甲

$$v_{\lim}(\theta) = \frac{v_{\lim}(0)}{\cos(\theta_c - \lambda)} = N_2 v_{\lim}(0)$$

式中:$v_{\lim}(0)$,$v_{\lim}(\theta)$ 分别为 $\theta_c = 0$ 和 $\theta_c > 0$ 时的弹道极限;λ 为修正的角度值;N_1、N_2 系数列于表 8-6 中。

表 8-6　系数 N_1 和 N_2 与 θ_c 的关系值

$\theta_c/(°)$	0	10	20	30	40	50	60
N_1	1	1.035	1.105	1.155	1.415	1.661	2.220
N_2	1	1.005	1.035	1.105	1.155	1.465	1.844

De. Marrë 公式的重要意义在于已知弹丸结构和弹道参数的情况下,用以计算穿透某一给定厚度靶所需的弹道极限 $v_{\lim}$;反之,若已知弹丸着速和其他相关弹道参数,则可预测击穿的靶板厚度 T。

2. 杆式脱壳穿甲弹极限穿透速度经验公式

长期以来,一直采用 De. Marrë 公式来计算穿甲弹的极限穿透速度。由于 De. Marrë 公式是在较老的实弹射击基础上建立的经验公式,主要适于速度不高(500m/s)的侵彻过程。目前,杆式脱壳穿甲弹的着速均在 1400m/s 上下。弹丸在穿甲过程中一面侵彻一面破碎,与建立 De. Marrë 公式的穿甲过程相差甚远。赵国志教授提出了下列经验公式:

$$v_{\mathrm{j}} = K \cdot \frac{db^{0.5}}{m^{0.5}\cos\alpha^{0.5}}\sigma_{\mathrm{st}}^2 \tag{8-118}$$

式中：v_{j} 为极限穿透速度（m/s）；d 为杆式弹丸的直径（m）；b 为靶板厚度（m）；α 为碰靶时弹体轴线与靶面法线的夹角，也称着角；m 为杆式弹丸的质量（kg）；σ_{st} 为靶板材料的流动极限（Pa）；K 为穿甲复合系数，即

$$K = 1076.6\sqrt{\frac{1}{\sqrt{\xi + \dfrac{C_{\mathrm{e}}10^3}{C_{\mathrm{m}}\cos\alpha}}}} \tag{8-119}$$

其中：C_{e} 为靶板相对厚度，即 b/d；C_{m} 为弹丸相对质量（kg/m³）；ξ 为取决于弹-靶系统的综合参量，即

$$\xi = \frac{15.83(\cos\alpha)^{1/3}}{C_{\mathrm{e}}^{0.7}C_{\mathrm{m}}^{1/3}}\beta_{\mathrm{d}} \tag{8-120}$$

其中：β_{d} 为与杆式弹丸直径 d 相关的系数，其值见表 8-7。

注意：上面所提的杆式弹丸是指发射后已脱壳的击靶时的结构部分。

表 8-7　相关系数 β_{d} 之值

d/mm	4.0	5.0	6.0	7.0	8.0	9.0	10	11	12
β_{d}	0.54	0.58	0.60	0.62	0.64	0.66	0.68	0.69	0.71
d/mm	13	14	15	16	17	18	19	20	>20
β_{d}	0.73	0.74	0.75	0.76	0.77	0.78	0.79	0.80	0.80

当弹-靶条件及射击条件（包括 d、m、b、σ_{st}、α）确定后，即可用上述经验公式计算极限穿透速度；反之，当弹丸着速已知，也可由上述公式逐次迭代解出穿甲厚度 b。试验证明，v_{j} 的计算与实测值通常保持在 3%~5% 的误差范围内。这个经验公式优点在于，它能将影响 K 值的诸参量反映在 K 值的表达式内。这样，此公式不仅表明 K 值是个受多因素影响的变量，而且还能由它定量地估算出 K 值的大小和变化趋势。因此，它比 De Marre 公式优越，避免了估算时的盲目性。

3. Lambert/Zukas 极限穿透速度经验公式

1982 年，Lambert 和 Zukas 在 BRL 提出了能考虑更多一般侵彻模式的模型。

$$v_{\mathrm{lim}} = 4000\left(\frac{l}{d}\right)^{0.15}\sqrt{\frac{d^3}{m}\left[\frac{t}{d}\sec\theta^{0.75} + \exp\left(-\frac{t}{d}\sec\theta^{0.75}\right) - 1\right]} \tag{8-121}$$

式中：m 为侵彻弹体质量；t 为靶板厚度；d 为弹丸直径；θ 为着靶倾角。

必须注意的是，式（8-121）的应用条件为 CGS 单位制（厘米·克·秒制），$\dfrac{t}{d} > 1.5$。

弹丸贯穿后的剩余速度是毁伤效能评估的标准之一，则有

$$v_{\mathrm{r}} = \begin{cases} 0 & (0 \leqslant v_0 \leqslant v_{\mathrm{lim}}) \\ a(v_0^p - v_{\mathrm{lim}}^p)^{\frac{1}{p}} & (v_0 > v_{\mathrm{lim}}) \end{cases} \tag{8-122}$$

式（8-122）常用来拟合得到极限穿透速度。

4. Forrestal 铝板侵彻经验模型

铝合金材料越来越多被用于制造装甲，以减轻车辆重量，因而有必要确定弹丸对铝板的侵

彻能力。

1922 年，Forrestal 等提出了一种处理弹丸侵彻铝板的简单模型，该模型主要讨论卵形刚性弹正撞击情况，也适用于小于 5°着角的弹丸侵彻，如图 8-34 所示。

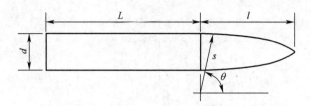

图 8-34　Forrestal 模型中的卵形弹丸结构

定义弹丸卵形部曲率半径为

$$\psi = \frac{s}{d} \qquad (8-123)$$

式中：d 为弹丸直径；s 为弹丸卵形头部的半径。

作用在弹丸上的阻力由两部分组成：一个沿弹表面法向（正应力）；另一个沿弹表面切向（剪应力和摩擦力）。若将剪应力归结为摩擦力产生的应力，假设切应力 σ_t 正比于法应力 σ_n，则有

$$\sigma_t = \mu \sigma_n \qquad (8-124)$$

式中：μ 为滑动摩擦因数。

作用在弹丸卵形头部的轴向力为

$$F_z = 2\pi \int_{\theta_0}^{\pi/2} \left\{ \left[\sin\theta - \left(\frac{s - d/2}{s} \right) \right] (\cos\theta + \mu\sin\theta) \right\} \sigma_n(v_z, \theta) \, \mathrm{d}\theta \qquad (8-125)$$

式中：$\theta_0 = \arcsin\left(\dfrac{s - d/2}{s} \right)$

根据牛顿第二定律，得

$$- F_z = m \frac{\mathrm{d}v_z}{\mathrm{d}t} = m v_z \frac{\mathrm{d}v_z}{\mathrm{d}z} \qquad (8-126)$$

写成积分形式，有

$$- \int_0^p \mathrm{d}z = \rho_p \left(L + \frac{kd}{2} \right) \int_{v_0}^0 \frac{v_z}{\alpha\sigma_\gamma + \beta\rho_t v_z^2} \mathrm{d}v_z \qquad (8-127)$$

式中：σ_γ 为材料的屈服强度；ρ_t 为目标材料密度；k 为形状系数，$k = \left(4\psi^2 - \dfrac{4}{3}\psi + \dfrac{1}{3} \right)\sqrt{4\psi - 1}$

$- 4\psi^2 (2\psi - 1) \arcsin\left(\sqrt{\dfrac{4\psi - 1}{2\psi}} \right)$；

$$\alpha = A\left[1 + 4\mu\psi^2 \left(\frac{\pi}{2} - \theta_0 \right) - \mu(2\psi - 1)\sqrt{4\psi - 1} \right];$$

$$\beta = B\left[\frac{\dfrac{8\psi - 1}{24\psi^2} + \mu\psi^2 \left(\dfrac{\pi}{2} - \theta_0 \right) - \mu(2\psi - 1)(6\psi^2 + 4\psi - 1)\sqrt{4\psi - 1}}{24\psi^2} \right];$$

其中，$A = \dfrac{2}{3}\left[1 + \left(\dfrac{2E}{3\sigma_\gamma} \right)^n I \right]$，$B = 1.5$，$E$ 为弹性模量，n 为应变硬化指数。对于 7075-T651 铝合

金材料，$I = 3.896$，$A = 4.609$。

对上式进行积分，可得最终的侵彻深度为

$$P = \frac{1}{2\beta}\left(\frac{\rho_p}{\rho_t}\right)\left(L + \frac{kd}{2}\right)\ln\left[1 + \left(\frac{\beta}{\alpha}\right)\left(\frac{\rho_t v_0^2}{\sigma_\gamma}\right)\right] \tag{8-128}$$

当 P 大于靶板厚度时，会发生贯穿。则可以积分得到剩余速度

$$v_r = \sqrt{\left(\frac{\alpha\sigma_\gamma}{\beta\rho_t} + v_0^2\right)\exp\left[-\frac{2\beta\rho_t T}{\rho_p\left(L + \frac{kd}{2}\right)}\right] - \frac{\alpha\sigma_\gamma}{\beta\rho_t}} \tag{8-129}$$

8.5.3　对混凝土和岩石介质的侵彻

混凝土广泛用于军事和民用设施，如防护工事、机场跑道、机库、导弹发射井、桥梁、通信设施及大型水坝等。混凝土材料也是现有深层工事及硬目标的主要建筑材料之一。

目前，已公布的弹体侵彻混凝土深度经验公式有 20 种左右，它们的表达形式不尽相同，且各自有一定的适用范围。现将比较常见的几种经验公式简介如下：

1. Poncelet 公式

由 J. V. Poncelet 于 1982 年提出，认为截面压力与侵彻计算有关，并认为弹丸在介质内做直线运动，侵彻阻力由静抗力和动抗力组成，$R_f = A(K_1 + K_2 V_0^2)$，由运动方程导出最大侵彻深度公式：

$$x_{max} = \frac{m}{2K_2 A}\ln\left(1 + \frac{K_2}{K_1}V_0^2\right) \tag{8-130}$$

式中：x_{max} 为最大侵彻深度（m）；m 为弹丸质量（kg）；A 为弹丸横截面面积（m²）；V_0 为弹着速（m/s）；K_1，K_2 为阻力系数（表 8-8）

表 8-8　阻力系数 K_1、K_2

介质名称	K_1/(kg/m³)	K_2/(kg/m³)
软土	240	1260
普通土	520	1470
硬土	1120	1760

2. 修正美国国防研究委员会公式（NDRC）

NDRC 基于一种与试验结果很吻合的刚性弹体侵彻理论，于 1946 年由试验数据拟合得出了 NDRC 公式：

$$G(x, d_p) = K_p N d_p^{0.20} D\left(\frac{V_0}{1000}\right)^{1.18} \tag{8-131}$$

式中

$$G(x, d_p) = \begin{cases} \left(\dfrac{x}{2d_p}\right)^2 & (x/d_p \leqslant 2.0) \\ \left(\dfrac{x}{d_p}\right) - 1 & (x/d_p > 2.0) \end{cases}$$

N 为弹丸头部形状系数，对于平头弹 $N = 0.72$，钝头弹 $N = 0.84$，对半球形弹 $N = 1.00$，对尖头弹 $N = 1.14$；K_p 为混凝土强度的函数，在最初的 NDRC 公式中，该因子没有被确定。1966 年，

Kennedy 认为 K_p 与极限抗拉强度的倒数成正比,变换其关系认为抗拉强度与极限抗压强度的平方根成正比,则由试验数据得出: $K_p = 180/\sqrt{f_c}$。

由于 NDRC 公式是由弹速高于 150m/s 的撞击试验而得来的,因而在低速情况下,预估计算值远远大于实际测量值,公式与实际侵深的符合程度随侵深减小而降低。

3. SNL 公式

SNL 公式是美国桑地亚国家实验室(Sandia National Laboratories)的 C. W. Young 提出的。它最早公布于 1967 年,随后通过试验数据的不断扩充,该公式反复改进,1997 年发布了最新版本的 SNL 公式,SNL 公式的表达式为

$$x = \begin{cases} 0.0008 SNK_S \left(\dfrac{m}{A}\right)^{0.7} \ln(1 + 2.15 \times 10^{-4} V^2) & (V < 61 \text{m/s}) \\ 0.000018 SNK_S \left(\dfrac{m}{A}\right)^{0.7} (V - 30.5) & (V \geqslant 61 \text{m/s}) \end{cases} \quad (8\text{-}132)$$

式中:

$$S = 0.085 K_C (11 - P)(t_c T_C)^{-0.06} (35/\sigma)^{0.3};$$

$$K_S = \begin{cases} 0.46(m)^{0.15} & (m < 182 \text{kg}) \\ 1 & (m \geqslant 182 \text{kg}) \end{cases}$$

其中: N 为弹形系数;P 为混凝土含钢筋体积率;t_c 为混凝土的凝固时间;T_C 为靶标厚度。

Young 公式广泛适用于混凝土、钢筋混凝土、岩石、土、冰(上述公式仅对于混凝土及钢筋混凝土成立),Young 公式的鲜明特点是在公式中引入了截面密度的概念,并且试验表明,截面密度对侵彻深有明显影响。Young 公式的另一个特点是考虑了混凝土中含筋率对侵彻深的影响。尽管 Young 公式是量纲不符的,但是由于它所依赖的试验数据量庞大,并且对影响因素考虑得比较周全,因此在现有公式中,其准确性很高。但该公式和大多数公式一样,都有一定的适用范围。

4. WES 公式

1977 年,根据与混凝土和岩石的垂直侵彻试验结果,美军工程兵水道试验站的 R. S. Bernard 提出侵彻硬靶的经验公式:

$$x = 0.254 \cdot \frac{m}{d^2} \cdot \frac{V}{\sqrt{\rho \sigma_u}} \cdot \left(\frac{100}{\text{RQD}}\right)^{0.8} \quad (8\text{-}133)$$

式中:RQD 为岩石品质标志(表 8-9)。

表 8-9　RQD 值

岩石质量	很粗劣	粗劣	较好	很好	极好
QD/%	0~25	25~50	50~75	75~90	90~100

应注意以下几点:①预估精度至多在±20%;②仅在计算深度大于 3 倍弹径时有效;③公式对直径为 3~30cm 的弹有效;④弹头外形如果是平头或近似平头的弹,公式预估效果不好。

5. Huges 公式

1984 年,Huges 在 NDRC 公式的侵彻理论基础上,应用量纲分析的方法,提出可应用于混凝土抗撞击设计的侵彻公式:

$$\frac{x}{d} = \frac{0.19 NI}{1 + 12.3 \ln(1 + 0.03I)} \quad (8\text{-}134)$$

式中：$I = \dfrac{mV_0^2}{f_t d^3}$；$N$ 为头部形状因子；f_t 为混凝土抗拉强度。

使用时需注意：①由于量纲分析中所使用的数据包括军用数据和民用和工业数据，故公式适用于毁伤和防护的计算；②当 $I<3500$ 时公式才有效；③当 $I<40$ 或靶板厚度与弹径之比小于 3.5 时，公式计算值过大。

6. 别列赞公式

别列赞公式是俄罗斯人提出的，也是我国现行国防工程规范所推荐的公式，由于公式比较简单，且公式中的系数在实际应用中又得到修正，比较符合实际情况，因而得到了较广泛的应用。

$$x = iK\frac{m}{d^2}V \tag{8-135}$$

式中：i 为弹形系数，以 l_h 表示弹头部长度，则 $i = 1 + 0.3(l_h/d - 0.5)$；K 为由介质性质决定的阻力系数（表8-10）。

表8-10　别列赞公式 K 值表

介质材料	$K/(\mathrm{m}^2 \cdot \mathrm{s/kg})$	介质材料	$K/(\mathrm{m}^2 \cdot \mathrm{s/kg})$
松土	17.0×10^{-6}	木料	6.0×10^{-6}
黏土	10.0×10^{-6}	砖砌物	2.0×10^{-6}
坚实黏土	7.0×10^{-6}	石灰岩、砂岩	1.6×10^{-6}
坚实砂土	1.5×10^{-6}	混凝土	1.3×10^{-6}
砂	4.5×10^{-6}	钢筋混凝土	0.8×10^{-6}

别列赞公式仅考虑了介质的黏滞抗力，从这点上来说是不够合理的。但是，在推导中做了一些假设，这些假设与实际情况是有出入的，甚至是很大的出入（如弹体旋转、介质中弹道非直线、介质非均匀等），为了弥补不足，通过试验得出修正系数来校准。这样，公式的准确性在很大程度上决定于修正系数的准确性。别列赞公式中的 K 值是在旧式旋转弹体试验基础上得出来的，对现代弹体用弹形系数进行修正，虽然误差减小了，但是仍存在很大的局限性，特别是对现代钻地武器，其可靠性更令人质疑。

7. Forrestal 公式

Forrestal 公式是利用球形空腔膨胀理论得出的，它也是一种半经验半分析公式，但它和 NDRC 不同的是，Forrestal 公式是量纲相符的。它假设弹体不变形，所采用的弹体侵彻阻力表达式为

$$F = \begin{cases} \pi\dfrac{D}{8}\left[\sigma S(\sigma) + N\rho_t V_1^2\right]H & (0 < H \leqslant 2D) \\ \dfrac{\pi}{4}D^2\left[\sigma S(\sigma) + N\rho_t V^2\right] & (H > 2D) \end{cases} \tag{8-136}$$

式中：$V_1^2 = \dfrac{2MV^2 - \pi D^3 \sigma S(\sigma)}{2M + \pi D^3 N\rho_t}$；$N = \dfrac{8\psi - 1}{24\psi^2}$，$\psi$ 为弹头卵形部曲率半径。

$S(\sigma)$ 与材料抗压强度有关，随着抗压强度的增大，$S(\sigma)$ 减小。这与 NDRC 公式非常相似，则有

$$\frac{H}{D} = \frac{2M}{\pi D^3 \rho_t N} \ln \left[1 + \frac{N \rho_t V_1^2}{\sigma S(\sigma)} \right] - 2, S = 1.517 \times 10^5 \sigma^{-0.544} \qquad (8-137)$$

8. 总参工程兵科研三所公式

我国从 20 世纪 60 年代起对侵彻问题进行了广泛而深刻的研究,取得了较为客观的试验结果。从最初引进苏联的别列赞公式,再提出改进后的别列赞公式。各科研单位也先后提出了适合自己实际情况的经验公式,其中总参工程兵科研三所给出的计算公式在试验研究中具有很强的代表性。

$$\frac{H}{D} = 0.05575 KN \left(\frac{m}{\rho_t D^3} \right)^{0.48} \left(\frac{\sigma D^2}{mg} \right)^{-0.35} \left(\frac{v^2}{Dg} \right)^{0.53} \qquad (8-138)$$

式中: $K = \begin{cases} 1.05 M^{0.136} & (M \leqslant 400\text{kg}) \\ 0.9 M^{0.136} & (400\text{kg} < M < 1500\text{kg}) \\ 0.6 M^{0.136} & (1500\text{kg} \leqslant M \leqslant 2200\text{kg}) \end{cases}$;

鉴于 Young 公式在其适用范围内精度很高,因此弹形系数直接借用了 Young 公式中的弹形系数表达式,即

$$N = \begin{cases} 0.56 + 0.183 L_N / D & (卵形弹头) \\ 0.56 + 0.25 L_N / D & (锥形弹头) \end{cases} \qquad (8-139)$$

式中: L_N 为弹头长度。

8.6   碎甲威力的计算与分析

非侵彻或部分侵彻碰撞所造成的碎甲非常重要。碎甲弹即利用 Hopkinson 效应来破坏装甲目标。当弹丸贴于装甲表面爆炸时,给予装甲一个高强度压缩加载冲击应力波。冲击波传至装甲背面,将产生反射的拉伸压力波。入射波与反射波相互作用,在装甲内部引起拉应力。当某阵面上的拉应力值超过材料强度所能支承的限度,即在该处产生层裂,并崩落出一定大小和速度的碟形碎块。同样地,当具有一定厚度的材料被物体从一边碰撞,不管是否贯穿,都会产生应力波并可导致散裂或碎甲,尤其是对于抗压能力强但抗拉强度弱的材料。

以一维锯齿形应力波为例,不考虑波在传播过程中的衰减,并假设波速为常数。

定义材料的失效强度为材料的拉应力达到临界值 σ_f,入射压缩波幅度为 σ_m,脉冲宽度为 λ。入射波在自由表面被反射,反射波的最大净拉应力 σ_T 常处于波的前沿,如图 8-35 所示。

$$\sigma_T = \sigma_m - \sigma_I \qquad (8-140)$$

式中: σ_I 为压缩波某瞬时的残余应力。若 σ_T 超过 σ_f,则会产生一道裂缝。因此,在裂缝处,有

$$\sigma_f = \sigma_m - \sigma_I \qquad (8-141)$$

假设得到的碎片厚度为 t_1,则有

$$\frac{\sigma_I}{\lambda - 2t_1} = \frac{\sigma_m}{\lambda} \qquad (8-142)$$

将其代入,有

$$t_1 = \frac{\sigma_f}{\sigma_m} \frac{\lambda}{2} \qquad (8-143)$$

因此,如果传入材料的初始脉冲的振幅与其抗拉强度相等,那么材料将会在背面半个脉冲

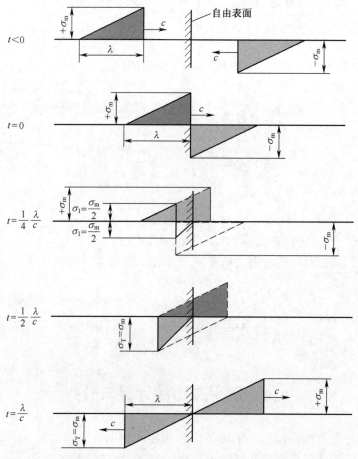

图 8-35 三角形脉冲入射波在自由表面情况

波长距离处破裂。但是,如果 $\sigma_m < \sigma_f$,将不会有裂缝产生;如果 σ_m 远大于 σ_f,则会有多道裂缝。

如果有多道裂缝产生,脉冲的一部分会留在碎片,留在原始目标板中的脉冲部分为

$$\lambda_2 = \lambda - 2t_1$$
$$\sigma_{m2} = \sigma_I \tag{8-144}$$

将其代入,可得

$$t_2 = \frac{\sigma_f}{\sigma_{m2}} \frac{\lambda_2}{2} \tag{8-145}$$

这个过程不断重复,直至破裂条件不再成立($\sigma_{m_n} < \sigma_f$)。

利用冲量定理或动量定理求碎片的速度。碎片动量为

$$mv_{t_1} = (\rho t_1 A) v_{t_1} \tag{8-146}$$

碎片受到的冲量为

$$\int F \mathrm{d}t = \left[\frac{\sigma_m + \sigma_I}{2} A \right] \frac{2t_1}{c} \tag{8-147}$$

将 σ_I 代入,得

$$v_{t1} = \frac{2\sigma_m - \sigma_f}{\rho c} \tag{8-148}$$

如果有第二层破裂,则其速度为

$$v_{t2} = \frac{2\sigma_m - 3\sigma_f}{\rho c} \tag{8-149}$$

如果有更多的破裂层,其速度为

$$v_{t_n} = \frac{2\sigma_m - (2n - 1)\sigma_f}{\rho c} \tag{8-150}$$

破裂层数为

$$n = \frac{\sigma_m}{\sigma_f} \tag{8-151}$$

动态裂缝可以分为以下 4 个阶段:在材料许多位置产生微观破碎的晶核;晶核裂痕的对称增长;裂缝的合并和由于大部分裂面形成的破裂。实际上,由于碎甲现象的复杂性,很难准确预测材料何时和如何破裂。

附表　迫击炮弹空气动力特征数表

迫击炮弹弹尾部的长度 l_w(口径)	迫击炮弹圆柱部的长度 l_z(口径)	正面阻力系数 C_{x0}	上升力系数 C_{y0}	空气阻力中心到弹顶的距离 x_{p0}(口径)
1.0	0.1			
	0.2			
	0.3			
	0.4			
	0.5	0.099	0.200	2.29
	0.6	0.099	0.201	2.31
	0.7	0.100	0.202	2.33
	0.8	0.100	0.203	2.35
	0.9	0.101	0.204	2.37
	1.0	0.102	0.205	2.39
	1.1	0.104	0.205	2.41
	1.2	0.106	0.206	2.42
	1.3	0.108	0.207	2.43
	1.4	0.110	0.207	2.44
	1.5	0.112	0.208	2.46
	1.6	0.114	0.208	2.48
	1.7	0.116	0.208	2.50
	1.8	0.118	0.208	2.52
	1.9	0.120	0.208	2.54
	2.0	0.121	0.208	2.56
	2.1	0.122	0.208	2.53
	2.2	0.123	0.208	2.60
	2.3	0.124	0.208	2.62
	2.4	0.125	0.208	2.64
	2.5	0.127	0.208	2.66
	2.6	0.130	0.208	2.68
	2.7	0.132	0.208	2.70
	2.8	0.134	0.208	2.71
	2.9	0.136	0.208	2.72
	3.0	0.127	0.208	2.74
1.1	0.1			
	0.2			
	0.3			
	0.4			
	0.5	0.099	0.200	2.33
	0.6	0.099	0.201	2.36
	0.7	0.100	0.202	2.39
	0.8	0.101	0.203	2.41
	0.9	0.101	0.204	2.43
	1.0	0.102	0.205	2.45
	1.1	0.104	0.206	2.45
	1.2	0.106	0.207	2.46
	1.3	0.108	0.208	2.47
	1.4	0.110	0.208	2.48
	1.5	0.112	0.208	2.49
	1.6	0.114	0.208	2.51
	1.7	0.116	0.208	2.53
	1.8	0.117	0.208	2.55
	1.9	0.119	0.208	2.57
	2.0	0.121	0.208	2.59
	2.1	0.122	0.208	2.61
	2.2	0.123	0.208	2.63
	2.3	0.124	0.208	2.65
	2.4	0.125	0.208	2.67
	2.5	0.127	0.208	2.69
	2.6	0.128	0.208	2.71
	2.7	0.130	0.208	2.73
	2.8	0.132	0.208	2.74
	2.9	0.134	0.208	2.75
	3.0	0.136	0.208	2.76
1.2	0.1			
	0.2			
	0.3			
	0.4			
	0.5	0.100	0.200	2.36
	0.6	0.100	0.201	2.39

迫击炮弹弹尾部的长度 l_w（口径）	迫击炮弹圆柱部的长度 l_z（口径）	空气动力特征数 正面阻力系数 C_{x0}	上升力系数 C_{y0}	空气阻力中心到弹顶的距离 x_{p0}（口径）
1.2	0.7	0.101	0.202	2.42
	0.8	0.101	0.203	2.45
	0.9	0.102	0.204	2.48
	1.0	0.103	0.205	2.50
	1.1	0.105	0.205	2.50
	1.2	0.107	0.206	2.50
	1.3	0.109	0.206	2.51
	1.4	0.112	0.207	2.52
	1.5	0.114	0.208	2.53
	1.6	0.115	0.208	2.54
	1.7	0.117	0.208	2.56
	1.8	0.118	0.208	2.58
	1.9	0.119	0.208	2.60
	2.0	0.121	0.208	2.62
	2.1	0.123	0.208	2.64
	2.2	0.124	0.208	2.66
	2.3	0.125	0.208	2.68
	2.4	0.127	0.208	2.70
	2.5	0.129	0.208	2.72
	2.6	0.130	0.208	2.73
	2.7	0.132	0.208	2.75
	2.8	0.133	0.208	2.77
	2.9	0.135	0.208	2.79
	3.0	0.136	0.208	2.80
1.3	0.1			
	0.2			
	0.3			
	0.4			
	0.5	0.100	0.200	2.39
	0.6	0.100	0.201	2.41
	0.7	0.101	0.202	2.44
	0.8	0.101	0.203	2.47
	0.9	0.102	0.204	2.51
	1.0	0.103	0.205	2.55
	1.1	0.105	0.205	2.55
	1.2	0.107	0.206	2.55
	1.3	0.110	0.206	2.55
	1.4	0.111	0.207	2.55
	1.5	0.113	0.208	2.55
	1.6	0.115	0.208	2.57

迫击炮弹弹尾部的长度 l_w（口径）	迫击炮弹圆柱部的长度 l_z（口径）	空气动力特征数 正面阻力系数 C_{x0}	上升力系数 C_{y0}	空气阻力中心到弹顶的距离 x_{p0}（口径）
1.3	1.7	0.117	0.208	2.59
	1.8	0.118	0.208	2.61
	1.9	0.119	0.208	2.63
	2.0	0.121	0.208	2.65
	2.1	0.122	0.208	2.67
	2.2	0.124	0.208	2.69
	2.3	0.125	0.208	2.71
	2.4	0.126	0.208	2.73
	2.5	0.128	0.208	2,75
	2.6	0.129	0.208	2.77
	2.7	0.130	0.208	2.75
	2.8	0.132	0.208	2.79
	2.9	0.134	0.208	2.81
	3.0	0.136	0.207	2.83
1.4	0.1			
	0.2			
	0.3			
	0.4			
	0.5	0.101	0.200	2.43
	0.6	0.101	0.201	2.48
	0.7	0.102	0.202	2.49
	0.8	0.103	0.203	2.53
	0.9	0.104	0.204	2.55
	1.0	0.105	0.205	2.56
	1.1	0.106	0.206	2.57
	1.2	0.108	0.206	2.58
	1.3	0.111	0.207	2.59
	1.4	0.114	0.207	2.60
	1.5	0.116	0.208	2.61
	1.6	0.117	0.208	2.62
	1.7	0.118	0.208	2.64
	1.8	0.120	0.208	2.66
	1.9	0.121	0.208	2.68
	2.0	0.123	0.208	2.70
	2.1	0.124	0.208	2.72
	2.2	0.125	0.208	2.74
	2.3	0.126	0.208	2.76
	2.4	0.128	0.208	2.78
	2.5	0.129	0.208	2.80
	2.6	0.131	0.208	2.82

迫击炮弹尾部的长度 l_w（口径）	迫击炮弹圆柱部的长度 l_z（口径）	空气动力特征数			迫击炮弹尾部的长度 l_w（口径）	迫击炮弹圆柱部的长度 l_z（口径）	空气动力特征数		
		正面阻力系数 C_{x0}	上升力系数 C_{y0}	空气阻力中心到弹顶的距离 x_{p0}（口径）			正面阻力系数 C_{x0}	上升力系数 C_{y0}	空气阻力中心到弹顶的距离 x_{p0}（口径）
1.4	2.7	0.132	0.208	2.83	1.6	0.7	0.103	0.202	2.56
	2.8	0.134	0.208	2.84		0.8	0.104	0.203	2.58
	2.9	0.135	0.208	2.85		0.9	0.105	0.204	2.59
	3.0	0.136	0.208	2.86		1.0	0.106	0.205	2.60
1.5	0.1					1.1	0.108	0.205	2.62
	0.2					1.2	0.109	0.206	2.63
	0.3			2.42		1.3	0.111	0.206	2.64
	0.4			2.45		1.4	0.113	0.207	2.66
	0.5	0.102	0.200	2.47		1.5	0.115	0.208	2.67
	0.6	0.102	0.201	2.50		1.6	0.117	0.208	2.68
	0.7	0.103	0.202	2.53		1.7	0.118	0.208	2.69
	0.8	0.103	0.203	2.56		1.8	0.120	0.208	2.71
	0.9	0.104	0.204	2.60		1.9	0.121	0.208	2.73
	1.0	0.105	0.205	2.64		2.0	0.123	0.208	2.76
	1.1	0.107	0.205	2.64		2.1	0.124	0.208	2.78
	1.2	0.109	0.206	2.64		2.2	0.125	0.208	2.80
	1.3	0.111	0.206	2.66		2.3	0.127	0.208	2.81
	1.4	0.113	0.207	2.66		2.4	0.128	0.208	2.82
	1.5	0.115	0.208	2.66		2.5	0.130	0.208	2.84
	1.6	0.117	0.208	2.66		2.6	0.131	0.208	2.85
	1.7	0.119	0.208	2.66		2.7	0.133	0.208	2.86
	1.8	0.120	0.208	2.66		2.8	0.134	0.208	2.88
	1.9	0.121	0.208	2.68		2.9	0.135	0.208	2.89
	2.0	0.123	0.208	2.70		3.0	0.136	0.208	2.90
	2.1	0.124	0.208	2.72	1.7	0.1			
	2.2	0.125	0.208	2.74		0.2			
	2.3	0.127	0.208	2.76		0.3			
	2.4	0.128	0.208	2.78		0.4			
	2.5	0.130	0.208	2.80		0.5	0.103	0.200	2.57
	2.6	0.131	0.208	2,82		0.6	0.103	0.201	2.59
	2.7	0.133	0.208	2.84		0.7	0.104	0.202	2.60
	2.8	0.134	0.208	2.86		0.8	0.105	0.203	2.61
	2.9	0.135	0.208	2.87		0.9	0.106	0.204	2.62
	3.0	0.136	0.208	2.88		1.0	0.107	0.205	2.63
1.6	0.1					1.1	0.109	0.206	2.64
	0.2					1.2	0.111	0.206	2.65
	0.3					1.3	0.113	0.207	2.66
	0.4					1.4	0.115	0.207	2.67
	0.5	0.102	0.200	2.52		1.5	0.117	0.208	2.68
	0.6	0.102	0.201	2.54		1.6	0.118	0.208	2.69

迫击炮弹弹尾部的长度 l_w（口径）	迫击炮弹圆柱部的长度 l_z（口径）	空气动力特征数			迫击炮弹弹尾部的长度 l_w（口径）	迫击炮弹圆柱部的长度 l_z（口径）	空气动力特征数		
		正面阻力系数 C_{x0}	上升力系数 C_{y0}	空气阻力中心到弹顶的距离 x_{p0}（口径）			正面阻力系数 C_{x0}	上升力系数 C_{y0}	空气阻力中心到弹顶的距离 x_{p0}（口径）
1.7	1.7	0.119	0.208	2.70	1.8	2.7	0.132	0.208	2.89
	1.8	0.120	0.208	2.72		2.8	0.134	0.208	2.91
	1.9	0.122	0.208	2.74		2.9	0.135	0.208	2.93
	2.0	0.123	0.208	2.76		3.0	0.136	0.208	2.95
	2.1	0.124	0.208	2.77	1.9	0.1			
	2.2	0.125	0.208	2.78		0.2			
	2.3	0.127	0.208	2.80		0.3			
	2.4	0.128	0.208	2.82		0.4			
	2.5	0.129	0.208	2.84		0.5	0.104	0.200	2.66
	2.6	0.130	0.208	2.86		0.6	0.104	0.201	2.67
	2.7	0.132	0.208	2.88		0.7	0.105	0.202	2.68
	2.8	0.134	0.208	2.89		0.8	0.106	0.203	2.69
	2.9	0.135	0.208	2.90		0.9	0.107	0.204	2.70
	3.0	0.136	0.207	2.92		1.0	0.108	0.205	2.71
1.8	0.1					1.1	0.110	0.205	2.73
	0.2					1.2	0.112	0.206	2.74
	0.3					1.3	0.114	0.206	2.74
	0.4					1.4	0.116	0.207	2.75
	0.5	0.103	0.200	2.62		1.5	0.118	0.208	2.75
	0.6	0.104	0.201	2.63		1.6	0.119	0.208	2.76
	0.7	0.105	0.202	2.64		1.7	0.120	0.208	2.77
	0.8	0.106	0.203	2.65		1.8	0.121	0.208	2.78
	0.9	0.107	0.204	2.66		1.9	0.122	0.208	2.79
	1.0	0.108	0.205	2.67		2.0	0.123	0.208	2.80
	1.1	0.109	0.206	2.68		2.1	0.124	0.208	2.82
	1.2	0.111	0.206	2.69		2.2	0.125	0.208	2.83
	1.3	0.113	0.207	2.70		2.3	0.126	0.208	2.84
	1.4	0.115	0.207	2.71		2.4	0.127	0.208	2.85
	1.5	0.117	0.208	2.72		2.5	0.128	0.208	2.86
	1.6	0.118	0.208	2.73		2.6	0.129	0.208	2.90
	1.7	0.119	0.208	2.74		2.7	0.131	0.208	2.92
	1.8	0.120	0.208	2.76		2.8	0.133	0.208	2.94
	1.9	0.122	0.208	2.77		2.9	0.135	0.208	2.96
	2.0	0.123	0.208	2.79		3.0	0.136	0.208	2.97
	2.1	0.124	0.208	2.80	2.0	0.1			
	2.2	0.126	0.208	2.81		0.2			
	2.3	0.127	0.208	2.82		0.3			
	2.4	0.128	0.208	2.83		0.4			
	2.5	0.129	0.208	2.85		0.5	0.105	0.200	2.70
	2.6	0.130	0.208	2.87		0.6	0.105	0.201	2.71

迫击炮弹尾部的长度 l_w（口径）	迫击炮弹圆柱部的长度 l_z（口径）	空气动力特征数			迫击炮弹尾部的长度 l_w（口径）	迫击炮弹圆柱部的长度 l_z（口径）	空气动力特征数		
		正面阻力系数 C_{x0}	上升力系数 C_{y0}	空气阻力中心到弹顶的距离 x_{p0}（口径）			正面阻力系数 C_{x0}	上升力系数 C_{y0}	空气阻力中心到弹顶的距离 x_{p0}（口径）
2.0	0.7	0.106	0.202	2.72	2.1	1.7	0.122	0.208	2.84
	0.8	0.107	0.203	2.73		1.8	0.123	0.208	2.86
	0.9	0.108	0.204	2.74		1.9	0.124	0.208	2.87
	1.0	0.109	0.205	2.75		2.0	0.126	0.208	2.88
	1.1	0.111	0.206	2.76		2.1	0.127	0.208	2.89
	1.2	0.113	0.206	2.77		2.2	0.128	0.208	2.90
	1.3	0.115	0.207	2.78		2.3	0.129	0.208	2.92
	1.4	0.117	0.207	2.78		2.4	0.130	0.208	2.93
	1.5	0.119	0.208	2.79		2.5	0.131	0.208	2.94
	1.6	0.120	0.208	2.80		2.6	0.132	0.208	2.96
	1.7	0.121	0.208	2.81		2.7	0.133	0.208	2.98
	1.8	0.122	0.208	2.82		2.8	0.134	0.208	3.00
	1.9	0.123	0.208	2.84		2.9	0.135	0.208	3.01
	2.0	0.125	0.208	2.85		3.0	0.136	0.208	3.03
	2.1	0.127	0.208	2.86	2.2	0.1			
	2.2	0.128	0.208	2.88		0.2			
	2.3	0.129	0.208	2.90		0.3			
	2.4	0.13	0.208	2.91		0.4			
	2.5	0.131	0.208	2.93		0.5	0.106	0.200	2.75
	2.6	0.132	0.208	2.94		0.6	0.107	0.201	2.76
	2.7	0.133	0.208	2.96		0.7	0.108	0.202	2.78
	2.8	0.134	0.208	2.97		0.8	0.109	0.203	2.79
	2.9	0.135	0.208	2.98		0.9	0.110	0.204	2.8
	3.0	0.136	0.208	3.0		1.0	0.111	0.205	2.81
2.1	0.1					1.1	0.113	0.206	2.82
	0.2					1.2	0.115	0.206	2.83
	0.3					1.3	0.117	0.207	2.84
	0.4					1.4	0.119	0.207	2.85
	0.5	0.105	0.200	2.72		1.5	0.121	0.208	2.85
	0.6	0.106	0.201	2.73		1.6	0.122	0.208	2.86
	0.7	0.107	0.202	2.74		1.7	0.123	0.208	2.87
	0.8	0.108	0.203	2.75		1.8	0.124	0.208	2.89
	0.9	0.109	0.204	2.76		1.9	0.125	0.208	2.90
	1.0	0.110	0.205	2.77		2.0	0.126	0.208	2.91
	1.1	0.112	0.205	2.78		2.1	0.127	0.208	2.92
	1.2	0.114	0.206	2.79		2.2	0.128	0.208	2.93
	1.3	0.116	0.206	2.80		2.3	0.129	0.208	2.95
	1.4	0.118	0.207	2.81		2.4	0.13	0.208	2.96
	1.5	0.120	0.208	2.82		2.5	0.131	0.208	2.98
	1.6	0.121	0.208	2.83		2.6	0.132	0.208	3.00

迫击炮弹弹尾部的长度 l_w（口径）	迫击炮弹圆柱部的长度 l_z（口径）	空气动力特征数			迫击炮弹弹尾部的长度 l_w（口径）	迫击炮弹圆柱部的长度 l_z（口径）	空气动力特征数		
		正面阻力系数 C_{x0}	上升力系数 C_{y0}	空气阻力中心到弹顶的距离 x_{p0}（口径）			正面阻力系数 C_{x0}	上升力系数 C_{y0}	空气阻力中心到弹顶的距离 x_{p0}（口径）
2.2	2.7	0.133	0.208	3.02	2.4	0.7	0.109	0.202	2.84
	2.8	0.134	0.208	3.04		0.8	0.111	0.203	2.86
	2.9	0.135	0.208	3.05		0.9	0.113	0.204	2.88
	3.0	0.136	0.208	3.06		1.0	0.114	0.205	2.89
2.3	0.1					1.1	0.116	0.206	2.90
	0.2					1.2	0.118	0.206	2.91
	0.3					1.3	0.119	0.207	2.92
	0.4					1.4	0.121	0.207	2.92
	0.5	0.106	0.200	2.78		1.5	0.122	0.208	2.93
	0.6	0.107	0.201	2.79		1.6	0.123	0.208	2.94
	0.7	0.109	0.202	2.81		1.7	0.124	0.208	2.95
	0.8	0.110	0.203	2.82		1.8	0.125	0.208	2.96
	0.9	0.111	0.204	2.84		1.9	0.126	0.208	2.98
	1.0	0.112	0.205	2.85		2.0	0.127	0.208	2.99
	1.1	0.114	0.206	2.86		2.1	0.128	0.208	3.00
	1.2	0.116	0.206	2.87		2.2	0.129	0.208	3.02
	1.3	0.118	0.206	2.88		2.3	0.130	0.208	3.03
	1.4	0.120	0.207	2.88		2.4	0.131	0.208	3.04
	1.5	0.122	0.208	2.89		2.5	0.132	0.208	3.05
	1.6	0.123	0.208	2.9		2.6	0.133	0.208	3.06
	1.7	0.124	0.208	2.91		2.7	0.134	0.208	3.08
	1.8	0.125	0.208	2.92		2.8	0.135	0.208	3.09
	1.9	0.126	0.208	2.94		2.9	0.136	0.208	3.10
	2.0	0.127	0.208	2.95		3.0	0.136	0.208	3.11
	2.1	0.128	0.208	2.96	2.5	0.1			
	2.2	0.129	0.208	2.97		0.2			
	2.3	0.13	0.208	2.99		0.3			
	2.4	0.131	0.208	3.00		0.4			
	2.5	0.132	0.208	3.01		0.5	0.108	0.200	2.83
	2.6	0.133	0.208	3.03		0.6	0.109	0.201	2.85
	2.7	0.134	0.208	3.04		0.7	0.110	0.202	2.87
	2.8	0.135	0.208	3.06		0.8	0.112	0.203	2.88
	2.9	0.136	0.208	3.08		0.9	0.113	0.204	2.90
	3.0	0.136	0.208	3.09		1.0	0.114	0.205	2.92
2.4	0.1					1.1	0.115	0.206	2.93
	0.2					1.2	0.117	0.206	2.93
	0.3					1.3	0.119	0.207	2.94
	0.4					1.4	0.121	0.207	2.95
	0.5	0.107	0.200	2.81		1.5	0.123	0.208	2.96
	0.6	0.108	0.201	2.83		1.6	0.124	0.208	2.97

迫击炮弹弹尾部的长度 l_w(口径)	迫击炮弹圆柱部的长度 l_z(口径)	空气动力特征数			迫击炮弹弹尾部的长度 l_w(口径)	迫击炮弹圆柱部的长度 l_z(口径)	空气动力特征数		
		正面阻力系数 C_{x0}	上升力系数 C_{y0}	空气阻力中心到弹顶的距离 x_{p0}(口径)			正面阻力系数 C_{x0}	上升力系数 C_{y0}	空气阻力中心到弹顶的距离 x_{p0}(口径)
2.5	1.7	0.125	0.208	2.98	2.6	2.7	0.133	0.208	3.11
	1.8	0.126	0.208	3.00		2.8	0.134	0.208	3.12
	1.9	0.127	0.208	3.01		2.9	0.135	0.208	3.13
	2.0	0.127	0.208	3.02		3.0	0.136	0.208	3.14
	2.1	0.128	0.208	3.03	2.7	0.1			
	2.2	0.129	0.208	3.04		0.2			
	2.3	0.130	0.208	3.05		0.3			
	2.4	0.131	0.208	3.06		0.4			
	2.5	0.131	0.208	3.07		0.5	0.110	0.200	2.89
	2.6	0.132	0.208	3.09		0.6	0.111	0.201	2.91
	2.7	0.133	0.208	3.10		0.7	0.113	0.202	2.93
	2.8	0.134	0.208	3.11		0.8	0.114	0.203	2.94
	2.9	0.135	0.208	3.12		0.9	0.115	0.204	2.96
	3.0	0.136	0.208	3.13		1.0	0.116	0.205	2.98
2.6	0.1					1.1	0.117	0.205	2.99
	0.2					1.2	0.119	0.206	3.00
	0.3					1.3	0.121	0.206	3.01
	0.4					1.4	0.123	0.207	3.01
	0.5	0.108	0.200	2.83		1.5	0.124	0.208	3.02
	0.6	0.109	0.201	2.85		1.6	0.125	0.208	3.03
	0.7	0.110	0.202	2.87		1.7	0.126	0.208	3.04
	0.8	0.112	0.203	2.88		1.8	0.127	0.208	3.05
	0.9	0.113	0.204	2.90		1.9	0.128	0.208	3.06
	1.0	0.114	0.205	2.92		2.0	0.128	0.208	3.07
	1.1	0.115	0.206	2.93		2.1	0.129	0.208	3.08
	1.2	0.117	0.206	2.93		2.2	0.130	0.208	3.10
	1.3	0.119	0.207	2.94		2.3	0.130	0.208	3.11
	1.4	0.121	0.207	2.95		2.4	0.131	0.208	3.12
	1.5	0.123	0.208	2.96		2.5	0.131	0.208	3.13
	1.6	0.124	0.208	2.97		2.6	0.132	0.208	3.14
	1.7	0.125	0.208	2.98		2.7	0.133	0.208	3.15
	1.8	0.126	0.208	3.00		2.8	0.134	0.208	3.16
	1.9	0.127	0.208	3.01		2.9	0.135	0.208	3.17
	2.0	0.127	0.208	3.02		3.0	0.136	0.208	3.18
	2.1	0.128	0.208	3.03	2.8	0.1			
	2.2	0.129	0.208	3.04		0.2			
	2.3	0.130	0.208	3.05		0.3			
	2.4	0.131	0.208	3.06		0.4			
	2.5	0.131	0.208	3.08		0.5	0.111	0.200	2.93
	2.6	0.132	0.208	3.09		0.6	0.112	0.201	2.95

迫击炮弹弹尾部的长度 l_w(口径)	迫击炮弹圆柱部的长度 l_z(口径)	空气动力特征数 正面阻力系数 C_{x0}	上升力系数 C_{y0}	空气阻力中心到弹顶的距离 x_{p0}(口径)	迫击炮弹弹尾部的长度 l_w(口径)	迫击炮弹圆柱部的长度 l_z(口径)	空气动力特征数 正面阻力系数 C_{x0}	上升力系数 C_{y0}	空气阻力中心到弹顶的距离 x_{p0}(口径)
2.8	0.7	0.114	0.202	2.97	2.9	1.9	0.128	0.208	3.13
	0.8	0.115	0.203	2.98		2.0	0.129	0.208	3.14
	0.9	0.116	0.204	2.99		2.1	0.130	0.208	3.15
	1.0	0.117	0.205	3.00		2.2	0.130	0.208	3.16
	1.1	0.119	0.205	3.02		2.3	0.131	0.208	3.17
	1.2	0.120	0.205	3.03		2.4	0.132	0.208	3.18
	1.3	0.122	0.206	3.04		2.5	0.132	0.208	3.19
	1.4	0.123	0.207	3.04		2.6	0.133	0.208	3.20
	1.5	0.124	0.208	3.05		2.7	0.134	0.208	3.21
	1.6	0.125	0.208	3.06		2.8	0.134	0.208	3.22
	1.7	0.126	0.208	3.07		2.9	0.135	0.208	3.23
	1.8	0.126	0.208	3.08		3.0	0.136	0.208	3.24
	1.9	0.127	0.208	3.09	3.0	0.1			
	2.0	0.128	0.208	3.10		0.2			
	2.1	0.128	0.208	3.12		0.3			
	2.2	0.129	0.208	3.13		0.4			
	2.3	0.130	0.208	3.14		0.5	0.113	0.200	3.00
	2.4	0.131	0.208	3.15		0.6	0.114	0.201	3.01
	2.5	0.131	0.208	3.16		0.7	0.115	0.202	3.03
	2.6	0.132	0.208	3.17		0.8	0.116	0.203	3.04
	2.7	0.133	0.208	3.18		0.9	0.117	0.204	3.05
	2.8	0.134	0.208	3.19		1.0	0.118	0.205	3.06
	2.9	0.135	0.208	3.20		1.1	0.119	0.206	3.07
	3.0	0.136	0.207	3.21		1.2	0.121	0.206	3.09
2.9	0.1					1.3	0.123	0.207	3.10
	0.2					1.4	0.125	0.207	3.12
	0.3					1.5	0.126	0.208	3.13
	0.4					1.6	0.127	0.208	3.14
	0.5	0.112	0.200	2.97		1.7	0.128	0.208	3.15
	0.6	0.113	0.201	2.98		1.8	0.129	0.208	3.16
	0.7	0.115	0.202	3.00		1.9	0.129	0.208	3.17
	0.8	0.116	0.203	3.02		2.0	0.130	0.208	3.18
	0.9	0.117	0.204	3.03		2.1	0.131	0.208	3.19
	1.0	0.118	0.205	3.04		2.2	0.131	0.208	3.20
	1.1	0.119	0.206	3.05		2.3	0.132	0.208	3.21
	1.2	0.121	0.206	3.06		2.4	0.133	0.208	3.22
	1.3	0.123	0.207	3.07		2.5	0.133	0.208	3.23
	1.4	0.124	0.207	3.08		2.6	0.134	0.208	3.24
	1.5	0.125	0.208	3.09		2.7	0.134	0.208	3.25
	1.6	0.126	0.208	3.10		2.8	0.135	0.208	3.26
	1.7	0.127	0.208	3.11		2.9	0.135	0.208	3.26
	1.8	0.128	0.208	3.12		3.0	0.136	0.208	3.27

参 考 文 献

[1] 魏惠之.弹丸设计理论.北京:国防工业出版社,1985.

[2] 曹兵,郭锐,杜忠华.弹药设计理论.北京:北京理工大学出版社,2017.

[3] 李向东,郭锐,陈雄,等.智能弹药原理与构造.北京:国防工业出版社,2016.

[4] 钱建平.弹药系统工程.北京:电子工业出版社,2014.

[5] 徐学华,徐翔.弹药系统工程基础[M].北京:兵器工业出版社,2006.

[6] Donald E Carlucci,Sidney S Jacobson.Ballistics:theory and design of guns and ammunition.CRC Press,2007.

[7] Dondd.E.carlucci.弹道学——枪炮弹药的理论与设计.韩珺礼,译.北京:国防工业出版社,2014.

[8] 周长省,鞠玉涛,朱福亚.火箭弹设计理论[M].北京:北京理工大学出版社,2005.

[9] 杨启仁.子母弹飞行动力学.北京:国防工业出版社,1997.

[10] 王儒策.弹药工程[M].北京:北京理工大学出版社,2002.

[11] 唐乾刚,张青斌,杨涛,等.末修子弹动力学.北京:国防工业出版社,2013.

[12] 苗昊春,杨栓虎,等.智能化弹药[M].北京:国防工业出版社,2014.

[13] 韩子鹏.弹箭外弹道学.北京:北京理工大学出版社,2008.

[14] 王儒策,赵国志.弹丸终点效应.北京:北京理工大学出版社,1993.

[15] 隋树元,王树山.终点效应学.北京:国防工业出版社,2000.

[16] Cole P.水下爆炸.罗耀杰,等译.北京:国防工业出版社,1960.

[17] 陆珥.炮兵照明弹设计.北京:国防工业出版社,1978.

[18] 宁建国,王成,马天宝.爆炸与冲击动力学[M].北京:国防工业出版社,2010.

[19] 卢芳云.战斗部结构与原理[M].北京:科学出版社,2009.

[20] Zamyshlyayev BV.Dynamic loads in underwater explosion[R].AD-757183,1973.

[21] Forrestal M J,Altman B S,Cargile J D,et al.An empirical equation for Penetration of give-nose Projectiles into concrete target.Int J Impact Engng.1994,15:395-405.

[22] Forrestal M J,Frew D J,Hanchak S J,et al.Penetration of grout and concrete targets with ogive-nose steel Projectiles.Int J Impact Engng.1996,18(5):465-476.

[23] 王儒策,刘荣忠,苏玳,等.灵巧弹药构造及作用[M].北京:兵器工业出版社,2001.

[24] 杨绍卿.灵巧弹药工程[M].北京:国防工业出版社,2010.

[25] 李向东,钱建平,曹兵,等.弹药概论[M].北京:国防工业出版社,2004.

[26] 郭锐,刘荣忠.末敏弹药的国外研究现状及其发展趋势探讨[C].南京:智能弹药技术学术交流会,2012.

[27] 王强,石丽娜,严慎武,等.国外末制导弹药的发展与研究[J].飞航导弹,2013(4):55-60.

[28] 石秀华,许晖,等.水下武器系统概论[M].西安:西北工业大学出版社,2014.

[29] 李向东,杜忠华.目标易损性[M].北京:北京理工大学出版社,2013.

[30] 武晓松,陈军,王栋.固体火箭发动机气体动力学[M].北京:北京航空航天大学出版社,2016.

[31] 武晓松,陈军,王栋.固体火箭发动机原理[M].北京:兵器工业出版社,2010.